大学基础应用数学

——微积分、线性代数、概率论

主　编　龙　松
参　编　沈小芳　徐　彬
　　　　李春桃　张文钢

华中科技大学出版社
中国·武汉

内容简介

本书共16章,其主要内容涵盖了非数学专业的三门基础数学课程,微积分部分主要包括函数、极限与连续、导数与微分、导数的应用、不定积分、定积分及其应用、多元函数微分学、二重积分;线性代数部分包括行列式、矩阵、线性方程组及向量组、矩阵的相似对角化;概率论部分包括随机事件与概率、一维随机变量及其分布、二维随机变量及其分布、随机变量的数字特征.

本书通俗易懂,逻辑清晰,言简意赅,行文流畅,例题丰富,可读性强.本书可作为专升本学生或对数学要求不高的文科、经济管理等类别的本科学生或者专科学生教材,也可供相关领域的技术人员参考.

图书在版编目(CIP)数据

大学基础应用数学 :微积分、线性代数、概率论 / 龙松主编. -- 武汉 :华中科技大学出版社,2025. 5. -- ISBN 978-7-5772-1783-3

Ⅰ. O29

中国国家版本馆 CIP 数据核字第 2025LN1667 号

大学基础应用数学——微积分、线性代数、概率论 龙　松　主编

Daxue Jichu Yingyong Shuxue——Weijifen、Xianxing Daishu、Gailülun

策划编辑:谢燕群

责任编辑:余　涛

封面设计:原色设计

责任监印:曾　婷

出版发行:华中科技大学出版社(中国·武汉)　　电话:(027)81321913

武汉市东湖新技术开发区华工科技园　　邮编:430223

录　　排:武汉市洪山区佳年华文印部

印　　刷:武汉市洪林印务有限公司

开　　本:710mm×1000mm　1/16

印　　张:20.5

字　　数:423千字

版　　次:2025年5月第1版第1次印刷

定　　价:55.00元

前　　言

本书的学习对象主要是专升本学生或对数学要求不高的文科、经济管理等类别的本科学生或者专科学生.通过本书所对应的课程教学,学生应掌握最基本的微积分学、线性代数、概率论的基本理论和基本方法,让学生能初步运用所学知识去解决实际应用问题,并为学习后续课程和进一步扩大数学知识面奠定必要的数学基础.

目前部分高校的专升本的学生在专科阶段学习的数学知识比较少,甚至有少量学生基本没有学习数学知识,即使学习了部分数学知识,到了本科阶段也基本忘记.为了在本科阶段具备必要的数学基础知识,但又不占用较多的学时,就需要一本能简略介绍大学基础应用数学的教材,编写此书也正是这个目标.

本书共16章,其主要内容涵盖了非数学专业的三门基础数学课程,微积分部分主要包括函数、极限与连续、导数与微分、导数的应用、不定积分、定积分及其应用、多元函数微分学、二重积分;线性代数部分包括行列式、矩阵、线性方程组及向量组、矩阵的相似对角化;概率论部分包括随机事件与概率、一维随机变量及其分布、二维随机变量及其分布、随机变量的数字特征.

本书着眼于介绍三门基础课程的基本概念、基本原理、基本方法,突出基本思想和应用背景,注意将实际例子融入课程内容中.表述上从具体问题入手,由易到难,由具体到抽象,深入浅出,便于学生学习以及教师的教学.不同专业可以根据需要和课时选择不同的模块.

本书由龙松主编,沈小芳、徐彬、李春桃、张文钢参与编写,其中龙松编写了第1、2、3、4、5、6、11、12、13、14、15、16章的内容,徐彬编写了第7章的内容,张文钢编写了第8章的内容,沈小芳编写了第9章的内容,李春桃编写了第10章的内容.另外秦前进、阎国辉、程华斌、胡大红、张秋颖、陈凤华、龙冰、李双安等参与讨论,在此,对他们的工作表示感谢!

在本书的编写过程中,多次与武汉理工大学杨应平教授、中国地质大学彭放教授进行了讨论,他们提出了许多宝贵的意见,对本书的编写与出版产生了十分积极的影响,作者在此表示由衷的感谢!

本书在编写中参考的相关书籍均列于书后的参考文献中,在此也向有关作者表示感谢!

最后,作者在此再次向所有支持和帮助过本书编写和出版的单位和个人表示衷心的感谢,同时更要感谢自己的家人对本人工作的支持,没有她们的默默奉献,也就没有该书的顺利出版.

尽管对大学基础应用数学教材的编写一直在进行着各种努力和尝试,很想奉献给读者一本非常满意的教材,但由于作者水平有限,书中的错误和缺点在所难免,欢迎广大读者批评与指教,以期不断完善,谢谢!

编　者

2025 年 2 月

目　录

第 1 章　函　　数

本章主要对函数的概念和性质进行归纳，并介绍部分常用的经济函数，为后续章节的学习打下基础.

1.1　函数概念

1.1.1　区间与邻域

设 a 和 b 都是实数，且 $a<b$，数集

$$\{x \mid a<x<b\}$$

称为**开区间**，记作 (a,b)，即

$$(a,b)=\{x \mid a<x<b\}$$

a 和 b 称为开区间 (a,b) 的**端点**，这里 $a\notin(a,b)$，$b\notin(a,b)$.

数集 $\{x \mid a\leqslant x\leqslant b\}$ 称为**闭区间**，记作 $[a,b]$，即

$$[a,b]=\{x \mid a\leqslant x\leqslant b\}$$

a 和 b 也称为闭区间 $[a,b]$ 的端点，这里 $a\in[a,b]$，$b\in[a,b]$.

数集 $[a,b)=\{x \mid a\leqslant x<b\}$ 和 $(a,b]=\{x \mid a<x\leqslant b\}$ 称为**半开半闭区间**.

以上这些区间都称为**有限区间**. $b-a$ 称为**区间的长度**. 此外还有**无限区间**：

$$(-\infty,+\infty)=\{x \mid -\infty<x<+\infty\}=\mathbf{R}$$

$$(-\infty,b]=\{x \mid -\infty<x\leqslant b\}$$

$$(-\infty,b)=\{x \mid -\infty<x<b\}$$

$$[a,+\infty)=\{x \mid a\leqslant x<+\infty\}$$

$$(a,+\infty)=\{x \mid a<x<+\infty\}$$

这里记号“$-\infty$”与“$+\infty$”分别表示“负无穷大”与“正无穷大”.

设 a 是一个给定的实数，δ 是某一正数，称数集：

$$\{x \mid a-\delta<x<a+\delta\}$$

为点 a 的 δ **邻域**，记作 $U(a,\delta)$. 称点 a 为该**邻域的中心**，δ 为该**邻域的半径**，如图 1-1 所示.

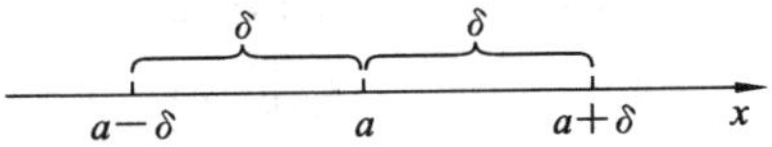

图 1-1

注　若把邻域 $U(a,\delta)$ 的中心去掉，则所得到的邻域称为点 a 的**去心 δ 邻域**，记作 $\mathring{U}(a,$

δ). 即

$$\mathring{U}(a,\delta)=\{x\mid 0<|x-a|<\delta\}$$

下面两个数集

$$\mathring{U}(x_0^-,\delta)=\{x\mid x_0-\delta<x<x_0\}$$

$$\mathring{U}(x_0^+,\delta)=\{x\mid x_0<x<x_0+\delta\}$$

分别称为 x_0 的**左 δ 邻域**和**右 δ 邻域**. 当不需要指出邻域的半径时,我们用 $U(x_0)$、$\mathring{U}(x_0)$ 分别表示 x_0 的**某邻域**和 x_0 的**某去心邻域**;$\mathring{U}(x_o^-)$、$\mathring{U}(x_o^+)$分别表示 x_0 的**某左邻域**和 x_0 的**某右邻域**.

1.1.2 函数的概念

定义 1.1.1 设 x 和 y 是两个变量,D 是一个给定的非空数集,如果对于每个数 $x\in D$,变量 y 按照一定法则总有确定的数值和它对应,则称 y 是 x 的**函数**,记作 $y=f(x)$, 数集 D 称为这个函数的**定义域**,记为 $D(f)$,x 称为**自变量**,y 称为**因变量**.

对 $x_0\in D$,按照对应法则 f, 总有确定的值 y_0(记为 $f(x_0)$)与之对应,称 $f(x_0)$ 为函数在点 x_0 处的**函数值**,因变量与自变量的这种相依关系通常称为**函数关系**.

当自变量 x 遍取 D 的所有数值时,对应的函数值 $f(x)$的全体组成的集合称为函数 f 的**值域**,记为 $R(f)$. 即

$$R(f)=\{y\mid y=f(x),x\in D\}$$

注 函数概念的两个基本要素是:定义域和对应法则.

定义域表示使函数有意义的范围,即自变量的取值范围. 在实际问题中,自变量由函数的实际意义来确定. 在理论研究中,函数的定义域就是使数学表达式有意义的自变量 x 的所有值构成的数集.

对应法则是函数的具体表现,即两个变量之间只要存在对应关系,它们之间就具有函数关系.

显然,如果两个函数的定义域和对应法则相同,则这两个**函数相同**(或**相等**).

例 1.1.1 求函数 $y=\sqrt{4-x}+\arctan\dfrac{1}{x}$的定义域.

解 要使函数有意义,必须

$$\begin{cases}4-x\geqslant 0\\ x\neq 0\end{cases} \quad 即 \quad \begin{cases}x\leqslant 4\\ x\neq 0\end{cases}$$

所以函数的定义域是$(-\infty,0)\cup(0,4]$.

例 1.1.2 下列函数是否相等,为什么?

(1) $f(x)=\sqrt{x^2}$,$g(x)=|x|$; (2) $y=\sin^2(2x-1)$,$u=\sin^2(2v-1)$;

(3) $f(x)=\dfrac{x^2-1}{x-1}$,$g(x)=x+1$.

解　(1) 相等.

因为两函数的定义域相同，都是实数集 $\mathbf{R}$，由 $\sqrt{x^2}=|x|$ 可知两函数的对应法则也相同，所以两函数相等.

(2) 相等.

因为两函数的定义域相同，都是实数集 $\mathbf{R}$，由已知函数关系式显然可得两函数的对应法则也相同，所以两函数相等.

(3) 不相等.

因为函数 $f(x)$ 的定义域是 $\{x \mid x\in\mathbf{R}, x\neq 1\}$，而函数 $g(x)$ 的定义域是实数集 $\mathbf{R}$，两函数的定义域不同，所以两函数不相等.

例 1.1.3　绝对值函数

$$y=|x|=\begin{cases} x, & x\geqslant 0 \\ -x, & x<0 \end{cases}$$

的定义域 $D(f)=(-\infty,+\infty)$，值域 $R(f)=[0,+\infty)$，如图 1-2 所示.

注　一个函数在其定义域的不同子集上要用不同的表达式来表示对应法则，称这种函数为**分段函数**.

需要指出的是：分段函数是一个函数由两个或两个以上的式子表示，不能将分段函数当作几个函数. 并注意求分段函数的函数值时，要先判断自变量所属的范围.

例 1.1.4　符号函数

$$y=\operatorname{sgn}x=\begin{cases} -1, & x<0 \\ 0, & x=0 \\ 1, & x>0 \end{cases}$$

的定义域 $D(f)=(-\infty,+\infty)$，值域 $R(f)=\{-1,0,1\}$，如图 1-3 所示.

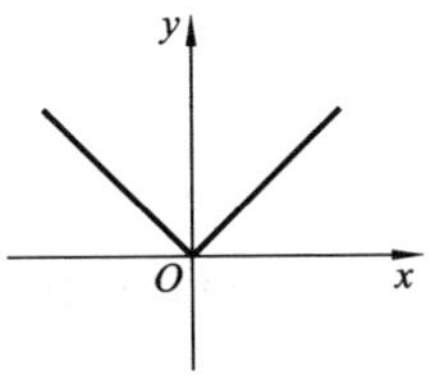

图 1-2

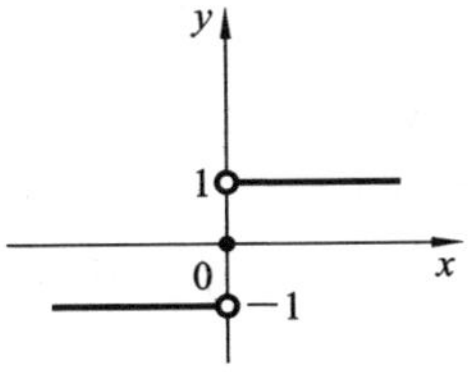

图 1-3

例 1.1.5　最大取整函数 $y=[x]$，其中 $[x]$ 表示不超过 x 的最大整数. 例如，$[-5.2]=-6$，$[1]=1$，$[\sqrt{3}]=1$，$[\pi]=3$，等等. 函数 $y=[x]$ 的定义域 $D(f)=(-\infty,+\infty)$，值域 $R(f)=\{整数\}$.

习　题　1.1

1. 求下列函数的定义域.

(1) $y=\sqrt{9-x^2}+\dfrac{1}{\sqrt{x-1}}$；　(2) $y=\sqrt{x+3}+\dfrac{1}{\lg(1-x)}$；　(3) $y=\dfrac{x}{x^2-1}$.

2. 判断下面函数是否相同，并说明理由.

(1) $y=x$ 与 $y=\dfrac{x^2}{x}$；

(2) $y=x$ 与 $y=\sqrt{x^2}$；

(3) $y=1$ 与 $y=\sin^2 x+\cos^2 x$；

(4) $y=2x+1$ 与 $x=2y+1$.

3. 设 $f(x)=\dfrac{1-x}{1+x}$,求 $f(0)$,$f(-x)$,$f\left(\dfrac{1}{x}\right)$.

4. 设 $f(x)=\begin{cases}1, & -1\leqslant x<0 \\ x+1, & 0\leqslant x\leqslant 2\end{cases}$,求 $f(x-1)$.

5. 已知 $f(x+1)=x^2-x+1$,求 $f(x)$.

1.2 函数的 4 种特性

1.2.1 函数的奇偶性

定义 1.2.1 设函数 $y=f(x)$的定义域 D 关于原点对称,如果对于任一 $x\in D$,恒有

$$f(-x)=-f(x)$$

则称 $f(x)$为**奇函数**;如果对于任意 $x\in D$,恒有

$$f(-x)=f(x)$$

则称 $f(x)$为**偶函数**.

例如,$y=x^3$ 在$(-\infty,+\infty)$上是奇函数,$y=x^2$ 在$(-\infty,+\infty)$上是偶函数;而 $y=x^3+x^2$ 在$(-\infty,+\infty)$上既不是奇函数也不是偶函数,这样的函数称为**非奇非偶函数**.

例 1.2.1 判断函数 $f(x)=x\cos\dfrac{1}{x}$的奇偶性.

解 因为 $f(x)$的定义域为$(-\infty,0)\cup(0,+\infty)$,它关于原点对称,又因为

$$f(-x)=(-x)\cos\left(\frac{1}{-x}\right)=-x\cos\frac{1}{x}=-f(x)$$

所以 $f(x)=x\cos\dfrac{1}{x}$是奇函数.

注 (1) 在平面直角坐标系中,奇函数的图形关于原点中心对称(见图 1-4),且

若 $f(x)$ 在 $x=0$ 处有定义，则 $f(0)=0$. 偶函数的图形关于 y 轴轴对称(见图 1-5)，

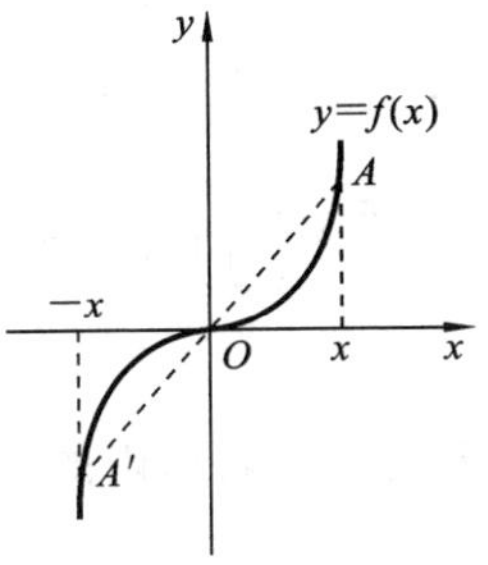

图 1-4

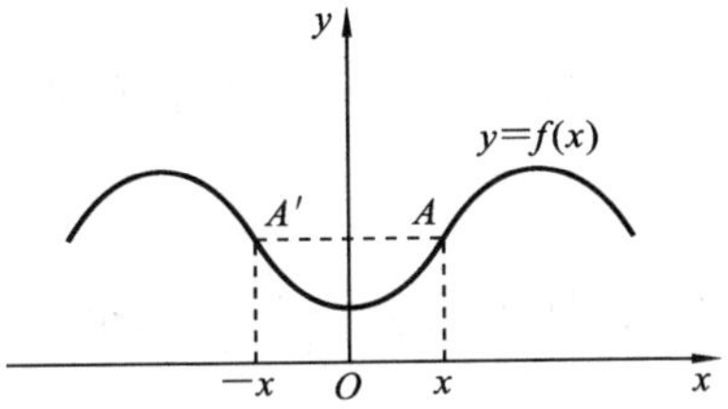

图 1-5

(2) $\sin x$，$\tan x$，$\arcsin x$，$\arctan x$，$\ln\dfrac{1-x}{1+x}$，$\ln(x+\sqrt{1+x^2})$，$\dfrac{e^x-1}{e^x+1}$，$f(x)-f(-x)$ 都是奇函数；x^2，$|x|$，$\cos x$，$f(x)+f(-x)$ 都是偶函数.

(3) 两个奇(偶)函数之和仍为奇(偶)函数，两个奇(偶)函数之积必为偶函数，奇函数与偶函数之积必为奇函数.

1.2.2 函数的单调性

定义 1.2.2 设函数 $f(x)$ 的定义域为 D，区间 $I\subseteq D$，如果对于区间 I 内的任意两点 x_1, x_2，当 $x_1<x_2$ 时，都有

$$f(x_1)<f(x_2)$$

则称函数 $f(x)$ 在 I 上**单调增加**(见图 1-6)，此时，区间 I 称为**单调增加区间**；如果对于区间 I 内的任意两点 x_1, x_2，当 $x_1<x_2$ 时，都有

$$f(x_1)>f(x_2)$$

则称函数 $f(x)$ 在 I 上**单调减少**(见图 1-7)，此时，区间 I 称为**单调减少区间**. 单调增加和单调减少的函数统称为**单调函数**，单调增加区间和单调减少区间统称为**单调区间**.

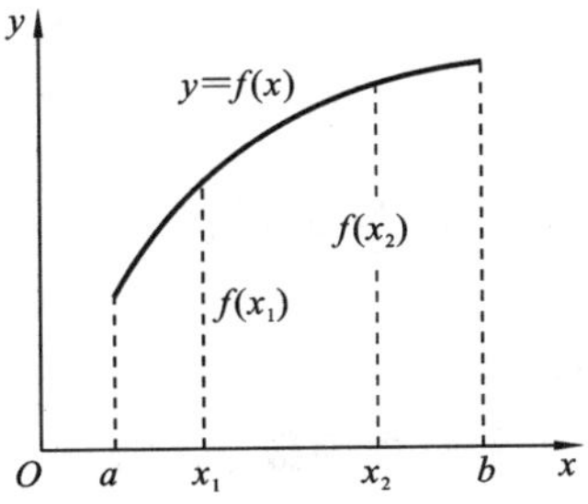

图 1-6

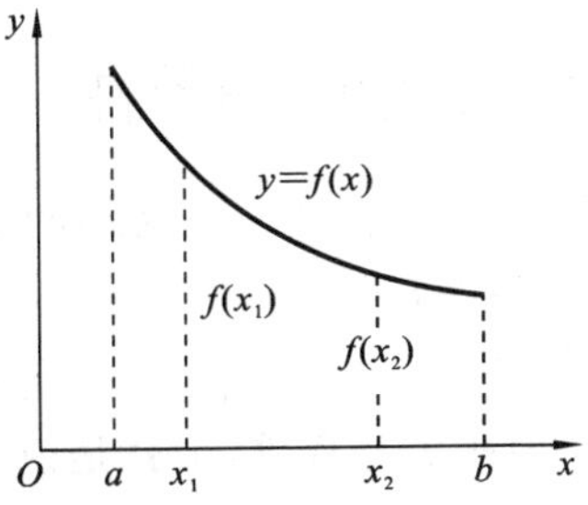

图 1-7

例如，$y=\frac{1}{x}$是$(-\infty,0)$的单调减少函数，也是$(0,+\infty)$上的单调减少函数，但不能说$y=\frac{1}{x}$是$(-\infty,0)\cup(0,+\infty)$的单调减少函数；$y=x^3$ 在$(-\infty,+\infty)$是单调增函数；$y=\sin x$ 在$(-\infty,+\infty)$不是单调函数，但在$\left[-\frac{\pi}{2},\frac{\pi}{2}\right]$上 $y=\sin x$ 是单调增加函数.

例 1.2.2 已知函数 $y=\frac{x}{1-x}$，试指出该函数在区域$(-\infty,1)$内的单调性.

解 $y=f(x)=\frac{x}{1-x}=-1+\frac{1}{1-x}$，在区域$(-\infty,1)$，设 $x_1<x_2<1$，因为

$$f(x_2)-f(x_1)=\frac{1}{1-x_2}-\frac{1}{1-x_1}=\frac{x_2-x_1}{(1-x_2)(1-x_1)}>0$$

即 $f(x_2)>f(x_1)$，所以 $f(x)$在$(-\infty,1)$ 内单调增加.

1.2.3 函数的周期性

定义 1.2.3 设函数 $f(x)$的定义域为 D，若存在一个常数 $T\neq 0$，使得对于任一 $x\in D$，必有 $x\pm T\in D$，并且使

$$f(x\pm T)=f(x)$$

则称 $f(x)$为**周期函数**，其中 T 称为函数 $f(x)$的**周期**，周期函数的周期通常是指它的**最小正周期**.

注 (1) 并不是所有函数都有最小正周期，例如，对于狄利克雷(Dirichlet)函数 $D(x)=\begin{cases}1, & x\text{ 为有理数}\\ 0, & x\text{ 为无理数}\end{cases}$，任意正有理数都是它的周期，由于不存在最小的正有理数，因此该函数没有最小正周期.

(2) $\sin x$，$\cos x$ 以 2π 为周期，$\sin 2x$，$\sin|x|$，$\tan x$，$\cot x$ 以 π 为周期.

(3) 若 $f(x)$以 T 为周期，则 $f(ax+b)$以$\frac{T}{|a|}$为周期.

1.2.4 函数的有界性

定义 1.2.4 设函数 $y=f(x)$的定义域为 D，区间 $I\subseteq D$，如果存在一个正数 M，使得对于任一 $x\in I$，都有

$$|f(x)|\leqslant M$$

则称函数 $f(x)$在 I 上**有界**，也就是说 $f(x)$是 I 上的**有界函数**. 否则，称 $f(x)$在 I 上**无界**，也称 $f(x)$为 I 上的**无界函数**.

例如，函数 $y=\cos x$，对任意 $x\in(-\infty,+\infty)$时，都有不等式 $|\cos x|\leqslant 1$ 成立，

所以 $y=\cos x$ 是 $(-\infty,+\infty)$ 上的有界函数.

注　(1) 函数的有界性与 x 取值的区间 I 有关. 例如,函数 $y=\dfrac{1}{x}$ 在区间 $(0,1)$ 上是无界的,但它在区间 $[1,2]$ 上有界.

(2) 常见的有界函数:

$|\sin x|\leqslant 1$;$|\cos x|\leqslant 1$;$|\arcsin x|\leqslant\dfrac{\pi}{2}$;$0\leqslant\arccos x\leqslant\pi$;$-\dfrac{\pi}{2}<\arctan x<\dfrac{\pi}{2}$;$0<\operatorname{arccot} x<\pi$

习　题　1.2

1. 指出下列函数中哪些是奇函数,哪些是偶函数,哪些是非奇非偶函数?

(1) $f(x)=x^3\sin x$;　　(2) $f(x)=\lg\left(x+\sqrt{1+x^2}\right)$;

(3) $f(x)=\sin x+1$.

2. 证明函数 $y=\dfrac{x}{1+x}$ 在 $(-1,+\infty)$ 内是单调增加的函数.

3. 判断下列函数在定义域内的有界性及单调性.

(1) $y=\dfrac{x}{1+x^2}$;　　(2) $y=x+\ln x$.

1.3　反函数、复合函数

1.3.1　反函数

定义 1.3.1　设函数 $y=f(x)$ 的定义域为 D,值域为 W. 如果对于 W 中的任一数值 y,都有 D 中唯一的 x 值,满足 $f(x)=y$,将 y 与 x 对应,则所确定的以 y 为自变量的函数 $x=\varphi(y)$ 称为函数 $y=f(x)$ 的**反函数**,记作 $x=f^{-1}(y)$,$y\in W$. 相对于反函数而言,原来的函数称为**直接函数**.

显然,反函数 $x=\varphi(y)$ 的定义域正好是函数 f 的值域,反函数 $\varphi(y)$ 的值域正好是函数 f 的定义域.

由于函数的表示法只与定义域和对应关系有关,而与自变量和因变量用什么字母表示无关,且习惯上常用字母 x 表示自变量,用字母 y 表示因变量,这样 $y=f(x)$ 的反函数通常写为 $y=f^{-1}(x)$.

在平面坐标系中,函数 $y=f(x)$ 的图形与其反函数 $y=f^{-1}(x)$ 的图形关于直线 $y=x$ 对称(见图 1-8),这是由于互为反函数的两个函数的因变量与自变量互换的缘故. 若 (a,b) 是 $y=f(x)$ 的图形上的一点,则 (b,a) 就是 $y=f^{-1}(x)$ 的图形上的点,

而 xOy 平面上点 (a,b) 与点 (b,a) 关于直线 $y=x$ 对称.

值得注意的是,并不是所有函数都存在反函数,例如,函数 $y=x^2$ 的定义域为 $(-\infty,+\infty)$,值域为 $[0,+\infty)$,但对每一个 $y\in(0,+\infty)$,有两个 x 值即 $x_1=\sqrt{y}$ 和 $x_2=-\sqrt{y}$ 与之对应,因此 x 不是 y 的函数,从而 $y=x^2$ 不存在反函数.

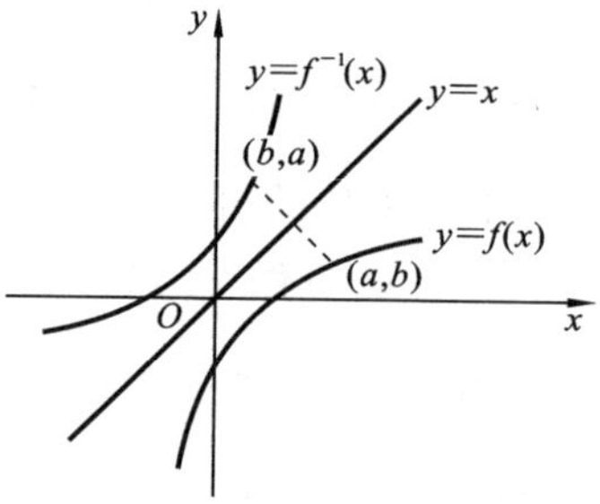

图 1-8

定理 1.3.1(反函数存在定理) 单调函数 $y=f(x)$ 必存在单调的反函数 $y=f^{-1}(x)$,且具有相同的单调性.

例如,函数 $y=2x$ 在 $(-\infty,+\infty)$ 单调增加,其反函数为 $y=\dfrac{x}{2}$ 也在 $(-\infty,+\infty)$ 单调增加.

注 不是单调的函数,也可能是其定义域 D 到 $f(D)$ 上的单射. 例如,函数 $f(x)=\begin{cases}-x, & x\in[-1,0]\\ x^2+1, & x\in(0,1]\end{cases}$ 在区间 $[-1,1]$ 上并不单调,但它是 $[-1,1]$ 到 $[0,2]$ 上的单射,所以存在反函数 $f^{-1}(x)=\begin{cases}-x, & x\in[0,1]\\ \sqrt{x-1}, & x\in(1,2]\end{cases}$.

例 1.3.1 求函数 $y=2x+1$ 的反函数.

解 由 $y=2x+1$ 解得 $x=\dfrac{y-1}{2}$,故所求反函数为

$$y=\frac{x-1}{2}$$

注 求反函数的一般步骤为:由方程 $y=f(x)$ 解出 $x=f^{-1}(y)$,再将 x 与 y 对换,即得所求的反函数为 $y=f^{-1}(x)$.

1.3.2 复合函数

定义 1.3.2 设函数 $y=f(u)$ 的定义域为 $D(f)$,值域为 $R(f)$;而函数 $u=g(x)$ 的定义域为 $D(g)$,值域为 $R(g)\subseteq D(f)$,则对任意 $x\in D(g)$,通过 $u=g(x)$ 有唯一的 $u\in R(g)\subseteq D(f)$ 与 x 对应,再通过 $y=f(u)$ 又有唯一的 $y\in R(f)$ 与 u 对应. 这样,对任意 $x\in D(g)$,通过 u,有唯一的 $y\in R(f)$ 与之对应. 因此 y 是 x 的函数,称这个函数为 $y=f(u)$ 与 $u=g(x)$ 的**复合函数**,记作

$$y=(f\cdot g)(x)=f(g(x)),\quad x\in D(g)$$

u 称为**中间变量**.

例如,由 $y=\sqrt{u}$,$u=x-1$ 可以构成复合函数 $y=\sqrt{x-1}$,为了使 u 的值域包含

在 $y=\sqrt{u}$的定义域$[0,+\infty)$内，必须有 $x\in[1,+\infty)$，所以复合函数 $y=\sqrt{x-1}$的定义域应为$[1,+\infty)$.

例 1.3.2 写出下列函数的复合函数.

(1) $y=u^3, u=\sin x$；(2) $y=\cos u, u=\sqrt{x}$.

解 (1) 将 $u=\sin x$ 代入 $y=u^3$ 得所求复合函数为 $y=\sin^3 x$，其定义域为$(-\infty,+\infty)$；

(2) 将 $u=\sqrt{x}$代入 $y=\cos u$ 得所求复合函数为 $y=\cos\sqrt{x}$，其定义域为$[0,+\infty)$.

注 并非任意两个函数都能复合. 例如，$y=\sqrt{u-3}$，$u=\cos x$ 就不能复合.

习 题 1.3

1. 求下列函数的反函数.

(1) $y=x^3$；　　(2) $y=e^{3x}+2$.

2. 设 $f(x)=2^x$，$g(x)=x\ln x$，求 $f(g(x))$，$g(f(x))$，$f(f(x))$和 $g(g(x))$.

1.4 基本初等函数、初等函数

1.4.1 基本初等函数

幂函数、指数函数、对数函数、三角函数、反三角函数统称为**基本初等函数**，它们是研究各种函数的基础.

1. 幂函数

定义 1.4.1 函数

$$y=x^{\mu}(\mu\text{ 是常数})$$

称为**幂函数**.

幂函数 $y=x^{\mu}$ 的定义域随μ 的不同而异，但无论 μ 为何值，函数在$(0,+\infty)$内总是有定义的.

当 $\mu>0$ 时，$y=x^{\mu}$ 在$[0,+\infty)$上是单调增加的，其图像过点$(0,0)$及点$(1,1)$，图 1-9 列出了 $\mu=\frac{1}{2}$，$\mu=1$，$\mu=2$ 时幂函数在第一象限的图像.

当 $\mu<0$ 时，$y=x^{\mu}$ 在$(0,+\infty)$上是单调减少的，其图像通过点$(1,1)$，图 1-10 列出了 $\mu=-\frac{1}{2}$，$\mu=-1$，$\mu=-2$ 时幂函数在第一象限的图像.

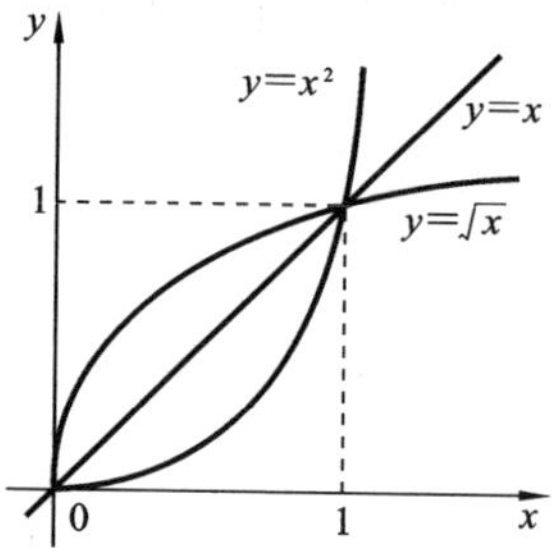

图 1-9

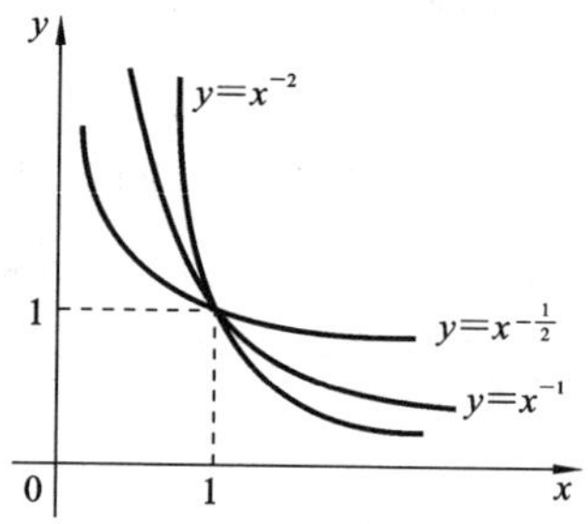

图 1-10

2. 指数函数

定义 1.4.2 函数 $y=a^x$(a 是常数且 $a>0, a\neq1$) 称为**指数函数**.

指数函数 $y=a^x$ 的定义域是$(-\infty,+\infty)$，图像通过点$(0,1)$，因为 $a>0$，所以无论 x 取什么值，$a^x>0$，于是指数函数 $y=a^x$ 的图像总在 x 轴上方.

当 $a>1$ 时，$y=a^x$ 是单调增加的；当 $0<a<1$ 时，$y=a^x$ 是单调减少的，如图 1-11 所示.

3. 对数函数

定义 1.4.3 指数函数 $y=a^x$ 的反函数，记作

$$y=\log_a x \ (a \text{ 是常数且 } a>0, a\neq1)$$

称为**对数函数**.

对数函数 $y=\log_a x$ 的定义域为$(0,+\infty)$，图像过点$(1,0)$. 当 $a>1$ 时，$y=\log_a x$ 单调增加；当 $0<a<1$ 时，$y=\log_a x$ 单调减少，如图 1-12 所示.

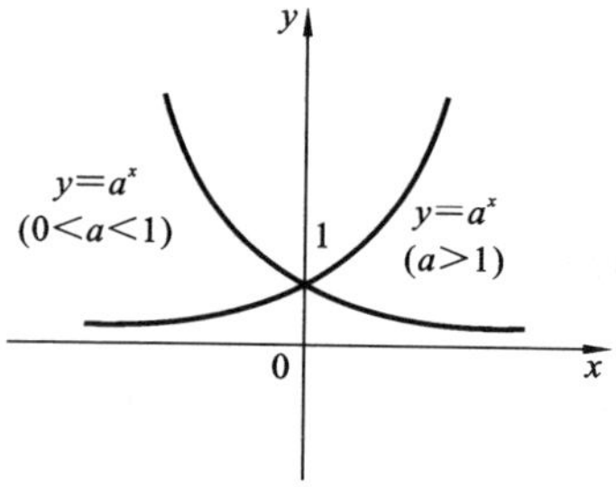

图 1-11

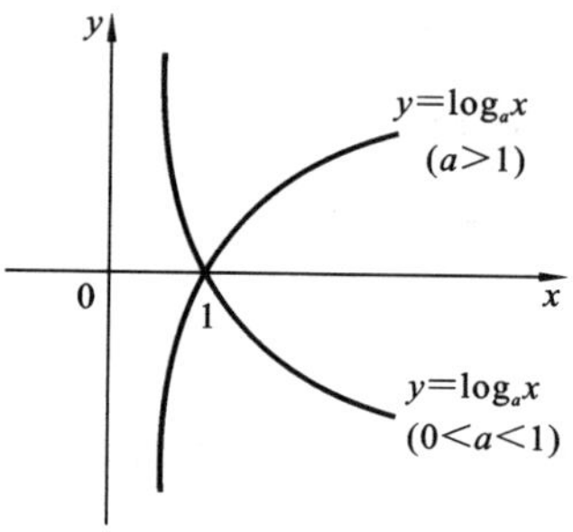

图 1-12

常用对数函数 $y=\lg x$ 是以 10 为底的对数函数. 以 e 为底的对数函数

$$y=\log_e x$$

称为**自然对数函数**，简记作

$$y=\ln x$$

4. 三角函数

常用的三角函数有：

正弦函数 $y=\sin x$；

余弦函数 $y=\cos x$；

正切函数 $y=\tan x$；

余切函数 $y=\cot x$.

其中自变量以弧度作单位来表示.

它们的图形如图 1-13、图 1-14、图 1-15 和图 1-16 所示，分别称为**正弦曲线**、**余弦曲线**、**正切曲线**和**余切曲线**.

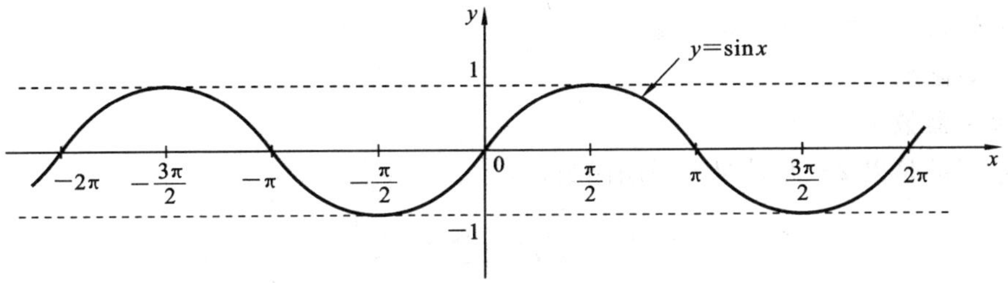

图 1-13

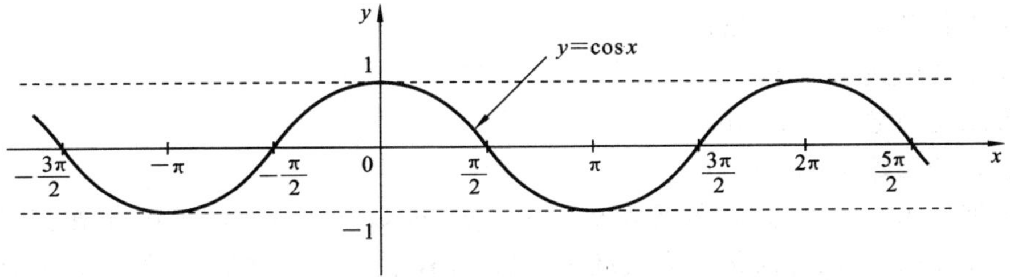

图 1-14

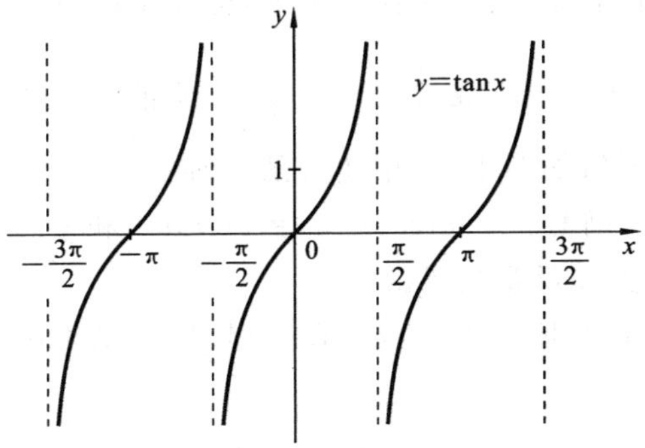

图 1-15

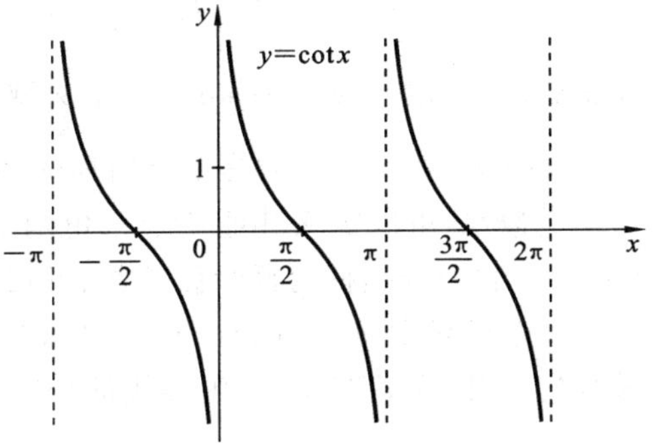

图 1-16

正弦函数和余弦函数都是以 2π 为周期的周期函数，它们的定义域都为 $(-\infty,+\infty)$，值域都为 $[-1,1]$. 正弦函数是奇函数，余弦函数是偶函数.

正切函数 $y=\tan x=\dfrac{\sin x}{\cos x}$ 的定义域为

$$D(f)=\left\{x\,\middle|\,x\in\mathbf{R},x\neq(2n+1)\frac{\pi}{2},n\text{ 为整数}\right\}$$

余切函数 $y=\cot x=\dfrac{\cos x}{\sin x}$ 的定义域为

$$D(f)=\{x\,|\,x\in\mathbf{R},x\neq n\pi,n\text{ 为整数}\}$$

正切函数和余切函数的值域都是 $(-\infty,+\infty)$，且它们都是以 π 为周期的函数，它们都是奇函数.

另外，常用的三角函数还有：

正割函数 $y=\sec x$；

余割函数 $y=\csc x$.

它们都是以 2π 为周期的周期函数，且

$$\sec x=\frac{1}{\cos x};\quad \csc x=\frac{1}{\sin x}$$

5. 反三角函数

常用的反三角函数有：

反正弦函数 $y=\arcsin x$；

反余弦函数 $y=\arccos x$；

反正切函数 $y=\arctan x$；

反余切函数 $y=\mathrm{arccot}\,x$.

根据反函数的概念，三角函数 $y=\sin x$，$y=\cos x$，$y=\tan x$，$y=\tan x$ 在其定义域内不存在反函数，因为对每一个值域中的数 y，有多个 x 与之对应. 但这些函数在其定义域的每一个单调增加(或减少)的子区间上存在反函数.

例如，$y=\sin x$ 在闭区间 $\left[-\dfrac{\pi}{2},\dfrac{\pi}{2}\right]$ 上单调增加，从而存在反函数，称此反函数为反正弦函数，记作 $y=\arcsin x$. 其定义域为 $[-1,1]$，值域为 $\left[-\dfrac{\pi}{2},\dfrac{\pi}{2}\right]$. 反正弦函数 $y=\arcsin x$ 在 $[-1,1]$ 上是单调增加的，它的图像如图 1-17 中实线部分所示.

类似地，可以定义其他三个三角函数的反函数：$y=\arccos x$，$y=\arctan x$ 和 $y=\mathrm{arccot}\,x$，它们分别称为**反余弦函数**、**反正切函数**和**反余切函数**.

反余弦函数 $y=\arccos x$ 的定义域为 $[-1,1]$，值域为 $[0,\pi]$，在 $[-1,1]$ 上是单调减少的，其图像如图 1-18 中实线部分所示.

反正切函数 $y=\arctan x$ 的定义域为 $(-\infty,+\infty)$，值域为 $\left(-\dfrac{\pi}{2},\dfrac{\pi}{2}\right)$，在

$(-\infty,+\infty)$上是单调增加的,其图像如图 1-19 中实线部分所示.

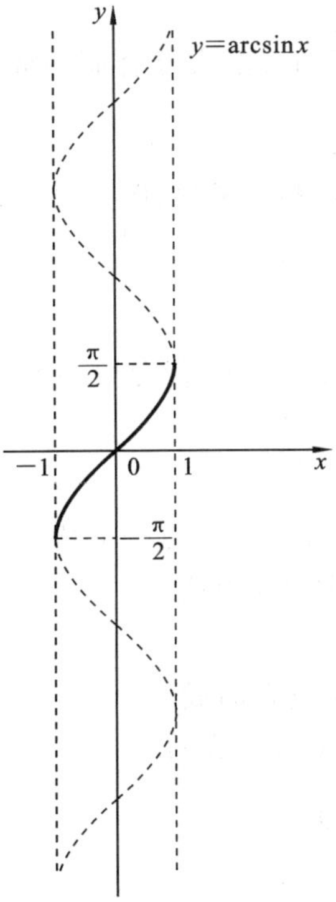

图 1-17

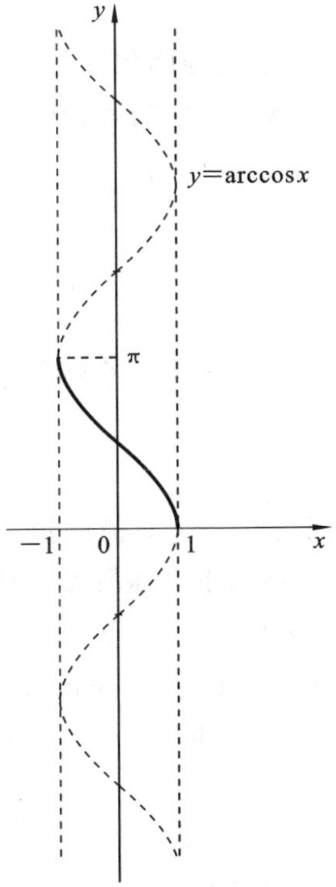

图 1-18

反余切函数 $y=\operatorname{arccot}x$ 的定义域为$(-\infty,+\infty)$,值域为$(0,\pi)$,在$(-\infty,+\infty)$上是单调减少的,其图像如图 1-20 中实线部分所示.

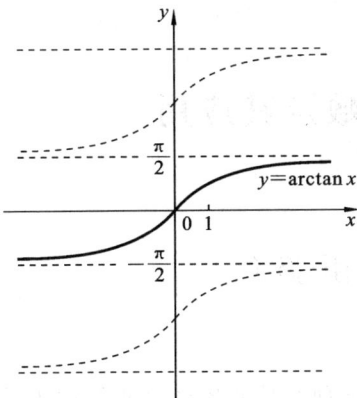

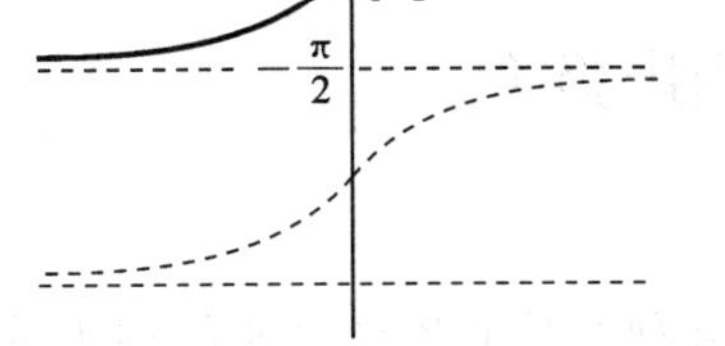

图 1-19

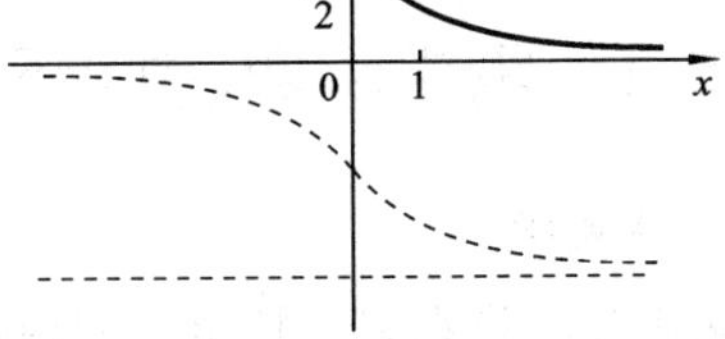

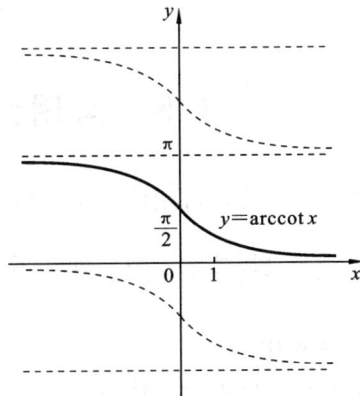

图 1-20

1.4.2 初等函数

由常数和基本初等函数经过有限次四则运算和有限次复合而构成,并能用一个解析式表示的函数,称为**初等函数**.

例如,$y=x^2+\sqrt{\dfrac{1+x}{1-x}}$,$y=2xe^{\sin x}+3x^2$ 等都是初等函数.而分段函数

$$f(x)=\begin{cases}-x+3, & x\geqslant 0\\ x^2+1, & x<0\end{cases}$$

不是初等函数,因为它在定义域内不能用一个解析式表示.但分段函数

$$f(x)=\begin{cases}x, & x\geqslant 0\\ -x, & x<0\end{cases}$$

是初等函数,因为它是绝对值函数,可看作由 $y=\sqrt{u}$,$u=x^2$ 复合而成.

例 1.4.1 指出下列函数是由哪些简单函数复合而成的.

(1) $y=(5x+1)^3$; (2) $y=e^{\arcsin x^3}$.

解 (1) $y=(5x+1)^3$ 是由 $y=u^3$,$u=5x+1$ 复合而成的.

(2) $y=e^{\arcsin x^3}$ 是由 $y=e^u$,$u=\arcsin v$,$v=x^3$ 复合而成的.

习 题 1.4

1. 求下列函数的定义域.

(1) $f(x)=\arcsin(2x-1)$; (2) $f(x)=\ln(x^2-4)+\arcsin\dfrac{x+1}{2}$.

2. 指出下列函数是由哪些基本初等函数复合而成的.

(1) $y=(2+x^2)^{\frac{1}{4}}$; (2) $y=\sin^2(3+2x)$; (3) $y=\dfrac{1}{1+\arcsin 3x}$.

1.5 常用经济函数及其应用

本节将介绍几种常用的经济函数及其应用.

1.5.1 需求函数、供给函数与市场均衡

1. 需求函数

需求函数是指在某一特定时期内，市场上某种商品的各种可能的购买量和决定这些购买量的诸因素之间的数量关系.

常用的需求函数表示的就是商品需求量和价格这两个经济量之间的数量关系：

$$Q=f_{\mathrm{d}}(P)$$

其中,Q 表示需求量,P 表示价格.

一般来说,当商品提价时,需求量会减少;当商品降价时,需求量就会增加,因此需求函数为单调减少函数.

需求函数的反函数 $P=f_{\mathrm{d}}^{-1}(Q)$ 称为**价格函数**.

2. 供给函数

供给函数是指在某一特定时期内,市场上某种商品的各种可能的供给量和决定这些供给量的诸因素之间的数量关系. 若 Q 表示供给量,P 表示价格,则供给函数为

$$Q=f_{\mathrm{s}}(P)$$

一般来说,当商品的价格提高时,商品的供给量将会相应增加;因此,供给函数是关于价格的单调增加函数.

3. 市场均衡

对一种商品而言,如果需求量等于供给量,则这种商品就达到了**市场均衡**. 以线性需求函数和线性供给函数为例,令

$$Q_{\mathrm{d}}=Q_{\mathrm{s}}$$
$$aP+b=cP+d$$
$$p=\frac{d-b}{a-c}\equiv p_0$$

价格 P_0 称为该商品的**市场均衡价格**(见图 1-21).

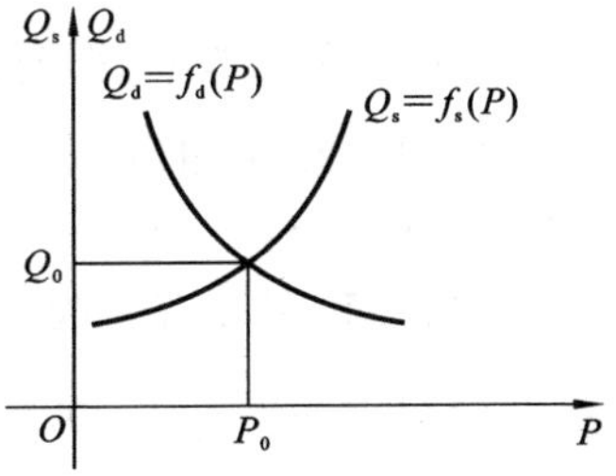

图 1-21

市场均衡价格就是需求函数和供给函数两条曲线的交点的横坐标. 当市场价格高于均衡价格时,将出现**供过于求**的现象,而当市场价格低于均衡价格时,将出现**供不应求**的现象. 当市场均衡时,有

$$Q_{\mathrm{d}}=Q_{\mathrm{s}}=Q_0$$

称 Q_0 为**市场均衡数量**.

根据市场的不同情况,需求函数与供给函数还有二次函数、多项式函数与指数函数等. 但其基本规律是相同的,都可找到相应的**市场均衡点**(P_0,Q_0).

例 1.5.1 设某商品的需求函数和供给函数分别为

$$Q_{\mathrm{d}}=180-5P,\quad Q_{\mathrm{s}}=15P-20$$

求该商品的市场均衡价格.

解 由均衡条件 $Q_{\mathrm{d}}=Q_{\mathrm{s}}$ 得

$$180-5P=15P-20$$

即

$$20P=200$$

因此,市场均衡价格为 $P_0=10$.

1.5.2 成本函数、收入函数与利润函数

1. 成本函数

成本函数表示费用总额与产量(或销售量)之间的依赖关系，产品成本可分为**固定成本**和**变动成本**两部分. 所谓固定成本，是指在一定时期内不随产量变化的那部分成本，如厂房及设备折旧费、保险费等；所谓变动成本，是指随产量变化而变化的那部分成本，如材料费、燃料费、提成费等. 一般地，以货币计值的(总)成本 C 是产量 x 的函数，即

$$C=C(x) \quad (x\geqslant 0)$$

称其为**成本函数**. 当产量 $x=0$ 时，对应的成本函数值 $C(0)$ 就是产品的固定成本值. 成本函数是单调增加函数.

均摊在单位产量上的成本称为**平均单位成本**，设 $C(x)$ 为成本函数，称

$$\bar{C}=\frac{C(x)}{x} \quad (x>0)$$

为**平均单位成本函数**或**平均成本函数**.

2. 收入函数与利润函数

销售某种产品的收入 R 等于产品的单位价格 P 乘以销售量 Q，即 $R=PQ$，称其为**收入(益)函数**.

而销售利润 L 等于收入 R 减去成本 C，即 $L(Q)=R(Q)-C(Q)$，称其为**利润函数**. 平均利润函数为 $\bar{L}(Q)=\dfrac{L(Q)}{Q}(Q>0)$.

例 1.5.2 已知生产某商品 Q 件时的固定成本为 6 万元，可变成本为 $(5Q+0.2Q^2)$ 万元，每件商品的销售价格为 9 万元. 求

(1) 总利润函数和平均利润函数；

(2) 生产 10 件产品的总利润与平均利润.

解 由题意可知，总成本函数为 $C(Q)=6+5Q+0.2Q^2$，总收益函数为 $R(Q)=9Q$.

(1) 总利润函数为

$$L(Q)=9Q-(6+5Q+0.2Q^2)=-0.2Q^2+4Q-6$$

平均利润为

$$\bar{L}(Q)=\frac{L(Q)}{Q}=-0.2Q+4-\frac{6}{Q}$$

(2) 生产 10 件产品的总利润为 $L(10)=(-0.2\times 10^2+4\times 10-6)$ 万元 $=14$ 万元；平均利润 $\bar{L}(10)=\left(-0.2\times 10+4-\dfrac{6}{10}\right)$ 万元 $=1.4$ 万元.

习 题 1.5

1. 某批发商每次以 150 元/件的价格将 500 件衣服批发给零售商，在这个基础上零售商每次多进 100 件衣服，则批发价相应降低 2 元，批发商最大批发量为每次 1000 件，试将衣服批发价格表示为批发量的函数，并求零售商每次进 900 件衣服时的批发价格.

2. 某产品总成本 C 元为日产量 x(单位:kg)的函数

$$C=C(x)=\frac{1}{9}x^2+6x+100$$

产品销售价格为 p 元/kg,它与产量 x(单位:kg)的关系为

$$p=p(x)=46-\frac{1}{3}x$$

(1) 试将平均单位成本表示为日产量 x 的函数；

(2) 试将每日产品全部销售后获得的总利润 L 表示为日产量 x 的函数.

3. 已知某商品的成本函数与收入函数分别是

$$C(x)=12+3x+x^2,\quad R(x)=11x$$

其中 x 表示产销量,试求该商品的盈亏平衡点，并说明盈亏情况.

总 习 题 1

1. 求函数 $y=\sqrt{4-x^2}+\dfrac{1}{\sqrt{x-1}}$的定义域.

2. 判断下列函数的奇偶性.

(1) $f(x)=\sqrt{1-x}+\sqrt{1+x}$；　　(2) $y=e^{2x}-e^{-2x}+\sin x$.

3. 求下列函数的反函数及其定义域.

(1) $y=\dfrac{1-x}{1+x}$；　　(2) $y=\ln(x+2)+1$；

(3) $y=3^{2x+5}$；　　(4) $y=1+\cos^3 x,x\in[0,\pi]$.

4. 设 $f(x)=\dfrac{x}{x+1}(x\neq-1)$,求 $f(f(x))$.

5. 某厂生产某种产品,年销售量为 10^6 件,每批生产需要准备费 10^3 元,而每件的年库存费为 0.05 元,如果销售是均匀的,求准备费与库存费之和的总费用与年销售批数之间的函数(销售均匀是指商品库存数为批量的一半).

6. 某产品总成本 C 万元为年产量 x 吨的函数,即

$$C=C(x)=a+bx^2$$

其中 a,b 为待定常数. 已知固定成本为 400 万元,且当年产量 $x=100$ 吨时,总成本 $C=500$ 万元,试将平均单位成本 $\overline{C}$ 表示为年产量 x 的函数.

7. 某厂每年生产 Q 台某商品的平均单位成本为

$$\overline{C}=\overline{C}(Q)=\left(Q+6+\frac{20}{Q}\right)\text{万元/台}$$

商品销售价格 $p=30$ 万元/台，试将每年商品全部销售后获得总利润 L 表示为年产量 Q 的函数.

第 1 章习题答案

第 2 章　极限与连续

极限的概念是微积分中最基本的概念，极限方法是微积分中最基本的方法．由变量的连续变化所引入的连续函数，则是微积分学的主要研究对象．

2.1　数列的极限

2.1.1　数列极限的定义

定义 2.1.1　数列是定义在自然数集 **N** 上的函数，记为 $x_n=f(n)(n=1,2,3,\cdots)$．因此，数列可以看成是按顺序排列的一串数：

$$x_1,x_2,x_3,\cdots,x_n,\cdots$$

简记为 $\{x_n\}$．数列中的每个数称为数列的项，其中 x_n 称为数列的**一般项**或**通项**．

考察当 n 无限增大时（记为 $n\to\infty$，符号"$\to$"读作"趋向于"），一般项 x_n 的变化趋势．

观察下面数列：

(1) $1,2,3,\cdots,n,\cdots$

(2) $1,0,1,\cdots,\dfrac{1+(-1)^{n-1}}{2},\cdots$

(3) $1,1,1,\cdots,1,\cdots$

(4) $\dfrac{1}{2},\dfrac{1}{4},\dfrac{1}{8},\dfrac{1}{16},\cdots,\dfrac{1}{2^n},\cdots$

(5) $2,\dfrac{1}{2},\dfrac{4}{3},\dfrac{3}{4},\cdots,\dfrac{n+(-1)^{n-1}}{n},\cdots$

容易看出，数列(1)的项随 n 增大时，其值越来越大，且无限增大；数列(2)的各项值交替地取 1 与 0；数列(3)各项的值均相同．

为清楚起见，将数列(4)和(5)的各项用数轴上的对应点 $x_1,x_2,\cdots$表示，如图 2-1(a)、(b)所示．

从图 2-1 可知，当 n 无限增大时，数列$\left\{\dfrac{1}{2^n}\right\}$在数轴上的对应点从原点的右侧无限接近于 0；数列$\left\{\dfrac{n+(-1)^{n-1}}{n}\right\}$在数轴上的对应点从 $x=1$ 的两侧无限接近于 1．一

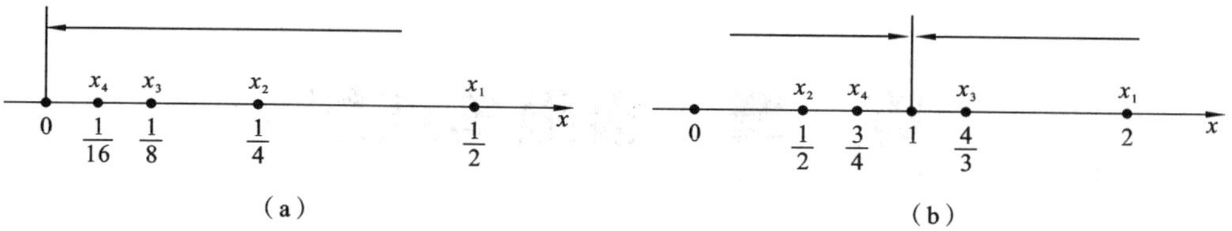

图 2-1

般地,可以给出下面的定义:

定义 2.1.2 对于数列$\{x_n\}$,如果当n无限增大时,一般项x_n的值无限接近于一个确定的常数a,则称a为数列$\{x_n\}$当n趋向于无穷大时的**极限**,记为

$$\lim_{n\to\infty}x_n=a \quad \text{或者} \ x_n\to a\ (n\to\infty)$$

此时,也称数列$\{x_n\}$收敛于a,而称$\{x_n\}$为**收敛数列**.如果数列的极限不存在,则称它为**发散数列**.

例如,数列$\left\{\frac{1}{2^n}\right\}$,$\left\{\frac{n+(-1)^{n-1}}{n}\right\}$是收敛数列,且

$$\lim_{n\to\infty}\frac{1}{2^n}=0,\quad \lim_{n\to\infty}\frac{n+(-1)^{n-1}}{n}=1$$

而$\left\{\frac{1+(-1)^n}{2}\right\}$,$\{n\}$是发散数列.

定义 2.1.2′(数列极限的精确定义) 如果对于任意给定的正数ε,总存在正整数N,使得对于$n>N$的一切x_n,都有不等式$|x_n-a|<\varepsilon$成立,则称常数a为数列$\{x_n\}$当$n\to\infty$时的极限,或称数列$\{x_n\}$收敛于a.记为$\lim\limits_{n\to\infty}x_n=a$或者$x_n\to a(n\to\infty)$.

注 定义 2.1.2′称为数列极限的“ε-N”语言,虽然比较抽象,但只要抓住要点,可以精确描述和论证相关数列的极限.

为了以后叙述的方便,这里介绍几个符号.

符号“$\forall$”:表示“对于任意的”“对于所有的”或“对于每一个”;

符号“$\exists$”:表示“存在”“有一个”;

符号“$\max\{X\}$”:表示数集X中的最大数;

符号“$\min\{X\}$”:表示数集X中的最小数.

于是,定义 2.1.2′可以简单写为

$$\lim_{n\to\infty}x_n=a \Leftrightarrow \forall\varepsilon>0,\exists \text{正整数} N,\text{当} n>N \text{时,有} |x_n-a|<\varepsilon$$

例 2.1.1 根据数列极限的定义,证明:$\lim\limits_{n\to\infty}\frac{1}{n^2}=0$.

证 $\forall\varepsilon>0$,要使$\left|\frac{1}{n^2}-0\right|=\frac{1}{n^2}<\varepsilon$,只要$n>\sqrt{\frac{1}{\varepsilon}}$.取$N=\left[\sqrt{\frac{1}{\varepsilon}}\right]$,则当$n>N$

时，恒有 $\left|\dfrac{1}{n^2}-0\right|<\varepsilon$. 故 $\lim\limits_{n\to\infty}\dfrac{1}{n^2}=0$.

注　(1) ε 是用来刻画 x_n 与 a 的接近程度，N 是用来刻画 $n\to\infty$ 这个极限过程. N 的取值不唯一.

(2) 数列的极限是否存在，以及若存在时其极限值为多少与数列的前有限项无关.

例 2.1.2　若 $\lim\limits_{n\to\infty}x_n=a$，证明：$\lim\limits_{n\to\infty}|x_n|=|a|$，并举反例说明反之不一定成立.

证　因为 $\lim\limits_{n\to\infty}x_n=a$，由极限的定义知，$\forall\varepsilon>0$，$\exists N>0$，当 $n>N$ 时，恒有 $|x_n-a|<\varepsilon$. 而

$$\big||x_n|-|a|\big|\leqslant|x_n-a|<\varepsilon$$

所以 $\forall\varepsilon>0$，$\exists N>0$，当 $n>N$ 时，恒有 $\big||x_n|-|a|\big|<\varepsilon$，由极限的定义知 $\lim\limits_{n\to\infty}|x_n|=|a|$.

但这个结论的逆不成立. 如 $x_n=(-1)^n$，$\lim\limits_{n\to\infty}|x_n|=1$，但 $\lim\limits_{n\to\infty}x_n$ 不存在.

注　(1) 重要不等式：$|x|-|y|\leqslant\big||x|-|y|\big|\leqslant|x\pm y|\leqslant|x|+|y|$.

(2) $\lim\limits_{n\to\infty}x_n=0 \Leftrightarrow \lim\limits_{n\to\infty}|x_n|=0$.（即极限 $a=0$ 时为充要条件）

以下几个常用数列的极限需记住：

(1) $\lim\limits_{n\to\infty}C=C$（$C$ 为常数）；

(2) $\lim\limits_{n\to\infty}\dfrac{1}{n^a}=0(a>0)$；

(3) $\lim\limits_{n\to\infty}q^n=0(|q|<1)$.

2.1.2　数列极限的性质

定理 2.1.1(唯一性)　若数列收敛，则其极限唯一.

定义 2.1.3　设有数列 $\{x_n\}$，若 $\exists M>0$，使对一切 $n=1,2,\cdots$，有

$$|x_n|\leqslant M$$

则称数列 $\{x_n\}$ 是有界的，否则称它是无界的.

例如，数列 $\{(-1)^n\}$ 有界；数列 $\{n\}$ 无界.

定理 2.1.2(有界性)　若数列 $\{x_n\}$ 收敛，则数列 $\{x_n\}$ 有界.

定理 2.1.2 的逆命题不成立，例如，数列 $\{(-1)^n\}$ 有界，但它不收敛.

推论 2.1.1　无界数列必发散.

定理 2.1.3(保号性)　若 $\lim\limits_{n\to\infty}x_n=a$，$a>0$（或 $a<0$），则存在正整数 N，当 $n>N$ 时，$x_n>0$（或 $x_n<0$）.

推论 2.1.2　设有数列 $\{x_n\}$，存在正整数 N，当 $n>N$ 时，$x_n>0$（或 $x_n<0$），若

$\lim\limits_{n\to\infty}x_n=a$，则必有 $a\geqslant 0$（或 $a\leqslant 0$）.

注 在推论中，我们只能推出 $a\geqslant 0$（或 $a\leqslant 0$），而不能由 $x_n>0$（或 $x_n<0$）推出其极限（若存在）也大于 0（或小于 0）. 例如，$x_n=\dfrac{1}{n}>0$，但 $\lim\limits_{n\to\infty}x_n=\lim\limits_{n\to\infty}\dfrac{1}{n}=0$.

习　题　2.1

1. 写出下列数列的通项公式，并观察其变化趋势.

(1) $0,\dfrac{1}{3},\dfrac{2}{4},\dfrac{3}{5},\dfrac{4}{6},\cdots$；　　(2) $1,0,-3,0,5,0,-7,0,\cdots$；

(3) $-3,\dfrac{5}{3},-\dfrac{7}{5},\dfrac{9}{7},\cdots$.

2*. 根据数列极限的定义，证明：

(1) $\lim\limits_{n\to\infty}\dfrac{3n-1}{2n+1}=\dfrac{3}{2}$；　　(2) $\lim\limits_{n\to\infty}\dfrac{\sqrt{n^2+a^2}}{n}=1$；

(3) $\lim\limits_{n\to\infty}\dfrac{1}{2^n}=0$；　　(4) $\lim\limits_{n\to\infty}\dfrac{1}{n}\cos\dfrac{n\pi}{4}=0$.

2.2　函数的极限

2.2.1　自变量趋向无穷大时函数的极限

对一般函数 $y=f(x)$ 而言，自变量无限增大时，函数值无限接近一个常数的情形与数列极限类似，所不同的是，自变量的变化可以是连续的.

定义 2.2.1 设函数 $f(x)$ 当 $|x|$ 大于某一正数时有定义，A 为一常数，若 $\forall\varepsilon>0$，$\exists X>0$，当 $|x|>X$ 时，都有不等式

$$|f(x)-A|<\varepsilon$$

成立，则称常数 A 为函数 $f(x)$ 当 $x\to\infty$ 时的极限，记作

$$\lim_{x\to\infty}f(x)=A\quad\text{或者}\quad f(x)\to A\quad(x\to\infty)$$

定义 2.2.1 可简叙为（"ε-X"语言）：

$$\lim_{x\to\infty}f(x)=A\Leftrightarrow\forall\varepsilon>0,\exists X>0,\text{当}|x|>X\text{时，有}|f(x)-A|<\varepsilon$$

定义 2.2.2 若 $\forall\varepsilon>0$，$\exists X>0$，当 $x>X$ 时，都有不等式 $|f(x)-A|<\varepsilon$ 成立，则称常数 A 为函数 $f(x)$ 当 $x\to+\infty$ 时的极限，记为 $\lim\limits_{x\to+\infty}f(x)=A$.

若 $\forall\varepsilon>0$，$\exists X>0$，当 $x<-X$ 时，都有不等式 $|f(x)-A|<\varepsilon$ 成立，则称常数 A 为函数 $f(x)$ 当 $x\to-\infty$ 时的极限，记为 $\lim\limits_{x\to-\infty}f(x)=A$.

极限 $\lim\limits_{x\to+\infty} f(x)=A$ 与 $\lim\limits_{x\to-\infty} f(x)=A$ 称为**单侧极限**.

由定义 2.2.1、定义 2.2.2 及绝对值性质可得下面的定理.

定理 2.2.1　$\lim\limits_{x\to\infty} f(x)=A$ 的充分必要条件是 $\lim\limits_{x\to+\infty} f(x)=\lim\limits_{x\to-\infty} f(x)=A$.

例 2.2.1　考察下列极限是否存在:

(1) $\lim\limits_{x\to\infty}\arctan x$;　　　(2) $\lim\limits_{x\to\infty}\dfrac{1}{x}$.

解　(1) 因为 $\lim\limits_{x\to+\infty}\arctan x=\dfrac{\pi}{2}$, $\lim\limits_{x\to-\infty}\arctan x=-\dfrac{\pi}{2}$, 所以由定理 2.2.1 知 $\lim\limits_{x\to\infty}\arctan x$ 不存在(见图 2-2).

(2) 因为 $\lim\limits_{x\to-\infty}\dfrac{1}{x}=0$, $\lim\limits_{x\to+\infty}\dfrac{1}{x}=0$, 所以 $\lim\limits_{x\to\infty}\dfrac{1}{x}=0$(见图 2-3).

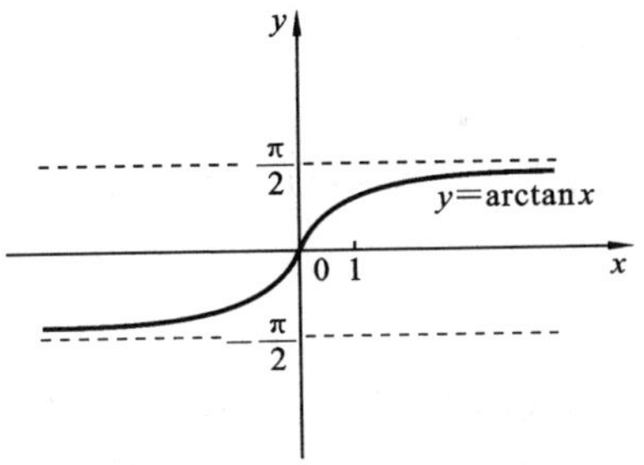

图 2-2

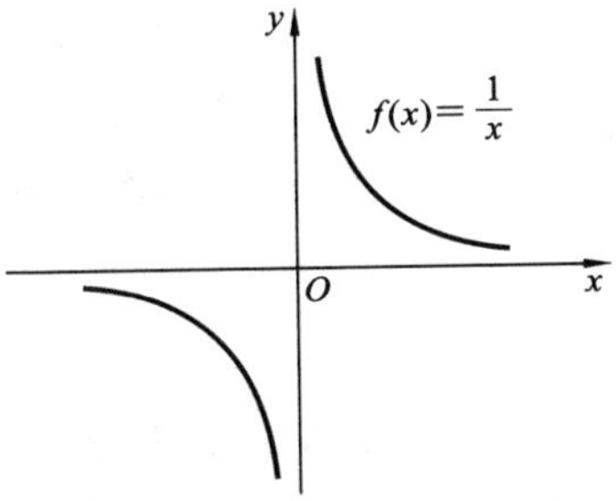

图 2-3

例 2.2.2　用函数极限定义证明: $\lim\limits_{x\to\infty}\dfrac{\sin x}{x}=0$.

证　$\forall\varepsilon>0$, 要使

$$\left|\frac{\sin x}{x}-0\right|=\left|\frac{\sin x}{x}\right|\leqslant\frac{1}{|x|}<\varepsilon$$

只须 $|x|>\dfrac{1}{\varepsilon}$, 取 $X=\dfrac{1}{\varepsilon}$, 则当 $|x|>X$ 时, 必有

$$\left|\frac{\sin x}{x}-0\right|<\varepsilon$$

故 $\lim\limits_{x\to\infty}\dfrac{\sin x}{x}=0$.

2.2.2　自变量趋于有限值时函数的极限

定义 2.2.3　设函数 $f(x)$ 在点 x_0 的某一去心邻域内有定义. 若 $\forall\varepsilon>0$, $\exists\delta>0$, 使得 $x\in\mathring{U}(x_0,\delta)$(即 $0<|x-x_0|<\delta$)时, 都有不等式 $|f(x)-A|<\varepsilon$ 成立, 则称常数 A 为函数 $f(x)$ 当 $x\to x_0$ 时的极限. 记为

$$\lim_{x \to x_0} f(x) = A \quad 或者\ f(x) \to A(x \to x_0)$$

ε-δ 语言：$\lim\limits_{x \to x_0} f(x) = A \Leftrightarrow \forall \varepsilon > 0, \exists \delta > 0$，当 $0 < |x - x_0| < \delta$ 时，总有 $|f(x) - A| < \varepsilon$.

注 (1) $f(x)$在 $x = x_0$ 处有无极限与函数在该点有没有定义无关，只与 $x = x_0$ 的某去心邻域 $\mathring{U}(x_0, \delta)$的函数值有关.

(2) ε 是用来刻画 $f(x)$与 A 的接近程度，δ 是刻画 x 与 x_0 的接近程度.

(3) $\lim\limits_{x \to x_0} f(x) = A$，则 $f(x)$必须在 $x = x_0$ 的某去心邻域 $\mathring{U}(x_0, \delta)$内处处有定义.

例 2.2.3 用函数极限定义证明：$\lim\limits_{x \to -\frac{1}{2}} \dfrac{1 - 4x^2}{2x + 1} = 2$.

证 $\forall \varepsilon > 0$，要使

$$\left| \frac{1 - 4x^2}{2x + 1} - 2 \right| = |2x + 1| = 2\left| x + \frac{1}{2} \right| < \varepsilon$$

只须 $\left| x + \dfrac{1}{2} \right| < \dfrac{\varepsilon}{2}$，取 $\delta = \dfrac{\varepsilon}{2}$，则当 $0 < \left| x - \left(-\dfrac{1}{2} \right) \right| < \delta$ 时，必有 $\left| \dfrac{1 - 4x^2}{2x + 1} - 2 \right| < \varepsilon$，故 $\lim\limits_{x \to -\frac{1}{2}} \dfrac{1 - 4x^2}{2x + 1} = 2$.

注 (1) 证题的关键是从 $|f(x) - A| < \varepsilon$ 中，找出 $|x - x_0| < \varphi(\varepsilon) = \delta$ 中的 $\varphi(\varepsilon)$.

(2) 从该题可以看出，极限存在与否与该点有无定义无关. 这也就是为什么只需存在x_0的去心邻域 $\mathring{U}(x_0, \delta)$使得 $|f(x) - A| < \varepsilon$ 就够了，而并不要求在点 x_0 处满足 $|f(x) - A| < \varepsilon$.

在定义 2.2.3 中，$x \to x_0$ 是指 x 从 x_0 的两侧趋向于 x_0. 有些实际问题只需要考虑 x 从 x_0 的一侧趋向 x_0 时，函数 $f(x)$的变化趋势，因此引入下面的函数左右极限的概念.

定义 2.2.4 如果当 x 从 x_0 的左侧趋于 x_0（记作 $x \to x_0^-$）时，对应的函数值 $f(x)$无限接近于一个常数 A，则称 A 为函数 $f(x)$当 $x \to x_0$ 时的**左极限**，记为

$$\lim_{x \to x_0^-} f(x) = A \quad 或者 \quad f(x_0 - 0) = A$$

如果当 x 从 x_0 的右侧趋于 x_0（记作 $x \to x_0^+$）时，对应的函数值 $f(x)$无限接近于一个常数 A，则称 A 为函数 $f(x)$当 $x \to x_0$ 时的**右极限**，记为

$$\lim_{x \to x_0^+} f(x) = A \quad 或者 \quad f(x_0 + 0) = A$$

定理 2.2.2 $\lim\limits_{x \to x_0} f(x) = A$ 的充分必要条件是 $\lim\limits_{x \to x_0^-} f(x) = \lim\limits_{x \to x_0^+} f(x) = A$.

例 2.2.4 证明：$\lim\limits_{x \to 0} \arctan \dfrac{1}{x}$不存在.

证 因为

$$\lim_{x\to 0^+}\arctan\frac{1}{x}=\frac{\pi}{2},\ \lim_{x\to 0^-}\arctan\frac{1}{x}=-\frac{\pi}{2},\quad \lim_{x\to 0^+}\arctan\frac{1}{x}\neq\lim_{x\to 0^-}\arctan\frac{1}{x}$$

所以 $\lim\limits_{x\to 0}\arctan\dfrac{1}{x}$不存在.

2.2.3 函数极限的性质

为了叙述方便,后面使用的极限符号“lim”未标明自变量变化过程,它表示任何一种极限过程.

函数的极限具有如下几个性质:

定理 2.2.3(唯一性) 若极限 $\lim f(x)\to 1$ 存在,则其极限是唯一的.

定义 2.2.5 在 $x\to x_0$(或 $x\to\infty$)的过程中,若 $\exists M>0$,使 $x\in\mathring{U}(x_0)$(或 $|x|>X$),

$$|f(x)|\leqslant M$$

则称 $f(x)$是 $x\to x_0$(或 $x\to\infty$)时的**有界变量**.

定理 2.2.4 若 $\lim f(x)$存在,则 $f(x)$是该极限过程中的有界变量.

注 定理 2.2.4 的逆命题不成立. 如 $\cos x$ 是有界变量,但 $\lim\limits_{x\to+\infty}\cos x$ 不存在.

定理 2.2.5(保号性) 若$\lim\limits_{x\to x_0}f(x)=A$,且 $A>0$(或 $A<0$),则存在 x_0 的某一去心邻域,当 x 属于该去心邻域时,有 $f(x)>0$(或 $f(x)<0$).

若$\lim\limits_{x\to\infty}f(x)=A$,$A>0$(或 $A<0$),则 $\exists X>0$,当$|x|>X$ 时,有 $f(x)>0$(或 $f(x)<0$).

推论 在某极限过程中,若 $f(x)>0$(或 $f(x)<0$),且 $\lim f(x)=A$,则 $A\geqslant 0$(或 $A\leqslant 0$).

习 题 2.2

1. 选择题

(1) 函数 $f(x)$在点 x_0 处有定义,是当 $x\to x_0$ 时 $f(x)$有极限的(　　).

A. 必要条件　　B. 充分条件　　C. 充要条件　　D. 无关条件

(2) $f(x_0-0)$与 $f(x_0+0)$都存在是函数 $f(x)$在点 x_0 处有极限的(　　).

A. 必要条件　　B. 充分条件　　C. 充要条件　　D. 无关条件

(3) 设 $f(x)=\begin{cases}1, & x\neq 1\\ 0, & x=1\end{cases}$,则$\lim\limits_{x\to 0}f(x)=$(　　).

A. 不存在　　B. ∞　　C. 0　　D. 1

(4) 设 $f(x)=|x|$,则$\lim\limits_{x\to 1}f(x)=$(　　).

A. -1　　B. 1　　C. 0　　D. 不存在

(5) 设 $f(x)=\dfrac{|x-1|}{x-1}$，则$\lim\limits_{x\to1}f(x)=($　　$)$.

A. 0　　B. -1　　C. 1　　D. 不存在

(6) 极限$\lim\limits_{x\to\infty}\dfrac{\sqrt{x^2+1}}{x}=($　　$)$.

A. 1　　B. -1　　C. ∞　　D. 不存在

2. 设

$$f(x)=\begin{cases}x, & x\leqslant 0\\ 1 & x>0\end{cases}$$

试讨论$\lim\limits_{x\to0}f(x)$是否存在.

3. 设 $f(x)=\begin{cases}e^x, & x>0\\ x+b, & x\leqslant 0\end{cases}$，问 b 取何值时，可使极限$\lim\limits_{x\to0}f(x)$存在？

4*. 用函数极限定义证明：

(1) $\lim\limits_{x\to\infty}\dfrac{3x^2-1}{x^2+4}=3$；

(2) $\lim\limits_{x\to-2}\dfrac{x^2-4}{x+2}=-4$；

(3) $\lim\limits_{x\to0}x\sin\dfrac{1}{x}=0$；

(4) $\lim\limits_{x\to+\infty}\dfrac{\cos x}{\sqrt{x}}=0$.

2.3　无穷小与无穷大

2.3.1　无穷小

定义 2.3.1　若$\lim\alpha(x)=0$，则称 $\alpha(x)$为该极限过程中的一个**无穷小量**，简称**无穷小**.

例如，$\lim\limits_{x\to1}(x-1)=0$，所以当 $x\to1$ 时，函数 $f(x)=x-1$ 是无穷小.

又如，$\lim\limits_{x\to\infty}\dfrac{1}{x^2}=0$，所以当 $x\to\infty$时，函数 $f(x)=\dfrac{1}{x^2}$是无穷小.

注　(1) $\alpha(x)$为 $x\to x_0$ 的无穷小量 $\Leftrightarrow$ $\forall\varepsilon>0$，$\exists\delta>0$，当 $0<|x-x_0|<\delta$ 时，$|\alpha(x)|=|\alpha(x)-0|<\varepsilon \Leftrightarrow \lim\limits_{x\to x_0}\alpha(x)=0$.

(2) 简而言之，无穷小是极限为 0 的量. 谈无穷小量时一定要指出具体的极限过程.

(3) 无穷小不要与很小的数混为一谈，无穷小是这样的函数，在某过程中该函数的绝对值能够任意小，而很小的数却不能. 但 0 可以作为无穷小的唯一的常数.

下面的定理说明了无穷小量与函数极限的关系.

定理 2.3.1 $\lim f(x)=A$ 的充要条件是 $f(x)=A+\alpha(x)$，其中 $\alpha(x)$ 为该极限过程中的无穷小量.

2.3.2 无穷小的性质

性质 1 有限个无穷小的代数和仍为无穷小.

性质 2 有界变量与无穷小的乘积为无穷小.

推论 1 常数与无穷小的乘积为无穷小.

推论 2 有限个无穷小的乘积为无穷小.

例 2.3.1 求 $\lim\limits_{x\to\infty}\dfrac{\sin x}{x}$.

解 因为 $|\sin x|\leqslant 1$ 对任意的 $x\in(-\infty,+\infty)$ 成立，且 $\lim\limits_{x\to\infty}\dfrac{1}{x}=0$，故由性质 2 得

$$\lim_{x\to\infty}\frac{1}{x}\sin x=0$$

2.3.3 无穷大

定义 2.3.2 如果在某极限过程中，$|f(x)|$ 无限地增大，则称函数 $f(x)$ 为该极限过程的**无穷大量**，简称**无穷大**.

无穷大包括正无穷大和负无穷大. 分别将某极限过程中的无穷大、正无穷大、负无穷大记作：

$$\lim f(x)=\infty,\quad \lim f(x)=+\infty,\quad \lim f(x)=-\infty$$

注 (1) 无穷大是一个变量，这里借用 $\lim f(x)$ 表示 $f(x)$ 是一个无穷大，并不意味着 $f(x)$ 的极限存在. 恰恰相反，$\lim f(x)=\infty$ 意味着 $f(x)$ 的极限不存在.

(2) 称一个函数为无穷大量时，必须明确地指出自变量的变化趋势. 对于一个函数，一般来说，自变量趋向不同会导致函数值的趋向不同. 例如，函数 $y=\mathrm{e}^x$，当 $x\to+\infty$ 时，它是一个正无穷大量，而当 $x\to-\infty$ 时，它趋于零，是无穷小量.

(3) 无穷大不是数，不可与很大的数混为一谈.

(4) 两个无穷大量的积仍为无穷大量，无穷大量与有界变量之和仍为无穷大量.

例 2.3.2 $\lim\limits_{x\to\frac{\pi}{2}^-}\tan x=+\infty$，即当 $x\to\dfrac{\pi}{2}^-$ 时，$\tan x$ 为正无穷大量；$\lim\limits_{x\to\frac{\pi}{2}^+}\tan x=-\infty$，即当 $x\to\dfrac{\pi}{2}^+$ 时，$\tan x$ 为负无穷大量.

由无穷大的定义可知，在某一极限过程中的无穷大量必是无界变量，但其逆命题不成立. 例如，数列 $x_n=\begin{cases}n, & n\text{ 为奇数}\\ 0, & n\text{ 为偶数}\end{cases}$ 是无界变量但不是无穷大量.

在同一变化过程中，无穷小与无穷大之间有如下关系：

定理 2.3.2 在某极限过程中，若 $f(x)$ 为无穷大量，则 $\frac{1}{f(x)}$ 为无穷小量；反之，若 $f(x)$ 为无穷小量，且 $f(x)\neq 0$，则 $\frac{1}{f(x)}$ 为无穷大量.

例 2.3.3 求 $\lim\limits_{x\to 1}\frac{1}{x-1}$.

解 因为 $\lim\limits_{x\to 1}(x-1)=0$，所以 $\lim\limits_{x\to 1}\frac{1}{x-1}=\infty$.

习 题 2.3

1. 下列函数在什么情况下为无穷小？在什么情况下为无穷大？

(1) $\frac{x+2}{x-1}$； (2) $\ln x$.

2. 选择题

(1) 设 α 和 β 分别是同一变化过程中的无穷小量与无穷大量，则 $\alpha+\beta$ 是同一变化过程中的(　　).

A. 无穷小量　　B. 有界变量　　C. 常量　　D. 无穷大量

(2) "当 $x\to x_0$ 时，$f(x)-A$ 是一个无穷小量"是"函数 $f(x)$ 在点 $x=x_0$ 处以 A 为极限"的(　　).

A. 必要而不充分条件　　B. 充分而不必要条件

C. 充分必要条件　　D. 无关条件

(3) 当 $x\to 0$ 时，$\frac{1}{x}\cos\frac{1}{x}$ 是(　　).

A. 无穷小量　　B. 无穷大量　　C. 无界变量　　D. 有界变量

3. 求下列极限.

(1) $\lim\limits_{x\to 0}x^2\cos\frac{1}{x}$； (2) $\lim\limits_{x\to\infty}\frac{\arctan x}{x}$； (3) $\lim\limits_{n\to\infty}\frac{\cos n}{n}$.

4*. 函数 $y=x\cos x$ 在 $(-\infty,+\infty)$ 内是否有界？这个函数是否为 $x\to+\infty$ 时的无穷大？为什么？

2.4 极限的运算法则

本节主要介绍极限的四则运算法则和复合函数的极限运算法则.

2.4.1 极限的四则运算法则

定理 2.4.1 若 $\lim f(x)=A$，$\lim g(x)=B$，则

(1) $\lim[f(x)\pm g(x)]=A\pm B=\lim f(x)\pm\lim g(x)$;

(2) $\lim[f(x)\cdot g(x)]=A\cdot B=\lim f(x)\cdot\lim g(x)$;

(3) $\lim\dfrac{f(x)}{g(x)}=\dfrac{A}{B}=\dfrac{\lim f(x)}{\lim g(x)}\ (B\neq 0)$.

推论 1　若 $\lim f(x)$存在,C 为常数,则

$$\lim Cf(x)=C\lim f(x)$$

即求极限时,常数因子可提到极限符号外面,因为 $\lim C=C$.

推论 2　若 $\lim f(x)$存在,n 为正整数,则

$$\lim[f(x)]^n=[\lim f(x)]^n$$

例 2.4.1　求$\lim\limits_{x\to 1}(3x^2-2x+1)$.

解　$\lim\limits_{x\to 1}(3x^2-2x+1)=3(\lim\limits_{x\to 1}x)^2-2\lim\limits_{x\to 1}x+1=3\times 1^2-2\times 1+1=2$

一般地,设多项式为

$$p(x)=a_nx^n+a_{n-1}x^{n-1}+\cdots+a_1x+a_0$$

则有
$$\lim_{x\to x_0}P(x)=a_nx_0^n+a_{n-1}x_0^{n-1}+\cdots+a_1x_0+a_0$$

即
$$\lim_{x\to x_0}P(x_0)=p(x_0)$$

例 2.4.2　求$\lim\limits_{x\to 1}\dfrac{3x+1}{x-3}$.

解
$$\lim_{x\to 1}\frac{3x+1}{x-3}=\frac{\lim\limits_{x\to 1}(3x+1)}{\lim\limits_{x\to 1}(x-3)}=\frac{4}{-2}=-2$$

例 2.4.3　求$\lim\limits_{x\to 1}\dfrac{x+2}{x-1}$.

解　因分母的极限为 0,所以不能用商的极限运算法则,但是$\lim\limits_{x\to 1}(x+2)=3\neq 0$,所以可先求出

$$\lim_{x\to 1}\frac{x-1}{x+2}=\frac{\lim\limits_{x\to 1}(x-1)}{\lim\limits_{x\to 1}(x+2)}=\frac{0}{3}=0$$

再由无穷小与无穷大的关系,得到

$$\lim_{x\to 1}\frac{x+2}{x-1}=\infty$$

例 2.4.4　求$\lim\limits_{x\to 1}\dfrac{x-1}{x^2-1}$.

解　当 $x\to 1$ 时,由于分子、分母的极限均为零,这种情形称为“$\dfrac{0}{0}$”型,对此情形不能直接运用极限运算法则,通常应设法去掉分母中的“零因子”.

$$\frac{x-1}{x^2-1}=\frac{x-1}{(x+1)(x-1)}=\frac{1}{x+1}$$

所以
$$\lim_{x\to1}\frac{x-1}{x^2-1}=\lim_{x\to1}\frac{1}{x+1}=\frac{1}{2}$$

注 $x\to1$ 表示 x 无限接近 1,但始终不等于 1,所以 $x-1$ 为非零因子,从而在商式中可以约去.

例 2.4.5 求$\lim\limits_{x\to1}\dfrac{\sqrt{3-x}-\sqrt{1+x}}{x^2-1}$.

解
$$\lim_{x\to1}\frac{\sqrt{3-x}-\sqrt{1+x}}{x^2-1}=\lim_{x\to1}\frac{(\sqrt{3-x}-\sqrt{1+x})(\sqrt{3-x}+\sqrt{1+x})}{(x^2-1)(\sqrt{3-x}+\sqrt{1+x})}$$
$$=\lim_{x\to1}\frac{2(1-x)}{(x^2-1)(\sqrt{3-x}+\sqrt{1+x})}$$
$$=\lim_{x\to1}\frac{-2}{(x+1)(\sqrt{3-x}+\sqrt{1+x})}=-\frac{\sqrt{2}}{4}$$

例 2.4.6 求$\lim\limits_{x\to\infty}\dfrac{2x^2+x+3}{3x^2+x-1}$.

解 当 $x\to\infty$ 时,其分子、分母均为无穷大,这种情形称为“$\dfrac{\infty}{\infty}$”型,所以不能运用商的极限运算法则,通常应设法将其变形.
$$\lim_{x\to\infty}\frac{2x^2+x+3}{3x^2+x-1}=\lim_{x\to\infty}\frac{2+\dfrac{1}{x}+\dfrac{3}{x^2}}{3+\dfrac{1}{x}-\dfrac{1}{x^2}}=\frac{\lim\limits_{x\to\infty}\left(2+\dfrac{1}{x}+\dfrac{3}{x^2}\right)}{\lim\limits_{x\to\infty}\left(3+\dfrac{1}{x}-\dfrac{1}{x^2}\right)}=\frac{2}{3}$$

注 该方法常称为“抓大头”,即分子、分母同除以最高因子.

例 2.4.7 求$\lim\limits_{x\to1}\left(\dfrac{1}{1-x}-\dfrac{3}{1-x^3}\right)$.

解 当 $x\to1$ 时,上式的两项均为无穷大,所以不能用差的极限运算法则,但是可以先通分,再求极限.
$$\lim_{x\to1}\left(\frac{1}{1-x}-\frac{3}{1-x^3}\right)=\lim_{x\to1}\frac{1+x+x^2-3}{1-x^3}=\lim_{x\to1}\frac{(x-1)(x+2)}{(1-x)(1+x+x^2)}$$
$$=\lim_{x\to1}\frac{-(x+2)}{1+x+x^2}=-1$$

例 2.4.8 求 $\lim\limits_{x\to+\infty}(\sqrt{x^2+x}-\sqrt{x^2+1})$.

解 由极限定义容易证明 $\lim\limits_{x\to+\infty}\sqrt{1+\dfrac{1}{x}}=1$ 和 $\lim\limits_{x\to+\infty}\sqrt{1+\dfrac{1}{x^2}}=1$,从而
$$\lim_{x\to+\infty}(\sqrt{x^2+x}-\sqrt{x^2+1})=\lim_{x\to+\infty}\frac{x-1}{\sqrt{x^2+x}+\sqrt{x^2+1}}$$
$$=\lim_{x\to+\infty}\frac{(x-1)\dfrac{1}{x}}{(\sqrt{x^2+x}+\sqrt{x^2+1})\cdot\dfrac{1}{x}}$$

$$=\lim_{x\to+\infty}\frac{1-\frac{1}{x}}{\left(\sqrt{1+\frac{1}{x}}+\sqrt{1+\frac{1}{x^2}}\right)}=\frac{1}{2}$$

2.4.2　复合函数的极限

定理 2.4.2　设函数 $y=f(\varphi(x))$ 是由 $y=f(u)$，$u=\varphi(x)$ 复合而成，如果 $\lim\limits_{x\to x_0}\varphi(x)=u_0$，且在 x_0 的一个去心邻域内，$\varphi(x)\neq u_0$，又 $\lim\limits_{u\to u_0}f(u)=A$，则

$$\lim_{x\to x_0}f(\varphi(x))=\lim_{u\to u_0}f(u)=A$$

定理 2.4.2 表明，在一定条件下，可运用换元法计算极限.

例 2.4.9　求 $\lim\limits_{x\to1}\frac{\sqrt[3]{x}-1}{x-1}$.

解　令 $u=\sqrt[3]{x}$，因为 $x\to1$ 时，$u\to1$，故

$$\lim_{x\to1}\frac{\sqrt[3]{x}-1}{x-1}=\lim_{u\to1}\frac{u-1}{u^3-1}=\lim_{u\to1}\frac{u-1}{(u-1)(u^2+u+1)}=\lim_{u\to1}\frac{1}{u^2+u+1}=\frac{1}{3}$$

习　题　2.4

1. 若对某极限过程，$\lim f(x)$ 与 $\lim g(x)$ 均不存在，问 $\lim(f(x)\pm g(x))$ 是否一定不存在？举例说明.

2. 求下列极限.

(1) $\lim\limits_{x\to2}\frac{2x+1}{x^2-3}$；　(2) $\lim\limits_{x\to\infty}\frac{x^2-1}{2x^2-x-1}$；

(3) $\lim\limits_{x\to\infty}\frac{x^3-x}{x^4-3x^2+1}$；　(4) $\lim\limits_{x\to\infty}\frac{x^2+1}{2x+1}$；

(5) $\lim\limits_{x\to1}\frac{x^2-1}{x^3-1}$；　(6) $\lim\limits_{x\to\infty}\frac{(x+1)^3-(x-2)^3}{x^2+2x-3}$；

(7) $\lim\limits_{n\to\infty}\left(\frac{1}{n^2}+\frac{2}{n^2}+\cdots+\frac{n}{n^2}\right)$；　(8) $\lim\limits_{x\to2}\frac{\sqrt{x+7}-3}{x-2}$.

3. 已知 $\lim\limits_{x\to2}\frac{x^2+ax+b}{x^2-x-2}=2$，求常数 a,b.

2.5　极限存在准则与两个重要极限

2.5.1　极限存在准则

定理 2.5.1(夹逼定理)　如果对于 x_0 的某一去心邻域内的一切 x，都有 $g(x)\leqslant$

$f(x)\leqslant h(x)$，且$\lim\limits_{x\to x_0}g(x)=A$，$\lim\limits_{x\to x_0}h(x)=A$，则$\lim\limits_{x\to x_0}f(x)=A$.

注 夹逼定理对其他极限过程仍成立；夹逼定理对数列极限也成立.

例 2.5.1 利用夹逼定理计算$\lim\limits_{n\to\infty}\sqrt{1+\dfrac{1}{n}}$.

解 因为$1<\sqrt{1+\dfrac{1}{n}}<1+\dfrac{1}{n}$，

而
$$\lim_{n\to\infty}1=1,\quad \lim_{n\to\infty}\left(1+\frac{1}{n}\right)=1$$

故
$$\lim_{n\to\infty}\sqrt{1+\frac{1}{n}}=1$$

注 夹逼准则的关键就是适当缩放不等式，使其缩放的不等式的极限相等.

定理 2.5.2(单调有界收敛准则) 单调有界数列必有极限.

注 夹逼定理比较多的是用在 n 项和的数列极限，而单调有界准则比较多的是用在递推关系 $x_{n+1}=f(x_n)$所定义的数列极限.

例 2.5.2 已知数列：$x_1=\sqrt{2}$，$x_{n+1}=\sqrt{2x_n}$，$n=1,2,\cdots$，利用收敛准则证明该数列有极限，并求其极限值.

证 因为 $x_1=\sqrt{2}<2$，不妨设 $x_k<2$，则
$$x_{k+1}=\sqrt{2x_k}<\sqrt{2\times 2}=2$$
故对所有正整数 n，有 $x_n<2$，即数列$\{x_n\}$有上界.

又 $x_{n+1}-x_n=\sqrt{2x_n}-x_n=\sqrt{x_n}(\sqrt{2}-\sqrt{x_n})$，显然有 $\sqrt{x_n}>0$，又由 $x_n<2$，得$\sqrt{x_n}<\sqrt{2}$，从而 $x_{n+1}-x_n>0$，即 $x_{n+1}>x_n$，从而数列$\{x_n\}$是单调递增的.

由极限的单调有界准则可知，数列$\{x_n\}$有极限. 设$\lim\limits_{n\to\infty}x_n=a$，对 $x_{n+1}=\sqrt{2x_n}$两边同时取极限，有 $a=\sqrt{2a}$，于是 $a^2=2a$，解得 $a=2$，$a=0$(不合题意，舍去)，所以$\lim\limits_{n\to\infty}x_n=2$.

2.5.2 两个重要极限

利用上述极限存在准则，可得两个非常重要的极限.

1. $\lim\limits_{x\to 0}\dfrac{\sin x}{x}=1$

更一般地，当 $\varphi(x)\to 0$ 时，$\lim\limits_{\varphi(x)\to 0}\dfrac{\sin\varphi(x)}{\varphi(x)}=1$.

例 2.5.3 求$\lim\limits_{x\to 0}\dfrac{\sin 2x}{x}$.

解
$$\lim_{x\to 0}\frac{\sin 2x}{x}=\lim_{x\to 0}2\cdot\frac{\sin 2x}{2x}=2\cdot 1=2$$

例 2.5.4　求$\lim\limits_{x\to 0}\frac{\tan x}{x}$.

解
$$\lim_{x\to 0}\frac{\tan x}{x}=\lim_{x\to 0}\frac{\sin x}{x}\cdot\frac{1}{\cos x}=\lim_{x\to 0}\frac{\sin x}{x}\cdot\lim_{x\to 0}\frac{1}{\cos x}=1$$

例 2.5.5　求$\lim\limits_{x\to 0}\frac{1-\cos x}{x^2}$.

解
$$\lim_{x\to 0}\frac{1-\cos x}{x^2}=\lim_{x\to 0}\frac{2\sin^2\frac{x}{2}}{x^2}=\frac{1}{2}\lim_{x\to 0}\frac{\sin^2\frac{x}{2}}{\left(\frac{x}{2}\right)^2}=\frac{1}{2}\lim_{x\to 0}\left(\frac{\sin\frac{x}{2}}{\frac{x}{2}}\right)^2$$
$$=\frac{1}{2}\left(\lim_{x\to 0}\frac{\sin\frac{x}{2}}{\frac{x}{2}}\right)^2=\frac{1}{2}\cdot 1^2=\frac{1}{2}$$

例 2.5.6　求$\lim\limits_{x\to\infty}x\cdot\sin\frac{\pi}{x}$.

解　当 $x\to\infty$时，有$\frac{\pi}{x}\to 0$，因此
$$\lim_{x\to\infty}x\cdot\sin\frac{\pi}{x}=\lim_{x\to\infty}\pi\cdot\frac{\sin\frac{\pi}{x}}{\frac{\pi}{x}}=\pi\cdot 1=\pi$$

例 2.5.7　求$\lim\limits_{x\to 0}\frac{\tan x-\sin x}{x^3}$.

解
$$\lim_{x\to 0}\frac{\tan x-\sin x}{x^3}=\lim_{x\to 0}\frac{\sin x(1-\cos x)}{x^3\cos x}=\lim_{x\to 0}\frac{\sin x}{x}\cdot\frac{1-\cos x}{x^2}\cdot\frac{1}{\cos x}$$
$$=1\cdot\frac{1}{2}\cdot 1=\frac{1}{2}$$

2. $\lim\limits_{x\to\infty}\left(1+\frac{1}{x}\right)^x=\mathrm{e}$

实际使用中常采用以下形式：

(1) 在某极限过程中，若 $\lim u(x)=\infty$，则
$$\lim\left[1+\frac{1}{u(x)}\right]^{u(x)}=\mathrm{e};\quad 即\ \left(1+\frac{1}{\infty}\right)^{\infty}\to\mathrm{e}$$

(2) 在某极限过程中，若 $\lim u(x)=0$，则
$$\lim[1+u(x)]^{\frac{1}{u(x)}}=\mathrm{e};\quad 即\ (1+0)^{\frac{1}{0}}\to\mathrm{e}$$

例 2.5.8　求$\lim\limits_{x\to\infty}\left(1+\frac{3}{x}\right)^{2x}$.

解
$$\lim_{x\to\infty}\left(1+\frac{3}{x}\right)^{2x}=\lim_{x\to\infty}\left[\left(1+\frac{3}{x}\right)^{\frac{x}{3}}\right]^6=\mathrm{e}^6$$

例 2.5.9 求$\lim\limits_{x\to\infty}\left(1-\dfrac{1}{x}\right)^{2x-3}$.

解
$$\begin{aligned}\lim_{x\to\infty}\left(1-\frac{1}{x}\right)^{2x-3}&=\lim_{x\to\infty}\left\{\left[\left(1+\frac{1}{-x}\right)^{-x}\right]^{-2}\cdot\left(1+\frac{1}{-x}\right)^{-3}\right\}\\&=\lim_{x\to\infty}\left[\left(1+\frac{1}{-x}\right)^{-x}\right]^{-2}\cdot\lim_{x\to\infty}\left(1+\frac{1}{-x}\right)^{-3}\\&=\mathrm{e}^{-2}\cdot 1=\mathrm{e}^{-2}\end{aligned}$$

一般地,若 $\lim\limits_{\substack{x\to x_0\\(x\to\infty)}} f(x)=A\ (A>0)$,$\lim\limits_{\substack{x\to x_0\\(x\to\infty)}} g(x)=B$,则有

$$\lim_{\substack{x\to x_0\\(x\to\infty)}} f(x)^{g(x)}=A^B$$

习　题　2.5

1. 选择题

(1) 当 $n\to\infty$ 时,$n\sin\dfrac{1}{n}$是一个(　　).

A. 无穷小量　　B. 无穷大量　　C. 无界变量　　D. 有界变量

(2) 若 $x\to a$ 时,有 $0\leqslant f(x)\leqslant g(x)$,则$\lim\limits_{x\to a}g(x)=0$ 是 $f(x)$在 $x\to a$ 过程中为无穷小量的(　　).

A. 必要条件　　B. 充分条件　　C. 充要条件　　D. 无关条件

2. 利用夹逼定理求下列数列的极限.

(1) $\lim\limits_{n\to\infty}(1+2^n+3^n)^{\frac{1}{n}}$;

(2) $\lim\limits_{n\to\infty}\left(\dfrac{1}{n^2+n+1}+\dfrac{2}{n^2+n+2}+\cdots+\dfrac{n}{n^2+n+n}\right)$.

3. 已知数列 $x_1=1,x_{n+1}=1+\dfrac{x_n}{1+x_n}\ (n=1,2,\cdots)$,利用收敛准则证明该数列有极限,并求其极限值.

4. 求下列极限.

(1) $\lim\limits_{x\to 0}\dfrac{\sin 2x}{\sin 5x}$;　(2) $\lim\limits_{x\to 0}x\cot x$;　(3) $\lim\limits_{x\to 0}\dfrac{\arctan x}{x}$;　(4) $\lim\limits_{x\to\infty}\left(1+\dfrac{1}{x}\right)^{\frac{x}{2}}$;

(5) $\lim\limits_{x\to\infty}\left(\dfrac{x+3}{x-2}\right)^{2x+1}$;　(6) $\lim\limits_{x\to\infty}\left(\dfrac{x+1}{x+2}\right)^{x}$;　(7) $\lim\limits_{x\to 0}(1+3\tan^2 x)^{\cot^2 x}$.

2.6　无穷小的比较

无穷小虽然都是以零为极限的变量,但是它们趋向于零的速度不尽相同,为了反

映无穷小趋向于零的快、慢程度，需要引进无穷小的阶的概念.

定义 2.6.1　设 $\alpha(x)$，$\beta(x)$ 是同一极限过程中的两个无穷小量：

$$\lim\alpha(x)=0,\quad \lim\beta(x)=0$$

(1) 如果 $\lim\dfrac{\beta(x)}{\alpha(x)}=0$，则称 $\beta(x)$ 是比 $\alpha(x)$ **高阶的无穷小**，记作 $\beta=o(\alpha)$；

(2) 如果 $\lim\dfrac{\beta(x)}{\alpha(x)}=\infty$，则称 $\beta(x)$ 是比 $\alpha(x)$ **低阶的无穷小**；

(3) 如果 $\lim\dfrac{\beta(x)}{\alpha(x)}=C(C\neq 0)$，则称 $\alpha(x)$ 与 $\beta(x)$ 为**同阶无穷小**，记作 $\beta=O(\alpha)$.

特别地，当常数 $C=1$ 时，称 $\alpha(x)$ 与 $\beta(x)$ 为**等价无穷小**，记作 $\alpha(x)\sim\beta(x)$.

例如，因为 $\lim\limits_{x\to 0}\dfrac{x^3}{3x}=0$，所以 $x^3=o(3x)\ (x\to 0)$；

因为 $\lim\limits_{x\to 0}\dfrac{\tan x}{x}=1$，所以 $\tan x\sim x\ (x\to 0)$；

因为 $\lim\limits_{x\to 0}\dfrac{1-\cos x}{x^2}=\dfrac{1}{2}$，所以 $1-\cos x=O(x^2)\ (x\to 0)$.

例 2.6.1　当 $x\to 1$ 时，无穷小量 $1-x$ 与(1) $1-x^3$，(2) $\dfrac{1}{2}(1-x^2)$ 是否同阶？是否等价？

解　(1) 因为 $\lim\limits_{x\to 1}\dfrac{1-x}{1-x^3}=\lim\limits_{x\to 1}\dfrac{1}{1+x+x^2}=\dfrac{1}{3}$，

所以当 $x\to 1$ 时，$1-x$ 是与 $1-x^3$ 同阶的无穷小.

(2) 因为 $\lim\limits_{x\to 1}\dfrac{\frac{1}{2}(1-x^2)}{1-x}=\lim\limits_{x\to 1}\dfrac{1+x}{2}=1$，

所以当 $x\to 1$ 时，$1-x$ 是与 $\dfrac{1}{2}(1-x^2)$ 等价的无穷小.

等价无穷小可以简化某些极限的计算，在极限计算中有重要作用，有下面的定理.

定理 2.6.1　设 $\alpha\sim\alpha'$，$\beta\sim\beta'$，若 $\lim\dfrac{\alpha'}{\beta'}$ 存在，则

$$\lim\frac{\alpha}{\beta}=\lim\frac{\alpha'}{\beta'}$$

证　因为 $\alpha\sim\alpha'$，$\beta\sim\beta'$，则 $\lim\dfrac{\alpha}{\alpha'}=1$，$\lim\dfrac{\beta'}{\beta}=1$，由于 $\dfrac{\alpha}{\beta}=\dfrac{\alpha}{\alpha'}\cdot\dfrac{\alpha'}{\beta'}\cdot\dfrac{\beta'}{\beta}$，又 $\lim\dfrac{\alpha'}{\beta'}$ 存在，所以

$$\lim\frac{\alpha}{\beta}=\lim\frac{\alpha}{\alpha'}\lim\frac{\alpha'}{\beta'}\lim\frac{\beta'}{\beta}=\lim\frac{\alpha'}{\beta'}$$

定理 2.6.1 表明，在求极限的乘除运算中，无穷小量因子可用其等价无穷小量替代. 常用的等价无穷小量有下列几种：

当 $x\to 0$ 时，$\sin x\sim x$，$\tan x\sim x$，$\arcsin x\sim x$，$\arctan x\sim x$，$1-\cos x\sim\frac{1}{2}x^2$，$e^x-1\sim x$，$\ln(1+x)\sim x$，$\sqrt{1+x}-1\sim\frac{x}{2}$，$(1+x)^\alpha-1\sim\alpha x$ $(\alpha\in\mathbf{R})$.

注 上式等价无穷小中，若将 x 换成 $\varphi(x)$，只要 $\varphi(x)\to 0$，上式依然成立. 如 $\varphi(x)\to 0$，则 $\sin\varphi(x)\sim\varphi(x)$.

例 2.6.2 求 $\lim\limits_{x\to 0}\frac{\sin 5x}{\sin 2x}$.

解 当 $x\to 0$ 时，$\sin 5x\sim 5x$，$\sin 2x\sim 2x$，故

$$\lim_{x\to 0}\frac{\sin 5x}{\sin 2x}=\lim_{x\to 0}\frac{5x}{2x}=\frac{5}{2}$$

例 2.6.3 求 $\lim\limits_{x\to 0}\frac{\tan x-\sin x}{x^3}$（同例 2.5.7）.

解 如果直接将分子中的 $\tan x$，$\sin x$ 替换为 x，则

$$\lim_{x\to 0}\frac{\tan x-\sin x}{x^3}=\lim_{x\to 0}\frac{x-x}{x^3}=\lim_{x\to 0}\frac{0}{x^3}=0$$

这个结果是错误的.

正确的解法为

$$\lim_{x\to 0}\frac{\tan x-\sin x}{x^3}=\lim_{x\to 0}\frac{\sin x(1-\cos x)}{x^3\cos x}=\lim_{x\to 0}\frac{x\cdot\frac{1}{2}x^2}{x^3\cos x}=\lim_{x\to 0}\frac{1}{2\cos x}=\frac{1}{2}$$

例 2.6.4 求 $\lim\limits_{x\to\infty}\left(x^2\ln\left(1-\frac{2}{x^2}\right)\right)$.

解 当 $x\to\infty$ 时，$\ln\left(1-\frac{2}{x^2}\right)\sim-\frac{2}{x^2}$，故

$$\lim_{x\to\infty}\left(x^2\ln\left(1-\frac{2}{x^2}\right)\right)=\lim_{x\to\infty}\left(x^2\cdot\frac{-2}{x^2}\right)=-2$$

例 2.6.5 求 $\lim\limits_{x\to 0}\frac{(1+x^2)^{1/4}-1}{1-\cos x}$.

解 当 $x\to 0$ 时，$(1+x^2)^{1/4}-1\sim\frac{1}{4}x^2$，$1-\cos x\sim\frac{1}{2}x^2$，故

$$\lim_{x\to 0}\frac{(1+x^2)^{1/4}-1}{1-\cos x}=\lim_{x\to 0}\frac{\frac{1}{4}x^2}{\frac{1}{2}x^2}=\frac{1}{2}$$

例 2.6.6 求 $\lim\limits_{x\to 0}\frac{e^{\tan x}-1}{1-e^{\sin 6x}}$.

解 当 $x\to 0$ 时，$e^{\tan x}-1\sim\tan x\sim x$，$1-e^{\sin 6x}\sim-\sin 6x\sim-6x$，

故
$$\lim_{x\to 0}\frac{e^{\tan x}-1}{1-e^{\sin 6x}}=\lim_{x\to 0}\frac{\tan x}{-\sin 6x}=-\lim_{x\to\infty}\frac{x}{6x}=-\frac{1}{6}$$

例 2.6.7　若$\lim\limits_{x\to 0}\frac{\sin x}{e^x-a}(\cos x-b)=5$，求 a,b.

解　由于$\lim\limits_{x\to 0}\frac{\sin x}{e^x-a}(\cos x-b)=\lim\limits_{x\to 0}\frac{\sin x(\cos x-b)}{e^x-a}=5\neq 0$，且$\lim\limits_{x\to 0}\sin x(\cos x-b)=0$，则$\lim\limits_{x\to 0}(e^x-a)=0$，即 $a=1$，又

$$\lim_{x\to 0}\frac{\sin x}{e^x-a}(\cos x-b)=\lim_{x\to 0}\frac{\sin x(\cos x-b)}{e^x-1}=\lim_{x\to 0}\frac{x(\cos x-b)}{x}$$
$$=\lim_{x\to 0}(\cos x-b)=1-b=5$$

所以 $b=-4$.

习　题　2.6

1. 当 $x\to 0$ 时，$2x-x^2$ 与 x^2-x^3 相比，哪个是高阶无穷小量？

2. 当 $x\to 1$ 时，将下列各量与无穷小量 $x-1$ 进行比较.

(1) x^3-3x+2；　(2) x^2-3x+2；　(3) $(x-1)\sin\frac{1}{x-1}$.

3. 利用等价无穷小量，求下列极限.

(1) $\lim\limits_{x\to 0}\frac{\sin mx}{\sin nx}(n\neq 0)$；　(2) $\lim\limits_{x\to 0}x\cot x$；

(3) $\lim\limits_{x\to 0}\frac{1-\cos 2x}{x\sin x}$；　(4) $\lim\limits_{x\to 0}\frac{\sqrt{1+\tan x}-\sqrt{1-\tan x}}{\sqrt{1+2x}-1}$；

(5) $\lim\limits_{x\to 0}\frac{e^x-e^{x\cos x}}{x\ln(1+x^2)}$；　(6) $\lim\limits_{x\to 0}\frac{\ln(1+x+x^2)+\ln(1-x+x^2)}{\sec x-\cos x}$；

(7) $\lim\limits_{x\to 0}\frac{e^{(a-b)x}-1}{\sin ax-\sin bx}(a\neq b)$；　(8) $\lim\limits_{x\to 0}\frac{1}{x^3}\left[\left(\frac{2+\cos x}{3}\right)^x-1\right]$.

4. 已知$\lim\limits_{x\to 0}\frac{(1+ax^2)^{\sin x}-1}{x^3}=6$，求常数 a.

2.7　函数的连续与间断

2.7.1　函数连续性概念

定义 2.7.1　设函数 $y=f(x)$在点 x_0 的某个邻域内有定义，当自变量从 x_0 变到 x，相应的函数值从 $f(x_0)$变到 $f(x)$，则称 $x-x_0$ 为**自变量的改变量**（或**增量**），记作 $\Delta x=x-x_0$（可正可负），称 $f(x)-f(x_0)$为函数的改变量（或**增量**），记作 Δy，即

$$\Delta y=f(x)-f(x_0)\quad\text{或者}\quad\Delta y=f(x_0+\Delta x)-f(x_0)$$

在几何上，函数的改变量表示当自变量从 x_0 变到 $x_0+\Delta x$ 时，曲线上相应点的

纵坐标的改变量(见图 2-4).

注 改变量可能为正,可能为负,还可能为零.

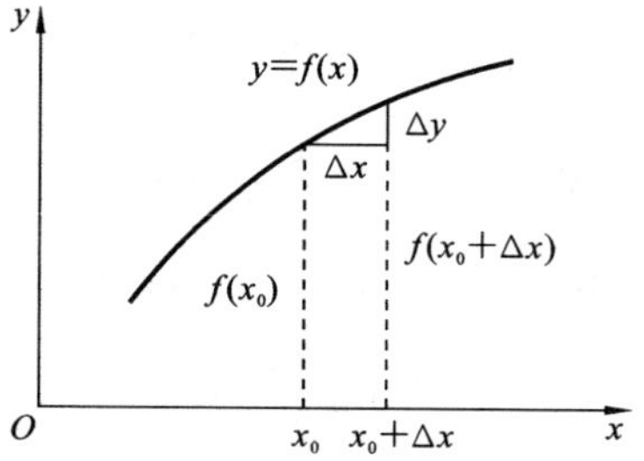

图 2-4

定义 2.7.2 设函数 $f(x)$在点 x_0 的某个邻域内有定义,如果

$$\lim_{\Delta x\to 0}\Delta y=\lim_{\Delta x\to 0}[f(x_0+\Delta x)-f(x_0)]=0 \tag{2-1}$$

则称函数 $y=f(x)$在点 x_0 处连续,x_0 称为函数 $f(x)$ 的**连续点**.

上述定义中,设 $x_0+\Delta x=x$,当 $\Delta x\to 0$ 时,有 $x\to x_0$,而 $\Delta y=f(x_0+\Delta x)-f(x_0)=f(x)-f(x_0)$,因此,式(2-1)也可以写为

$$\lim_{\Delta x\to 0}\Delta y=\lim_{x\to x_0}[f(x)-f(x_0)]=0$$

即
$$\lim_{x\to x_0}f(x)=f(x_0)$$

所以函数 $y=f(x)$在点 x_0 处连续定义又可以叙述为:

定义 2.7.2 设函数 $f(x)$在点 x_0 的某个邻域内有定义,如果

$$\lim_{x\to x_0}f(x)=f(x_0) \tag{2-2}$$

则称函数 $y=f(x)$在点 x_0 处连续.

例 2.7.1 证明函数 $f(x)=x^2+1$ 在 $x=0$ 处连续.

证 因为 $f(0)=1$,且

$$\lim_{x\to 0}f(x)=\lim_{x\to 0}(x^2+1)=1$$

故函数 $f(x)=x^2+1$ 在 $x=0$ 处连续.

定义 2.7.3 如果 $\lim\limits_{x\to x_0^+}f(x)=f(x_0)$,则称函数 $f(x)$在点 x_0 **右连续**;如果 $\lim\limits_{x\to x_0^-}f(x)=f(x_0)$,则称函数 $f(x)$在点 x_0 **左连续**.

定理 2.7.1 $f(x)$在点 x_0 连续的充要条件是 $f(x)$在点 x_0 左连续且右连续.

例 2.7.2 设 $f(x)=\begin{cases}\dfrac{1-\cos\sqrt{x}}{ax}, & x>0\\ b, & x\leqslant 0\end{cases}$ 在 $x=0$ 处连续,求 ab.

解 因为 $f(x)$在 $x=0$ 处连续,所以

$$\lim_{x\to 0^+}\frac{1-\cos\sqrt{x}}{ax}=\lim_{x\to 0^+}\frac{\frac{1}{2}(\sqrt{x})^2}{ax}=\frac{1}{2a}=\lim_{x\to 0^-}f(x)=b,\quad 即\quad ab=\frac{1}{2}$$

定义 2.7.4 如果函数 $f(x)$在开区间 (a,b)内每一点都连续,则称函数$f(x)$在区间(a,b)内连续,记为 $f(x)\in C(a,b)$. 其中 $C(a,b)$表示区间(a,b)内的所有连续函数的集合.

如果 $f(x)$在区间(a,b)内连续，且在 $x=a$ 处右连续，又在 $x=b$ 处左连续，则称函数 $f(x)$在闭区间 $[a,b]$上连续，记为 $f(x)\in C[a,b]$. 其中 $C[a,b]$表示区间$[a,b]$内的所有连续函数的集合.

函数 $y=f(x)$的连续点全体所构成的区间称为函数的连续区间. 在连续区间上，连续函数的图形是一条连绵不断的曲线.

2.7.2　连续函数的运算法则与初等函数的连续性

法则 2.7.1(连续函数的四则运算)　设函数 $f(x)$，$g(x)$均在点 x_0 连续，则 $f(x)\pm g(x)$，$f(x)\cdot g(x)$，$\dfrac{f(x)}{g(x)}(g(x)\neq 0)$都在点 x_0 处连续.

法则 2.7.2(复合函数的连续性)　设函数 $y=f(u)$在点 u_0 连续，又函数 $u=\varphi(x)$在点 x_0 连续，且 $u_0=\varphi(x_0)$，则复合函数 $y=f(\varphi(x))$在点 x_0 处连续.

即连续函数的复合函数仍为连续函数，并可得到如下结论：

如果$\lim\limits_{x\to x_0}\varphi(x)=\varphi(x_0)$，$\lim\limits_{u\to u_0}f(u)=f(u_0)$，且 $u_0=\varphi(x_0)$，则

$$\lim_{x\to x_0}f(\varphi(x))=f(\varphi(x_0))$$

即

$$\lim_{x\to x_0}f(\varphi(x))=f(\lim_{x\to x_0}\varphi(x))$$

这表示极限符号与复合函数的符号 f 可以交换次序.

例 2.7.3　求$\lim\limits_{x\to 0}\dfrac{\ln(1+x)}{x}$.

解

$$\lim_{x\to 0}\frac{\ln(1+x)}{x}=\lim_{x\to 0}\ln(1+x)^{\frac{1}{x}}$$

令 $u=(1+x)^{\frac{1}{x}}$，当 $x\to 0$ 时，$u\to \mathrm{e}$，而 $y=\ln u$ 在 $u=\mathrm{e}$ 处是连续的，所以有

$$\lim_{x\to 0}\ln(1+x)^{\frac{1}{x}}=\ln[\lim_{x\to 0}(1+x)^{\frac{1}{x}}]=\ln\mathrm{e}=1$$

例 2.7.4　求$\lim\limits_{x\to\infty}\sin\dfrac{\frac{\pi}{2}x-1}{x+2}$.

解　因为当 $x\to\infty$时，极限$\lim\limits_{x\to\infty}\dfrac{\frac{\pi}{2}x-1}{x+2}=\dfrac{\pi}{2}$，而 $y=\sin u$ 在 $u=\dfrac{\pi}{2}$处连续，故

$$\lim_{x\to\infty}\sin\frac{\frac{\pi}{2}x-1}{x+2}=\sin\lim_{x\to\infty}\frac{\frac{\pi}{2}x-1}{x+2}=\sin\frac{\pi}{2}=1$$

法则 2.7.3(反函数的连续性)　单调连续函数的反函数在其对应区间上也是连续的.

由函数极限的讨论以及函数的连续性的定义可知：基本初等函数在其定义域内

是连续的. 由连续函数的定义及运算法则，可得出：

定理 2.7.2 初等函数在其定义区间内是连续的.

注 (1) 所谓定义区间，就是包含在定义域内的区间.

(2) 对初等函数在其有定义的区间的点求极限时，只需求相应函数值即可.

例 2.7.5 求函数 $f(x)=\sqrt{x^2}$ 的连续区间，并求 $\lim\limits_{x\to 0}\sqrt{x^2}$.

解 函数 $y=\sqrt{x^2}$ 的定义域为 $(-\infty,+\infty)$，所以 $f(x)$ 的连续区间也为 $(-\infty,+\infty)$，而 $0\in(-\infty,+\infty)$，所以 $\lim\limits_{x\to 0}\sqrt{x^2}=\sqrt{0^2}=0$.

2.7.3 函数的间断点

定义 2.7.5 如果函数 $f(x)$ 在点 x_0 不连续，就称函数 $f(x)$ 在点 x_0 **间断**，$x=x_0$ 称为函数 $y=f(x)$ 的**间断点**或**不连续点**.

由函数 $f(x)$ 在点 x_0 连续的定义可知，$f(x)$ 在点 x_0 连续必须同时满足以下三个条件：

(1) 函数 $f(x)$ 在点 x_0 有定义 $(x_0\in D)$；

(2) $\lim\limits_{x\to x_0}f(x)$ 存在；

(3) $\lim\limits_{x\to x_0}f(x)=f(x_0)$.

如果函数 $f(x)$ 不满足三个条件中的任何一个，那么点 $x=x_0$ 就是函数 $f(x)$ 的一个间断点.

函数的间断点可分为以下几种类型：

(1) 如果函数 $f(x)$ 在点 x_0 处的左、右极限 $f(x_0-0)$ 与 $f(x_0+0)$ 都存在，则称 $x=x_0$ 为函数 $f(x)$ 的**第一类间断点**.

如果 $f(x)$ 在点 x_0 处的左、右极限存在且相等，即 $\lim\limits_{x\to x_0}f(x)$ 存在，但不等于该点处的函数值，即 $\lim\limits_{x\to x_0}f(x)=A\neq f(x_0)$；或者 $\lim\limits_{x\to x_0}f(x)$ 存在，但函数在 x_0 处无定义，则称 $x=x_0$ 为函数的**可去间断点**.

如果 $f(x)$ 在点 x_0 处的左、右极限存在但不相等，则称 $x=x_0$ 为函数 $f(x)$ 的**跳跃间断点**.

(2) 如果函数 $f(x)$ 在点 x_0 处的左、右极限 $f(x_0-0)$ 与 $f(x_0+0)$ 中至少有一个不存在，则称 $x=x_0$ 为函数 $f(x)$ 的**第二类间断点**.

例 2.7.6 求函数 $f(x)=\dfrac{x^2-1}{x-1}$ 的间断点，并指出间断点的类型.

解 显然函数在 $x=1$ 处没有定义，所以 $x=1$ 是 $f(x)$ 的间断点，又因为 $\lim\limits_{x\to 1}f(x)=\lim\limits_{x\to 1}\dfrac{x^2-1}{x-1}=\lim\limits_{x\to 1}(x+1)=2$，所以，$x=1$ 为函数 $f(x)$ 的可去间断点.

例 2.7.7 讨论函数 $f(x)=\begin{cases} x^2+1, & x<0 \\ 0, & x=0 \\ x^2-1 & x>0 \end{cases}$ 在 $x=0$ 的连续性.

解 因为

$$\lim_{x\to 0^-}f(x)=\lim_{x\to 0^-}(x^2+1)=1,\quad \lim_{x\to 0^+}f(x)=\lim_{x\to 0^+}(x^2-1)=-1$$

所以,$x=0$ 为 $f(x)$的跳跃间断点.

例 2.7.8 求函数 $f(x)=\dfrac{1}{x-2}$的间断点,并指出间断点的类型.

解 显然函数在 $x=2$ 处无定义,所以 $x=2$ 为 $f(x)$的间断点. 因为$\lim\limits_{x\to 2}f(x)=\infty$,所以 $x=2$ 为 $f(x)$的第二类间断点.

由于$\lim\limits_{x\to 2}f(x)=\infty$,又称 $x=2$ 为无穷间断点.

例 2.7.9 求函数 $f(x)=\cos\dfrac{1}{x}$的间断点,并指出间断点的类型.

解 函数在点 $x=0$ 处无定义,所以 $x=0$ 为 $f(x)$的间断点. 当 $x\to 0$ 时,$f(x)=\cos\dfrac{1}{x}$的值在-1 与 1 之间无限次地振荡,因而不能趋向于某一定值,于是$\lim\limits_{x\to 0}\cos\dfrac{1}{x}$不存在,所以 $x=0$ 是 $f(x)$的第二类间断点. 此时也称 $x=0$ 为**振荡间断点**.

2.7.4 闭区间上连续函数的性质

定理 2.7.3(最大值和最小值定理) 设函数 $f(x)$在闭区间$[a,b]$上连续,则在$[a,b]$上至少存在两点 x_1,x_2,使得对于任何 $x\in[a,b]$,都有

$$f(x_1)\leqslant f(x)\leqslant f(x_2)$$

这里,$f(x_2)$和 $f(x_1)$分别称为函数 $f(x)$在闭区间$[a,b]$上的最大值和最小值(见图 2-5).

注 (1) 对于开区间内的连续函数或在闭区间上有间断点的函数,定理的结论不一定成立. 例如,函数 $y=x$ 在开区间$(0,1)$内连续,但它在$(0,1)$内不存在最大值和最小值. 又如函数

$$f(x)=\begin{cases} x+1, & -1\leqslant x<0 \\ 0, & x=0 \\ x-1, & 0<x\leqslant 1 \end{cases}$$

在闭区间$[-1,1]$上有间断点 $x=0$, $f(x)$在闭区间$[-1,1]$上也不存在最大值和最小值(见图 2-6).

(2) 定理 2.7.3 中达到最大值和最小值的点也可能是区间$[a,b]$的端点,例如,函数 $y=x$ 在$[0,1]$上连续,其最大值为 $f(1)=1$;最小值为 $f(0)=0$,均在区间的端点上取得.

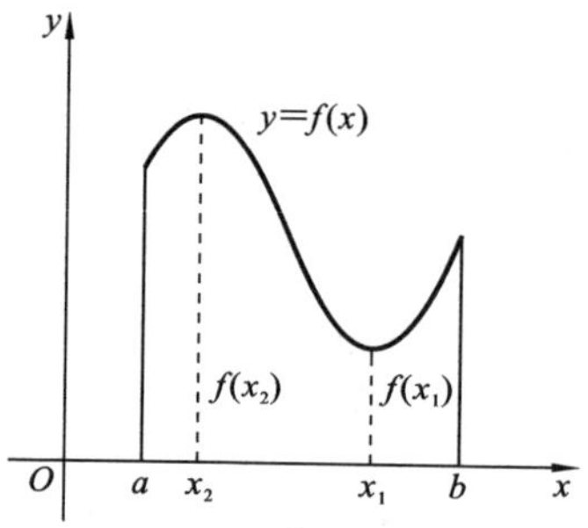

图 2-5

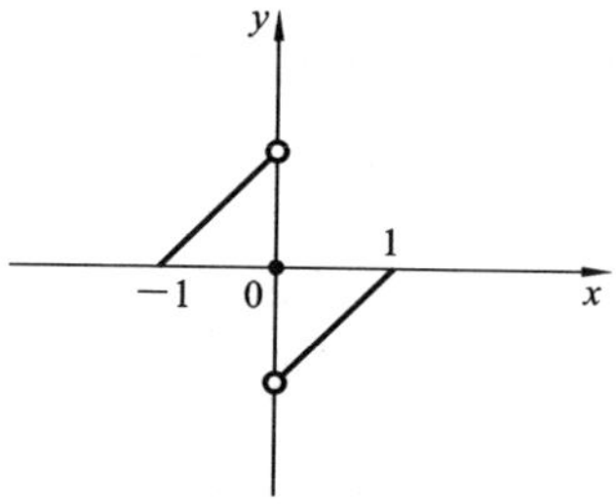

图 2-6

定理 2.7.4(介值定理) 设函数 $f(x)$ 在闭区间 $[a,b]$ 上连续，M 和 m 分别是 $f(x)$ 在 $[a,b]$ 上的最大值和最小值，则对于满足 $m\leqslant\mu\leqslant M$ 的任何实数 μ，至少存在一点 $\xi\in[a,b]$，使得

$$f(\xi)=\mu$$

定理 2.7.4 表明，闭区间 $[a,b]$ 上的连续函数 $f(x)$ 可以取遍 m 与 M 之间的一切数值，这个性质反映了函数连续变化的特征，其几何意义是：闭区间上的连续曲线 $y=f(x)$ 与水平直线 $y=\mu(m\leqslant\mu\leqslant M)$ 至少有一个交点(见图 2-7).

推论(零点存在定理) 若函数 $f(x)$ 在闭区间 $[a,b]$ 上连续，且 $f(a)\cdot f(b)<0$，则至少存在一点 $\xi\in(a,b)$，使得 $f(\xi)=0$.

$x=\xi$ 称为函数 $y=f(x)$ 的零点. 由零点存在定理可知，$x=\xi$ 为方程 $f(x)=0$ 的一个根，且 ξ 位于开区间 (a,b) 内，所以利用零点存在定理可以判断方程 $f(x)=0$ 在某个开区间内存在实根. 故零点存在定理也称为**方程实根的存在定理**，它的几何意义是：当连续曲线 $y=f(x)$ 的端点在 x 轴的两侧时，曲线 $y=f(x)$ 与 x 轴至少有一个交点(见图 2-8).

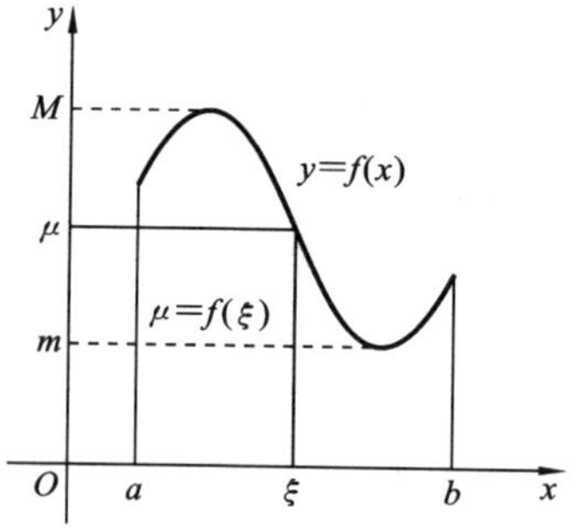

图 2-7

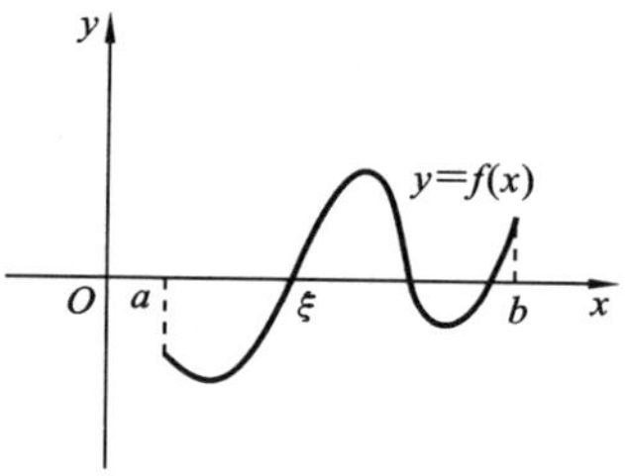

图 2-8

例 2.7.10 试证：方程 $x\cdot 2^x=1$ 至少有一个小于 1 的正根.

证 令 $f(x)=x\cdot 2^x-1$，则 $f(x)$ 在 $[0,1]$ 上连续，且 $f(0)=-1<0$，$f(1)=1>0$，由零点定理，$\exists\,\xi\in(0,1)$ 使 $f(\xi)=0$，即 $\xi\cdot 2^{\xi}-1=0$，亦即方程 $x\cdot 2^x=1$ 有一个小

于 1 的正根.

例 2.7.11　设 $f(x)$ 在 $[a,b]$ 上连续，$a<c<d<b$，试证对任意的正数 p,q，至少存在一个 $\xi\in[c,d]$，使 $pf(c)+qf(d)=(p+q)f(\xi)$.

证　由题意可知，$f(x)$ 在 $[c,d]$ 上连续，则该区间上必有最小值 m 和最大值 M，则

$$m=\frac{pm+qm}{p+q}\leqslant\frac{pf(c)+qf(d)}{p+q}\leqslant\frac{pM+qM}{p+q}=M$$

由连续函数的介值定理可知，至少存在一个 $\xi\in[c,d]$，使

$$f(\xi)=\frac{pf(c)+qf(d)}{p+q},\quad \text{即}\quad pf(c)+qf(d)=(p+q)f(\xi)$$

习　题　2.7

1. 设函数 $f(x)=\begin{cases}x^2+3, & x\geqslant 0\\ a-x, & x<0\end{cases}$，问 a 为何值时，函数 $y=f(x)$ 在点 $x=0$ 处连续？

2. 下列函数在指定点处间断，说明它们属于哪一类间断点，如果是可去间断点，则补充或改变函数的定义使它连续.

(1) $y=\dfrac{x^2-1}{x^2-3x+2}$，$x=1$，$x=2$；

(2) $y=\dfrac{x}{\tan x}$，$x=k\pi$，$x=k\pi+\dfrac{\pi}{2}$，$k=0,\pm1,\pm2,\cdots$.

3. 怎样选取 a,b 的值，使 $f(x)$ 在 $(-\infty,+\infty)$ 上连续？

(1) $f(x)=\begin{cases}e^x, & x<0\\ a+x, & x\geqslant 0\end{cases}$；　　(2) $f(x)=\begin{cases}ax+1, & x<\dfrac{\pi}{2}\\ \sin x+b, & x\geqslant\dfrac{\pi}{2}\end{cases}$.

4. 证明四次代数方程 $x^4+1=5x^2$ 在区间 $(0,1)$ 内至少有一个实根.

5. 证明方程 $\ln(1+e^x)=2x$ 至少有一个小于 1 的正根.

总 习 题 2

1. 填空题

(1) 已知当 $x\to 0$ 时，$1-\sqrt{1+ax^2}$ 与 x^2 是等价无穷小，则常数 $a=$______.

(2) $\lim\limits_{x\to 0}\dfrac{x\ln(1+x)}{1-\cos x}=$______.

(3) $\lim\limits_{x\to\infty}\left(\dfrac{x^3+2}{x^3-3}\right)^{x^3}=$______.

(4) 若函数 $f(x)=\begin{cases}x^2-c^2, & x<4\\ cx+20, & x\geqslant 4\end{cases}$ 在 $(-\infty,+\infty)$ 上连续，则常数 c 的值

为______.

(5) 已知 $x=0$ 是函数 $y=\dfrac{e^{2x}+a}{x}$ 的第一类间断点,则常数 a 的值为______.

2. 利用等价无穷小,计算下列极限.

(1) $\lim\limits_{x\to 0}\dfrac{\arctan 3x}{x}$;

(2) $\lim\limits_{n\to\infty}2^n\sin\dfrac{x}{2^n}$;

(3) $\lim\limits_{x\to\frac{1}{2}}\dfrac{4x^2-1}{\arcsin(1-2x)}$;

(4) $\lim\limits_{x\to 0}\dfrac{\arctan x^2}{\sin\dfrac{x}{2}\arcsin x}$;

(5) $\lim\limits_{x\to 0}\dfrac{\tan x-\sin x}{\sin x^3}$;

(6) $\lim\limits_{x\to 0}\dfrac{\cos\alpha x-\cos\beta x}{x^2}$($\alpha,\beta$ 为常数);

(7) $\lim\limits_{x\to 0}\dfrac{\arcsin\dfrac{x}{\sqrt{1-x^2}}}{\ln(1-x)}$;

(8) $\lim\limits_{x\to 0}\dfrac{1-\cos 4x}{2\sin^2 x+x\tan^2 x}$;

(9) $\lim\limits_{x\to 0}\dfrac{\ln\cos ax}{\ln\cos bx}$($a,b$ 为常数,$b\neq 0$);

(10) $\lim\limits_{x\to 0}\dfrac{\ln(\sin^2 x+e^x)-x}{\ln(x^2+e^{2x})-2x}$.

3. 当 $x=0$ 时,下列函数无定义,试定义 $f(0)$ 的值,使其在 $x=0$ 处连续.

(1) $f(x)=\sin x\sin\dfrac{1}{x}$;

(2) $f(x)=(1+x)^{\frac{1}{x}}$.

4. 设 $y=f(x)=\begin{cases}\dfrac{\sin x}{x}, & x<0\\ A, & x=0\\ 1-x^2, & x>0\end{cases}$,问:(1) A 为何值时,$\lim\limits_{x\to 0}f(x)$ 存在;

(2) A 为何值时,$\lim\limits_{x\to 0}f(x)=f(0)$.

5. 设数列$\{x_n\}$满足 $0<x_1<\pi$,$x_{n+1}=\sin x_n(n=1,2,\cdots)$,证明 $\lim\limits_{n\to\infty}x_n$ 存在,并求该极限.

6. 试证:方程 $x=a\sin x+b$ 至少有一个不超过 $a+b$ 的正根,其中 $a>0,b>0$.

7. 设 $f(x)$在$[0,1]$上连续,且 $0\leqslant f(x)\leqslant 1$,证明:至少存在一点 $\xi\in[0,1]$,使 $f(\xi)=\xi$.

8. 若 $f(x)$在$[a,b]$上连续,$a<x_1<x_2<\cdots<x_n<b$,证明:在$[x_1,x_n]$中必有 ξ,使 $f(\xi)=\dfrac{f(x_1)+f(x_2)+\cdots+f(x_n)}{n}$.

第 2 章习题答案

第 3 章　导数与微分

微积分是高等数学最基础、最重要的组成部分. 本章以极限为基础，引进导数与微分的定义，建立导数与微分的计算方法.

3.1　导数概念

3.1.1　引例

1. 切线问题

如图 3-1 所示，给定平面曲线 $C: y=f(x)$，设点 $P_0(x_0, y_0)$ 是 C 上的一点，求过点 P_0 的切线 P_0T.

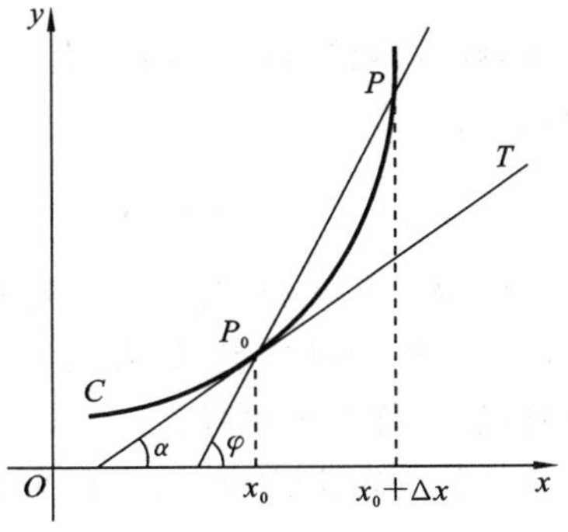

图 3-1

在 C 上取一点 $P(x_0+\Delta x, y_0+\Delta y)$，当 P 趋近于 P_0 时，割线 PP_0 所趋近的确定位置即为切线 P_0T. 由于割线 PP_0 的斜率为

$$\tan\varphi=\frac{\Delta y}{\Delta x}=\frac{f(x_0+\Delta x)-f(x_0)}{\Delta x}$$

当 P 趋近于 P_0 时，即 $\Delta x\to 0$，则切线 P_0T 的斜率就是极限

$$k=\lim_{\Delta x\to 0}\frac{\Delta y}{\Delta x}=\lim_{\Delta x\to 0}\frac{f(x_0+\Delta x)-f(x_0)}{\Delta x} \quad (3\text{-}1)$$

故切线 P_0T 的方程为

$$y-y_0=k(x-x_0)$$

当 $k=\pm\infty$ 时，P_0T 的方程为 $x=x_0$，即此时的切线是竖直切线.

2. 速度问题

设汽车做变速直线运动，那么如何求某时刻 t_0 汽车的瞬时速度呢？

设汽车所经过的路程 s 是时间 t 的函数：$s=s(t)$，任取接近于 t_0 的时刻 $t_0+\Delta t$，则汽车在这段时间内所经过的路程为

$$\Delta s=s(t_0+\Delta t)-s(t_0)$$

而汽车在这段时间内的平均速度为

$$\bar{v}=\frac{\Delta s}{\Delta t}=\frac{s(t_0+\Delta t)-s(t_0)}{\Delta t}$$

显然，Δt 越小，平均速度 $\bar{v}$ 就与 t_0 时刻的瞬时速度 $v(t_0)$ 越接近. 因此，当 $\Delta t\to 0$ 时，平均速度 $\bar{v}$ 的极限值称为 t_0 时刻的瞬时速度 $v(t_0)$，即

$$v(t_0)=\lim_{\Delta t\to 0}\frac{\Delta s}{\Delta t}=\lim_{\Delta t\to 0}\frac{s(t_0+\Delta t)-s(t_0)}{\Delta t} \tag{3-2}$$

以上两个实例背景虽然不同，但从所得到的两个式子(式(3-1)、式(3-2))可见，其实质都是一个特定的极限：当自变量的改变量趋于零时，函数改变量与自变量改变量之比的极限. 这个特定的极限就称为导数.

3.1.2 导数的定义

定义 3.1.1 设函数 $y=f(x)$ 在点 x_0 的某邻域 U 内有定义，当自变量 x 在点 x_0 处取得改变量 $\Delta x(\Delta x\neq 0$，且 $x_0+\Delta x\in U)$ 时，函数 y 取得相应的改变量

$$\Delta y=f(x_0+\Delta x)-f(x_0)$$

若极限

$$\lim_{\Delta x\to 0}\frac{\Delta y}{\Delta x}=\lim_{\Delta x\to 0}\frac{f(x_0+\Delta x)-f(x_0)}{\Delta x} \tag{3-3}$$

存在，则称函数 $y=f(x)$ 在点 x_0 可导，并称此极限值为函数 $y=f(x)$ 在点 x_0 的导数，记为

$$f'(x_0),\quad y'|_{x=x_0},\quad \left.\frac{\mathrm{d}y}{\mathrm{d}x}\right|_{x=x_0} \quad 或 \quad \left.\frac{\mathrm{d}f(x)}{\mathrm{d}x}\right|_{x=x_0}$$

函数 $y=f(x)$ 在点 x_0 可导有时也称为函数 $y=f(x)$ 在点 x_0 具有导数或导数存在，点 x_0 称为可导点；如果极限式(3-3)不存在，则称函数 $y=f(x)$ 在点 x_0 不可导，此时点 x_0 称为不可导点.

导数的定义式(3-3)也可采取不同的形式，如令 $h=\Delta x$，则式(3-3)改写为

$$f'(x_0)=\lim_{h\to 0}\frac{f(x_0+h)-f(x_0)}{h} \tag{3-4}$$

如令 $x=x_0+\Delta x$，则有

$$f'(x_0)=\lim_{x\to x_0}\frac{f(x)-f(x_0)}{x-x_0} \tag{3-5}$$

注 式(3-3)、式(3-4)、式(3-5)都可作为导数的计算式，计算时可根据具体情况选用.

例 3.1.1 求函数 $y=x^2$ 在 $x=1$ 处的导数 $f'(1)$.

解 当 x 由 1 变到 $1+\Delta x$ 时，函数相应的增量为

$$\Delta y=(1+\Delta x)^2-1^2=(\Delta x)^2+2\Delta x$$

$$\lim_{\Delta x\to 0}\frac{\Delta y}{\Delta x}=\lim_{\Delta x\to 0}(\Delta x+2)=2$$

例 3.1.2 设 $f(x)=x(x+1)(x+2)\cdot\cdots\cdot(x+n)$，$n\geqslant 2$，求 $f'(0)$.

解 $f'(0)=\lim\limits_{x\to 0}\dfrac{f(x)-f(0)}{x-0}=\lim\limits_{x\to 0}[(x+1)(x+2)\cdots(x+n)]=n!$

定理 3.1.1 如果函数 $y=f(x)$ 在点 x_0 处可导，则 $y=f(x)$ 在 x_0 处连续.

证 令 $\Delta y=f(x_0+\Delta x)-f(x_0)$，则

$$\lim_{\Delta x\to 0}\Delta y=\lim_{\Delta x\to 0}\frac{\Delta y}{\Delta x}\lim_{\Delta x\to 0}\Delta x=f'(x_0)\cdot 0=0$$

故 $y=f(x)$ 在 x_0 处连续.

例 3.1.3 讨论函数 $y=\sqrt[3]{x}$ 在 $x=0$ 点处的连续性和可导性.

解 $\lim\limits_{x\to 0}\sqrt[3]{x}=0=f(0)$，故函数在 $x=0$ 处连续.

又 $f'(0)=\lim\limits_{x\to 0}\dfrac{f(x)-f(0)}{x-0}=\lim\limits_{x\to 0}\dfrac{\sqrt[3]{x}-0}{x-0}=\lim\limits_{x\to 0}x^{-\frac{2}{3}}=\infty$，故函数在 $x=0$ 处不可导.

注 为方便起见，允许书写 $f'(x_0)=\pm\infty$，此时不能说 $y=f(x)$ 在点 x_0 可导！恰恰相反，此时 $y=f(x)$ 在点 x_0 的导数不存在！

3.1.3 左导数和右导数

由于函数 $y=f(x)$ 在点 x_0 的导数是否存在，取决于极限

$$\lim_{\Delta x\to 0}\frac{\Delta y}{\Delta x}=\lim_{\Delta x\to 0}\frac{f(x_0+\Delta x)-f(x_0)}{\Delta x}$$

是否存在，而极限存在的充分必要条件是左、右极限都存在且相等，因此，导数 $f'(x_0)$ 存在的充分必要条件是下列的左、右极限

$$\lim_{\Delta x\to 0^-}\frac{f(x_0+\Delta x)-f(x_0)}{\Delta x} \text{和} \lim_{\Delta x\to 0^+}\frac{f(x_0+\Delta x)-f(x_0)}{\Delta x}$$

都存在且相等. 这两个极限分别称为函数 $y=f(x)$ 在点 x_0 的左导数和右导数，记作 $f'_-(x_0)$ 和 $f'_+(x_0)$. 左导数和右导数统称为单侧导数.

定理 3.1.2 函数 $y=f(x)$ 在点 x_0 处可导的充分必要条件是：函数 $y=f(x)$ 在点 x_0 的左导数和右导数都存在且相等.

注 定理 3.1.2 常用于讨论分段函数在分段点的导数.

例 3.1.4 讨论函数 $f(x)=|x|$ 在点 $x=0$ 处是否可导.

解 $f(x)=\begin{cases} x, & x>0 \\ 0, & x=0 \\ -x, & x<0 \end{cases}$，$f'_+(0)=\lim\limits_{x\to 0^+}\dfrac{f(x)-f(0)}{x-0}=\lim\limits_{x\to 0^+}\dfrac{x-0}{x-0}=1$

$f'_-(0)=\lim\limits_{x\to 0^-}\dfrac{f(x)-f(0)}{x-0}=\lim\limits_{x\to 0^-}\dfrac{-x-0}{x-0}=-1$，由于 $f'_+(0)\neq f'_-(0)$

因此$f(x)=|x|$在$x=0$处不可导.

3.1.4 函数的导数

以上讨论的是函数在某点的导数，如果函数$y=f(x)$在开区间(a,b)每点均可导，则称函数$y=f(x)$在开区间(a,b)内可导. 此时，对于(a,b)内的每一个点x，均对应着函数$f(x)$的一个导数值$f'(x)$，因此也就构成了一个新的函数，这个函数称为$f(x)$的导函数，通常仍简称为导数. 记为

$$f'(x), \quad y', \quad \frac{\mathrm{d}y}{\mathrm{d}x} \quad 或者 \quad \frac{\mathrm{d}f(x)}{\mathrm{d}x}$$

显然，函数导数计算式为

$$f'(x)=\lim_{h\to 0}\frac{f(x+h)-f(x)}{h} \tag{3-6}$$

如果函数$f(x)$在开区间(a,b)内可导，且$f'_+(a)$和$f'_-(b)$都存在，那么就说函数$f(x)$在闭区间$[a,b]$上可导.

例 3.1.5 求函数$f(x)=C$（C为常数）的导数.

解 $f'(x)=\lim\limits_{h\to 0}\dfrac{f(x+h)-f(x)}{h}=\lim\limits_{h\to 0}\dfrac{C-C}{h}=0$

即$(C)'=0$.

例 3.1.6 求函数$y=x^n$（n为正整数）的导数.

解
$$\begin{aligned}(x^n)'&=\lim_{h\to 0}\frac{(x+h)^n-x^n}{h}\\&=\lim_{h\to 0}\left[nx^{n-1}+\frac{n(n-1)}{2!}x^{n-2}h+\cdots+h^{n-1}\right]=nx^{n-1}\end{aligned}$$

即$(x^n)'=nx^{n-1}$.

更一般地有：

$$(x^\mu)'=\mu x^{\mu-1}\ (\mu\in\mathbf{R})$$

例如，$(x^3)'=3x^2$，$\left(\dfrac{1}{x}\right)'=(x^{-1})'=(-1)x^{-1-1}=-\dfrac{1}{x^2}$.

如果已知函数的导函数$f'(x)$，要求函数在某点的导数$f'(x_0)$，则只要代入该点计算即可，即

$$f'(x_0)=f'(x)|_{x=x_0}$$

例如，$(x^3)'|_{x=1}=(3x^2)|_{x=1}=3$.

例 3.1.7 设函数$f(x)=\sin x$，求$(\sin x)'$.

解 利用式(3-6)及正弦的“和差化积”公式，得

$$(\sin x)'=\lim_{h\to 0}\frac{\sin(x+h)-\sin x}{h}=\lim_{h\to 0}\cos\left(x+\frac{h}{2}\right)\cdot\frac{\sin\dfrac{h}{2}}{\dfrac{h}{2}}=\cos x$$

即$(\sin)'=\cos x$.

类似地可得:$(\cos x)'=-\sin x$.

例 3.1.8　求函数 $f(x)=a^x(a>0,a\neq 1)$的导数.

解　$$(a^x)'=\lim_{h\to 0}\frac{a^{x+h}-a^x}{h}=a^x\lim_{h\to 0}\frac{a^h-1}{h}=a^x\lim_{h\to 0}\frac{e^{h\ln a}-1}{h}=a^x\lim_{h\to 0}\frac{h\ln a}{h}=a^x\ln a$$

即$(a^x)'=a^x\ln a$,特别地,当 $a=e$ 时,$(e^x)'=e^x$.

例 3.1.9　求函数 $y=\log_a x(a>0,a\neq 1)$的导数.

解
$$\begin{aligned}y'&=\lim_{h\to 0}\frac{\log_a(x+h)-\log_a x}{h}=\lim_{h\to 0}\frac{\log_a\left(1+\frac{h}{x}\right)}{h}\cdot\frac{1}{x}\\&=\frac{1}{x}\lim_{h\to 0}\log_a\left(1+\frac{h}{x}\right)^{\frac{x}{h}}=\frac{1}{x}\log_a e\end{aligned}$$

即$(\log_a x)'=\dfrac{1}{x\ln a}$. 特别地,有$(\ln x)'=\dfrac{1}{x}$.

3.1.5　导数的几何意义

导数 $f'(x_0)$的几何意义为曲线 $y=f(x)$在点(x_0,y_0)的切线斜率.

当 $f'(x_0)$存在时,曲线 $y=f(x)$在点(x_0,y_0)的切线方程为
$$y=y_0=f'(x_0)(x-x_0)\tag{3-7}$$

若 $f'(x_0)=\pm\infty$,则曲线 $y=f(x)$在点(x_0,y_0)有垂直于 x 轴的切线 $x=x_0$.

过切点(x_0,y_0)且与切线垂直的直线称为曲线 $y=f(x)$在点(x_0,y_0)的法线,故相对应的法线方程为
$$y-y_0=-\frac{1}{f'(x_0)}(x-x_0)\quad(f'(x_0)\neq 0)\tag{3-8}$$

例 3.1.10　求等边双曲线 $y=\dfrac{1}{x}$在点$(1,1)$处的切线的斜率，并写出在该点处的切线方程.

解　由导数的几何意义,得切线斜率为
$$k=\left(\frac{1}{x}\right)'\bigg|_{x=1}=\left(-\frac{1}{x^2}\right)\bigg|_{x=1}=-1$$

所求切线方程为 $y-1=-1(x-1)$，即 $y=-x+2$.

例 3.1.11　在曲线 $y=x^4$ 上求一点,使该点处的曲线的切线与直线 $y=-32x+5$ 平行.

解　在 $y=x^4$ 上的任一点 $M(x,y)$处切线的斜率 $k=y'=(x^4)'=4x^3$,而已知直线 $y=-32x+5$ 的斜率 $k_1=-32$. 令 $k=k_1$,即 $4x^3=-32$,解之得 $x=-2$,代入曲线方程得 $y=(-2)^4=16$,故所求点为$(-2,16)$.

习 题 3.1

1. 下列各题中均假定 $f'(x_0)$存在，按照导数定义观察下列极限，指出 A 表示什么.

(1) $\lim\limits_{\Delta x\to 0}\dfrac{f(x_0-\Delta x)-f(x_0)}{\Delta x}=A$；

(2) $f(x_0)=0$，$\lim\limits_{x\to x_0}\dfrac{f(x)}{x_0-x}=A$；

(3) $\lim\limits_{h\to 0}\dfrac{f(x_0+h)-f(x_0-h)}{h}=A$.

2. 讨论函数 $f(x)=x|x|$在点 $x=0$ 处是否可导.

3. 讨论 $f(x)=\begin{cases} x\sin\dfrac{1}{x}, & x\neq 0 \\ 0, & x=0 \end{cases}$在 $x=0$ 处的连续性与可导性.

4. 试讨论函数 $f(x)=\begin{cases} x, & x<0 \\ \ln(1+x), & x\geqslant 0 \end{cases}$在点 $x=0$ 处的可导性.

5. 设函数 $f(x)=\begin{cases} x^2, & x\leqslant 1 \\ ax+b, & x>1 \end{cases}$，为了使函数 $f(x)$在 $x=1$ 点处连续且可导，a，b 应取什么值？

6. 试求过点(3,8)且与曲线 $y=x^2$ 相切的直线方程.

7. 求曲线 $y=\ln x$ 在点(1,0)处的切线与 y 轴的交点.

8. 求过点(2,0)且与曲线 $y=\dfrac{1}{x}$相切的直线方程.

3.2 导数的求导法则

3.2.1 导数的四则运算法则

定理 3.2.1 设函数 $u=u(x)$，$v=v(x)$是可导函数，则

(1) 线性法则：$(\alpha u+\beta v)'=\alpha u'+\beta v'$，其中 α，β 为常数.

(2) 积法则：$(uv)'=u'v+uv'$.

(3) 商法则：$\left(\dfrac{u}{v}\right)'=\dfrac{u'v-uv'}{v^2}\ (v\neq 0)$.

注 线性法则与积法则可推广到更一般的情形：

$$\left(\sum_{i=1}^{n}\alpha_i u_i\right)'=\sum_{i=1}^{n}\alpha_i u'_i$$

$$(u_1u_2\cdots u_n)'=u_1'u_2\cdots u_n+u_1u_2'\cdots u_n+\cdots+u_1u_2\cdots u_n'$$

例 3.2.1　求 $y=x^3+\sin x+1$ 的导数.

解
$$y'=(x^3)'+(\sin x)'+(1)'=3x^2+\cos x$$

例 3.2.2　求 $f(x)=x^2\sin x$ 的导数.

解
$$f'(x)=(x^2\sin x)'=(x^2)'\sin x+x^2(\sin x)'=2x\sin x+x^2\cos x$$

例 3.2.3　验证下列公式：

(1) $(\tan x)'=\sec^2 x$；

(2) $(\cot x)'=-\csc^2 x$；

(3) $(\sec x)'=\sec x\tan x$；

(4) $(\csc x)'=-\csc x\cot x$.

证　(1)
$$(\tan x)'=\left(\frac{\sin x}{\cos x}\right)'=\frac{(\sin x)'\cos x-\sin x(\cos x)'}{\cos^2 x}$$
$$=\frac{\cos^2 x+\sin^2 x}{\cos^2 x}=\frac{1}{\cos^2 x}=\sec^2 x$$

同理可推出(2)
$$(\cot x)'=-\csc^2 x$$

(3)
$$(\sec x)'=\left(\frac{1}{\cos x}\right)'=\frac{-(\cos x)'}{\cos^2 x}=\frac{\sin x}{\cos^2 x}=\sec x\tan x$$

同理可推出(4)
$$(\csc x)'=-\csc x\cot x$$

3.2.2　复合函数的求导法则

定理 3.2.2(链式法则)　若函数 $u=g(x)$在点 x 处可导，而 $y=f(u)$在点 $u=g(x)$处可导，则复合函数 $y=f[g(x)]$在点 x 处可导，且其导数为

$$\frac{dy}{dx}=f'(u)\cdot g'(x)\quad 或\quad \frac{dy}{dx}=\frac{dy}{du}\cdot\frac{du}{dx}\tag{3-9}$$

注　复合函数求导的链式法则可叙述为:复合函数的导数,等于函数对中间变量的导数乘以中间变量对自变量的导数.

例 3.2.4　求函数 $y=(2x+1)^3$ 的导数.

解　设 $y=u^3$,$u=2x+1$,则

$$\frac{dy}{dx}=\frac{dy}{du}\cdot\frac{du}{dx}=3u^2\cdot 2=6(2x+1)^2$$

注　在运用复合函数求导的链式法则时,要抓住“由外及里,逐层求导”的思想,不要遗漏，也不要重复.熟练之后就不必写出中间变量.

例 3.2.5　求函数 $y=\sin(x^2+x)$的导数.

解
$$y'=\cos(x^2+x)\cdot(x^2+x)'=(2x+1)\cos(x^2+x)$$

例 3.2.6　设 $y=x^{\sin x}(x>0)$,求 y'.

解 $y'=(e^{\sin x\ln x})'=e^{\sin x\ln x}\left(\cos x\ln x+\sin x\cdot\frac{1}{x}\right)=x^{\sin x}\left(\cos x\cdot\ln x+\frac{\sin x}{x}\right)$

复合函数求导的链式法则可推广到多个中间变量的情形. 如设 $y=f(u(v(x)))$，$y=f(u)$，$u=u(v)$，$v=v(x)$ 可导，则

$$\frac{dy}{dx}=f'(u)\cdot u'(v)\cdot v'(x)\quad 或者\quad \frac{dy}{dx}=\frac{dy}{du}\cdot\frac{du}{dv}\cdot\frac{dv}{dx}\tag{3-10}$$

例 3.2.7 设 $y=\sqrt{\sin e^{x^2}}$，求 y'.

解 $y'=\left(\sqrt{\sin e^{x^2}}\right)'=\frac{1}{2\sqrt{\sin e^{x^2}}}(\sin e^{x^2})'=\frac{1}{2\sqrt{\sin e^{x^2}}}\cos e^{x^2}(e^{x^2})'$

$$=\frac{1}{2\sqrt{\sin e^{x^2}}}\cos e^{x^2}\cdot e^{x^2}(x^2)'=\frac{1}{2\sqrt{\sin e^{x^2}}}\cos e^{x^2}\cdot e^{x^2}2x=\frac{xe^{x^2}\cos e^{x^2}}{\sqrt{\sin e^{x^2}}}$$

3.2.3 反函数的求导法则

定理 3.2.3 设函数 $x=\varphi(y)$ 在区间 J 上有定义、可导且 $\varphi'(y)\neq 0$，则其反函数 $y=f(x)$ 在对应的区间 I 上也可导，且

$$f'(x)=\frac{1}{\varphi'(y)}\quad 或者\quad \frac{dy}{dx}=\frac{1}{\frac{dx}{dy}}\tag{3-11}$$

注 反函数的求导法则可叙述为:反函数的导数等于直接函数导数的倒数.

例 3.2.8 求函数 $y=\arcsin x$ 的导数.

解 因为 $x=\sin y$ 在 $J=\left(-\frac{\pi}{2},\frac{\pi}{2}\right)$ 内单调、可导，且 $(\sin y)'=\cos y>0$，

所以在对应区间 $I=(-1,1)$ 有

$$(\arcsin x)'=\frac{1}{(\sin y)'}=\frac{1}{\cos y}=\frac{1}{\sqrt{1-\sin^2 y}}=\frac{1}{\sqrt{1-x^2}}$$

类似地，可得

$$(\arccos x)'=-\frac{1}{\sqrt{1-x^2}},\quad (\arctan x)'=\frac{1}{1+x^2},\quad (\operatorname{arccot} x)'=-\frac{1}{1+x^2}$$

至此，我们已求出所有基本初等函数的导数，读者务必牢牢记住！现将公式汇总如下，以备查用.

3.2.4 导数表(常数和基本初等函数的导数公式)

(1) $(C)'=0$；

(2) $(x^\mu)'=\mu x^{\mu-1}$；

(3) $(a^x)'=a^x\ln a$；

(4) $(e^x)'=e^x$；

(5) $(\log_a x)'=\frac{1}{x\ln a}$；

(6) $(\ln x)'=\frac{1}{x}$；

(7) $(\sin x)'=\cos x$;　(8) $(\cos x)'=-\sin x$;

(9) $(\tan x)'=\sec^2 x$;　(10) $(\cot x)'=-\csc^2 x$;

(11) $(\sec x)'=\sec x\tan x$;　(12) $(\csc x)'=-\csc x\cot x$;

(13) $(\arcsin x)'=\dfrac{1}{\sqrt{1-x^2}}$;　(14) $(\arccos x)'=-\dfrac{1}{\sqrt{1-x^2}}$;

(15) $(\arctan x)'=\dfrac{1}{1+x^2}$;　(16) $(\text{arccot}\, x)'=-\dfrac{1}{1+x^2}$.

习　题　3.2

1. 求下列函数的导数.

(1) $y=e^{3x}$;　(2) $y=e^{\sqrt{2x+1}}$;　(3) $y=\sin(x^2+1)$;

(4) $y=e^{\tan(1+2x)}$;　(5) $y=x^2\cdot\sin\dfrac{1}{x^2}$;　(6) $y=(1+x^2)\cdot\ln(x+\sqrt{1+x^2})$.

2. 求函数 $y=\dfrac{1}{2}\ln\dfrac{1+x}{1-x}$ 的反函数 $x=\varphi(y)$ 的导数.

3. 设 $f(x)$ 可导,求下列函数 y 的导数 $\dfrac{dy}{dx}$.

(1) $y=f(x^2)$;　(2) $y=f(\sin^2 x)+f(\cos^2 x)$.

4. 设函数 $f(x)=\begin{cases} x^3\sin\dfrac{1}{x}, & x\neq 0 \\ 0, & x=0 \end{cases}$,讨论 $f(x)$ 在点 $x=0$ 处的可导性以及 $f'(x)$ 在点 $x=0$ 处的连续性.

3.3　隐函数及由参数方程所确定的函数的导数

3.3.1　隐函数的求导法则

隐函数求导法:若方程 $F(x,y)=0$ 确定了隐函数 $y=y(x)$,则求 $y'(x)$ 的方法如下.

步骤 1:对方程 $F(x,y)=0$ 两边关于 x 求导,把 y 看作中间变量,运用复合函数求导法则计算.

步骤 2:解出 y' 的表达式(允许出现 y 变量).

注　隐函数求导法实质上是复合函数求导法则的应用.

例 3.3.1　求由方程 $e^y+xy-e^{-x}=0$ 所确定的隐函数 $y=y(x)$ 的导数.

解　将方程两边关于 x 求导,得

$$e^y y' + y + xy' + e^{-x} = 0$$

故

$$y' = -\frac{y + e^{-x}}{x + e^y} \quad (x + e^y \neq 0)$$

例 3.3.2 设 $\arctan\frac{y}{x} = \ln(\sqrt{x^2 + y^2})$，求$\frac{dy}{dx}$.

解 将方程两边关于 x 求导，得

$$\frac{1}{1+\left(\frac{y}{x}\right)^2} \cdot \frac{y'x - y}{x^2} = \frac{\frac{1}{2}\frac{2x + 2yy'}{\sqrt{x^2 + y^2}}}{\sqrt{x^2 + y^2}}$$

整理得

$$\frac{y'x - y}{x^2 + y^2} = \frac{x + yy'}{x^2 + y^2} \Rightarrow y'x - y = x + yy'$$

故

$$y' = \frac{dy}{dx} = \frac{x + y}{x - y}$$

3.3.2 对数求导法

对数求导法：在函数两边取对数，利用对数的性质化简，等式两边同时对自变量 x 求导，最后解出所求导数.

注 运用对数求导法的过程中，一般会遇到 $\ln y$ 对 x 求导，此时务必视 y 为中间变量，应用复合函数求导法则.

例 3.3.3 求函数 $y = x^x (x > 0)$ 的导数$\frac{dy}{dx}$.

解 等式两边取对数，得

$$\ln y = x \cdot \ln x$$

两边对 x 求导，得

$$\frac{1}{y}y' = \ln x + x \cdot \frac{1}{x}$$

故

$$\frac{dy}{dx} = y(\ln x + 1) = x^x(\ln x + 1)$$

例 3.3.4 求 $y = \frac{(x^2 + 2)^2}{(x^4 + 1)(x^2 + 1)}$ 的导数.

解 等式两边取对数，得

$$\ln y = 2\ln(x^2 + 2) - \ln(x^4 + 1) - \ln(x^2 + 1)$$

上式两边对 x 求导，注意到 y 是 x 的函数，得

$$\frac{y'}{y}=\frac{4x}{x^2+2}-\frac{4x^3}{x^4+1}-\frac{2x}{x^2+1}$$

于是

$$y'=y\left(\frac{4x}{x^2+2}-\frac{4x^3}{x^4+1}-\frac{2x}{x^2+1}\right)$$

即

$$y'=\frac{(x^2+2)^2}{(x^4+1)(x^2+1)}\left(\frac{4x}{x^2+2}-\frac{4x^3}{x^4+1}-\frac{2x}{x^2+1}\right)$$

例 3.3.5 设 $(\sin y)^x=(\cos x)^y$，求 $\frac{dy}{dx}$.

解 等式两边取对数，得

$$x\ln\sin y=y\ln\cos x$$

上式两边对 x 求导，得

$$\ln\sin y+x\cot y\cdot\frac{dy}{dx}=\frac{dy}{dx}\cdot\ln\cos x-y\cdot\tan x$$

解得

$$\frac{dy}{dx}=\frac{\ln\sin y+y\tan x}{\ln\cos x-x\cot y}$$

3.3.3 由参数方程所确定的函数的导数

所谓由参数方程所确定的函数是指由参数方程

$$\begin{cases}x=x(t)\\y=y(t)\end{cases}$$

所确定的 y 与 x 之间的函数 $y=f(x)$.

事实上，若函数 $x(t)$，$y(t)$ 可导且 $x'(t)\neq 0$，$x=x(t)$ 具有单调连续的反函数，且此反函数能与 $y=y(t)$ 构成 y 关于 x 的复合函数，则由复合函数求导法则及反函数求导法则，可得参变量函数的导数公式：

$$\frac{dy}{dx}=\frac{dy}{dt}\frac{dt}{dx} \quad 或者 \quad \frac{dy}{dx}=\frac{\frac{dy}{dt}}{\frac{dx}{dt}} \tag{3-12}$$

例 3.3.6 设 $\begin{cases}x=\arctan t\\y=3t+t^3\end{cases}$，求 $\frac{dy}{dx}$.

解 $$\frac{dy}{dx}=\frac{y'(t)}{x'(t)}=\frac{3+3t^2}{1/(1+t^2)}=3(1+t^2)^2$$

例 3.3.7 已知 $\begin{cases}x=e^t\sin t\\y=e^t\cos t\end{cases}$，求当 $t=\frac{\pi}{3}$ 时 $\frac{dy}{dx}$ 的值.

解
$$\frac{dy}{dx}=\frac{\frac{dy}{dt}}{\frac{dx}{dt}}=\frac{e^t\cos t-e^t\sin t}{e^t\sin t+e^t\cos t}=\frac{\cos t-\sin t}{\sin t+\cos t}$$

故

$$\left.\frac{dy}{dx}\right|_{t=\frac{\pi}{3}}=\frac{\cos\frac{\pi}{3}-\sin\frac{\pi}{3}}{\sin\frac{\pi}{3}+\cos\frac{\pi}{3}}=\sqrt{3}-2$$

习 题 3.3

1. 求下列隐函数的导数.

(1) $x^3+y^3-3axy=0$；　　(2) $x=y\ln(xy)$；

(3) $xe^y-ye^x=10$；　　(4) $xy=e^{x+y}$.

2. 求由方程 $xy+e^{-x}-e^y=0$ 所确定的隐函数 y 的导数$\frac{dy}{dx}$,$\left.\frac{dy}{dx}\right|_{x=0}$.

3. 求由方程 $x^3-3xy+y^3=3$ 所确定的曲线 $y=f(x)$在点 $M(1,2)$处的切线方程.

4. 利用对数求导法,求下列函数的导数.

(1) $y=\frac{\sqrt{x+2}\cdot(3-x)^4}{(x+1)^5}$；　　(2) $y=\frac{e^{2x}(x+3)}{\sqrt{(x+5)(x-4)}}$；

(3) $y=(\sin x)^{\cos x}$；　　(4) $y=x^{\sin x}(x>0)$.

5. 求下列参数方程所确定的函数的导数$\frac{dy}{dx}$.

(1) $\begin{cases}x=a\cos bt+b\sin at\\ y=a\sin bt-b\cos at\end{cases}$ (a,b 为常数)；(2) $\begin{cases}x=\theta(1-\sin\theta)\\ y=\theta\cos\theta\end{cases}$；

(3) $\begin{cases}x=t-\arctan t\\ y=\ln(1+t^2)\end{cases}$.

6. 求摆线$\begin{cases}x=t-\sin t\\ y=1-\cos t\end{cases}$在 $t=\frac{\pi}{2}$相应点处的切线方程.

3.4 高 阶 导 数

3.4.1 高阶导数的概念

定义 3.4.1 如果函数 $f(x)$的导数 $f'(x)$在点 x 处可导，即

$$(f'(x))'=\lim_{\Delta x\to 0}\frac{f'(x+\Delta x)-f'(x)}{\Delta x}$$

存在，则称 $(f'(x))'$ 为函数 $f(x)$ 在点 x 处的二阶导数，记为

$$f''(x)\quad 或者\quad y'',\frac{d^2 y}{dx^2},\frac{d^2 f(x)}{dx^2}$$

类似地，二阶导数的导数称为三阶导数，记为

$$f'''(x)\quad 或者\quad y''',\frac{d^3 y}{dx^3},\frac{d^3 f(x)}{dx^3}$$

一般地，$f(x)$ 的 $n-1$ 阶导数的导数称为 $f(x)$ 的 n 阶导数，记为

$$f^{(n)}(x)\quad 或者\quad y^{(n)},\frac{d^n y}{dx^n},\frac{d^n f(x)}{dx^n}$$

函数 $f(x)$ 的各阶导数在 x_0 处的导数值记为

$$f'(x_0),f''(x_0),\cdots,f^{(n)}(x_0)$$

或

$$y'|_{x=x_0},y''|_{x=x_0},\cdots,y^{(n)}|_{x=x_0}$$

注　二阶和二阶以上的导数统称为高阶导数. 相应地，$f(x)$ 称为零阶导数；$f'(x)$ 称为一阶导数.

3.4.2　高阶导数的计算

由高阶导数的定义可以看出，高阶导数 $f^{(n)}(x)$ 的计算并不需要新的求导公式.

当 n 不太大时，通常采取“逐次求导法”计算出导数 $f'(x),f''(x),\cdots$. 如果要求任意阶导数，或者当 n 比较大时，则采用从较低阶的导数中去找规律等方法.

例 3.4.1　设 $y=x^3$，求 $y''(1)$.

解
$$y'=3x^2,\quad y''=(3x^2)'=6x,\quad y''(1)=6$$

例 3.4.2　设函数 $y=f(x)$ 二阶可导，$y=f(x^2)$，求 $\frac{d^2 y}{dx^2}$.

解　求导数

$$\frac{dy}{dx}=f'(x^2)\cdot(x^2)'=2x\cdot f'(x^2)$$

于是

$$\frac{d^2 y}{dx^2}=(2x)'\cdot f'(x^2)+2x\cdot f''(x^2)\cdot(x^2)'=2f'(x^2)+4x^2 f''(x^2)$$

例 3.4.3　已知方程 $b^2x^2+a^2y^2=a^2b^2$，求由该方程所确定的隐函数 y 的二阶导数 $\frac{d^2 y}{dx^2}$.

解　两边对 x 求导，得

$$2b^2x+2a^2yy'=0$$

整理得

$$y'=-\frac{b^2x}{a^2y}$$

从而有

$$y''=-\frac{b^2}{a^2}\cdot\frac{y-xy'}{y^2}=-\frac{b^4}{a^2y^3}$$

例 3.4.4 已知参数方程 $\begin{cases}x=a(t-\sin t)\\ y=a(1-\cos t)\end{cases}$ (a 为常数),求由该参数方程所确定函数的二阶导数 $\frac{\mathrm{d}^2y}{\mathrm{d}x^2}$.

解

$$\frac{\mathrm{d}y}{\mathrm{d}x}=\frac{\frac{\mathrm{d}y}{\mathrm{d}t}}{\frac{\mathrm{d}x}{\mathrm{d}t}}=\frac{a\sin t}{a(1-\cos t)}=\frac{\sin t}{1-\cos t}$$

$$\frac{\mathrm{d}^2y}{\mathrm{d}x^2}=\frac{\mathrm{d}}{\mathrm{d}x}\left(\frac{\sin t}{1-\cos t}\right)=\frac{\mathrm{d}}{\mathrm{d}t}\left(\frac{\sin t}{1-\cos t}\right)\cdot\frac{1}{\frac{\mathrm{d}x}{\mathrm{d}t}}$$

$$=\frac{\cos t(1-\cos t)-\sin t\cdot\sin t}{(1-\cos t)^2}\cdot\frac{1}{a(1-\cos t)}$$

$$=-\frac{1}{a(1-\cos t)^2}$$

例 3.4.5 设 $y=x^\mu(\mu\in\mathbf{R})$, 求 $y^{(n)}$.

解 $y'=\mu x^{\mu-1}$, $y''=(\mu x^{\mu-1})'=\mu(\mu-1)x^{\mu-2}$, $y'''=(y'')'=\mu(\mu-1)(\mu-2)x^{\mu-3}$, $\cdots$, $y^{(n)}=\mu(\mu-1)\cdot\cdots\cdot(\mu-n+1)x^{\mu-n}(n\geqslant1)$

若 μ 为自然数 n,则 $y^{(n)}=(x^n)^{(n)}=n!$, $y^{(n+1)}=(x^n)^{(n+1)}=(n!)'=0$.

注 计算 n 阶导数时,在求出 1 至 3 阶或 4 阶后,不要急于合并,分析结果的规律性,写出 n 阶导数(利用数学归纳法).

例 3.4.6 设 $y=\sin x$,求 $y^{(n)}$.

解

$$y'=\cos x=\sin\left(x+\frac{\pi}{2}\right)$$

$$y''=(y')'=\cos\left(x+\frac{\pi}{2}\right)=\sin\left(x+\frac{\pi}{2}+\frac{\pi}{2}\right)=\sin\left(x+2\cdot\frac{\pi}{2}\right)$$

$$y'''=(y'')'=\cos\left(x+2\cdot\frac{\pi}{2}\right)=\sin\left(x+3\cdot\frac{\pi}{2}\right),\ \cdots$$

$$y^{(n)}=\sin\left(x+n\cdot\frac{\pi}{2}\right),\quad 即\quad (\sin x)^{(n)}=\sin\left(x+\frac{n\pi}{2}\right)$$

用同样方法可得到:

$$(\cos x)^{(n)}=\cos\left(x+\frac{n\pi}{2}\right)$$

注　高阶导数的计算方法：

(1) 找规律，一阶一阶求函数的导数，总结规律得 $y^{(n)}$.

(2) 利用常用的 n 阶导数公式.

① $\left(\dfrac{1}{ax+b}\right)^{(n)}=\dfrac{a^n(-1)^n n!}{(ax+b)^{n+1}}$；

② $(\sin x)^{(n)}=\sin\left(x+\dfrac{n\pi}{2}\right)$；

③ $(\cos x)^{(n)}=\cos\left(x+\dfrac{n\pi}{2}\right)$；

④ $(a^x)^{(n)}=a^x(\ln a)^n$，$(e^{ax})^{(n)}=e^{ax}a^n$；

⑤ 莱布尼茨公式：$(uv)^{(n)}=C_n^0u^{(n)}v+C_n^1u^{(n-1)}v'+\cdots+C_n^nuv^{(n)}=\sum\limits_{k=0}^{n}C_n^ku^{(n-k)}v^{(k)}$.

例 3.4.7　设 $y=e^x\sin x$，求 $y^{(n)}$.

解
$$y'=e^x\sin x+e^x\cos x=\sqrt{2}e^x\sin\left(x+\frac{\pi}{4}\right)$$

$$y''=\sqrt{2}e^x\sin\left(x+\frac{\pi}{4}\right)+\sqrt{2}e^x\cos\left(x+\frac{\pi}{4}\right)=(\sqrt{2})^2e^x\sin\left(x+2\cdot\frac{\pi}{4}\right),\cdots$$

$$y^{(n)}=(\sqrt{2})^n e^x\sin\left(x+n\cdot\frac{\pi}{4}\right)$$

例 3.4.8　设 $y=x^2\cdot e^{2x}$，求 $y^{(20)}$.

解　设 $u=e^{2x}$，$v=x^2$，则

$$u^{(i)}=2^i\cdot e^{2x}(i=1,2,\cdots,20),\quad v'=2x,\quad v''=2,\quad v^{(i)}=0\quad(i=3,4,\cdots,20)$$

代入莱布尼茨公式，得

$$\begin{aligned}y^{(20)}&=(x^2\cdot e^{2x})^{(20)}=2^{20}\cdot e^{2x}\cdot x^2+20\cdot 2^{19}\cdot e^{2x}\cdot 2x+\frac{20\cdot 19}{2!}\cdot 2^{18}\cdot e^{2x}\cdot 2\\&=2^{20}\cdot e^{2x}\cdot(x^2+20x+95)\end{aligned}$$

习　题　3.4

1. 求 n 次多项式 $y=a_0x^n+a_1x^{n-1}+\cdots+a_{n-1}x+a_n$ 的 n 阶导数.

2. 求下列函数在指定点的高阶导数.

(1) $f(x)=e^{2x-1}$，求 $f''(0)$，$f'''(0)$；(2) $f(x)=(x+10)^6$，求 $f^{(5)}(0)$，$f^{(6)}(0)$.

3. 求由下列方程所确定的隐函数 y 的二阶导数 $\dfrac{d^2y}{dx^2}$.

(1) $y=1+xe^y$；　(2) $y-x=\ln(x+y)$.

4. (1) 求由参数方程 $\begin{cases}x=t-\arctan t\\y=\ln(1+t^2)\end{cases}$ 所表示的函数 $y=y(x)$ 的二阶导数 $\dfrac{d^2y}{dx^2}$.

(2) 已知 $\begin{cases} x=f'(t) \\ y=tf'(t)-f(t) \end{cases}$，设 $f''(t)$ 存在且不为零，试求由该参数方程所确定函数的二阶导数 $\frac{\mathrm{d}^2 y}{\mathrm{d}x^2}$.

5. 设 $y=\frac{1}{2x+3}$，求 $y^{(n)}(0)$.

6. 设 $y=\ln(x^2+2x-3)$，求 $y^{(n)}$.

3.5 微分及其运算

3.5.1 微分的概念

微分是微分学的组成部分，它在研究当自变量发生微小变化而引起函数变化的近计算问题中起重要作用.

定义 3.5.1 设函数 $y=f(x)$ 在某邻域内有定义，若存在与 Δx 无关的常数 A，使函数的改变量 $\Delta y=f(x_0+\Delta x)-f(x_0)$ 可表示为

$$\Delta y=A\cdot\Delta x+o(\Delta x) \tag{3-13}$$

则称函数 $y=f(x)$ 在点 x_0 可微，且称 $A\cdot\Delta x$ 为函数 $y=f(x)$ 在点 x_0 的微分，记作 $\mathrm{d}y$，即

$$\mathrm{d}y=\mathrm{d}f(x_0)=A\cdot\Delta x \tag{3-14}$$

注 由式(3-13)、式(3-14)可知，$\Delta y=\mathrm{d}y+o(\Delta x)$，因此也称 $\mathrm{d}y$ 是 Δy 的线性主部.

依据微分的定义，有 $\Delta y=A\cdot\Delta x+o(\Delta x)$. 于是

$$\lim_{\Delta x\to 0}\frac{\Delta y}{\Delta x}=\lim_{\Delta x\to 0}\frac{A\cdot\Delta x+o(\Delta x)}{\Delta x}=\lim_{\Delta x\to 0}\left[A+\frac{o(\Delta x)}{\Delta x}\right]=A$$

这表明：如果函数 $y=f(x)$ 在点 x_0 可微，则在点 x_0 也一定可导，且 $f'(x_0)=A$.

反之，如果 $y=f(x)$ 在点 x_0 可导，即 $\lim\limits_{\Delta x\to 0}\frac{\Delta y}{\Delta x}=f'(x_0)$，令 $f'(x_0)=A$，于是有

$$\left(\frac{\Delta y}{\Delta x}-A\right)\cdot\Delta x=o(\Delta x)$$

这表明式(3-13)成立，因此函数 $y=f(x)$ 在点 x_0 可微.

于是有以下定理.

定理 3.5.1 设函数 $y=f(x)$ 在某邻域内有定义，则 $f(x)$ 在点 x_0 可微的充要条件是 $f(x)$ 在点 x_0 可导，且

$$\mathrm{d}y=f'(x_0)\cdot\Delta x \tag{3-15}$$

即可导一定可微，可微一定可导.

函数 $y=f(x)$在任意点 x 的微分称为函数 $y=f(x)$的微分，记作 $\mathrm{d}y$ 或$\mathrm{d}f(x)$，即

$$\mathrm{d}y=f'(x)\cdot\Delta x \tag{3-16}$$

当 $y\equiv x$ 时，$\mathrm{d}x=x'\cdot\Delta x=\Delta x$. 因此，通常把自变量的改变量 Δx 作为自变量的微分 $\mathrm{d}x$. 于是函数 $f(x)$在点 x_0 的微分可写成

$$\mathrm{d}y=f'(x_0)\cdot\mathrm{d}x$$

函数的微分可写成

$$\mathrm{d}y=f'(x)\cdot\mathrm{d}x \tag{3-17}$$

从而有

$$\frac{\mathrm{d}y}{\mathrm{d}x}=f'(x)$$

例 3.5.1　求函数 $y=x^2$ 当 x 由 1 改变到 1.001 的微分.

解　因为 $\mathrm{d}y=y'\mathrm{d}x=2x\mathrm{d}x$，由题设条件知当 $x=1$ 时，$\mathrm{d}x=\Delta x=1.001-1=0.001$. 故所求微分为 $\mathrm{d}y=2\times1\times0.001=0.002$.

例 3.5.2　求函数 $y=\sin x$ 在 $x=\pi$ 处的微分.

解　所求微分为

$$\mathrm{d}y=(\sin x)'|_{x=\pi}\mathrm{d}x=\cos x|_{x=\pi}\mathrm{d}x=-\mathrm{d}x$$

3.5.2　微分的计算

对应导数的基本公式和运算法则，可得到相应的微分基本公式和运算法则.

1. 微分表(可与导数表对照)

(1) $\mathrm{d}C=0$；　(2) $\mathrm{d}x^\mu=\mu x^{\mu-1}\mathrm{d}x$；

(3) $\mathrm{d}a^x=a^x\ln a\mathrm{d}x$；　(4) $\mathrm{d}e^x=e^x\mathrm{d}x$；

(5) $\mathrm{d}\log_a x=\dfrac{1}{x\ln a}\mathrm{d}x$；　(6) $\mathrm{d}\ln x=\dfrac{1}{x}\mathrm{d}x$；

(7) $\mathrm{d}\sin x=\cos x\mathrm{d}x$；　(8) $\mathrm{d}\cos x=-\sin x\mathrm{d}x$；

(9) $\mathrm{d}\tan x=\sec^2 x\mathrm{d}x$；　(10) $\mathrm{d}\cot x=-\csc^2 x\mathrm{d}x$；

(11) $\mathrm{d}\sec x=\sec x\tan x\mathrm{d}x$；　(12) $\mathrm{d}\csc x=-\csc x\cot x\mathrm{d}x$；

(13) $\mathrm{d}\arcsin x=\dfrac{1}{\sqrt{1-x^2}}\mathrm{d}x$；　(14) $\mathrm{d}\arccos x=-\dfrac{1}{\sqrt{1-x^2}}\mathrm{d}x$；

(15) $\mathrm{d}\arctan x=\dfrac{1}{1+x^2}\mathrm{d}x$；　(16) $\mathrm{d}\mathrm{arccot}\,x=-\dfrac{1}{1+x^2}\mathrm{d}x$.

2. 基本法则(设 u,v 可微)

(1) 线性法则：$\mathrm{d}(\alpha u+\beta v)=\alpha\mathrm{d}u+\beta\mathrm{d}v$，$\alpha,\beta$ 为常数.

(2) 积法则：$\mathrm{d}(uv)=v\mathrm{d}u+u\mathrm{d}v$.

(3) 商法则：$\mathrm{d}\left(\dfrac{u}{v}\right)=\dfrac{v\mathrm{d}u-u\mathrm{d}v}{v^2}(v\neq0)$.

(4) 链式法则：$df(u)=f'(u)du$.

链式法则表明：无论 u 是自变量还是中间变量，微分形式保持不变，这种性质称为一阶微分形式不变性. 这对求复合函数的微分时，简化了中间变量的认识，更加直接和方便.

例 3.5.3 求函数 $y=x^3\sin x$ 的微分.

解 利用微分基本运算法则，有

$$dy=\sin x d(x^3)+x^3 d(\sin x)=\sin x\cdot 3x^2dx+x^3\cdot(\cos x)dx=(3x^2\sin x+x^3\cos x)dx$$

例 3.5.4 设 $\tan y=x+y$，求 dy.

解 对 $\tan y=x+y$ 两边求微分，得

$$\sec^2 y\cdot dy=dx+dy$$

解得

$$dy=\frac{1}{\sec^2 y-1}dx=\frac{1}{\tan^2 y}dx=\cot^2 y dx$$

3.5.3 微分的几何意义

如图 3-2 所示，MP 是曲线 $y=f(x)$ 在点 $M(x_0,y_0)$ 的切线，其斜率为 $\tan\alpha=f'(x_0)$，则

$$QP=\tan\alpha\cdot\Delta x=f'(x_0)\Delta x=dy$$

因此，函数 $y=f(x)$ 在点 x_0 的微分 dy 的几何意义就是曲线 $y=f(x)$ 过点 $M(x_0,y_0)$ 的切线纵坐标的改变量.

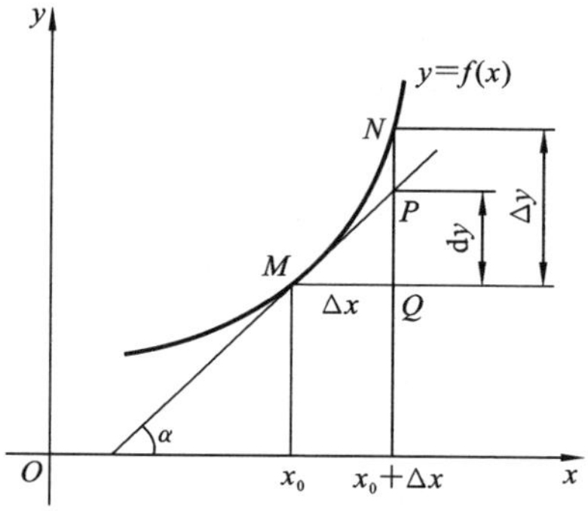

图 3-2

习 题 3.5

1. 根据下面所给的值，求函数 $y=x^2+1$ 的 Δy，dy 及 $\Delta y-dy$：

(1) 当 $x=1,\Delta x=0.1$ 时； (2) 当 $x=1,\Delta x=0.01$ 时.

2. 求下列函数的微分.

(1) $y=xe^x$； (2) $y=\frac{\ln x}{x}$； (3) $y=\cos\sqrt{x}$； (4) $y=8x^x-6e^{2x}$.

3. 求由下列方程确定的隐函数 $y=y(x)$ 的微分 dy.

(1) $y=1+xe^y$； (2) $\frac{x^2}{a^2}+\frac{y^2}{b^2}=1$；

(3) $y=x+\frac{1}{2}\sin y$； (4) $xy+e^{-x}-e^y=0$.

4. 利用一阶微分形式的不变性，求下列函数的微分，其中 f 和 φ 均为可微函数.

(1) $y=f(x^3+\varphi(x^4))$； (2) $y=f(1-2x)+3\sin f(x)$.

总 习 题 3

1. 填空题

(1) 已知函数 $f(x)=\begin{cases} x\arctan\dfrac{1}{x^2}, & x\neq 0 \\ 0, & x=0 \end{cases}$，则 $f'(0)=$______.

(2) 设 $y=y(x)$是由方程 $e^y-\sin x+y=1$ 确定的隐函数，则 $dy|_{x=0}=$______.

(3) 设 $\begin{cases} x=\sin t \\ y=t\sin t+\cos t \end{cases}$（$t$ 为参数），则 $\left.\dfrac{d^2y}{dx^2}\right|_{t=\frac{\pi}{4}}=$______.

2. (1) 如果 $f(x)$为偶函数，且 $f'(0)$存在，证明 $f'(0)=0$；

(2) 已知 $f(x)$在 $x=x_0$ 点可导，证明：

$$\lim_{h\to 0}\frac{f(x_0+\alpha h)-f(x_0-\beta h)}{h}=(\alpha+\beta)f'(x_0)\quad(\alpha,\beta \text{ 为常数})$$

3. 问函数 $f(x)=\begin{cases} x^2, & x\leqslant 0 \\ x^3, & x>0 \end{cases}$ 在 $x=0$ 处是否可导？如可导，求其导数.

4. 求下列函数在 x_0 处的左、右导数，从而证明函数在 x_0 处不可导.

(1) $y=\begin{cases} \sin x, & x\geqslant 0 \\ x^3, & x<0 \end{cases}$，$x_0=0$；　(2) $y=\begin{cases} \sqrt{x}, & x\geqslant 1 \\ x^2, & x<1 \end{cases}$，$x_0=1$.

5. 已知 $f(x)=\begin{cases} \sin x, & x<0 \\ x, & x\geqslant 0 \end{cases}$，求 $f'(x)$.

6. 讨论下列函数在指定点的连续性与可导性.

(1) $y=|\sin x|$，$x=0$；　(2) $y=\begin{cases} x^2\sin\dfrac{1}{x}, & x\neq 0 \\ 0, & x=0 \end{cases}$，$x=0$.

7. 求下列函数的导数.

(1) $y=\sqrt{1+\ln^2 x}$；　(2) $y=\sin^n x\cdot\cos nx$；

(3) $y=\dfrac{x}{2}\sqrt{a^2-x^2}+\dfrac{a^2}{2}\arcsin\dfrac{x}{a}$（$a$ 为大于零的常数）.

8. 求下列函数的高阶导数.

(1) $y=e^x\cdot\sin x$，求 $y^{(4)}$；　(2) $y=x^2\cdot\sin x$，求 $y^{(80)}$.

9. 求由方程 $2y-x=(x-y)\ln(x-y)$所确定的函数 $y=y(x)$的微分.

第 3 章习题答案

第 4 章　导数的应用

本章主要内容有：洛必达法则，函数的单调性和凹凸性，函数的极值、最值，导数在经济学中的应用.

4.1　洛必达法则与不定式的极限

4.1.1　$\frac{0}{0}$型与$\frac{\infty}{\infty}$型不定式极限

定理 4.1.1（洛必达法则）　设

(1) $\lim\limits_{x\to a^+} f(x)=0$，$\lim\limits_{x\to a^+} g(x)=0$（或$\lim\limits_{x\to a^+} f(x)=\infty$，$\lim\limits_{x\to a^+} g(x)=\infty$）.

(2) 在点 a 的某去心邻域内 $f(x)$及 $g(x)$都可导，且 $g'(x)\neq 0$.

(3) $\lim\limits_{x\to a^+}\dfrac{f'(x)}{g'(x)}=A$（或为$\infty$）.

那么

$$\lim_{x\to a^+}\frac{f(x)}{g(x)}=\lim_{x\to a^+}\frac{f'(x)}{g'(x)}=A \text{（或为}\infty\text{）} \tag{4-1}$$

定理 4.1.1 中的 $x\to a^+$ 若换成 $x\to a^-$，$x\to a$，$x\to+\infty$，$x\to-\infty$，$x\to\infty$，定理仍然成立.

注　洛必达法则是为了解决分式为不定式的极限问题，因此在应用洛必达法则之前要先判断是否为$\frac{0}{0}$型或$\frac{\infty}{\infty}$型；在应用洛必达法则时，$\lim\limits_{x\to a^+}\dfrac{f'(x)}{g'(x)}$必须存在或为$\infty$.

例 4.1.1　求$\lim\limits_{x\to 2}\dfrac{x^3-12x+16}{x^3-2x^2-4x+8}$.

解　这是$\frac{0}{0}$型，因此得

$$\lim_{x\to 2}\frac{x^3-12x+16}{x^3-2x^2-4x+8}=\lim_{x\to 2}\frac{3x^2-12}{3x^2-4x-4}=\lim_{x\to 2}\frac{6x}{6x-4}=\frac{3}{2}$$

注　洛必达法则可重复应用. 上式中，$\lim\limits_{x\to 2}\dfrac{6x}{6x-4}$已不是不定式，故不能再对它应用洛必达法则.

例 4.1.2　$\lim\limits_{x\to\frac{\pi}{2}}\dfrac{\tan x}{\tan 3x}$.

解　$\lim\limits_{x\to\frac{\pi}{2}}\dfrac{\tan x}{\tan 3x}=\lim\limits_{x\to\frac{\pi}{2}}\dfrac{\dfrac{1}{\cos^2 x}}{\dfrac{3}{\cos^2 3x}}=\lim\limits_{x\to\frac{\pi}{2}}\dfrac{\cos^2 3x}{3\cos^2 x}=\lim\limits_{x\to\frac{\pi}{2}}\dfrac{-6\cos 3x\sin 3x}{-6\cos x\sin x}=-\lim\limits_{x\to\frac{\pi}{2}}\dfrac{\cos 3x}{\cos x}$

$$=-\lim_{x\to\frac{\pi}{2}}\frac{3\sin 3x}{\sin x}=-\frac{-3}{1}=3$$

注　在应用洛必达法则求极限的过程中，若极限存在且不为 0，则可先求出.

例 4.1.3　求$\lim\limits_{x\to 0}\dfrac{x-\tan x}{x^2\sin x}$.

解　先进行等价无穷小的代换. 由 $\sin x\sim x(x\to 0)$，则有

$$\lim_{x\to 0}\frac{x-\tan x}{x^2\sin x}=\lim_{x\to 0}\frac{x-\tan x}{x^3}=\lim_{x\to 0}\frac{1-\sec^2 x}{3x^2}=-\lim_{x\to 0}\frac{\tan^2 x}{3x^2}$$

$$=-\frac{1}{3}\lim_{x\to 0}\frac{x^2}{x^2}=-\frac{1}{3}$$

注　(1) 在使用洛必达法则之前，应尽可能进行算式的化简，可应用等价无穷小替换或重要极限，计算过程中也应多法并进.

(2) 在使用洛必达法则求极限时，首先必须验证它是不是不定式的极限，否则会导致错误结果.

(3) 本节定理只是提供了求不定式极限的一种方法，当定理条件成立时，所求极限存在(或为∞)，但当定理条件不成立时，不能盲目使用洛必达法则，这时所求极限也可能存在. 例如，$\lim\limits_{x\to\infty}\dfrac{x+\sin x}{x-\sin x}=\lim\limits_{x\to\infty}\dfrac{1+\dfrac{\sin x}{x}}{1-\dfrac{\sin x}{x}}=1$，但$\lim\limits_{x\to\infty}\dfrac{(x+\sin x)'}{(x-\sin x)'}=\lim\limits_{x\to\infty}\dfrac{1+\cos x}{1-\cos x}$不存在.

4.1.2　其他类型的不定式极限

其他类型的不定式主要有：$0\cdot\infty$，$\infty-\infty$，0^0，∞^0，1^∞等，均可转化为$\dfrac{0}{0}$型或$\dfrac{\infty}{\infty}$型，然后应用洛必达法则.

例 4.1.4　求 $\lim\limits_{x\to 0^+}x^2\ln x$.

解　这是 $0\cdot\infty$型，可将乘积的形式化为分式的形式，再按$\dfrac{0}{0}$或$\dfrac{\infty}{\infty}$型的不定式来计算.

即 $$\lim_{x\to0^+}x^2\ln x=\lim_{x\to0^+}\frac{\ln x}{x^{-2}}\left(\frac{\infty}{\infty}\right)=\lim_{x\to0^+}\frac{\frac{1}{x}}{-2x^{-3}}=\lim_{x\to0^+}\frac{x^2}{-2}=0$$

例 4.1.5 求$\lim\limits_{x\to\frac{\pi}{2}}(\sec x-\tan x)$.

解 这是$\infty-\infty$型,通过通分可以转化为$\frac{0}{0}$或$\frac{\infty}{\infty}$型.

即 $$\lim_{x\to\frac{\pi}{2}}(\sec x-\tan x)(\infty-\infty)=\lim_{x\to\frac{\pi}{2}}\frac{1-\sin x}{\cos x}\left(\frac{0}{0}\right)=\lim_{x\to\frac{\pi}{2}}\frac{-\cos x}{-\sin x}=0$$

对于$0^0,\infty^0,1^\infty$型,采用对数求极限法:先化为以 e 为底的指数函数的极限,即

$$\lim u^v=\lim e^{v\ln u}=e^{\lim(v\ln u)}$$

再利用指数函数的连续性,化为求指数的极限,指数的极限为$0\cdot\infty$的形式,再转化为$\frac{0}{0}$或$\frac{\infty}{\infty}$型的不定式来计算.

例 4.1.6 求$\lim\limits_{x\to0^+}x^{\sin x}$.

解 设$y=x^{\sin x}$,则$\ln y=\sin x\ln x$,

$$\lim_{x\to0^+}\ln y=\lim_{x\to0^+}(\sin x\cdot\ln x)=\lim_{x\to0^+}\frac{\ln x}{\frac{1}{\sin x}}=\lim_{x\to0^+}\frac{\frac{1}{x}}{-\frac{\cos x}{\sin^2 x}}$$

$$=-\lim_{x\to0^+}\frac{1}{\cos x}\cdot\lim_{x\to0^+}\frac{\sin^2 x}{x}=0$$

由$y=e^{\ln y}$,有

$$\lim_{x\to0^+}y=\lim_{x\to0^+}e^{\ln y}=e^{\lim\limits_{x\to0^+}\ln y}$$

所以

$$\lim_{x\to0^+}x^{\sin x}=e^0=1$$

例 4.1.7 求$\lim\limits_{x\to\frac{\pi}{2}^-}(\tan x)^{\cos x}$.

解 $$\lim_{x\to\frac{\pi}{2}^-}(\tan x)^{\cos x}=\lim_{x\to\frac{\pi}{2}^-}e^{\cos x\ln\tan x}$$

又 $$\lim_{x\to\frac{\pi}{2}^-}\cos x\ln\tan x=\lim_{x\to\frac{\pi}{2}^-}\frac{\ln\tan x}{\sec x}=\lim_{x\to\frac{\pi}{2}^-}\frac{\frac{1}{\tan x}\sec^2 x}{\sec x\tan x}=\lim_{x\to\frac{\pi}{2}^-}\frac{\cos x}{\sin^2 x}=0$$

故原式$=e^0=1$.

例 4.1.8 求$\lim\limits_{x\to1}x^{\frac{1}{x-1}}$.

解 $\lim\limits_{x\to1}x^{\frac{1}{x-1}}=\lim\limits_{x\to1}e^{\frac{1}{x-1}\ln x}$,又$\lim\limits_{x\to1}\frac{\ln x}{x-1}=\lim\limits_{x\to1}\frac{\frac{1}{x}}{1}=1$.故原式$=e$.

洛必达法则是求极限的有效方法，现小结如下：

(1) 洛必达法则只适用于不定式.

(2) 应用洛必达法则时，一定是对分子、分母分别求导数，切记不是对整个分式求导数.

(3) 只要是不定式的极限，洛必达法则可以重复应用，需注意在计算过程中的化简及多种方法并用.

(4) 如果应用洛必达法则不能求出原式的极限，则需改用其他方法.

(5) 非分式的不定式要应用洛必达法则时，必须转化为分式才能应用法则.

习　题　4.1

1. 选择题

(1) $f(x)=x\left(\frac{\pi}{2}-\arctan x\right)$，则$\lim\limits_{x\to\infty}f(x)$是(　　)不定式的极限.

A. $\infty-\infty$　　B. $\infty\cdot 0$　　C. $\infty+\infty$　　D. $\infty\cdot\infty$

(2) $\lim\limits_{x\to 0}\frac{1-\cos x}{1+x^2}=\lim\limits_{x\to 0}\frac{(1-\cos x)'}{(1+x^2)'}=\lim\limits_{x\to 0}\frac{\sin x}{2x}=\frac{1}{2}$，则此计算(　　).

A. 正确　　B. 错误，因为$\lim\limits_{x\to 0}\frac{1-\cos x}{1+x^2}$不是$\frac{0}{0}$型不定式

C. 错误，因为$\lim\limits_{x\to 0}\frac{(1-\cos x)'}{(1+x^2)'}$不存在　　D. 错误，因为$\lim\limits_{x\to 0}\frac{1-\cos x}{1+x^2}$是$\frac{\infty}{\infty}$型不定式

(3) $\lim\limits_{x\to 0}\frac{f'(x)}{g'(x)}=A$(或为$\infty$)是使用洛必达法则计算不定式$\lim\limits_{x\to 0}\frac{f(x)}{g(x)}$的(　　).

A. 必要条件　　B. 充分条件　　C. 充要条件　　D. 无关条件

(4) 下列极限问题中，能使用洛必达法则的有(　　).

A. $\lim\limits_{x\to 0}\frac{x^2\sin\frac{1}{x}}{\sin x}$　　B. $\lim\limits_{x\to+\infty}x\left(1+\frac{k}{x}\right)^x$

C. $\lim\limits_{x\to\infty}\frac{x-\sin x}{x+\sin x}$　　D. $\lim\limits_{x\to+\infty}\frac{e^x-e^{-x}}{e^x+e^{-x}}$

(5) $\lim\limits_{x\to b}\frac{x^4-bx^3}{x^4-2bx^3+2b^3x-b^4}=$(　　)(其中$b$为非零常数).

A. 0　　B. ∞　　C. 1　　D. $-\frac{1}{4}$

2. 求下列极限.

(1) $\lim\limits_{x\to\pi}\frac{\sin 3x}{\tan 5x}$；　　(2) $\lim\limits_{x\to\frac{\pi}{2}}\frac{\ln\sin x}{(\pi-2x)^2}$；　　(3) $\lim\limits_{x\to 0}\frac{e^x-x-1}{x(e^x-1)}$；

(4) $\lim\limits_{x\to a}\frac{\sin x-\sin a}{x-a}$；　　(5) $\lim\limits_{x\to a}\frac{x^m-a^m}{x^n-a^n}$；　　(6) $\lim\limits_{x\to+\infty}\frac{\ln\left(1+\frac{1}{x}\right)}{\operatorname{arccot}x}$；

(7) $\lim\limits_{x\to 0^+}\dfrac{\ln x}{\cot x}$；　(8) $\lim\limits_{x\to 0^+}\sin x\ln x$；　(9) $\lim\limits_{x\to 0}\left(\dfrac{e^x}{x}-\dfrac{1}{e^x-1}\right)$.

3. 求下列极限.

(1) $\lim\limits_{x\to 0}\dfrac{(x\cos x-\sin x)(e^x-1)}{x^3\sin x}$；　(2) $\lim\limits_{x\to +\infty}\dfrac{x-\cos x}{x+\cos x}$；

(3) $\lim\limits_{x\to 0}\dfrac{e^x-(1+2x)^{\frac{1}{2}}}{\ln(1+x^2)}$；　(4) $\lim\limits_{x\to 0}\dfrac{1-\sqrt{1-x^2}\cos x}{1+x^2-\cos^2 x}$；

(5) $\lim\limits_{x\to 1}\left(\dfrac{1}{\ln x}-\dfrac{1}{x-1}\right)$；　(6) $\lim\limits_{x\to 0^+}(\sin x)^{\frac{1}{\ln x}}$.

4. 设$\lim\limits_{x\to 1}\dfrac{x^2+mx+n}{x-1}=5$，求常数 m，n 的值.

4.2　函数的单调性与凹凸性

本节将利用函数的导数和二阶导数的符号来刻画函数的动态性质——函数的单调性与凹凸性.

4.2.1　单调性

如图 4-1(a)所示，若可导函数 $y=f(x)$ 单调增加，则其图形是一条沿 x 轴正向上升的曲线，这时曲线上各点处的切线斜率非负（$f'(x)\geqslant 0$）；如图 4-1(b)所示，若 $y=f(x)$ 单调减少，则其图形是一条沿 x 轴正向下降的曲线，这时曲线各点处的切线斜率非正（$f'(x)\leqslant 0$）.由此可见，函数的单调性与导数的符号有着密切的关系.

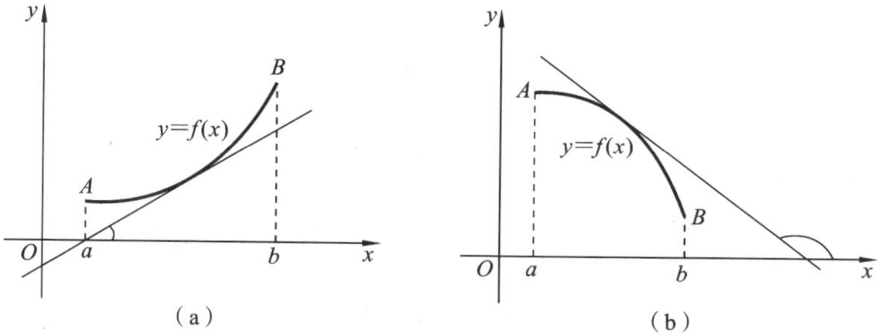

图 4-1

定理 4.2.1（函数单调性的判别法）　设函数 $y=f(x)$ 在 $[a,b]$ 上连续，在 (a,b) 内可导.

(1) 若在 (a,b) 内 $f'(x)>0$，则函数 $y=f(x)$ 在 $[a,b]$ 上单调增加；

(2) 若在 (a,b) 内 $f'(x)<0$，则函数 $y=f(x)$ 在 $[a,b]$ 上单调减少.

注 (1) 若在(a,b)内 $f'(x)\geqslant 0$(或 $f'(x)\leqslant 0$),且只在个别点取等号,则函数 $y=f(x)$ 的单调性不变.

(2) 判定法中的闭区间可换成其他各种区间(包括无穷区间).

(3) 导数为 0 的点称为驻点.

例 4.2.1 讨论 $f(x)=\mathrm{e}^{-x^2}$ 的单调性.

解 $f(x)$的定义域为$(-\infty,+\infty)$,$f'(x)=-2x\mathrm{e}^{-x^2}$. 令 $f'(x)=0$,得驻点$x=0$.

当 $x\in(-\infty,0)$时,$f'(x)>0$,故 $f(x)$在$(-\infty,0]$上单调增加;

当 $x\in(0,+\infty)$时,$f'(x)<0$,故 $f(x)$在$[0,+\infty)$上单调减少.

例 4.2.2 已知函数 $y=2x^3-6x^2-18x-7$,试确定该函数的单调区间.

解 所给函数在定义域$(-\infty,+\infty)$内连续、可导,且

$$y'=6x^2-12x-18=6(x+1)(x-3)$$

可得函数的两个驻点:$x_1=-1$,$x_2=3$,在$(-\infty,-1)$,$(-1,3)$,$(3,+\infty)$内,y'分别取+,-,+号,故知函数在$(-\infty,-1]$,$[3,+\infty)$上单调增加,在$[-1,3]$上单调减少.

例 4.2.3 讨论函数 $y=\sqrt[3]{x^2}$的单调区间.

解 $y=\sqrt[3]{x^2}$的定义区间为$(-\infty,+\infty)$.

$y'=\dfrac{2}{3\sqrt[3]{x}}(x\neq 0)$, 当 $x=0$ 时,导数不存在.

当$-\infty<x<0$ 时,$y'<0$;当 $0<x<+\infty$时,$y'>0$.

所以函数在$(-\infty,0]$上单调减少;在$[0,+\infty)$上单调增加. 函数的图形如图 4-2 所示.

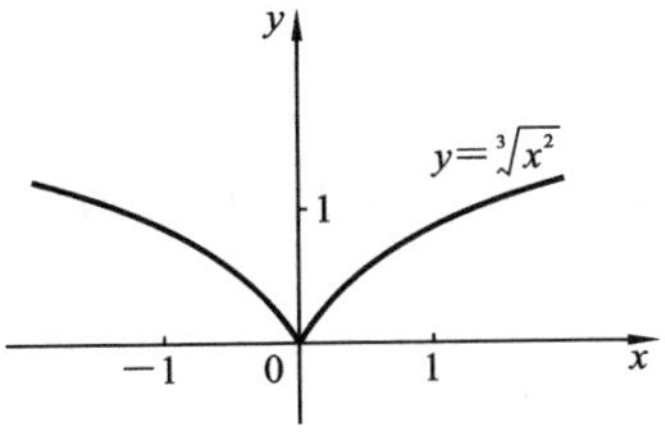

图 4-2

注 可用使导数等于零的点或使导数不存在的点来划分定义区间,在各区间中逐个判断函数导数 $f'(x)$的符号,从而确定出函数 $y=f(x)$在各区间上的单调性.

利用函数 $y=f(x)$的单调性,可证明不等式,还可讨论方程根的情况.

例 4.2.4 设 $x>0$,证明:

$$1+\frac{1}{2}x>\sqrt{1+x}$$

证 令 $f(x)=\sqrt{1+x}-\dfrac{1}{2}x-1$,则

$$f'(x)=\frac{1}{2\sqrt{1+x}}-\frac{1}{2}=\frac{1}{2}\left(\frac{1}{\sqrt{1+x}}-1\right)$$

显然,当 $x>0$ 时,$f'(x)<0$,故 $f(x)$在$[0,+\infty)$上单调递减.

于是，当 $x>0$ 时，有 $f(x)<f(0)$，即 $\sqrt{1+x}-\frac{1}{2}x-1<0$，即 $1+\frac{1}{2}x>\sqrt{1+x}$.

例 4.2.5 试证：方程 $\sin x=x$ 只有一个实根.

证 设 $f(x)=\sin x-x$，则 $f'(x)=\cos x-1\leqslant 0$，且只在个别点取等号，故 $f(x)$ 为单调减少的函数，$f(x)=0$ 至多只有一个实根. 而 $f(0)=0$，即 $x=0$ 为 $f(x)=0$ 的一个实根，故 $f(x)=0$ 只有一个实根 $x=0$，也就是 $\sin x=x$ 只有一个实根.

4.2.2 凹凸性与拐点

为了全面研究函数的变化情况，除了函数的单调性（曲线的上升或者下降）之外，还需要研究曲线的弯曲状况，如曲线 $y=x^3$ 在 $(-\infty,+\infty)$ 上单调上升，但在 $(-\infty,0]$ 和 $[0,+\infty)$ 上曲线弯曲状况并不相同. 这种关于曲线的弯曲方向和扭转弯曲方向的点的研究，就是关于曲线的凹凸性和拐点的研究.

定理 4.2.2 设函数 $y=f(x)$ 在区间 I 上连续，如果对 I 内任意两点 x_1, x_2 恒有

$$f\left(\frac{x_1+x_2}{2}\right)<\frac{f(x_1)+f(x_2)}{2}$$

那么称 $f(x)$ 在 I 上的图形是（向上）凹的（或凹弧），如图 4-3(a) 所示；如果恒有

$$f\left(\frac{x_1+x_2}{2}\right)>\frac{f(x_1)+f(x_2)}{2}$$

那么称 $f(x)$ 在 I 上的图形是（向上）凸的（或凸弧），如图 4-3(b) 所示.

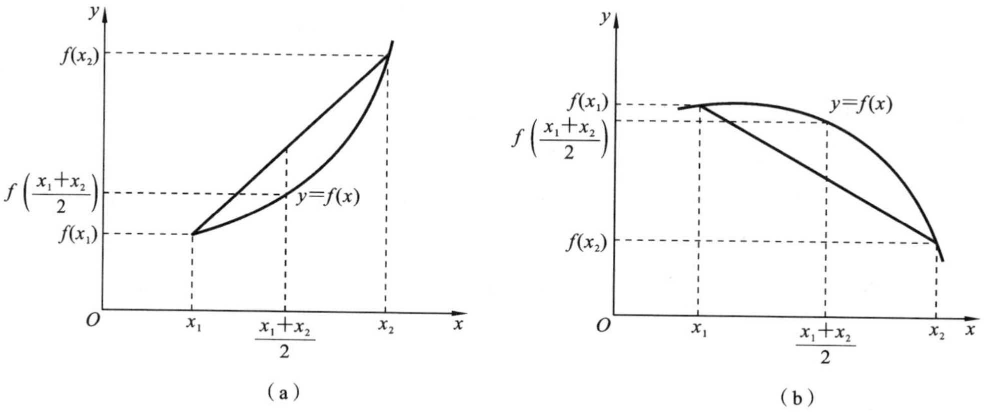

(a) (b)

图 4-3

定理 4.2.3(函数凹凸性的判别法) 设函数 $y=f(x)$ 在区间 I 内二阶可导.

(1) 若在 I 内 $f''(x)>0$，则曲线 $y=f(x)$ 在 I 上是凹弧；

(2) 若在 I 内 $f''(x)<0$，则曲线 $y=f(x)$ 在 I 上是凸弧.

定义 4.2.1　连续曲线上凹弧与凸弧的分界点称为曲线的拐点.

注　拐点一定是连续点.

例 4.2.6　求曲线 $y=3x^4-4x^3+1$ 的拐点及凹、凸的区间.

解　函数 $y=3x^4-4x^3+1$ 的定义域为 $(-\infty,+\infty)$. $y'=12x^3-12x^2$, $y''=36x^2-24x=36x\left(x-\dfrac{2}{3}\right)$. 解方程 $y''=0$，得 $x_1=0$，$x_2=\dfrac{2}{3}$. 用 $x_1=0$ 及 $x_2=\dfrac{2}{3}$ 把函数的定义域 $(-\infty,+\infty)$ 分成 3 个部分区间：$(-\infty,0)$，$\left(0,\dfrac{2}{3}\right)$，$\left(\dfrac{2}{3},+\infty\right)$. 列表如下：

x	$(-\infty,0)$	0	$\left(0,\frac{2}{3}\right)$	$\frac{2}{3}$	$\left(\frac{2}{3},+\infty\right)$
$f''(x)$	$+$	0	$-$	0	$+$
$f(x)$	凹	拐点 $(0,1)$	凸	拐点 $\left(\frac{2}{3},\frac{11}{27}\right)$	凹

即在 $(-\infty,0)$ 内，$y''>0$，因此在区间 $(-\infty,0)$ 上曲线是凹的. 在 $\left(0,\dfrac{2}{3}\right)$ 内，$y''<0$，因此在区间 $\left(0,\dfrac{2}{3}\right)$ 上曲线是凸的. 在 $\left(\dfrac{2}{3},+\infty\right)$ 内，$y''>0$，因此在区间 $\left(\dfrac{2}{3},+\infty\right)$ 上曲线是凹的.

当 $x=0$ 时，$y=1$，点 $(0,1)$ 是曲线的一个拐点；当 $x=\dfrac{2}{3}$ 时，$y=\dfrac{11}{27}$，点 $\left(\dfrac{2}{3},\dfrac{11}{27}\right)$ 也是曲线的拐点.

例 4.2.7　求曲线 $y=\sqrt[3]{x}$ 的拐点.

解　该函数在 $(-\infty,+\infty)$ 内连续，当 $x\neq0$ 时，

$$y'=\frac{1}{3\sqrt[3]{x^2}},\quad y''=-\frac{2}{9x\sqrt[3]{x^2}}$$

当 $x=0$ 时，y'，y'' 都不存在，故二阶导数在 $(-\infty,+\infty)$ 内不连续且不具有零点. 但 $x=0$ 是 y'' 不存在的点，它把 $(-\infty,+\infty)$ 分成两个部分区间：$(-\infty,0]$、$[0,+\infty)$.

在 $(-\infty,0)$ 内，$y''>0$，该曲线在 $(-\infty,0]$ 上是凹的. 在 $(0,+\infty)$ 内，$y''<0$，该曲线在 $[0,+\infty)$ 上是凸的.

当 $x=0$ 时，$y=0$，点 $(0,0)$ 是该曲线的一个拐点.

注　确定曲线 $y=f(x)$ 的拐点的一般步骤为：

(1) 确定定义域，求 $f''(x)$；

(2) 求 $f''(x)=0$ 的点或不存在的点；

(3) 对于(2)中求出的每一个点 x_0，检查 $f''(x)$ 在 x_0 的左、右两侧邻近的符号，如果 $f''(x)$ 在 x_0 的左、右两侧邻近分别保持一定的符号，那么当两侧的符号相反时，点 $(x_0,f(x_0))$ 是拐点，当两侧的符号相同时，点 $(x_0,f(x_0))$ 不是拐点.

习　题　4.2

1. 确定下列函数的单调区间.

(1) $y=x^3-12x+1$；　　(2) $y=2x+\dfrac{8}{x}\ (x>0)$；

(3) $y=\ln(x+\sqrt{1+x^2})$；　　(4) $y=(x-1)(x+1)^3$.

2. 证明下列不等式：

(1) 当 $0<x<1$ 时，$e^{-x}+\sin x<1+\dfrac{x^2}{2}$；

(2) 当 $x>1$ 时，$3-2\sqrt{x}<\dfrac{1}{x}$.

3. 证明方程 $x^4+x-1=0$ 有且只有一个小于 1 的正根.

4. 判定下列曲线的凹凸性.

(1) $y=4x-x^2$；　　(2) $y=x+\dfrac{1}{x}\ (x>0)$；　　(3) $y=x\arctan x$.

5. 求下列函数图形的拐点及凹或凸的区间.

(1) $y=x^3-5x^2+3x+5$；　　(2) $y=xe^{-x}$；

(3) $y=(x+1)^4+e^x$；　　(4) $y=\ln(x^2+1)$；

(5) $y=x^4(12\ln x-7)$；　　(6) $y=x^4+2x^3+3$.

6. 问 a,b 为何值时，点(1,3)为曲线 $y=ax^3+bx^2$ 的拐点？

4.3　函数的极值与最值

4.3.1　函数的极值

定义 4.3.1　设函数 $f(x)$ 在区间 (a,b) 内有定义，$x_0\in(a,b)$.

(1) 如果在 x_0 的某一去心邻域内的任意 x 均有 $f(x)<f(x_0)$，则称 $f(x_0)$ 是函数 $f(x)$ 的一个极大值，x_0 称为极大值点；

(2) 如果在 x_0 的某一去心邻域内的任意 x 均有 $f(x)>f(x_0)$，则称 $f(x_0)$ 是函数 $f(x)$ 的一个极小值，x_0 称为极小值点.

函数的极大值与极小值统称为函数的极值，使函数取得极值的点称为极值点.

注　函数的极值与最值不同，极值是局部的概念，只是在极值点附近为最大或最小,并不表示整个定义区间是最大或最小.

如图4-4所示,函数 $f(x)$ 在点 x_1 和 x_4 取得极大值,在点 x_2 和 x_5 取得极小值,这说明在一个区间内函数的极大值与极小值可以有若干个,但最大值只有一个,最小值也只有一个,而且从中可以看到函数的极大值不一定是最大值,极小值也不一定是最小值.

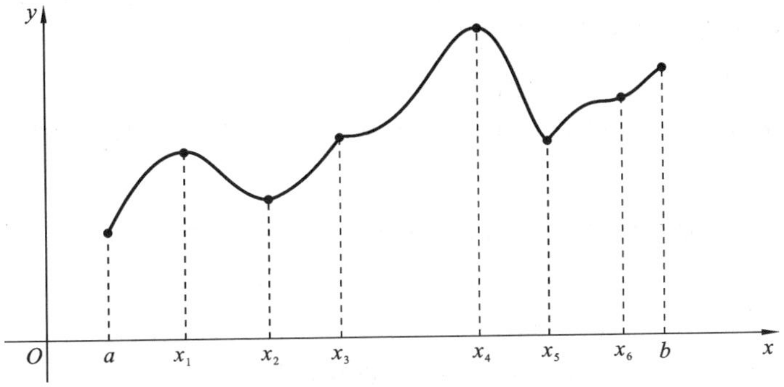

图4-4

从图4-4还可发现,极值点处如果有切线,则切线一定是水平的;但有水平切线的点并不一定是极值点(如点 x_3 和 x_6).

定理4.3.1(极值存在的必要条件) 设函数 $f(x)$ 在点 x_0 处可导,且在 x_0 处取得极值,则 $f'(x_0)=0$.

使导数 $f'(x_0)=0$ 的点称为函数 $f(x)$ 的驻点.定理4.3.1表明:可导函数 $f(x)$ 的极值点必定是函数的驻点.

注 函数的极值点只能在驻点和导数不存在的点产生. 但反过来,函数 $f(x)$ 的驻点和不可导点却不一定是极值点,如函数 $f(x)=x^3$ 在 $x=0$ 处的情况就是这样.

由函数单调性的判别法和极值的定义,即可得到以下极值判别法.

定理4.3.2(极值判别法Ⅰ) 设函数 $f(x)$ 在点 x_0 处连续,在 x_0 的去心左右邻域内可导.

(1) 如果在 x_0 的左侧去心邻域内 $f'(x)>0$,在 x_0 的右侧去心邻域内 $f'(x)<0$,那么函数 $f(x)$ 在 x_0 处取得极大值;

(2) 如果在 x_0 的左侧去心邻域内 $f'(x)<0$,在 x_0 的右侧去心邻域内 $f'(x)>0$,那么函数 $f(x)$ 在 x_0 处取得极小值;

(3) 如果在 x_0 的左右两侧去心邻域内 $f'(x)$ 不改变符号,那么函数 $f(x)$ 在 x_0 处没有极值.

例4.3.1 求函数 $y=x^2-1$ 的极值.

解 函数定义域为 $(-\infty,+\infty)$,令 $y'=2x=0$,得驻点 $x=0$. 显然,函数在

$(-\infty,0)$内，$y'<0$，函数单调减少；在$(0,+\infty)$内，$y'>0$，函数单调增加. 因此函数在 $x=0$ 处取得极小值，极小值 $f(0)=-1$.

一般地，求函数的极值(极值点)的步骤如下：

(1) 确定函数 $f(x)$的定义域，并求其导数 $f'(x)$；

(2) 求出 $f(x)$的驻点与不可导点；

(3) 考察 $f'(x)$在驻点和不可导点左、右两侧邻近符号变化的情况，确定函数的极值点，并判断极值点是极大值点还是极小值点；

(4) 求出各极值点对应的极值.

如果函数在驻点处具有不为 0 的二阶导数，则可由二阶导数的符号方便地判别极值.

定理 4.3.3(极值判别法Ⅱ) 设函数 $f(x)$在点 x_0 处具有二阶导数且

$$f'(x_0)=0,\quad f''(x_0)\neq 0$$

那么 (1) 当 $f''(x_0)<0$ 时，函数 $f(x)$在 x_0 处取得极大值；

(2) 当 $f''(x_0)>0$ 时，函数 $f(x)$在 x_0 处取得极小值.

注 如果函数 $f(x)$在驻点 x_0 处的二阶导数 $f''(x_0)\neq 0$，那么 x_0 一定是极值点，并且可以按 $f''(x_0)$的符号来判定 $f(x_0)$是极大值还是极小值.但如果 $f''(x_0)=0$，就不能判定 $f(x_0)$是极大值还是极小值，必须用极值判别法Ⅰ进行判别.

例 4.3.2 求函数 $y=x^2-2x+3$ 的极值.

解 函数定义域为$(-\infty,+\infty)$，$y'=2x-2$，令 $y'=0$，得驻点 $x=1$. 又因 $y''=2>0$，故 $x=1$ 为极小值点，且极小值为 $y(1)=2$.

4.3.2 最大值与最小值

1. 闭区间上连续函数的最值

设函数 $f(x)$在闭区间$[a,b]$上连续，根据闭区间上连续函数的性质可知，$f(x)$在$[a,b]$上一定有最大值 M 和最小值 m .通常可按下列步骤求出最大值 M 和最小值 m：

(1) 求出 $f(x)$在(a,b)内的所有驻点和不可导点；

(2) 求以上点的函数值和 $f(a)$，$f(b)$，将这些值相比较，其中最大的就是最大值，最小的就是最小值.

注 以上做法不需判断是否为极值点.

例 4.3.3 求函数 $y=x^4-8x^2+2$ 在区间$[-1,3]$上的最大值和最小值.

解 $y'=4x^3-16x=4x(x^2-4)$，因此函数在$(-1,3)$中仅有两个驻点 $x=0$ 及 $x=2$，而

$$y(-1)=-5,\quad y(0)=2,\quad y(2)=-14,\quad y(3)=11$$

故在$[-1,3]$上，函数的最大值为11，最小值为-14.

2. 开区间内连续函数的最值

如果函数$f(x)$在开区间(a,b)上连续，则不能保证$f(x)$在(a,b)上一定有最大值和最小值.然而，下列结论对于解决最值问题十分有用：

(1) 假定$f(x)$在(a,b)上有最大值(或最小值)，且$f(x)$在(a,b)上只有一个可能取得极值的点x_0，则$f(x_0)$就是$f(x)$在(a,b)上的最大值(或最小值).

(2) 实际问题中，往往根据问题的性质就可以断定可导函数$f(x)$确有最大值或最小值，而且一定在定义区间内部取得.这时如果$f(x)$在定义区间内部只有一个驻点x_0，那么不必讨论$f(x_0)$是不是极值，就可以断定$f(x_0)$是最大值或最小值.

例 4.3.4 厉行节约是中华民族的传统美德，生产企业在产品生产时应在保证质量的要求下尽可能节约成本，减少浪费.现要造一个圆柱体油罐，体积为V，问底半径r和高h等于多少时，才能使表面积最小？这时底直径与高的比是多少？

解 已知$\pi r^2h=V$，即$h=\frac{V}{\pi r^2}$，圆柱体油罐的表面积$A=2\pi r^2+2\pi rh=2\pi r^2+\frac{2V}{r}$，$r\in(0,+\infty)$，$A'=4\pi r-\frac{2V}{r^2}$，$A''=4\pi+\frac{4V}{r^3}$.

令$A'=4\pi r-\frac{2V}{r^2}=0$，得$r=\sqrt[3]{\frac{V}{2\pi}}$，由$A''\left(\sqrt[3]{\frac{V}{2\pi}}\right)=12\pi>0$，可知$r=\sqrt[3]{\frac{V}{2\pi}}$为极小值点，又驻点唯一，故极小值点就是最小值点.此时$h=\frac{V}{\pi r^2}=2\sqrt[3]{\frac{V}{2\pi}}=2r$，即$2r:h=1:1$，所以当底半径$r=\sqrt[3]{\frac{V}{2\pi}}$和高$h=2\sqrt[3]{\frac{V}{2\pi}}$时，才能使表面积最小，这时底直径与高的比为$1:1$.

习　题　4.3

1. 求下列函数的极值.

(1) $y=x^2-2x+3$；　(2) $y=x-\ln(1+x)$；　(3) $y=-x^4+2x^2$；

(4) $y=x+\sqrt{1-x}$；　(5) $f(x)=3x^4-8x^3+6x^2+1$.

2. 试问a为何值时，函数$f(x)=a\sin x+\frac{1}{3}\sin 3x$在$x=\frac{\pi}{3}$处取得极值？它是极大值还是极小值？并求此极值.

3. 求下列函数的最大值、最小值.

(1) $f(x)=x^2-\frac{54}{x}$，$x\in(-\infty,0)$；　(2) $f(x)=x+\sqrt{1-x}$，$x\in[-5,1]$；

(3) $f(x)=e^x\cos x$，$x\in[-\pi,\pi]$.

4. 在边长为a的一块正方形铁皮的四个角上各截出一个小正方形，将四边上折焊成一个无盖方盒，问截去的小正方形边长为多大时，方盒的容积最大？

5. 已知圆柱形易拉罐饮料的容积 V 是一个标准定值，假设易拉罐顶部和底面的厚度相同且为侧面厚度的 2 倍. 问如何设计易拉罐的高和底面直径，才能使假设易拉罐的材料最省？

6. 虽然我国自然资源总量大，种类多，但人均资源占有量少. 为了充分利用资源，减少浪费，提高资源的利用率，需要合理利用资源，以获得最大的经济效益. 今欲做一个容积为 $40\pi\ m^3$ 的无盖圆柱形储粮桶，底用铝板制，侧壁用木板制，已知每平方米铝板价是木板价的 5 倍，问怎样设计桶高和桶底半径的尺寸才能使费用最少？

4.4 导数在经济学中的应用

本节进一步讨论经济管理中的最值问题，并讨论经济学中的两个常用的应用——边际分析和弹性分析.

4.4.1 最值问题

第 1 章介绍了常用的成本函数、收入函数、利润函数等经济函数，在实际中，经常会遇到在一定条件下，使成本最低，收入和利润最大等问题.

例 4.4.1 中国作为制造业大国，其制造业的发展对于创造就业机会和改善民生具有至关重要的作用. 某工厂生产某种产品 x 千件的成本是 $C(x)=x^3-6x^2+15x$（万元），售出该产品 x 千件的收入是 $R(x)=3x^2$（万元），当生产多少千件该产品时可获得最大利润？并求出最大利润.

解 售出产品 x 千件的利润为

$$L(x)=R(x)-C(x)=3x^2-(x^3-6x^2+15x)=-x^3+9x^2-15x\ (x>0)$$

令 $L'(x)=-3x^2+18x-15=0$，得驻点 $x_1=1,x_2=5$.

$$L''(x)=-6x+18,\quad L''(1)=12>0,\quad L''(5)=-12<0,\quad L(5)=25,\quad L(1)=-7$$

当生产 5 千件时，获得最大利润，最大利润为 $L(5)=25$ 万元.

4.4.2 边际分析

定义 4.4.1 设函数 $y=f(x)$ 在 x 处可导，则称导函数 $f'(x)$ 为 $f(x)$ 的边际函数. $f'(x_0)$ 称为边际函数 $f'(x)$ 在 $x=x_0$ 处的边际函数值.

边际函数值的经济意义是：当 x 在点 x_0 处改变一个单位时，函数 $f(x)$ 近似地改变 $f'(x_0)$ 个单位.

几个常用的边际函数及其经济意义如下.

边际成本：总成本函数 $C(Q)$ 的导数 $C'(Q)$ 称为边际成本. 边际成本表示当已生

产了 Q 个单位产品时，再增加一个单位产品生产时所增加的总成本.

边际收益：总收益函数 $R(Q)$ 的导数 $R'(Q)$ 称为边际收益. 边际收益表示销售 Q 个单位产品后，再多销售一个单位产品时所增加的总收益.

边际利润：总利润函数 $L(Q)$ 的导数 $L'(Q)$ 称为边际利润. 边际利润表示若已经生产了 Q 个单位的产品，再多生产一个单位的产品时所增加的总利润.

注　以上三个边际函数的自变量都是产量 Q.

例 4.4.2　设生产某种产品 Q 个单位的总成本为 $C(Q)=100+\frac{1}{4}Q^2$，试求当 $Q=10$ 时的总成本及边际成本，并解释边际成本的经济意义.

解　由 $C(Q)=100+\frac{1}{4}Q^2$，可得边际成本函数为 $C'(Q)=\frac{Q}{2}$. 当 $Q=10$ 时，总成本为 $C(10)=125$，边际成本为 $C'(10)=5$. 经济意义：当产量为 10 个单位时，再增加一个单位产量，总成本需再增加 5 个单位.

例 4.4.3　已知需求函数为 $Q=20000-100p$，其中 p 为商品价格，求生产 50 个单位时的总收益、平均收益和边际收益.

解　总收益是生产者出售一定量产品所得的全部收入，由已知可得：

$$p=200-\frac{Q}{100}$$

于是总收益函数为

$$R=R(Q)=p\cdot Q=200Q-\frac{Q^2}{100}$$

所以生产 50 个单位时的总收益为

$$R(50)=200\times 50-\frac{50^2}{100}=9975$$

平均收益是指出售一定量的商品时，每单位商品所得的平均收入，即每单位商品的售价. 平均收益记作 $\bar{R}$，即

$$\bar{R}=\frac{R(Q)}{Q}=200-\frac{Q}{100}$$

所以生产 50 个单位时的平均收益为

$$\bar{R}(50)=200-\frac{50}{100}=199.5$$

由总收益函数得边际收益函数为

$$\frac{\mathrm{d}R}{\mathrm{d}Q}=\frac{\mathrm{d}}{\mathrm{d}Q}\left(200Q-\frac{Q^2}{100}\right)=200-\frac{Q}{50}$$

所以生产 50 个单位时的边际收益为

$$\left.\frac{\mathrm{d}R}{\mathrm{d}Q}\right|_{Q=50}=200-\frac{50}{50}=199$$

经济意义:当产量为 50 个单位时,再多生产一个单位产品,总收益将增加 199 个单位(或者说,减少一个单位产品生产,总收益将减少 199 个单位).

4.4.3 弹性分析

在边际分析中,所研究的是函数的绝对改变量与绝对变化率,而在某些实际问题中这是不够的.比如你对原价为 200 元的体育用品涨价 1 元可能感觉不到变化,但原价为 2 元的另一体育用品涨价 1 元你会感觉很明显.如果从边际分析看,绝对改变量都是 1 元,这显然不能说明问题,如果从其涨价的幅度分析会更加全面.由此可见,需要研究一个变量对另一个变量的相对变化情况,这就是弹性的概念.

定义 4.4.2 设函数 $y=f(x)$ 在点 x_0 处可导,函数的相对改变量 $\frac{\Delta y}{y_0}=\frac{f(x_0+\Delta x)-f(x_0)}{f(x_0)}$ 与自变量的相对改变量 $\frac{\Delta x}{x_0}$ 之比 $\frac{\Delta y/y_0}{\Delta x/x_0}$ 称为函数 $y=f(x)$ 在 x_0 与 $x_0+\Delta x$ 两点间的弹性.

当 $\Delta x\to 0$ 时,$\frac{\Delta y/y_0}{\Delta x/x_0}$ 的极限 $\lim\limits_{\Delta x\to 0}\frac{\Delta y/y_0}{\Delta x/x_0}=\lim\limits_{\Delta x\to 0}\frac{\Delta y}{\Delta x}\cdot\frac{x_0}{y_0}=f'(x_0)\cdot\frac{x_0}{f(x_0)}$ 称为函数 $y=f(x)$ 在点 x_0 处的弹性,记为 $\left.\frac{Ey}{Ex}\right|_{x=x_0}$ 或 $\frac{E}{Ex}f(x_0)$.

对于一般的 x,如果 $y=f(x)$ 可导,且 $f(x)\neq 0$,则有 $\frac{Ey}{Ex}=f'(x)\cdot\frac{x}{f(x)}$,它是 x 的函数,称之为 $y=f(x)$ 的弹性函数,简称弹性.

注 (1) $\frac{E}{Ex}f(x_0)$ 表示在点 x_0 处,当 x 产生 1%的改变时,函数 $y=f(x)$ 改变 $\frac{E}{Ex}f(x_0)\%$.

(2) 由于函数的弹性 $\frac{Ey}{Ex}$ 是由自变量 x 与因变量 y 的相对变化而定义的,它表示函数 $y=f(x)$ 在点 x 的相对变化率,因此它与任何度量单位无关.

下面介绍经济分析中常见的弹性函数.

1. 需求的价格弹性

"需求"指在一定价格条件下,消费者愿意购买并且有支付能力购买的商品量.商品的价格是影响需求的一个主要因素.

定义 4.4.3 设某商品的需求函数 $Q=f(P)$(P 表示商品价格,Q 表示需求量)在点 $P=P_0$ 处可导,$Q_0=f(P_0)$.一般情况下,商品价格低,需求量大;商品价格高,需求量小.因此,一般需求函数 $Q=f(P)$ 是单调减少函数,ΔP 和 ΔQ 符号相反,且 P_0 为正数,故 $\frac{\Delta Q/Q_0}{\Delta P/P_0}$ 和 $f'(P_0)\cdot\frac{P_0}{f(P_0)}$ 均为非正数,为了用正数表示弹性,称

$$\eta(P)=\frac{EQ}{EP}=-f'(P)\cdot\frac{P}{f(P)}$$

为该商品在点 P 处的需求价格弹性函数，简称为需求弹性.

根据需求弹性的大小，可分为下面三种情况：

(1) 当 $\eta(P)>1$ 时，称需求富有弹性，此时需求变动的幅度大于价格变动的幅度，价格变动对需求量的影响较大.

(2) 当 $\eta(P)=1$ 时，称需求是单位弹性，此时需求变动的幅度等于价格变动的幅度.

(3) 当 $\eta(P)<1$ 时，称需求缺乏弹性，此时需求变动的幅度小于价格变动的幅度，价格变动对需求量的影响不大.

需求价格弹性函数 $\eta(P)$ 的经济意义：当价格为 P 时，如果价格上涨(或下跌) 1%，则需求相应减少(或增加)的百分数是 $\eta(P)\%$.

例 4.4.4　设某商品的需求函数为 $Q=50-5P$，试求：

(1) 需求价格弹性函数 $\eta(p)$；

(2) 当 $P=2,5,6$ 时的需求价格弹性，并解释其经济意义.

解　(1) 因 $\frac{dQ}{dP}=-5$，故 $\eta(P)=-\frac{PdQ}{QdP}=-\frac{P}{50-5P}(-5)=\frac{P}{10-P}$.

(2) 当 $P=2$ 时，$\eta(P)=0.25<1$，需求是低弹性的. 而当 $P=2$ 时，$Q=40$，这说明：当 $P=2$ 时，若价格上涨(或下跌)1%，需求 Q 将由 40 起减少(或增加)0.25%. 这时，需求下降(或提高)的幅度小于价格上涨(或下跌)的幅度.

当 $P=5$ 时，$\eta(P)=1$，需求是单位弹性的. 而当 $P=5$ 时，$Q=25$，这说明：当 $P=5$ 时，若价格上涨(或降低)1%，需求 Q 将由 25 起减少(或增加)1%. 这时，需求下降(或提高)的幅度等于价格上涨(或下跌)的幅度.

当 $P=6$ 时，$\eta(P)=1.5>1$，需求是富有弹性的. 而当 $P=6$ 时，$Q=20$，这说明：当 $P=6$ 时，若价格上涨(或下跌)1%，需求 Q 将由 20 起减少(或增加)1.5%. 这时，需求下降(或提高)的幅度大于价格上涨(或下跌)的幅度.

2. 供给的价格弹性

"供给"指在一定价格条件下，生产者愿意出售并且有可供出售的商品量. 价格是影响供给的一个主要因素.

定义 4.4.4　设某商品的供给函数 $Q=f(P)$(P 表示商品价格，Q 表示供给量)在点 $P=P_0$ 处可导，$Q_0=f(P_0)$. 一般情况下，商品价格低，供给量小；商品价格高，供给量大. 因此，一般供给函数 $Q=f(P)$ 是单调增加函数. 称 $\varepsilon(P)=\frac{EQ}{EP}=f'(P)\cdot\frac{P}{f(P)}$ 为该商品在点 P 处的供给价格弹性函数，简称为供给弹性.

例 4.4.5　设某商品的供给函数为 $Q=f(P)=e^{2P}$，求：(1) 供给弹性函数 $\varepsilon(P)$；

(2) 当 $P=3$ 时的供给弹性,并解释其经济意义.

解 (1) 因为 $f'(P)=2e^{2P}$,所以供给弹性函数为

$$\varepsilon(P)=f'(P)\cdot\frac{P}{f(P)}=2e^{2P}\cdot\frac{P}{e^{2P}}=2P$$

(2) 当 $P=3$ 时,供给弹性为 $\varepsilon(3)=6$. 其经济意义:当 $P=3$ 时,价格再上涨(或下跌)1%,供应量将增加(或减少)6%.

3. 收益的价格弹性

定义 4.4.5 设某商品的需求函数为可导函数 $Q=f(P)$(P 表示商品价格,Q 表示需求量),则收益关于价格的函数为 $R(P)=P\cdot Q=P\cdot f(P)$,称

$$\frac{ER}{EP}=R'(P)\cdot\frac{P}{R}$$

为该商品在点 P 处的收益价格弹性函数,简称为收益弹性.

例 4.4.6 已知某商品的需求函数为 $Q=50-2P$,求:(1) 该商品的收益价格弹性函数 $\frac{ER}{EP}$;(2) 当 $P=15$ 时的收益弹性,并解释其经济意义.

解 (1) 商品的收益函数为 $R(P)=P\cdot Q=50P-2P^2$,从而收益价格弹性函数为

$$\frac{ER}{EP}=R'(P)\cdot\frac{P}{R}=(50-4P)\cdot\frac{P}{50P-2P^2}=\frac{25-2P}{25-P}$$

(2) 当 $P=15$ 时的收益弹性为 $\left.\frac{ER}{EP}\right|_{P=15}=-\frac{1}{2}$.

其经济意义:当 $P=15$ 时,价格再上涨(下跌)1%,总收益将减少(增加)0.5%.

习 题 4.4

1. 设某产品日产量为 Q 件时,需要付出的总成本为

$$C(Q)=\frac{1}{100}Q^2+20Q+1600(\text{元})$$

求(1) 日产量为 500 件的总成本和平均成本;

(2) 最低平均成本及相应的产量.

2. 某物业公司策划出租 100 间写字楼,经过市场调查,当每间写字楼租金定为每月 5000 元时,可以全部出租;当租金每月增加 100 元时,就有一间写字楼租不出去. 已知每租出去一间写字楼,物业公司每月需为其支付 300 元的物业管理费. 为使收入最大,租金应定为多少才合适?

3. 设某产品的需求函数为 $Q=900-10P$(吨)(价格 P 的单位:万元),成本函数为

$$C(Q)=20Q+6000(\text{元})$$

(1) 求边际需求函数,解释其经济意义;

(2) 试求边际利润函数,并分别求需求量为 300 吨、350 吨和 400 吨的边际利润,从所得结果说明什么问题?

4. 设生产某商品的固定成本为 60000 元,可变成本为 20 元/件,价格函数为 $P=60-\dfrac{Q}{1000}$ (P 是单价,单位:元;Q 是销量,单位:件). 已知产销平衡,求

(1) 该商品的边际利润;(2) 当 $P=50$ 时的边际利润,并解释其经济意义;(3) 使得利润最大的定价 P.

5. 设某品牌的计算机价格为 P(元),需求量为 Q(台),其需求函数为 $Q=80P-\dfrac{P^2}{100}$(台).

(1) 求 $P=5000$ 时的边际需求,并说明其经济意义.

(2) 求 $P=5000$ 时的需求弹性,并说明其经济意义.

(3) 当 $P=5000$ 时,若价格上涨 1%,总收益将如何变化?是增加还是减少?

(4) 当 $P=6000$ 时,若价格上涨 1%,总收益的变化又如何?是增加还是减少?

总习题 4

1. 利用洛必达法则,求下列极限.

(1) $\lim\limits_{x\to+\infty}\left(\dfrac{2}{\pi}\cdot\arctan x\right)^x$;　　(2) $\lim\limits_{x\to 0}(1+\sin x)^{\frac{1}{x}}$;

(3) $\lim\limits_{x\to 0^+}[\ln x\cdot\ln(1+x)]$;　　(4) $\lim\limits_{x\to 0}\left(\dfrac{\sin x}{x}\right)^{\frac{1}{x^2}}$;

(5) $\lim\limits_{x\to 0}\left[\dfrac{1}{\mathrm{e}}(1+x)^{\frac{1}{x}}\right]^{\frac{1}{x}}$;　　(6) $\lim\limits_{x\to 0}\left(\dfrac{1}{x}-\dfrac{1}{\mathrm{e}^x-1}\right)$.

2. 求下列函数的极值.

(1) $y=\dfrac{1+3x}{\sqrt{4+5x^2}}$;　　(2) $y=x^{\frac{1}{x}}$;

(3) $y=2\mathrm{e}^x+\mathrm{e}^{-x}$;　　(4) $y=2-(x-1)^{\frac{2}{3}}$.

3. 试求曲线 $y=ax^3+bx^2+cx+d$ 中的 a,b,c,d,使得 $x=-2$ 处曲线有水平切线,$(1,-10)$为拐点,且点$(-2,44)$在曲线上.

4. 讨论函数 $f(x)=x\sqrt{9-x^2}$ 的增减性和极值点及其对应图形的凹凸性和拐点.

5. 设总收入和总成本分别由以下两式给出:

$$R(q)=5q-0.003q^2,\quad C(q)=300+1.1q$$

其中 q 为产量,$0\leqslant q\leqslant 1000$,求(1) 边际成本;(2) 获得最大利润时的产量;(3) 怎样

的生产量能使盈亏平衡？

6. 设生产 q 件产品的总成本 $C(q)$ 由下式给出：

$$C(q)=0.01q^3-0.6q^2+13q$$

(1) 设每件产品的价格为 7 元，企业的最大利润是多少？

(2) 当固定生产水平为 34 件时，若每件价格每提高 1 元时少卖出 2 件，问是否应该提高价格？如果是，价格应该提高多少？

第 4 章习题答案

第 5 章　不 定 积 分

本章先给出不定积分的概念和性质,进而讨论求不定积分的方法.

5.1　不定积分的概念与性质

5.1.1　原函数与不定积分的概念

1. 原函数

定义 5.1.1　设 $f(x)$是定义在区间 I 上的函数,如果存在函数 $F(x)$,使对任意的 $x\in I$ 都有

$$F'(x)=f(x) \quad 或 \quad \mathrm{d}F(x)=f(x)\mathrm{d}x$$

则称 $F(x)$为 $f(x)$在区间 I 上的一个**原函数**.

例如,在区间$(-\infty,+\infty)$内,$(x^2)'=2x$,故 x^2 是 $2x$ 在$(-\infty,+\infty)$内的原函数.一般地,对任意常数 C,x^2+C 都是 $2x$ 的原函数.

注　当一个函数具有原函数时,它的原函数有无穷多个.

定理 5.1.1(原函数存在性定理)　如果函数 $f(x)$在区间 I 上连续,则在 I 上存在可导函数 $F(x)$,使得对任意的 $x\in I$,都有

$$F'(x)=f(x)$$

注　连续函数一定有原函数.由于初等函数在其定义区间内连续,所以初等函数在其定义区间内一定有原函数.

由注释可知,函数 $f(x)$如果存在原函数 $F(x)$,则原函数有无穷多个,那么 $f(x)$的其他原函数与 $F(x)$有什么关系?

设 $G(x)$是 $f(x)$的任意一个原函数,即 $G'(x)=f(x)$,则有

$$[G(x)-F(x)]'=G'(x)-F'(x)=0$$

由导数恒等于零的函数是常数,可知

$$G(x)-F(x)=C$$

即

$$G(x)=F(x)+C$$

这表明 $G(x)$与 $F(x)$只相差一个常数.因此,只要找到 $f(x)$的一个原函数 $F(x)$,$F(x)+C$(C 为任意常数)就可以表示 $f(x)$的任意一个原函数.

2. 不定积分

定义 5.1.2 在区间 I 上，函数 $f(x)$的带有任意常数项的原函数称为 $f(x)$在区间 I 上的**不定积分**，记作 $\int f(x)\mathrm{d}x$.

其中，记号 $\int$ 称为积分号，$f(x)$ 称为被积函数，$f(x)\mathrm{d}x$ 称为被积表达式，x 称为积分变量.

根据定义，如果 $F(x)$是 $f(x)$在区间 I 上的一个原函数，那么在区间 I 上有

$$\int f(x)\mathrm{d}x = F(x) + C \quad (C\text{ 为任意常数}) \tag{5-1}$$

例 5.1.1 求 $\int x\mathrm{d}x$.

解 由于$\left(\frac{1}{2}x^2\right)'=x$，因此$\int x\mathrm{d}x = \frac{1}{2}x^2 + C$.

例 5.1.2 求 $\int \frac{1}{x}\mathrm{d}x$.

解 由于$(\ln|x|)'=\frac{1}{x}$，$x\in(-\infty,0)\cup(0,+\infty)$，因此$\int \frac{1}{x}\mathrm{d}x = \ln|x|+C$.

5.1.2 不定积分的性质

根据不定积分的定义，即可得下述性质：

性质 1

$$\left[\int f(x)\mathrm{d}x\right]' = f(x)$$

或

$$\mathrm{d}\int f(x)\mathrm{d}x = f(x)\mathrm{d}x$$

性质 2

$$\int F'(x)\mathrm{d}x = F(x) + C$$

或记作

$$\int \mathrm{d}F(x) = F(x) + C$$

即微分运算（以记号 d 表示）与求不定积分的运算（简称积分运算，以记号 $\int$ 表示）是互逆的. 当记号$\int$ 与 d 连在一起时，或者抵消，或者抵消后相差一个常数.

性质 3 $\int[\alpha f(x) + \beta g(x)]\mathrm{d}x = \alpha\int f(x)\mathrm{d}x + \beta\int g(x)\mathrm{d}x$，其中 α,β 为任意常数.

性质 3 可以推广到有限个函数的情形.

一般地，检验积分计算 $\int f(x)\mathrm{d}x = F(x) + C$ 是否正确，只要将结果 $F(x)$ 求导，看它的导数是否等于被积函数 $f(x)$.

5.1.3　基本积分公式表

由于不定积分运算是微分运算的逆运算，则可以从基本初等函数的导数公式得到相应的积分公式.

例如，因为当 $\alpha \neq -1$ 时，$\left(\frac{x^{\alpha+1}}{\alpha+1}\right)' = x^{\alpha}$，所以 $\frac{x^{\alpha+1}}{\alpha+1}$ 是 x^{α} 的一个原函数，于是

$$\int x^{\alpha}\mathrm{d}x = \frac{x^{\alpha+1}}{\alpha+1} + C \quad (\alpha \neq -1)$$

类似地，可以得到其他积分公式，并将其罗列出来，即得基本积分表(或基本积分公式).

(1) $\int k\mathrm{d}x = kx + C$ (k 为常数)；

(2) $\int x^{\alpha}\mathrm{d}x = \frac{x^{\alpha+1}}{\alpha+1} + C$ (α 为常数且 $\alpha \neq -1$)；

(3) $\int \frac{1}{x}\mathrm{d}x = \ln|x| + C$；

(4) $\int a^{x}\mathrm{d}x = \frac{1}{\ln a}a^{x} + C$；

(5) $\int \mathrm{e}^{x}\mathrm{d}x = \mathrm{e}^{x} + C$；

(6) $\int \cos x\mathrm{d}x = \sin x + C$；

(7) $\int \sin x\mathrm{d}x = -\cos x + C$；

(8) $\int \sec^{2}x\mathrm{d}x = \int \frac{1}{\cos^{2}x}\mathrm{d}x = \tan + C$；

(9) $\int \csc^{2}x\mathrm{d}x = \int \frac{\mathrm{d}x}{\sin^{2}x} = -\cot x + C$；

(10) $\int \sec x\tan x\mathrm{d}x = \sec x + C$；

(11) $\int \csc x\cot x\mathrm{d}x = -\csc x + C$；

(12) $\int \frac{\mathrm{d}x}{\sqrt{1-x^{2}}} = \arcsin x + C$；

(13) $\int \frac{\mathrm{d}x}{1+x^{2}} = \arctan x + C$.

以上 13 个基本积分公式及前面的不定积分性质是求不定积分的基础，读者必须熟记.

例 5.1.3 求 $\int \sqrt{x}(x^2-5)\mathrm{d}x$.

解 $$原式 = \int x^{\frac{5}{2}}\mathrm{d}x - 5\int x^{\frac{1}{2}}\mathrm{d}x = \frac{2}{7}x^{\frac{7}{2}} - \frac{10}{3}x^{\frac{3}{2}} + C$$

例 5.1.4 求 $\int\left(\frac{3}{1+x^2} - \frac{2}{\sqrt{1-x^2}}\right)\mathrm{d}x$.

解 $$原式 = 3\int \frac{1}{1+x^2}\mathrm{d}x - 2\int \frac{1}{\sqrt{1-x^2}}\mathrm{d}x = 3\arctan x - 2\arcsin x + C$$

例 5.1.5 求 $\int\left(2\mathrm{e}^x + \frac{3}{x}\right)\mathrm{d}x$.

解 $$原式 = 2\mathrm{e}^x + 3\ln|x| + C$$

例 5.1.6 求 $\int \sec x(\sec x - \tan x)\mathrm{d}x$.

解 $$原式 = \int \sec^2 x\mathrm{d}x - \int \sec x\tan x\mathrm{d}x = \tan x - \sec x + C$$

习　题　5.1

1. 下列等式正确的是(　　).

A. $\mathrm{d}\int f(x)\mathrm{d}x = f(x)$　　B. $\frac{\mathrm{d}}{\mathrm{d}x}\int f(x)\mathrm{d}x = f(x) + C$

C. $\mathrm{d}\int f(x)\mathrm{d}x = f(x)\mathrm{d}x$　　D. $\frac{\mathrm{d}}{\mathrm{d}x}\int f(x)\mathrm{d}x = f(x)\mathrm{d}x$

2. 设曲线通过点(1,2)，且其上任一点处的切线斜率等于这点横坐标的 2 倍，求此曲线的方程.

3. 利用基本积分公式及性质求下列积分.

(1) $\int 3^x\mathrm{e}^x\mathrm{d}x$；　　(2) $\int \frac{x^2}{1+x^2}\mathrm{d}x$；

(3) $\int \sin^2\frac{x}{2}\mathrm{d}x$；　　(4) $\int\left(1-\frac{1}{x^2}\right)\sqrt{x\sqrt{x}}\mathrm{d}x$；

(5) $\int \frac{\mathrm{d}x}{x^2}$；　　(6) $\int x\sqrt{x}\mathrm{d}x$；

(7) $\int \frac{\mathrm{d}x}{x^2\sqrt{x}}$；　　(8) $\int (x^2-3x+2)\mathrm{d}x$；

(9) $\int \frac{3x^4+3x^2+1}{x^2+1}\mathrm{d}x$；　　(10) $\int \mathrm{e}^x\left(1-\frac{\mathrm{e}^{-x}}{\sqrt{x}}\right)\mathrm{d}x$；

(11) $\int \frac{2\cdot 3^x - 5\cdot 2^x}{3^x}\mathrm{d}x$；　　(12) $\int \frac{1}{1+\cos 2x}\mathrm{d}x$；

(13) $\int \frac{\cos 2x}{\cos x - \sin x} dx$；　　(14) $\int \frac{\cos 2x}{\cos^2 x \sin^2 x} dx$；

(15) $\int \left(x + \frac{1}{x} - \sqrt{x} + \frac{3}{x^3}\right) dx$；　　(16) $\int \frac{x^2}{1+x^2} dx$；

(17) $\int \cot^2 x dx$；　　(18) $\int \cos^2 \frac{x}{2} dx$；

(19) $\int \frac{1+\cos^2 x}{1+\cos 2x} dx$.

4. 一平面曲线过点(1,0)，且曲线上任一点(x,y)处的切线斜率为$2x-2$，求该曲线方程.

5.2 换元积分法

因为积分运算是微分运算的逆运算，本节把复合函数的微分法反过来用于求不定积分，利用中间变量代换得到复合函数的积分法，称为换元积分法. 按照选取中间变量的不同方式将换元法分为两类，分别称为第一类换元法（凑微分法）和第二类换元法.

5.2.1 第一类换元法(凑微分法)

定理 5.2.1 设 $f(u)$具有原函数，$u=\varphi(x)$可导，则有换元公式

$$\int f(\varphi(x))\varphi'(x) dx = \left[\int f(u) du\right]_{u=\varphi(x)} \tag{5-2}$$

一般地，如果积分 $\int g(x) dx$ 不能直接利用基本积分公式计算，而其被积表达式 $g(x)dx$ 能表示为 $g(x)dx = f(\varphi(x))\varphi'(x)dx = f(\varphi(x))d\varphi(x)$ 的形式，且$\int f(u)du$ 较易计算，那么可令 $u=\varphi(x)$，代入后有

$$\int g(x)dx = \int f(\varphi(x))\varphi'(x)dx = \int f(\varphi(x))d\varphi(x) = \left[\int f(u)du\right]_{u=\varphi(x)}$$

这种积分法称为**第一类换元法**. 由于在积分过程中，先要从被积表达式中凑出一个微分因子 $d\varphi(x)=\varphi'(x)dx$，因此第一类换元法也称为**凑微分法**.

例 5.2.1 求 $\int \sin 3x dx$.

解 被积函数中，$\sin 3x$ 是 $\sin u$ 与 $u=3x$ 构成的复合函数，因此作变量代换 $u=3x$，便有

$$\int \sin 3x dx = \frac{1}{3}\int \sin 3x d3x = \frac{1}{3}\int \sin u du = -\frac{1}{3}\cos u + C$$

再将 $u=3x$ 代入，即得 $\int \sin 3x\mathrm{d}x = -\frac{1}{3}\cos 3x + C$.

例 5.2.2 求 $\int \frac{1}{3x+2}\mathrm{d}x$.

解 被积函数 $\frac{1}{3x+2}$ 可看成 $y=\frac{1}{u}$ 与 $u=3x+2$ 构成的复合函数，如果令 $u=3x+2$，便有

$$\int \frac{1}{3x+2}\mathrm{d}x = \frac{1}{3}\int \frac{1}{3x+2}\mathrm{d}(3x+2) = \frac{1}{3}\int \frac{1}{u}\mathrm{d}u = \frac{1}{3}\ln|u|+C$$

$$=\frac{1}{3}\ln|3x+2|+C$$

一般地，对于积分 $\int f(ax+b)\mathrm{d}x$，总可以作变量代换 $u=ax+b$，把它化为

$$\int f(ax+b)\mathrm{d}x = \int \frac{1}{a}f(ax+b)\mathrm{d}(ax+b) = \frac{1}{a}\left[\int f(u)\mathrm{d}u\right]_{u=\varphi(x)}$$

注 在比较熟悉不定积分的换元法后就可以略去设中间变量和换元的步骤.

例 5.2.3 求 $\int \frac{1}{\sqrt{a^2-x^2}}\mathrm{d}x \ (a>0)$.

解 $$\int \frac{1}{\sqrt{a^2-x^2}}\mathrm{d}x = \int \frac{\mathrm{d}x}{a\sqrt{1-\left(\frac{x}{a}\right)^2}} = \int \frac{\mathrm{d}\left(\frac{x}{a}\right)}{\sqrt{1-\left(\frac{x}{a}\right)^2}} = \arcsin\frac{x}{a}+C$$

例 5.2.4 求 $\int \frac{1}{a^2+x^2}\mathrm{d}x$.

解 $$\int \frac{1}{a^2+x^2}\mathrm{d}x = \int \frac{1}{a^2}\cdot\frac{1}{1+\left(\frac{x}{a}\right)^2}\mathrm{d}x = \frac{1}{a}\int \frac{1}{1+\left(\frac{x}{a}\right)^2}\mathrm{d}\left(\frac{x}{a}\right)$$

$$=\frac{1}{a}\arctan\frac{x}{a}+C$$

例 5.2.5 求 $\int \frac{1}{a^2-x^2}\mathrm{d}x \ (a\neq 0)$.

解 $$\int \frac{1}{a^2-x^2}\mathrm{d}x = \frac{1}{2a}\int\left(\frac{1}{a+x}+\frac{1}{a-x}\right)\mathrm{d}x = \frac{1}{2a}\int \frac{\mathrm{d}(a+x)}{a+x} - \frac{1}{2a}\int \frac{\mathrm{d}(a-x)}{a-x}$$

$$=\frac{1}{2a}\ln|a+x| - \frac{1}{2a}\ln|a-x|+C = \frac{1}{2a}\ln\left|\frac{a+x}{a-x}\right|+C$$

例 5.2.6 求 $\int \tan x\mathrm{d}x$.

解 $$\int \tan x\mathrm{d}x = \int \frac{\sin x}{\cos x}\mathrm{d}x = -\int \frac{\mathrm{d}\cos x}{\cos x} = -\ln|\cos x|+C$$

类似地，可得 $\int \cot x \mathrm{d}x = \ln|\sin x| + C$.

例 5.2.7　求 $\int \csc x \mathrm{d}x$.

解　$\int \csc x \mathrm{d}x = \int \frac{1}{\sin x}\mathrm{d}x = \int \frac{\sin x}{\sin^2 x}\mathrm{d}x = -\int \frac{\mathrm{d}\cos x}{1-\cos^2 x} = \frac{1}{2}\ln\left|\frac{1-\cos x}{1+\cos x}\right| + C$

$$= \frac{1}{2}\ln\left|\frac{1-\cos x}{\sin x}\right|^2 + C = \ln|\csc x - \cot x| + C$$

类似地，可得

$$\int \sec x \mathrm{d}x = \ln|\sec x + \tan x| + C$$

例 5.2.8　求 $\int \cos^3 x \mathrm{d}x$.

解

$$\int \cos^3 x \mathrm{d}x = \int (1-\sin^2 x)\cos x \mathrm{d}x = \int (1-\sin^2 x)\mathrm{d}\sin x$$

$$= \sin x - \frac{1}{3}\sin^3 x + C$$

例 5.2.9　求 $\int \sin^2 x \mathrm{d}x$.

解　$\int \sin^2 x \mathrm{d}x = \int \frac{1-\cos 2x}{2}\mathrm{d}x = \frac{1}{2}x - \frac{1}{4}\int \cos 2x \mathrm{d}(2x) = \frac{1}{2}x - \frac{1}{4}\sin 2x + C$

类似地，可得

$$\int \cos^2 x \mathrm{d}x = \frac{1}{2}x + \frac{1}{4}\sin 2x + C$$

例 5.2.10　求 $\int \frac{\mathrm{e}^{\sqrt{x}}}{\sqrt{x}}\mathrm{d}x$.

解

$$\int \frac{\mathrm{e}^{\sqrt{x}}}{\sqrt{x}}\mathrm{d}x = 2\int \mathrm{e}^{\sqrt{x}}\mathrm{d}\sqrt{x} = 2\mathrm{e}^{\sqrt{x}} + C$$

例 5.2.11　求 $\int \sec^4 x \mathrm{d}x$.

解　$\int \sec^4 x \mathrm{d}x = \int \sec^2 x \mathrm{d}\tan x = \int (1+\tan^2 x)\mathrm{d}\tan x = \tan x + \frac{1}{3}\tan^3 x + C$

注　以下凑微分法需熟练掌握：

(1) $\int f(ax^n+b)x^{n-1}\mathrm{d}x = \frac{1}{na}\int f(ax^n+b)\mathrm{d}(ax^n+b)\ (a \neq 0)$；

(2) $\int \frac{f(\sqrt{x})}{2\sqrt{x}}\mathrm{d}x = \int f(\sqrt{x})\mathrm{d}(\sqrt{x})$；

(3) $\int \frac{1}{x^2}f\left(\frac{1}{x}\right)\mathrm{d}x = -\int f\left(\frac{1}{x}\right)\mathrm{d}\left(\frac{1}{x}\right)$；

(4) $\int e^x f(e^x)\mathrm{d}x = \int f(e^x)\mathrm{d}(e^x)$;

(5) $\int \frac{f(\ln x)}{x}\mathrm{d}x = \int f(\ln x)\mathrm{d}(\ln x)$;

(6) $\int\left(1-\frac{1}{x^2}\right)f\left(x+\frac{1}{x}\right)\mathrm{d}x = \int f\left(x+\frac{1}{x}\right)\mathrm{d}\left(x+\frac{1}{x}\right)$;

(7) $\int\left(1+\frac{1}{x^2}\right)f\left(x-\frac{1}{x}\right)\mathrm{d}x = \int f\left(x-\frac{1}{x}\right)\mathrm{d}\left(x-\frac{1}{x}\right)$;

(8) $\int(1+\ln x)f(x\ln x)\mathrm{d}x = \int f(x\ln x)\mathrm{d}(x\ln x)$;

(9) $\int f(\sin x)\cos x\mathrm{d}x = \int f(\sin x)\mathrm{d}(\sin x)$;

(10) $\int f(\cos x)\sin x\mathrm{d}x = -\int f(\cos x)\mathrm{d}(\cos x)$;

(11) $\int f(\tan x)\sec^2 x\mathrm{d}x = \int f(\tan x)\mathrm{d}(\tan x)$;

(12) $\int f(\cot x)\csc^2 x\mathrm{d}x = -\int f(\cot x)\mathrm{d}(\cot x)$;

(13) $\int f(\sec x)\sec x\tan x\mathrm{d}x = \int f(\sec x)\mathrm{d}(\sec x)$;

(14) $\int f(\csc x)\csc x\cot x\mathrm{d}x = -\int f(\csc x)\mathrm{d}(\csc x)$;

(15) $\int \frac{f(\arcsin x)}{\sqrt{1-x^2}}\mathrm{d}x = \int f(\arcsin x)\mathrm{d}(\arcsin x)$;

(16) $\int \frac{f(\arctan x)}{1+x^2}\mathrm{d}x = \int f(\arctan x)\mathrm{d}(\arctan x)$.

5.2.2 第二类换元法

定理 5.2.2 设函数 $f(x)$连续,$x=\varphi(t)$单调、可导,并且 $\varphi'(t)\neq 0$,则有换元公式

$$\int f(x)\mathrm{d}x = \left[\int f(\varphi(t))\varphi'(t)\mathrm{d}t\right]_{t=\varphi^{-1}(x)} \tag{5-3}$$

下面举例说明式(5-3)的应用.

例 5.2.12 求 $\int \frac{1}{1+\sqrt{x}}\mathrm{d}x$.

解 令$\sqrt{x}=t,x=t^2$,

$$\int \frac{1}{1+\sqrt{x}}\mathrm{d}x = \int \frac{1}{1+t}\cdot 2t\mathrm{d}t = 2\int \frac{1+t-1}{1+t}\mathrm{d}t = 2\int \mathrm{d}t - 2\int \frac{1}{1+t}\mathrm{d}t$$

$$= 2t - 2\ln|1+t| + C = 2\sqrt{x} - 2\ln(1+\sqrt{x}) + C$$

例 5.2.13 求 $\int \frac{1}{(1+\sqrt[3]{x})\sqrt{x}}\mathrm{d}x$.

解 令 $\sqrt[6]{x}=t, x=t^6$,

$$\int \frac{1}{(1+\sqrt[3]{x})\sqrt{x}}\mathrm{d}x = \int \frac{1}{(1+t^2)t^3}6t^5\mathrm{d}t = 6\int \frac{t^2+1-1}{1+t^2}\mathrm{d}t = 6\int\left(1-\frac{1}{1+t^2}\right)\mathrm{d}t$$

$$= 6t - 6\arctan t + C = 6\sqrt[6]{x} - 6\arctan\sqrt[6]{x} + C$$

例 5.2.14 求 $\int \sqrt{a^2-x^2}\mathrm{d}x \ (a>0)$.

解 为使被积函数有理化,可以利用三角公式 $\sin^2 t+\cos^2 t=1$.

令 $x=a\sin t, t\in\left(-\frac{\pi}{2},\frac{\pi}{2}\right)$,则它是 t 的单调可导函数,具有反函数 $t=\arcsin\frac{x}{a}$,且 $\sqrt{a^2-x^2}=a\cos t, \mathrm{d}x=a\cos t\mathrm{d}t$,因而

$$\int \sqrt{a^2-x^2}\mathrm{d}x = \int a\cos t \cdot a\cos t\mathrm{d}t = a^2\int\cos^2 t\mathrm{d}t = a^2\int\frac{1+\cos 2t}{2}\mathrm{d}t$$

$$= \frac{a^2}{2}\left(t+\frac{1}{2}\sin 2t\right)+C = \frac{a^2}{2}t+\frac{a^2}{2}\sin t\cos t + C$$

$$= \frac{a^2}{2}\arcsin\frac{x}{a}+\frac{1}{2}x\sqrt{a^2-x^2}+C$$

例 5.2.15 求 $\int \frac{1}{\sqrt{a^2+x^2}}\mathrm{d}x \ (a>0)$.

解 令 $x=a\tan t, t\in\left(-\frac{\pi}{2},\frac{\pi}{2}\right)$,则 $\sqrt{x^2+a^2}=a\sec t, \mathrm{d}x=a\sec^2 t\mathrm{d}t$,于是

$$\int \frac{1}{\sqrt{a^2+x^2}}\mathrm{d}x = \int\frac{a\sec^2 t\mathrm{d}t}{a\sec t} = \int\sec t\mathrm{d}t = \ln|\sec t+\tan t|+C_1$$

$$= \ln\left|\frac{\sqrt{x^2+a^2}}{a}+\frac{x}{a}\right|+C_1 = \ln\left|\sqrt{x^2+a^2}+x\right|+C$$

其中 $C=C_1-\ln a$.

例 5.2.16 求 $\int \frac{1}{\sqrt{x^2-a^2}}\mathrm{d}x \ (a>0)$.

解 被积函数的定义域为 $(-\infty,-a)\cup(a,+\infty)$,令 $x=a\sec t, t\in\left(0,\frac{\pi}{2}\right)$,可求得被积函数在 $(a,+\infty)$ 内的不定积分,这时 $\sqrt{x^2-a^2}=a\tan t, \mathrm{d}x=a\sec t\tan t\mathrm{d}t$,故

$$\int \frac{1}{\sqrt{x^2-a^2}}\mathrm{d}x = \int\frac{a\sec t\tan t\mathrm{d}t}{a\tan t} = \int\sec t\mathrm{d}t = \ln|\sec t+\tan t|+C_1$$

$$= \ln\left|\frac{x}{a}+\frac{\sqrt{x^2-a^2}}{a}\right|+C_1 = \ln\left|x+\sqrt{x^2-a^2}\right|+C$$

其中 $C=C_1-\ln a$，当 $x\in(-\infty,-a)$ 时，可令 $x=a\sec t, t\in\left(\frac{\pi}{2},\pi\right)$，类似地可得到相同形式的结果.

注 第二类换元积分法常用于以下三种情形：

(1) 将被积函数从无理函数转化为有理函数.

如被积函数含有 $\sqrt[n]{ax+b}$ 或 $\sqrt[n]{\dfrac{ax+b}{cx+d}}$，可令 $t=\sqrt[n]{ax+b}$ 或 $t=\sqrt[n]{\dfrac{ax+b}{cx+d}}$.

(2) 当被积函数含平方和或平方差时，一般采用三角代换，例如，

$\sqrt{a^2-x^2}$ 令 $x=a\sin t$，$\sqrt{x^2+a^2}$ 令 $x=a\tan t$，$\sqrt{x^2-a^2}$ 令 $x=a\sec t$.

(3) 有时计算某些积分时需约简因子 x^{μ} ($\mu\in\mathbf{N}$)，此时往往可作倒代换 $x=\dfrac{1}{t}$.

在本节的例题中，有几个积分结果是以后经常会遇到的. 所以它们通常也被当作公式使用. 这样，常用的积分公式，除了基本积分表中的以外，再添加下面几个(其中常数 $a>0$).

(17) $\int\tan x\mathrm{d}x=-\ln|\cos x|+C$；

(18) $\int\cot x\mathrm{d}x=\ln|\sin x|+C$；

(19) $\int\sec x\mathrm{d}x=\ln|\sec x+\tan x|+C$；

(20) $\int\csc x\mathrm{d}x=\ln|\csc x-\cot x|+C$；

(21) $\int\dfrac{\mathrm{d}x}{a^2+x^2}=\dfrac{1}{a}\arctan\dfrac{x}{a}+C$；

(22) $\int\dfrac{\mathrm{d}x}{x^2-a^2}=\dfrac{1}{2a}\ln\left|\dfrac{x-a}{x+a}\right|+C$；

(23) $\int\dfrac{\mathrm{d}x}{\sqrt{a^2-x^2}}=\arcsin\dfrac{x}{a}+C$；

(24) $\int\dfrac{\mathrm{d}x}{\sqrt{x^2+a^2}}=\ln(x+\sqrt{x^2+a^2})+C$；

(25) $\int\dfrac{\mathrm{d}x}{\sqrt{x^2-a^2}}=\ln\left|x+\sqrt{x^2-a^2}\right|+C$.

习 题 5.2

1. 在下列各式等号右端的空白处填入适当的系数，使等式成立.

(1) $x\mathrm{d}x=(\qquad)\mathrm{d}(1-x^2)$；　　(2) $x\mathrm{e}^{x^2}\mathrm{d}x=(\qquad)\mathrm{d}\mathrm{e}^{x^2}$；

(3) $\dfrac{\mathrm{d}x}{x}=(\qquad)\mathrm{d}(3-5\ln|x|)$；　　(4) $a^{3x}\mathrm{d}x=(\qquad)\mathrm{d}(a^{3x}-1)$；

(5) $\sin 3x\mathrm{d}x = (\quad)\mathrm{d}\cos 3x$；　　(6) $\dfrac{\mathrm{d}x}{\cos^2 5x} = (\quad)\mathrm{d}\tan 5x$.

2. 利用换元法求下列积分.

(1) $\int x\cos(x^2)\mathrm{d}x$；　(2) $\int \dfrac{\sin x + \cos x}{\sqrt[3]{\sin x - \cos x}}\mathrm{d}x$；　(3) $\int \cos(5x-1)\mathrm{d}x$；

(4) $\int \dfrac{1+\ln x}{(x\ln x)^2}\mathrm{d}x$；　(5) $\int \mathrm{e}^{-5x}\mathrm{d}x$；　(6) $\int \dfrac{\mathrm{d}x}{1-2x}$；

(7) $\int \dfrac{\sin\sqrt{t}}{\sqrt{t}}\mathrm{d}t$；　(8) $\int \tan^{10}x\sec^2 x\mathrm{d}x$；　(9) $\int \dfrac{\mathrm{d}x}{x\ln^2 x}$；

(10) $\int x\mathrm{e}^{-x^2}\mathrm{d}x$；　(11) $\int (x+4)^{10}\mathrm{d}x$；　(12) $\int \dfrac{\mathrm{d}x}{\sqrt[3]{2-3x}}$；

(13) $\int \sin^2 x\cos^3 x\mathrm{d}x$.

3. 利用换元法求下列积分.

(1) $\int \dfrac{\mathrm{d}x}{1+\sqrt{2x}}$；　(2) $\int \dfrac{\mathrm{d}x}{1+\sqrt[3]{x+1}}$；　(3) $\int \dfrac{\mathrm{d}x}{x^4\sqrt{x^2+1}}$；

(4) $\int \dfrac{\mathrm{d}x}{\sqrt{(x^2+1)^3}}$；　(5) $\int \dfrac{1}{\sqrt{1+\mathrm{e}^x}}\mathrm{d}x$.

5.3　分部积分法

设函数 $u=u(x)$ 及 $v=v(x)$ 具有连续导数. 那么，两个函数乘积的导数公式为

$$(uv)' = u'v + uv'$$

移项，得

$$uv' = (uv)' - u'v$$

对这个等式两边求不定积分，得

$$\int uv'\mathrm{d}x = uv - \int u'v\mathrm{d}x \tag{5-4}$$

式(5-4)称为**分部积分公式**. 如果积分 $\int uv'\mathrm{d}x$ 不易求，而积分 $\int u'v\mathrm{d}x$ 比较容易求时，分部积分公式就可以发挥作用了.

为简便起见，也可把式(5-4)写成下面的形式：

$$\int u\mathrm{d}v = uv - \int v\mathrm{d}u \tag{5-5}$$

现在通过例子说明如何运用这个重要公式.

例 5.3.1　求 $\int x\sin x\mathrm{d}x$.

解　由于被积函数 $x\sin x$ 是两个函数的乘积，选其中一个为 u，那么另一个即为

v'. 如果选择 $u=x, v'=\sin x$，则 $\mathrm{d}v=-\mathrm{d}\cos x$，得

$$\int x\sin x\mathrm{d}x=-\int x\mathrm{d}\cos x=-x\cos x+\int\cos x\mathrm{d}x=-x\cos x+\sin x+C$$

如果选择 $u=\sin x, v'=x$ 则 $\mathrm{d}v=\mathrm{d}\left(\frac{1}{2}x^2\right)$，得

$$\begin{aligned}\int x\sin x\mathrm{d}x&=\int\sin x\mathrm{d}\left(\frac{1}{2}x^2\right)=\frac{1}{2}x^2\sin x-\frac{1}{2}\int x^2\mathrm{d}\sin x\\&=\frac{1}{2}x^2\sin x+\frac{1}{2}\int x^2\cos x\mathrm{d}x\end{aligned}$$

上式右端的积分比原积分更不容易求出.

由此可见，如果 u 和 $\mathrm{d}v$ 选取不当，就求不出结果. 所以应用分部积分法时，恰当选取 u 和 $\mathrm{d}v$ 是关键，一般以 $\int v\mathrm{d}u$ 比 $\int u\mathrm{d}v$ 易求出为原则.

例 5.3.2 求 $\int x\mathrm{e}^x\mathrm{d}x$.

解
$$\int x\mathrm{e}^x\mathrm{d}x=\int x\mathrm{d}\mathrm{e}^x=x\mathrm{e}^x-\int\mathrm{e}^x\mathrm{d}x=x\mathrm{e}^x-\mathrm{e}^x+C$$

例 5.3.3 求 $\int x\ln x\mathrm{d}x$.

解
$$\begin{aligned}\int x\ln x\mathrm{d}x&=\frac{1}{2}\int\ln x\cdot\mathrm{d}x^2=\frac{1}{2}x^2\ln x-\frac{1}{2}\int x^2\mathrm{d}\ln x\\&=\frac{1}{2}x^2\ln x-\frac{1}{2}\int x^2\cdot\frac{1}{x}\mathrm{d}x=\frac{1}{2}x^2\ln x-\frac{1}{2}\int x\mathrm{d}x\\&=\frac{1}{2}x^2\ln x-\frac{1}{4}x^2+C\end{aligned}$$

例 5.3.4 $\int x\arctan x\mathrm{d}x$.

解
$$\begin{aligned}\int x\arctan x\mathrm{d}x&=\int\arctan x\mathrm{d}\left(\frac{1}{2}x^2\right)=\frac{1}{2}x^2\arctan x-\frac{1}{2}\int x^2\mathrm{d}\arctan x\\&=\frac{1}{2}x^2\arctan x-\frac{1}{2}\int\frac{x^2}{1+x^2}\mathrm{d}x\\&=\frac{1}{2}x^2\arctan x-\frac{1}{2}\int\left(1-\frac{1}{1+x^2}\right)\mathrm{d}x\\&=\frac{1}{2}x^2\arctan x-\frac{1}{2}x+\frac{1}{2}\arctan x+C\end{aligned}$$

例 5.3.5 求 $\int x^2\mathrm{e}^x\mathrm{d}x$.

解
$$\begin{aligned}\int x^2\mathrm{e}^x\mathrm{d}x&=\int x^2\mathrm{d}\mathrm{e}^x=x^2\mathrm{e}^x-\int\mathrm{e}^x\mathrm{d}x^2=x^2\mathrm{e}^x-2\int x\mathrm{e}^x\mathrm{d}x\\&=x^2\mathrm{e}^x-2\int x\mathrm{d}\mathrm{e}^x=x^2\mathrm{e}^x-2x\mathrm{e}^x+2\int\mathrm{e}^x\mathrm{d}x\end{aligned}$$

$$= x^2 e^x - 2xe^x + 2e^x + C$$

例 5.3.6 求 $\int \arcsin x \mathrm{d}x$.

解 $\int \arcsin x \mathrm{d}x = x\arcsin x - \int x \mathrm{d}\arcsin x = x\arcsin x - \int \frac{x\mathrm{d}x}{\sqrt{1-x^2}}$

$$= x\arcsin x + \frac{1}{2}\int \frac{\mathrm{d}(1-x^2)}{\sqrt{1-x^2}}$$

$$= x\arcsin x + \sqrt{1-x^2} + C$$

例 5.3.7 $\int \ln x \mathrm{d}x$.

解 $\int \ln x \mathrm{d}x = x\ln x - \int x \mathrm{d}\ln x = x\ln x - \int \mathrm{d}x = x\ln x - x + C$

一般地，如果被积函数是两类基本初等函数的乘积，在多数情况下，可按下列顺序：反三角函数、对数函数、幂函数、指数函数、三角函数，将排在前面的那类函数选作 u，后面的那类函数选作 v'.

例 5.3.8 求 $\int e^x \cos x \mathrm{d}x$.

解 $\int e^x \cos x \mathrm{d}x = \int \cos x \mathrm{d}e^x = e^x \cos x - \int e^x \mathrm{d}\cos x = e^x \cos x + \int e^x \sin x \mathrm{d}x$

$$= e^x \cos x - \int \sin x \mathrm{d}e^x = e^x \cos x + e^x \sin x - \int e^x \mathrm{d}\sin x$$

$$= e^x \cos x + e^x \sin x - \int e^x \cos x \mathrm{d}x$$

等式右端的积分与原积分相同，把它移到左边与原积分合并，可得

$$\int e^x \cos x \mathrm{d}x = \frac{1}{2}e^x(\cos x + \sin x) + C$$

例 5.3.9 求 $\int \sec^3 x \mathrm{d}x$.

解 $\int \sec^3 x \mathrm{d}x = \int \sec x \sec^2 x \mathrm{d}x = \int \sec x \mathrm{d}\tan x$

$$= \sec x \tan x - \int \tan x \mathrm{d}\sec x = \sec x \tan x - \int \sec x \tan^2 x \mathrm{d}x$$

$$= \sec x \tan x - \int \sec x(\sec^2 x - 1)\mathrm{d}x$$

$$= \sec x \tan x - \int \sec^3 x \mathrm{d}x + \int \sec x \mathrm{d}x$$

$$= \sec x \tan x + \ln|\sec x + \tan x| - \int \sec^3 x \mathrm{d}x$$

所以 $$\int \sec^3 x \mathrm{d}x = \frac{1}{2}\sec x \tan x + \frac{1}{2}\ln|\sec x + \tan x| + C$$

习 题 5.3

用分部积分法求下列不定积分.

(1) $\int x^2\sin x\mathrm{d}x$；　(2) $\int x\mathrm{e}^{-x}\mathrm{d}x$；　(3) $\int x^2\arctan x\mathrm{d}x$；

(4) $\int \arccos x\mathrm{d}x$；　(5) $\int x\tan^2 x\mathrm{d}x$；　(6) $\int \mathrm{e}^{-x}\cos x\mathrm{d}x$；

(7) $\int x\sin x\cos x\mathrm{d}x$；　(8) $\int x\sec^2 x\mathrm{d}x$；　(9) $\int x^2\ln x\mathrm{d}x$.

总 习 题 5

1. 利用换元法求下列积分.

(1) $\int x\sin x^2\mathrm{d}x$；　(2) $\int \frac{\sin x+\cos x}{\sqrt{\sin x-\cos x}}\mathrm{d}x$；　(3) $\int \frac{\mathrm{d}x}{2x^2-1}$；

(4) $\int \frac{\mathrm{d}x}{1+\mathrm{e}^x}$；　(5) $\int \cos x\cos\frac{x}{2}\mathrm{d}x$；　(6) $\int \sin 2x\cos 3x\mathrm{d}x$；

(7) $\int \frac{10^{2\arccos x}}{\sqrt{1-x^2}}\mathrm{d}x$；　(8) $\int \frac{1+\ln x}{(x\ln x)^3}\mathrm{d}x$；　(9) $\int \frac{\arctan\sqrt{x}}{\sqrt{x}(1+x)}\mathrm{d}x$；

(10) $\int \frac{\ln\tan x}{\cos x\sin x}\mathrm{d}x$；　(11) $\int \tan\sqrt{1+x^2}\cdot\frac{x}{\sqrt{1+x^2}}\mathrm{d}x$；　(12) $\int \frac{\mathrm{d}x}{\sin x\cos x}$；

(13) $\int \frac{\mathrm{d}x}{x\sqrt{x^2+1}}$；　(14) $\int \frac{\sqrt{x^2-9}}{x}\mathrm{d}x$.

2. 利用分部积分法求下列积分.

(1) $\int x\sin^2 x\mathrm{d}x$；　(2) $\int \ln(x+\sqrt{1+x^2})\mathrm{d}x$；

(3) $\int \mathrm{e}^{2x}\cos x\mathrm{d}x$；　(4) $\int \frac{\arctan x}{x^2(1+x^2)}\mathrm{d}x$；

(5) $\int \mathrm{e}^{2x}(\tan x+1)^2\mathrm{d}x$；　(6) $\int (\arcsin x)^2\mathrm{d}x$；

(7) $\int x\ln(1+x)\mathrm{d}x$；　(8) $\int \mathrm{e}^{\sqrt{2x-1}}\mathrm{d}x$；

(9) 已知 $f(x)=\frac{\mathrm{e}^x}{x}$，求 $\int xf''(x)\mathrm{d}x$.

第 5 章习题答案

第 6 章　定积分及其应用

本章先从实际问题出发引进定积分的定义，然后讨论定积分的性质及计算方法，最后介绍定积分的应用.

6.1　定积分概念与性质

6.1.1　定积分问题举例

1. 曲边梯形的面积

设 $f(x)$在区间$[a,b]$上非负、连续. 由曲线 $y=f(x)$及直线 $x=a,x=b,y=0$ 所围成的图形称为曲边梯形(见图 6-1)，下面讨论如何求这个曲边梯形的面积.

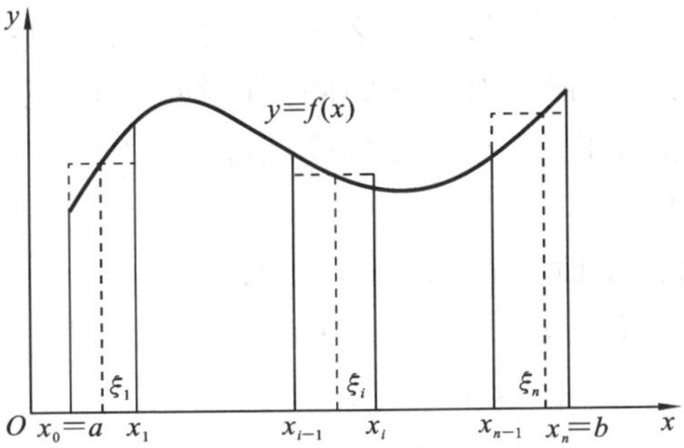

图 6-1

在区间$[a,b]$内任意插入 $n-1$ 个分点，即

$$a=x_0<x_1<x_2<\cdots<x_{n-1}<x_n=b$$

这样整个曲边梯形就相应地被直线 $x=x_i(i=1,2,\cdots,n-1)$分成 n 个小曲边梯形，区间$[a,b]$被分成 n 个小区间$[x_0,x_1]$，$[x_1,x_2]$，…，$[x_{i-1},x_i]$，…，$[x_{n-1},x_n]$，第 i 个小区间的长度 $\Delta x_i=x_i-x_{i-1}(i=1,2,\cdots,n)$. 对于第 i 个小曲边梯形来说，当其底边长 Δx_i 足够小时，其高度的变化也是非常小的，这时它的面积可以用小矩形的面积来近似. 在每个小区间$[x_{i-1},x_i]$上任取一点 ξ_i，用 $f(\xi_i)$作为第 i 个小矩形的高(见图 6-1)，则第 i 个小曲边梯形面积的近似值为

$$\Delta A_i \approx f(\xi_i)\Delta x_i$$

这样，将 n 个小曲边梯形的面积相加，得到整个曲边梯形面积的近似值为

$$A = \sum_{i=1}^{n} \Delta A_i \approx \sum_{i=1}^{n} f(\xi_i)\Delta x_i$$

从直观上看，当分点越密时，小矩形的面积与小曲边梯形的面积就会越接近，因而和式 $\sum_{i=1}^{n} f(\xi_i)\Delta x_i$ 与曲边梯形的面积 A 也会越接近. 记 $\lambda = \max_{1\leqslant i\leqslant n}\{\Delta x_i\}$，当 $\lambda \to 0$ 时，和式 $\sum_{i=1}^{n} f(\xi_i)\Delta x_i$ 的极限即为曲边梯形的面积 A，即 $A = \lim_{\lambda\to 0}\sum_{i=1}^{n} f(\xi_i)\Delta x_i$.

2. 变速直线运动的路程

设某物体做直线运动，已知速度 $v=v(t)$ 是时间间隔 $[T_1, T_2]$ 上 t 的连续函数，且 $v(t)\geqslant 0$，计算在这段时间内物体所经过的路程 s.

对于匀速直线运动，有公式：

$$\text{路程} = \text{速度} \times \text{时间}$$

但是在我们的问题中，速度不是常量，而是随时间变化着的变量，因此所求路程 s 不能直接按匀速直线运动的路程公式来计算. 然而，物体运动的速度函数 $v=v(t)$ 是连续变化的，在很短的时间内，速度的变化很小. 因此，如果把时间间隔分小，在小段时间内，以匀速运动近似代替变速运动，那么就可算出各部分路程的近似值；再求和得到整个路程的近似值. 最后，通过对时间间隔无限细分的极限过程，求得物体在时间间隔 $[T_1, T_2]$ 内的路程. 对于这一问题的数学描述可以类似于上述求曲边梯形面积的做法进行，具体描述如下.

在区间 $[T_1, T_2]$ 内任意插入 $n-1$ 个分点，即

$$T_1 = t_0 < t_1 < t_2 < \cdots < t_{n-1} < t_n = T_2$$

把区间 $[T_1, T_2]$ 分成 n 个小区间，即

$$[t_0, t_1], [t_1, t_2], \cdots, [t_{n-1}, t_n]$$

各小区间的长度依次为 $\Delta t_1, \Delta t_2, \cdots, \Delta t_n$，在时间间隔 $[t_{i-1}, t_i]$ 上的路程的近似值为

$$\Delta s_i \approx v(\tau_i)\Delta t_i \quad (i=1,2,\cdots,n)$$

其中 τ_i 为区间 $[t_{i-1}, t_i]$ 上的任意一点. 整个时间段 $[T_1, T_2]$ 上路程 s 的近似值为

$$s = \sum_{i=1}^{n} \Delta s_i \approx \sum_{i=1}^{n} v(\tau_i)\Delta t_i$$

记 $\lambda = \max_{1\leqslant i\leqslant n}\{\Delta t_i\}$，当 $\lambda \to 0$ 时，和式 $\sum_{i=1}^{n} v(\tau_i)\Delta t_i$ 的极限即为物体在时间间隔 $[T_1, T_2]$ 内所走过的路程，即

$$s = \lim_{\lambda\to 0}\sum_{i=1}^{n} v(\tau_i)\Delta t_i$$

6.1.2　定积分的定义

从上面的两个例子可以看到，尽管所要计算的量的实际意义各不同，前者是几何量，后者是物理量，但计算这些量的方法与步骤都是相同的，反映在数量上可归结为具有相同结构的一种特定和式的极限. 抛开这些问题的具体意义，抓住它们在数量上共同的本质与特性加以概括，我们可以抽象出下述定积分的概念.

定义 6.1.1　设函数 $f(x)$ 在区间 $[a,b]$ 上有界，在 $[a,b]$ 中任意插入 $n-1$ 个分点，即

$$a=x_0<x_1<x_2<\cdots<x_{n-1}<x_n=b$$

把区间 $[a,b]$ 分成 n 个小区间，即

$$[x_0,x_1],[x_1,x_2],\cdots,[x_{n-1},x_n]$$

各小区间的长度依次为

$$\Delta x_1=x_1-x_0,\quad \Delta x_2=x_2-x_1,\cdots,\Delta x_n=x_n-x_{n-1}$$

在每个小区间 $[x_{i-1},x_i]$ 上任取一点 ξ_i，作乘积 $f(\xi_i)\Delta x_i(i=1,2,\cdots,n)$，再作和式

$$S=\sum_{i=1}^{n}f(\xi_i)\Delta x_i \tag{6-1}$$

记 $\lambda=\max\{\Delta x_1,\Delta x_2,\cdots,\Delta x_n\}$，如果不论对 $[a,b]$ 怎样分，也不论在小区间 $[x_{i-1},x_i]$ 上点 ξ_i 怎样取，只要当 $\lambda\to 0$ 时，和 S 总趋于确定的极限 I，这时称这个极限 I 为函数 $f(x)$ 在区间 $[a,b]$ 上的定积分（简称积分），记作 $\int_a^b f(x)\mathrm{d}x$，即

$$\int_a^b f(x)\mathrm{d}x=\lim_{\lambda\to 0}\sum_{i=1}^{n}f(\xi_i)\Delta x_i=I \tag{6-2}$$

其中 $f(x)$ 称为被积函数，$f(x)\mathrm{d}x$ 称为被积表达式，x 称为积分变量，a 称为积分下限，b 称为积分上限，$[a,b]$ 称为积分区间.

如果 $f(x)$ 在 $[a,b]$ 上的定积分存在，我们就说 $f(x)$ 在 $[a,b]$ 上可积. 相应的和式 $\sum\limits_{i=1}^{n}f(\xi_i)\Delta x_i$ 也称为积分和.

注　(1) 不定积分与定积分是两个不同概念，$\int f(x)\mathrm{d}x$ 是求 $f(x)$ 的全体原函数，其结果为函数；而 $\int_a^b f(x)\mathrm{d}x$ 是对面积微元 $f(x)\mathrm{d}x$ 进行求和取极限，其结果是个数值.

(2) 定积分的值只与被积函数及积分区间有关，而与积分变量的记号无关，即

$$\int_a^b f(x)\mathrm{d}x=\int_a^b f(t)\mathrm{d}t=\int_a^b f(u)\mathrm{d}u$$

(3) 每个区间 $[x_{i-1},x_i]$ 的划分方法，区间内 ξ_i 的取法都是任意的，不影响积分

结果.

例如，$\int_a^b f(x)\mathrm{d}x$ 存在，可将区间$[a,b]n$ 等分处理，取 ξ_i 为第 i 个区间的右端点，则有

$$\int_a^b f(x)\mathrm{d}x = \lim_{\lambda\to 0}\sum_{i=1}^n f(\xi_i)\Delta x_i = \lim_{n\to\infty}\sum_{i=1}^n f\left[a+\frac{i}{n}(b-a)\right]\frac{b-a}{n}$$

若再取$[a,b]=[0,1]$，有公式 $\int_0^1 f(x)\mathrm{d}x = \lim\limits_{n\to\infty}\frac{1}{n}\sum\limits_{i=1}^n f\left(\frac{i}{n}\right)$，即无穷项数列和的极限可转化成定积分计算.

对于定积分，有这样一个重要问题：函数 $f(x)$在$[a,b]$上满足怎样的条件，$f(x)$在$[a,b]$上一定可积？这个问题我们直接给出以下两个充分条件.

定理 6.1.1 设 $f(x)$在区间$[a,b]$上连续，则 $f(x)$在$[a,b]$上可积.

定理 6.1.2 设 $f(x)$在区间$[a,b]$上有界，且只有有限个间断点，则 $f(x)$在$[a,b]$上可积.

利用定积分的定义，前面所讨论的实际问题可以分别表述如下：

曲线 $y=f(x)(f(x)\geqslant 0)$、x 轴及两条直线 $x=a$，$x=b$ 所围成的曲边梯形的面积 A 等于函数 $f(x)$在区间$[a,b]$上的定积分，即

$$A = \int_a^b f(x)\mathrm{d}x$$

物体以变速 $v=v(t)(v(t)\geqslant 0)$做直线运动，从时刻 $t=T_1$ 到时刻 $t=T_2$，物体经过的路程 s 等于函数 $v(t)$在区间$[T_1,T_2]$上的定积分，即

$$s = \int_{T_2}^{T_1} v(t)\mathrm{d}t$$

6.1.3 定积分的几何意义

在区间$[a,b]$上 $f(x)\geqslant 0$ 时，我们已经知道，定积分 $\int_a^b f(x)\mathrm{d}x$ 在几何上表示曲线 $y=f(x)$、两条直线 $x=a$，$x=b$ 与 x 轴所围成的曲边梯形的面积；在$[a,b]$上 $f(x)\leqslant 0$ 时，由曲线 $y=f(x)$、两条直线 $x=a$，$x=b$ 与 x 轴所围成的曲边梯形位于 x 轴的下方，定积分 $\int_a^b f(x)\mathrm{d}x$ 在几何上表示上述曲边梯形面积的负值；在$[a,b]$ 上 $f(x)$ 既取得正值又取得负值时，函数 $f(x)$ 的图形某些部分在 x 轴上方，而其他部分在 x 轴的下方(见图 6-2). 如果我们对面积赋以正负号，即在 x 轴上方的图形面积赋以正号，在 x 轴

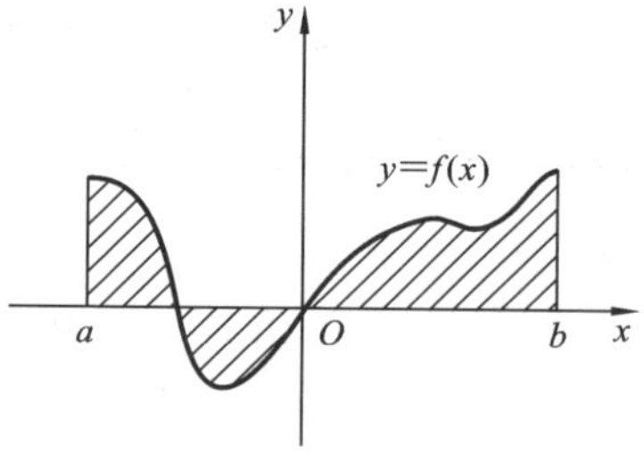

图 6-2

下方的图形面积赋以负号,此时定积分$\int_a^b f(x)\mathrm{d}x$表示介于 x 轴、函数 $f(x)$ 的图形及两条直线 $x=a$, $x=b$ 之间的各部分面积的代数和.

6.1.4 定积分的性质

为了以后计算及应用方便起见,先对定积分作以下两点补充规定:

(1) 当 $a=b$ 时, $\int_a^b f(x)\mathrm{d}x=0$;

(2) 当 $a>b$ 时, $\int_a^b f(x)\mathrm{d}x=-\int_b^a f(x)\mathrm{d}x$.

在下面的讨论中,积分上下限的大小如不特别指明,均不加限制;并假定各性质中所列出的定积分都是存在的.

性质 1 函数的和(差)的定积分等于它们的定积分的和(差),即

$$\int_a^b [f(x)\pm g(x)]\mathrm{d}x=\int_a^b f(x)\mathrm{d}x\pm\int_a^b g(x)\mathrm{d}x$$

注 性质 1 对于任意有限个函数都是成立的.

性质 2 被积函数的常数因子可以提到积分号外面,即

$$\int_a^b kf(x)\mathrm{d}x=k\int_a^b f(x)\mathrm{d}x \quad (k\ 是常数)$$

性质 3 如果将积分区间分成两部分,则在整个区间上的定积分等于这两部分区间上定积分之和,即设 $a<c<b$,则

$$\int_a^b f(x)\mathrm{d}x=\int_a^c f(x)\mathrm{d}x+\int_c^b f(x)\mathrm{d}x$$

按定积分的补充规定,不论 a,b,c 的相对位置如何,总有等式

$$\int_a^b f(x)\mathrm{d}x=\int_a^c f(x)\mathrm{d}x+\int_c^b f(x)\mathrm{d}x$$

成立. 例如,当 $a<b<c$ 时,由于

$$\int_a^c f(x)\mathrm{d}x=\int_a^b f(x)\mathrm{d}x+\int_b^c f(x)\mathrm{d}x$$

于是得

$$\int_a^b f(x)\mathrm{d}x=\int_a^c f(x)\mathrm{d}x-\int_b^c f(x)\mathrm{d}x=\int_a^c f(x)\mathrm{d}x+\int_c^b f(x)\mathrm{d}x$$

性质 4 如果在区间$[a,b]$上 $f(x)\equiv 1$,则

$$\int_a^b 1\mathrm{d}x=\int_a^b \mathrm{d}x=b-a$$

性质 5 如果在区间$[a,b]$上, $f(x)\geqslant 0$,则

$$\int_a^b f(x)\mathrm{d}x\geqslant 0 \quad (a<b)$$

推论 1　如果在区间$[a,b]$上，$f(x)\leqslant g(x)$，则

$$\int_a^b f(x)\mathrm{d}x \leqslant \int_a^b g(x)\mathrm{d}x \quad (a<b)$$

推论 2

$$\left|\int_a^b f(x)\mathrm{d}x\right| \leqslant \int_a^b |f(x)|\mathrm{d}x \quad (a<b)$$

性质 6(定积分估值定理)　设M及m分别是函数$f(x)$在区间$[a,b]$上的最大值及最小值，则

$$m(b-a) \leqslant \int_a^b f(x)\mathrm{d}x \leqslant M(b-a) \quad (a<b)$$

这个性质说明，由被积函数在积分区间上的最大值及最小值可以估计积分值的大致范围.

例 6.1.1　估计定积分$\int_0^1 \mathrm{e}^{x^2}\mathrm{d}x$的值.

解　当$0\leqslant x\leqslant 1$时，$1\leqslant \mathrm{e}^{x^2}\leqslant \mathrm{e}$，于是由定积分的估值定理有

$$\int_0^1 \mathrm{d}x \leqslant \int_0^1 \mathrm{e}^{x^2}\mathrm{d}x \leqslant \int_0^1 \mathrm{e}\mathrm{d}x$$

即

$$1 \leqslant \int_0^1 \mathrm{e}^{x^2}\mathrm{d}x \leqslant \mathrm{e}$$

性质 7(定积分中值定理)　如果函数$f(x)$在闭区间$[a,b]$上连续，则在积分区间$[a,b]$上至少存在一点ξ，使下式成立：

$$\int_a^b f(x)\mathrm{d}x = f(\xi)(b-a) \quad (a\leqslant \xi\leqslant b)$$

这个公式称为积分中值公式.

积分中值公式有如下的几何解释：在区间$[a,b]$上至少存在一点ξ，使得以区间$[a,b]$为底边、以曲线$y=f(x)$为曲边的曲边梯形的面积等于同一底边而高为$f(\xi)$的一个矩形的面积(见图 6-3).

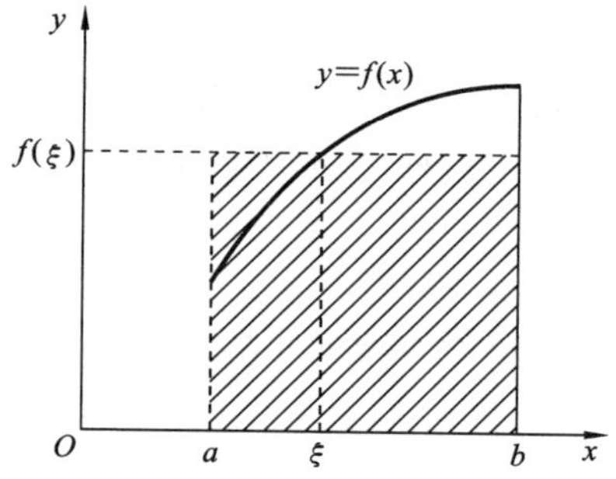

图 6-3

习　题　6.1

1. 用定积分的几何意义求下列积分值.

(1) $\int_0^1 2x\mathrm{d}x$；　(2) $\int_0^R \sqrt{R^2-x^2}\mathrm{d}x\ (R>0)$；　(3) $\int_0^a \sqrt{ax-x^2}\mathrm{d}x$.

2. 证明下列不等式：

(1) $\mathrm{e}^2-\mathrm{e}\leqslant \int_{\mathrm{e}}^{\mathrm{e}^2} \ln x\mathrm{d}x \leqslant 2(\mathrm{e}^2-\mathrm{e})$；　(2) $\dfrac{2}{5}\leqslant \int_1^2 \dfrac{x}{x^2+1}\mathrm{d}x \leqslant \dfrac{1}{2}$.

3. 比较下列各组中的定积分大小：

(1) $\int_0^1 x^2\mathrm{d}x$ 与 $\int_0^1 x^3\mathrm{d}x$；　　(2) $\int_0^1 x\mathrm{d}x$ 与 $\int_0^1 \ln(1+x)\mathrm{d}x$.

6.2　微积分基本公式

6.2.1　积分上限函数及其导数

设函数 $f(x)$在区间$[a,b]$上连续，则对于任意一点 $x\in[a,b]$，函数 $f(x)$在$[a,x]$上仍然连续. 定积分 $\int_a^x f(x)\mathrm{d}x$ 一定存在. 在这个积分中，x 既表示积分上限，又表示积分变量. 由于积分值与积分变量的记法无关，为明确起见，可将积分变量改用其他符号，如用 t 表示. 则上面的积分可表示为

$$\int_a^x f(t)\mathrm{d}t$$

如果上限 x 在区间$[a,b]$上任意变动，则对每一个取定的 x，定积分有确定的值与之对应. 所以它在$[a,b]$上定义了一个函数，记为 $\Phi(x)$，即

$$\Phi(x)=\int_a^x f(t)\mathrm{d}t\quad(a\leqslant x\leqslant b)$$

函数 $\Phi(x)$是积分上限 x 的函数，也称为 $f(t)$的变上限积分. 它具有下述重要性质.

定理 6.2.1　如果函数 $f(x)$在区间$[a,b]$上连续，则积分上限函数 $\Phi(x)=\int_a^x f(t)\mathrm{d}t$ 在$[a,b]$上可导，且

$$\Phi'(x)=\frac{\mathrm{d}}{\mathrm{d}x}\int_a^x f(t)\mathrm{d}t=f(x)\quad(a\leqslant x\leqslant b)$$

若 $f(x)$在$[a,b]$上连续，则称函数

$$\varphi(x)=\int_x^b f(t)\mathrm{d}t,\quad x\in[a,b]$$

为 $f(x)$在$[a,b]$上的积分下限函数，由定理 6.2.1 可得

$$\frac{\mathrm{d}}{\mathrm{d}x}\int_x^b f(t)\mathrm{d}t=-\frac{\mathrm{d}}{\mathrm{d}x}\int_b^x f(t)\mathrm{d}t=-f(x)$$

注　变限积分函数求导规则：

(1) $\left(\int_a^x f(t)\mathrm{d}t\right)'=f(x)$；　　(2) $\left(\int_x^b f(t)\mathrm{d}t\right)'=-f(x)$；

(3) $\left(\int_a^{\varphi(x)} f(t)\mathrm{d}t\right)'=f(\varphi(x))\varphi'(x)$；

(4) $\left(\int_{\varphi(x)}^b f(t)\mathrm{d}t\right)'=-f(\varphi(x))\varphi'(x)$；

(5) $\left(\int_{\varphi_1(x)}^{\varphi_2(x)} f(t)\mathrm{d}t\right)' = f(\varphi_2(x))\varphi_2'(x) - f(\varphi_1(x))\varphi_1'(x)$;

(6) $\left(\int_{\varphi_1(x)}^{\varphi_2(x)} f(x,t)\mathrm{d}t\right)'$ 这种类型的被积函数 $f(x,t)$ 中含变量 x,不能直接求导,通常通过变量代换把 $f(x,t)$ 中的 x 换出来,或设法把 x 从积分号中提出来,然后再求导.

推论(原函数存在定理) 如果函数 $f(x)$ 在区间 $[a,b]$ 上连续,则函数

$$\Phi(x) = \int_a^x f(t)\mathrm{d}t$$

就是 $f(x)$ 在 $[a,b]$ 上的一个原函数.

例 6.2.1 求 $\dfrac{\mathrm{d}}{\mathrm{d}x}\int_0^x \mathrm{e}^{t^2}\mathrm{d}t$.

解

$$\frac{\mathrm{d}}{\mathrm{d}x}\int_0^x \mathrm{e}^{t^2}\mathrm{d}t = \mathrm{e}^{x^2}$$

例 6.2.2 求 $\dfrac{\mathrm{d}}{\mathrm{d}x}\int_0^{x^2} \sin t\mathrm{d}t$.

解

$$\frac{\mathrm{d}}{\mathrm{d}x}\int_0^{x^2} \sin t\mathrm{d}t = \sin x^2 \cdot (x^2)' = 2x\sin x^2$$

例 6.2.3 求 $\lim\limits_{x\to 0}\dfrac{\int_0^x \ln(1+t)\mathrm{d}t}{x^2}$.

解 这是 $\dfrac{0}{0}$ 型不定式,应用洛必达法则,有

$$\lim_{x\to 0}\frac{\int_0^x \ln(1+t)\mathrm{d}t}{x^2} = \lim_{x\to 0}\frac{\ln(1+x)}{2x} = \frac{1}{2}\lim_{x\to 0}\frac{x}{x} = \frac{1}{2}$$

6.2.2 微积分基本公式(牛顿-莱布尼茨公式)

定理 6.2.2 设函数 $f(x)$ 在区间 $[a,b]$ 上连续,$F(x)$ 是 $f(x)$ 在 $[a,b]$ 上的一个原函数,则

$$\int_a^b f(x)\mathrm{d}x = F(b) - F(a) = F(x)\Big|_a^b \tag{6-3}$$

称公式(6-3)为微积分基本公式或牛顿-莱布尼茨公式.即一个连续函数在区间 $[a,b]$ 上的定积分等于它的任意一个原函数在区间 $[a,b]$ 上的改变量.

例 6.2.4 计算 $\int_0^1 x\mathrm{d}x$.

解 由于 $\dfrac{1}{2}x^2$ 是 x 的一个原函数,故由牛顿-莱布尼茨公式有

$$\int_0^1 x\mathrm{d}x=\frac{1}{2}x^2\Big|_0^1=\frac{1}{2}$$

例 6.2.5　计算 $\int_{-1}^{2}|x^2-x|\mathrm{d}x$.

解　原式 $=\int_{-1}^{0}(x^2-x)\mathrm{d}x+\int_0^1(x-x^2)\mathrm{d}x+\int_1^2(x^2-x)\mathrm{d}x$

$$=\left(\frac{1}{3}x^3-\frac{1}{2}x^2\right)\Big|_{-1}^{0}+\left(\frac{1}{2}x^2-\frac{1}{3}x^3\right)\Big|_0^1+\left(\frac{1}{3}x^3-\frac{1}{2}x^2\right)\Big|_1^2$$

$$=\frac{5}{6}+\frac{1}{6}+\frac{5}{6}=\frac{11}{6}$$

习　题　6.2

1. 计算下列导数.

(1) $\dfrac{\mathrm{d}}{\mathrm{d}x}\int_0^{x^2}\sqrt{1+t^2}\,\mathrm{d}t$;　　(2) $\dfrac{\mathrm{d}}{\mathrm{d}x}\int_{x^2}^{x^3}\dfrac{\mathrm{d}t}{\sqrt{1+t^4}}$.

2. 求由参数式 $\begin{cases}x=\int_0^t \sin u^2\,\mathrm{d}u\\ y=\int_0^t \cos u^2\,\mathrm{d}u\end{cases}$ 所确定的函数 y 对 x 的导数 $\dfrac{\mathrm{d}y}{\mathrm{d}x}$.

3. 求下列极限.

(1) $\lim\limits_{x\to 0}\dfrac{\int_0^x \ln(1+2t^2)\mathrm{d}t}{x^3}$;　　(2) $\lim\limits_{x\to 0}\dfrac{\left(\int_0^x \mathrm{e}^{t^2}\mathrm{d}t\right)^2}{\int_0^x t\mathrm{e}^{2t^2}\mathrm{d}t}$.

4. 计算下列定积分.

(1) $\int_3^4\sqrt{x}\,\mathrm{d}x$;　　(2) $\int_{-1}^{3}|2-x|\mathrm{d}x$;

(3) $\int_0^{\pi}f(x)\mathrm{d}x$，其中 $f(x)=\begin{cases}x, & 0\leqslant x\leqslant \dfrac{\pi}{2},\\ \sin x, & \dfrac{\pi}{2}<x\leqslant \pi\end{cases}$;　　(4) $\int_{-2}^{2}\max\{1,x^2\}\mathrm{d}x$.

6.3　定积分的计算及无穷限反常积分

6.3.1　定积分的换元积分法

定理 6.3.1　设函数 $f(x)$ 在区间 $[a,b]$ 上连续，函数 $x=\varphi(t)$ 满足条件：

(1) 当 $t\in[\alpha,\beta]$（或 $[\beta,\alpha]$）时，$a\leqslant\varphi(t)\leqslant b$，且 $\varphi(\alpha)=a$，$\varphi(\beta)=b$；

(2) $\varphi(t)$在$[\alpha,\beta]$(或$[\beta,\alpha]$)上具有连续导数,则有

$$\int_a^b f(x)\mathrm{d}x = \int_\alpha^\beta f(\varphi(t))\varphi'(t)\mathrm{d}t \tag{6-4}$$

公式(6-4)称为定积分换元公式.

应用换元公式时有以下两点值得注意:

(1) 用$x=\varphi(t)$把原来的积分变量x变换成新变量t时,原积分限也要换成相应于新变量t的积分限,并且注意上限对上限,下限对下限.

(2) 求出$f(\varphi(t))\varphi'(t)$的原函数$\Phi(t)$后,不必代回原积分变量,而只要把新变量t的上、下限分别代入$\Phi(t)$中,然后相减即可.

例 6.3.1 计算$\int_0^a \sqrt{a^2-x^2}\mathrm{d}x(a>0)$.

解 设$x=a\sin t$,则$\mathrm{d}x=a\cos t\mathrm{d}t$.

当$x=0$时,$t=0$;当$x=a$时,$t=\frac{\pi}{2}$.

于是
$$\int_0^a \sqrt{a^2-x^2}\mathrm{d}x = a^2\int_0^{\frac{\pi}{2}}\cos^2 t\mathrm{d}t = \frac{a^2}{2}\int_0^{\frac{\pi}{2}}(1+\cos 2t)\mathrm{d}t$$
$$= \frac{a^2}{2}\left(t+\frac{1}{2}\sin 2t\right)\Big|_0^{\frac{\pi}{2}} = \frac{\pi a^2}{4}$$

例 6.3.2 计算$\int_0^{\frac{\pi}{2}}\cos^5 x\sin x\mathrm{d}x$.

解 设$t=\cos x$,则$\mathrm{d}t=-\sin x\mathrm{d}x$. 当$x=0$时,$t=1$,当$x=\frac{\pi}{2}$时,$t=0$.

于是

$$\int_0^{\frac{\pi}{2}}\cos^5 x\sin x\mathrm{d}x = -\int_1^0 t^5\mathrm{d}t = \int_0^1 t^5\mathrm{d}t = \frac{t^6}{6}\Big|_0^1 = \frac{1}{6}$$

在例 6.3.2 中,如果不明显地写出新变量t,直接用凑微分法求解,那么定积分的上、下限就不要变更.

$$\int_0^{\frac{\pi}{2}}\cos^5 x\sin x\mathrm{d}x = -\int_0^{\frac{\pi}{2}}\cos^5 x\mathrm{d}(\cos x) = -\frac{\cos^6 x}{6}\Big|_0^{\frac{\pi}{2}} = -\left(0-\frac{1}{6}\right) = \frac{1}{6}$$

例 6.3.3 计算$\int_{-2}^1 \frac{\mathrm{d}x}{(11+5x)^3}$.

解 $$\int_{-2}^1 \frac{\mathrm{d}x}{(11+5x)^3} = \frac{1}{5}\int_{-2}^1 \frac{\mathrm{d}(11+5x)}{(11+5x)^3} = \frac{1}{5}\cdot\frac{1}{-3+1}(11+5x)^{-2}\Big|_{-2}^1$$
$$= -\frac{1}{10}(16^{-2}-1^{-2}) = \frac{51}{512}$$

例 6.3.4 设函数$f(x)$在区间$[-a,a]$上连续,试证:

(1) $\int_{-a}^a f(x)\mathrm{d}x = \int_0^a [f(-x)+f(x)]\mathrm{d}x$;

(2) 当 $f(x)$ 为奇函数时，$\int_{-a}^{a} f(x)\mathrm{d}x = 0$；

(3) 当 $f(x)$ 为偶函数时，$\int_{-a}^{a} f(x)\mathrm{d}x = 2\int_{0}^{a} f(x)\mathrm{d}x$.

证 (1) 由于

$$\int_{-a}^{a} f(x)\mathrm{d}x = \int_{-a}^{0} f(x)\mathrm{d}x + \int_{0}^{a} f(x)\mathrm{d}x$$

在 $\int_{-a}^{0} f(x)\mathrm{d}x$ 中，设 $x=-t$，则

$$\int_{-a}^{0} f(x)\mathrm{d}x = -\int_{a}^{0} f(-t)\mathrm{d}t = \int_{0}^{a} f(-x)\mathrm{d}x$$

故

$$\int_{-a}^{a} f(x)\mathrm{d}x = \int_{0}^{a} f(-x)\mathrm{d}x + \int_{0}^{a} f(x)\mathrm{d}x = \int_{0}^{a} [f(-x)+f(x)]\mathrm{d}x$$

(2) 当 $f(x)$ 是奇函数时，$f(-x)+f(x)=0$，因此

$$\int_{-a}^{a} f(x)\mathrm{d}x = 0$$

(3) 当 $f(x)$ 是偶函数时，$f(-x)+f(x)=2f(x)$，因此

$$\int_{-a}^{a} f(x)\mathrm{d}x = 2\int_{0}^{a} f(x)\mathrm{d}x$$

利用例 6.3.4 的结论，常可简化在对称区间上的定积分的计算.

例 6.3.5 计算 $\int_{-a}^{a} \frac{\sin x}{1+x^2}\mathrm{d}x$.

解 因为 $f(-x)=\frac{\sin(-x)}{1+(-x)^2}=\frac{-\sin x}{1+x^2}=-f(x)$，因此 $\frac{\sin x}{1+x^2}$ 在 $[-a,a]$ 为奇函数，故

$$\int_{-a}^{a} \frac{\sin x}{1+x^2}\mathrm{d}x = 0$$

例 6.3.6 试证：

$$\int_{0}^{\frac{\pi}{2}} \sin^n x\,\mathrm{d}x = \int_{0}^{\frac{\pi}{2}} \cos^n x\,\mathrm{d}x \quad (n\text{ 为非负整数})$$

证 设 $x=\frac{\pi}{2}-t$，则 $\mathrm{d}x=-\mathrm{d}t$. 当 $x=0$ 时，$t=\frac{\pi}{2}$；当 $x=\frac{\pi}{2}$ 时，$t=0$. 于是

$$\int_{0}^{\frac{\pi}{2}} \sin^n x\,\mathrm{d}x = \int_{\frac{\pi}{2}}^{0} \sin^n\left(\frac{\pi}{2}-t\right)\mathrm{d}\left(\frac{\pi}{2}-t\right) = \int_{0}^{\frac{\pi}{2}} \cos^n t\,\mathrm{d}t = \int_{0}^{\frac{\pi}{2}} \cos^n x\,\mathrm{d}x$$

6.3.2 定积分的分部积分法

设函数 $u=u(x)$，$v=v(x)$ 在区间 $[a,b]$ 上具有连续导数，按不定积分的分部积分法，有

$$\int u(x)\mathrm{d}v(x) = u(x)\cdot v(x) - \int v(x)\mathrm{d}u(x)$$

从而得

$$\int_a^b u(x)\mathrm{d}v(x) = [u(x)\cdot v(x)]\big|_a^b - \int_a^b v(x)\mathrm{d}u(x) \tag{6-5}$$

这就是定积分的分部积分公式.

例 6.3.7 计算 $\int_0^1 x\mathrm{e}^x\mathrm{d}x$.

解 $\int_0^1 x\mathrm{e}^x\mathrm{d}x = \int_0^1 x\mathrm{d}\mathrm{e}^x = x\mathrm{e}^x\Big|_0^1 - \int_0^1 \mathrm{e}^x\mathrm{d}x = \mathrm{e} - \mathrm{e}^x\Big|_0^1 = \mathrm{e} - (\mathrm{e}-1) = 1$

例 6.3.8 计算 $\int_0^1 \mathrm{e}^{\sqrt{x}}\mathrm{d}x$.

解 先用换元法. 令$\sqrt{x}=t$,则 $x=t^2$,$\mathrm{d}x=2t\mathrm{d}t$. 当 $x=0$ 时,$t=0$;当 $x=1$ 时,$t=1$,于是

$$\int_0^1 \mathrm{e}^{\sqrt{x}}\mathrm{d}x = 2\int_0^1 t\mathrm{e}^t\mathrm{d}t$$

由例 6.3.7 可知

$$\int_0^1 t\mathrm{e}^t\mathrm{d}t = 1$$

因此

$$\int_0^1 \mathrm{e}^{\sqrt{x}}\mathrm{d}x = 2\int_0^1 t\mathrm{e}^t\mathrm{d}t = 2$$

例 6.3.9 计算 $I_n = \int_0^{\frac{\pi}{2}} \sin^n x\mathrm{d}x$($n$ 为正整数).

解

$$\begin{aligned} I_n &= \int_0^{\frac{\pi}{2}} \sin^n x\mathrm{d}x = -\int_0^{\frac{\pi}{2}} \sin^{n-1} x\mathrm{d}\cos x \\ &= (-\sin^{n-1}x\cos x)\Big|_0^{\frac{\pi}{2}} + \int_0^{\frac{\pi}{2}} \cos x\cdot(n-1)\sin^{n-2}x\cos x\mathrm{d}x \\ &= (n-1)\int_0^{\frac{\pi}{2}} \sin^{n-2}x\cdot(1-\sin^2 x)\mathrm{d}x \\ &= (n-1)\int_0^{\frac{\pi}{2}} \sin^{n-2}x\mathrm{d}x - (n-1)\int_0^{\frac{\pi}{2}} \sin^n x\mathrm{d}x \\ &= (n-1)I_{n-2} - (n-1)I_n \end{aligned}$$

由此得到递推公式:

$$I_n = \frac{n-1}{n}I_{n-2}$$

而

$$I_0 = \int_0^{\frac{\pi}{2}} \mathrm{d}x = \frac{\pi}{2}, \quad I_1 = \int_0^{\frac{\pi}{2}} \sin x\mathrm{d}x = 1$$

故 $\int_0^{\frac{\pi}{2}} \sin^n x\,dx = I_n = \begin{cases} \frac{n-1}{n}\cdot\frac{n-3}{n-2}\cdot\cdots\cdot\frac{3}{4}\cdot\frac{1}{2}\cdot\frac{\pi}{2}, & n \text{ 为偶数} \\ \frac{n-1}{n}\cdot\frac{n-3}{n-2}\cdot\cdots\cdot\frac{4}{5}\cdot\frac{2}{3}, & n \text{ 为奇数} \end{cases}$

由例 6.3.6 有，

$$\int_0^{\frac{\pi}{2}} \cos^n x\,dx = \int_0^{\frac{\pi}{2}} \sin^n x\,dx = \begin{cases} \frac{n-1}{n}\cdot\frac{n-3}{n-2}\cdot\cdots\cdot\frac{3}{4}\cdot\frac{1}{2}\cdot\frac{\pi}{2}, & n \text{ 为偶数} \\ \frac{n-1}{n}\cdot\frac{n-3}{n-2}\cdot\cdots\cdot\frac{4}{5}\cdot\frac{2}{3}, & n \text{ 为奇数} \end{cases}$$

此计算结果也称为“华莱士公式”或“点火公式”.

注　华莱士公式可以快速计算出 $\int_0^{\frac{\pi}{2}} \sin^n x\,dx$ 与 $\int_0^{\frac{\pi}{2}} \cos^n x\,dx$，当积分区间不在 $\left[0,\frac{\pi}{2}\right]$，应利用三角函数的性质转化到 $\left[0,\frac{\pi}{2}\right]$ 内再计算，可推出：

(1) $\int_0^{\pi} \sin^n x\,dx = 2\int_0^{\frac{\pi}{2}} \sin^n x\,dx$；

(2) $\int_0^{\pi} \cos^n x\,dx = \begin{cases} 0, & n \text{ 为奇数} \\ 2\int_0^{\frac{\pi}{2}} \cos^n x\,dx & \text{n 为偶数} \end{cases}$.

例 6.3.10　计算：(1) $\int_0^{\frac{\pi}{2}} \sin^8 x\,dx$；(2) $\int_0^{\frac{\pi}{2}} \cos^7 x\,dx$.

解　(1) $\int_0^{\frac{\pi}{2}} \sin^8 x\,dx = \frac{7}{8}\,\frac{5}{6}\,\frac{3}{4}\,\frac{1}{2}\,\frac{\pi}{2} = \frac{35\pi}{256}$

(2) $\int_0^{\frac{\pi}{2}} \cos^7 x\,dx = \frac{6}{7}\,\frac{4}{5}\,\frac{2}{3} = \frac{16}{35}$

6.3.3　无穷限的反常积分的定义与计算

在讨论定积分时有两个最基本的限制条件：积分区间的有穷性和被积函数的有界性. 但在一些实际问题中，我们常遇到积分区间无穷或被积函数无界的积分，这类积分是定积分的推广，因此称为广义积分或反常积分. 反常积分主要分为无穷限的反常积分和无界函数的反常积分两种. 本书只简单介绍无穷限的反常积分.

定义 6.3.1　设函数 $f(x)$ 在 $[a,+\infty)$ 上连续，对任意的 $b>a$，$f(x)$ 在有限区间 $[a,b]$ 上可积，如果极限 $\lim\limits_{b\to+\infty}\int_a^b f(x)\,dx$ 存在，则称此极限为 $f(x)$ 在 $[a,+\infty)$ 上的无穷限反常积分或无穷限广义积分，记为 $\int_a^{+\infty} f(x)\,dx$，即 $\int_a^{+\infty} f(x)\,dx = \lim\limits_{b\to+\infty}\int_a^b f(x)\,dx$.

若上式右端极限存在，则称该反常积分 $\int_a^{+\infty} f(x)\,dx$ 收敛；若上式右端极限不存在，则称反常积分$\int_{a}^{+\infty} f(x)\mathrm{d}x$ 发散.

定理 6.3.2 设函数 $f(x)$ 在区间 $(-\infty, b]$ 上连续，如果 $\int_{-\infty}^{b} f(x)\mathrm{d}x = \lim\limits_{a\to-\infty}\int_{a}^{b} f(x)\mathrm{d}x$ 极限存在，则称反常积分$\int_{-\infty}^{b} f(x)\mathrm{d}x$ 收敛，并称此极限值为该反常积分的值；若极限不存在，则称反常积分$\int_{-\infty}^{b} f(x)\mathrm{d}x$ 发散.

定义 6.3.2 设函数 $f(x)$ 在区间 $(-\infty, +\infty)$ 上连续，反常积分 $\int_{-\infty}^{0} f(x)\mathrm{d}x$ 和反常积分$\int_{0}^{+\infty} f(x)\mathrm{d}x$ 之和称为无穷区间 $(-\infty, +\infty)$ 上的反常积分，记为 $\int_{-\infty}^{+\infty} f(x)\mathrm{d}x$，即$\int_{-\infty}^{+\infty} f(x)\mathrm{d}x = \int_{-\infty}^{0} f(x)\mathrm{d}x + \int_{0}^{+\infty} f(x)\mathrm{d}x$.

如果反常积分 $\int_{-\infty}^{0} f(x)\mathrm{d}x$ 和反常积分$\int_{0}^{+\infty} f(x)\mathrm{d}x$ 均收敛，那么反常积分 $\int_{-\infty}^{+\infty} f(x)\mathrm{d}x$ 收敛，并称反常积分$\int_{-\infty}^{0} f(x)\mathrm{d}x$ 和反常积分$\int_{0}^{+\infty} f(x)\mathrm{d}x$ 之和为反常积分 $\int_{-\infty}^{+\infty} f(x)\mathrm{d}x$ 的值，否则称反常积分$\int_{-\infty}^{+\infty} f(x)\mathrm{d}x$ 发散.

由于无穷限广义积分的本质就是**定积分取极限**，因此，根据无穷限广义积分的定义和定积分的运算法则与计算方法，我们容易得到收敛无穷限广义积分的相应运算法则与计算方法.

如果 $F(x)$ 是 $f(x)$ 的原函数，则

$$\begin{aligned}\int_{a}^{+\infty} f(x)\mathrm{d}x &= \lim_{b\to+\infty}\int_{a}^{b} f(x)\mathrm{d}x = \lim_{b\to+\infty}[F(x)]\big|_{a}^{b} = \lim_{b\to+\infty}F(b) - F(a)\\ &= \lim_{x\to+\infty}F(x) - F(a) = F(+\infty) - F(a)\end{aligned}$$

可采用如下简记形式：

$$\int_{a}^{+\infty} f(x)\mathrm{d}x = [F(x)]\big|_{a}^{+\infty} = \lim_{x\to+\infty}F(x) - F(a) = F(+\infty) - F(a)$$

类似地

$$\int_{-\infty}^{b} f(x)\mathrm{d}x = [F(x)]\big|_{-\infty}^{b} = F(b) - \lim_{x\to-\infty}F(x) = F(b) - F(-\infty)$$

$$\int_{-\infty}^{+\infty} f(x)\mathrm{d}x = [F(x)]\big|_{-\infty}^{+\infty} = \lim_{x\to+\infty}F(x) - \lim_{x\to-\infty}F(x) = F(+\infty) - F(-\infty)$$

注 $\int_{-\infty}^{+\infty} f(x)\mathrm{d}x$ 是不能直接利用奇偶性简化计算的，只有当该反常积分收敛时才可以使用奇偶性质简化运算.

例 6.3.11 计算：(1) $\int_{1}^{+\infty} \dfrac{1}{1+x^2}\mathrm{d}x$；(2) $\int_{1}^{+\infty} \dfrac{1}{\mathrm{e}^{1+x}+\mathrm{e}^{3-x}}\mathrm{d}x$；

(3) $\int_1^{+\infty}\frac{1}{x(x+1)}\mathrm{d}x$.

解 (1) $\int_1^{+\infty}\frac{1}{1+x^2}\mathrm{d}x=\lim\limits_{b\to+\infty}\int_1^b\frac{1}{1+x^2}\mathrm{d}x=\lim\limits_{b\to+\infty}\arctan x\Big|_1^b$

$$=\lim_{b\to+\infty}\left(\arctan b-\frac{\pi}{4}\right)=\frac{\pi}{4}$$

(2) $\int_1^{+\infty}\frac{1}{\mathrm{e}^{1+x}+\mathrm{e}^{3-x}}\mathrm{d}x=\int_1^{+\infty}\frac{\mathrm{e}^{x-3}}{\mathrm{e}^{2(x-1)}+1}\mathrm{d}x=\mathrm{e}^{-2}\int_1^{+\infty}\frac{\mathrm{d}(\mathrm{e}^{x-1})}{\mathrm{e}^{2(x-1)}+1}$

$$=\mathrm{e}^{-2}\cdot\arctan\mathrm{e}^{x-1}\Big|_1^{+\infty}=\mathrm{e}^{-2}\left(\frac{\pi}{2}-\frac{\pi}{4}\right)=\frac{\pi}{4}\mathrm{e}^{-2}$$

(3) $\int_1^{+\infty}\frac{1}{x(x+1)}\mathrm{d}x=\int_1^{+\infty}\left(\frac{1}{x}-\frac{1}{x+1}\right)\mathrm{d}x=[\ln x-\ln(x+1)]\Big|_1^{+\infty}$

$$=\left(\ln\frac{x}{x+1}\right)\Big|_1^{\infty}=0-\ln\frac{1}{2}=\ln 2$$

例 6.3.12 判断反常积分 $\int_1^{+\infty}\frac{\mathrm{d}x}{x^p}$($p$ 为任意常数)的敛散性.

解 当 $p=1$ 时,$\int_1^{+\infty}\frac{\mathrm{d}x}{x^p}=\ln|x|\Big|_1^{+\infty}=+\infty$,发散.

当 $p\neq1$ 时,$\int_1^{+\infty}\frac{\mathrm{d}x}{x^p}=\frac{x^{1-p}}{1-p}\Big|_1^{+\infty}=\begin{cases}+\infty, & p<1\\ \frac{1}{p-1}, & p>1\end{cases}$.

故当 $p\leqslant1$ 时,原积分发散;当 $p>1$ 时,原积分收敛.

注 反常积分的下限并不重要,不一定非要为 1,下限为任一个大于 0 的数,积分都是同敛散.

例 6.3.13 判断积分 $\int_a^{+\infty}\frac{\mathrm{d}x}{x\ln^p x}$($p$ 为任意常数,$a>1$)的敛散性.

解 当 $p=1$ 时,$\int_a^{+\infty}\frac{\mathrm{d}x}{x\ln x}=\int_a^{+\infty}\frac{1}{\ln x}\mathrm{d}(\ln x)=\ln(\ln x)\Big|_a^{+\infty}$,发散.

当 $p\neq1$ 时,$\int_a^{+\infty}\frac{\mathrm{d}x}{x\ln^p x}=\frac{(\ln x)^{1-p}}{1-p}\Big|_a^{+\infty}=\begin{cases}+\infty, & p<1\\ \frac{1}{p-1}(\ln a)^{1-p}, & p>1\end{cases}$.

故当 $p\leqslant1$ 时,原积分发散;当 $p>1$ 时,原积分收敛.

习　题　6.3

1. 利用被积函数奇偶性,计算下列积分值(其中 a 为正常数).

(1) $\int_{-a}^{a}\ln(x+\sqrt{1+x^2})\mathrm{d}x$;

(2) $\int_{-\frac{1}{2}}^{\frac{1}{2}}\left[\frac{\sin x\tan^2 x}{3+\cos 3x}+\ln(1-x)\right]\mathrm{d}x$;

(3) $\int_{-\frac{\pi}{2}}^{\frac{\pi}{2}} \sin^2 x\left(\sin^4 x+\ln\frac{3+x}{3-x}\right)\mathrm{d}x$.

2. 计算下列积分.

(1) $\int_1^{e^2}\frac{\mathrm{d}x}{x\sqrt{1+\ln x}}$;　(2) $\int_0^{\pi}\sqrt{1+\cos 2x}\,\mathrm{d}x$;　(3) $\int_1^2 x^3\ln x\,\mathrm{d}x$;

(4) $\int_2^3\frac{\mathrm{d}x}{x^2+x-2}$;　(5) $\int_{\frac{\pi}{3}}^{\pi}\sin\left(x+\frac{\pi}{3}\right)\mathrm{d}x$;　(6) $\int_0^1 t\mathrm{e}^{-\frac{t^2}{2}}\mathrm{d}t$;

(7) $\int_{\frac{\pi}{6}}^{\frac{\pi}{2}}\cos^2 u\,\mathrm{d}u$;　(8) $\int_0^{\pi}x\cos x\,\mathrm{d}x$.

3. 证明：$\int_0^a x^3 f(x^2)\mathrm{d}x=\frac{1}{2}\int_0^{a^2}xf(x)\mathrm{d}x$（$a$ 为正常数）.

4. 已知 $f(2)=\frac{1}{2}$，$f'(2)=0$，$\int_0^2 f(x)\mathrm{d}x=1$，求$\int_0^1 x^2 f''(2x)\mathrm{d}x$.

5. 用定义判断下列广义积分的敛散性，若收敛，则求其值.

(1) $\int_{\frac{2}{\pi}}^{+\infty}\frac{1}{x^2}\sin\frac{1}{x}\mathrm{d}x$;　(2) $\int_{-\infty}^{+\infty}\frac{\mathrm{d}x}{x^2+2x+2}$.

6.4　定积分的应用

6.4.1　定积分的微元法

根据定积分的定义，如果某一实际问题中所求的量 Q 符合下列条件：

(1) 所求量 Q(如面积)与自变量 x 的变化区间有关.

(2) 所求量 Q 对于区间$[a,b]$具有可加性，即如果把区间$[a,b]$任意分成 n 个部分区间$[x_{i-1},x_i](i=1,2,\cdots,n)$，则 Q 相应地分成 n 个部分量 ΔQ_i，且 $Q=\sum\limits_{i=1}^{n}\Delta Q_i$.

(3) 部分量 ΔQ_i 可近似表示为 $f(\xi_i)\Delta x_i(\xi_i\in[x_{i-1},x_i])$，且

$$\Delta Q_i-f(\xi_i)\Delta x_i=o(\Delta x_i)$$

那么，所求量 Q 就可表示为定积分：

$$Q=\lim_{\lambda\to 0}\sum_{i=1}^{n}f(\xi_i)\Delta x_i=\int_a^b f(x)\mathrm{d}x$$

其中 $\Delta x_i=x_i-x_{i-1}(i=1,2,\cdots,n)$，$\lambda=\max\limits_{1\leqslant i\leqslant n}\{\Delta x_i\}$.

一般地，如果所求量 Q 与变量 x 的变化区间有关，且对区间$[a,b]$具有可加性，在$[a,b]$上任取一个小区间$[x,x+\mathrm{d}x]$，然后求出 Q 在这个小区间的部分量 ΔQ 的近似值 $\mathrm{d}Q=f(x)\mathrm{d}x$，称为 Q 的微元(或称元素)，以它作为被积表达式，即可得到所求量的积分表达式：

$$Q=\int_a^b f(x)\mathrm{d}x$$

这种建立定积分表达式的方法称为微元法(或元素法).

6.4.2　平面图形的面积

设平面图形由连续曲线 $y=f(x)$, $y=g(x)$ 和直线 $x=a$, $x=b$ 围成,其中 $f(x)\geqslant g(x)$ $(a\leqslant x\leqslant b)$(见图 6-4),下面求它的面积 A.

取 x 为积分变量,它的变化区间为 $[a,b]$,在 $[a,b]$ 上任取一小区间 $[x,x+\mathrm{d}x]$,与这个小区间对应窄边形的面积 ΔA 近似地等于高为 $f(x)-g(x)$、底为 $\mathrm{d}x$ 的窄矩形的面积(见图 6-4),从而得到面积微元

$$\mathrm{d}A=[f(x)-g(x)]\mathrm{d}x$$

所以

$$A=\int_a^b [f(x)-g(x)]\mathrm{d}x$$

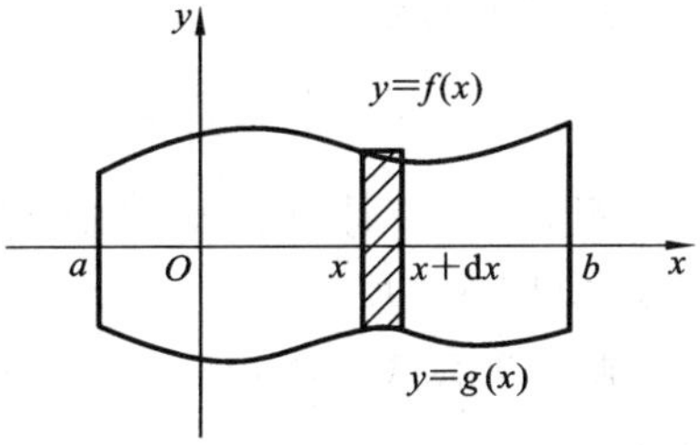

图 6-4

类似地,若平面图形由连续曲线 $x=\varphi(y)$, $x=\psi(y)$ $(\varphi(y)\leqslant\psi(y))$ 及直线 $y=c$, $y=d(c<d)$ 所围成(见图 6-5),取 y 作积分变量,则其面积 A 为

$$A=\int_c^d [\psi(y)-\varphi(y)]\mathrm{d}x$$

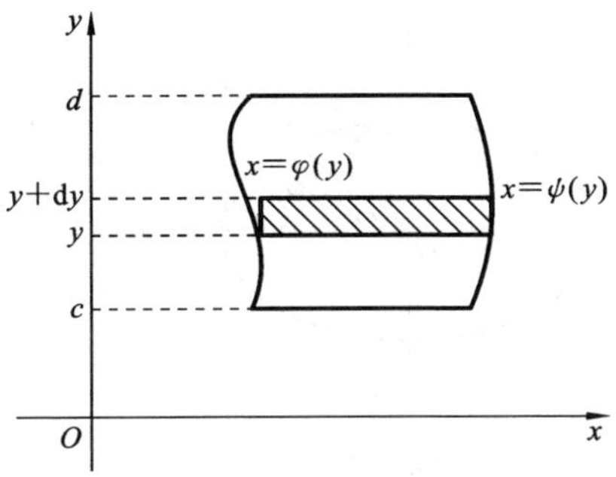

图 6-5

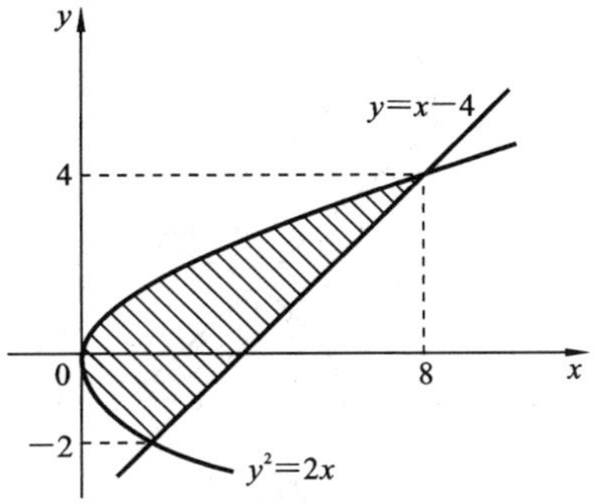

图 6-6

例 6.4.1　计算抛物线 $y^2=2x$ 与直线 $y=x-4$ 所围的平面图形的面积 A(见图 6-6).

解　两线交点由方程组

$$\begin{cases} y^2=2x \\ y=x-4 \end{cases}$$

解得为 $(2,-2)$ 及 $(8,4)$. 取 y 作积分变量, $-2\leqslant y\leqslant 4$,面积元素 $\mathrm{d}A=$

$\left(y+4-\frac{1}{2}y^2\right)dy$,于是得

$$A=\int_{-2}^{4}\left(y+4-\frac{1}{2}y^2\right)dy=\left(\frac{y^2}{2}+4y-\frac{y^3}{6}\right)\Bigg|_{-2}^{4}=18$$

注 此题若取 x 为积分变量,则积分区间是[0,8].当 $x\in(0,2)$时,典型小区间$[x,x+dx]$所对应的面积微元是 $dS=(\sqrt{2x}-(-\sqrt{2x}))dx$;

而当 $x\in(2,8)$时,典型小区间所对应的面积微元是 $dS=(\sqrt{2x}-(x-4))dx$.

故所求面积为

$$S=\int_{0}^{2}(\sqrt{2x}-(-\sqrt{2x}))dx+\int_{2}^{8}(\sqrt{2x}-(x-4))dx$$

例 6.4.2 计算由 $y=\ln x$ 与两直线 $y=e+1-x$ 及 $y=0$ 所围成的平面图形的面积(见图 6-7).

解 方法 1 令 $\ln x=0$,得 $x=1$;令 $e+1-x=0$,得 $x=e+1$;令 $\ln x=e+1-x$,得 $x=e$.

则所求面积为

$$A=\int_{1}^{e}\ln x dx+\int_{e}^{e+1}(e+1-x)dx=\frac{3}{2}$$

方法 2 对 y 积分,则所求面积为

$$A=\int_{0}^{1}(e+1-y-e^y)dy=\frac{3}{2}$$

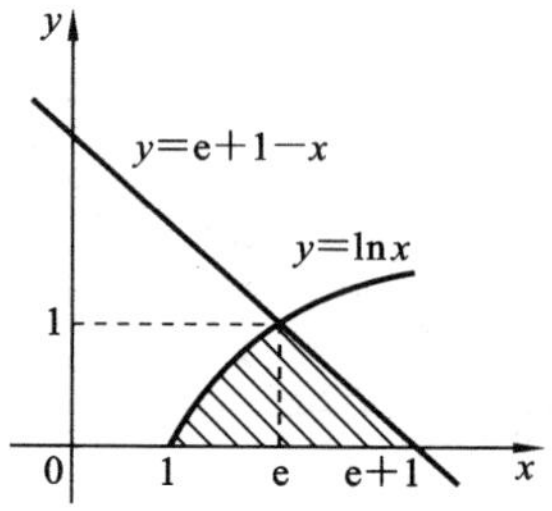

图 6-7

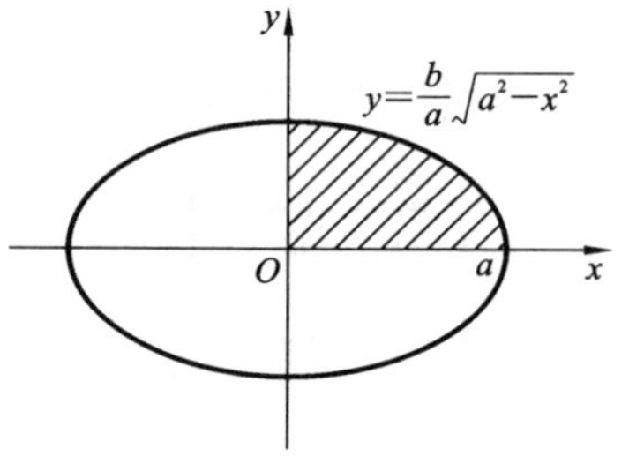

图 6-8

例 6.4.3 求椭圆$\frac{x^2}{a^2}+\frac{y^2}{b^2}=1$ 所围图形的面积 A(见图 6-8).

解 因为椭圆关于两坐标轴对称(见图 6-8),所以椭圆所围图形的面积是第一象限内那部分面积的 4 倍,对椭圆在第一象限部分的面积,取 x 作积分变量,$0\leqslant x\leqslant a$,面积元素

$$dA=y dx=\frac{b}{a}\sqrt{a^2-x^2}dx$$

所以

$$A = 4\int_0^a \frac{b}{a}\sqrt{a^2 - x^2}\,\mathrm{d}x$$

应用定积分换元法，令

$$x = a\sin t \quad \left(-\frac{\pi}{2} \leqslant t \leqslant \frac{\pi}{2}\right)$$

则 $\mathrm{d}x = a\cos t\mathrm{d}t$，当 $x=0$ 时，$t=0$；当 $x=a$ 时，$t=\frac{\pi}{2}$. 于是

$$A = 4\int_0^{\frac{\pi}{2}} b\cos t \cdot (a\cos t)\mathrm{d}t = 4ab\int_0^{\frac{\pi}{2}} \cos^2 t\mathrm{d}t = 4ab\int_0^{\frac{\pi}{2}} \frac{1+\cos 2t}{2}\mathrm{d}t$$

$$= 4ab\left(\frac{1}{2}t + \frac{1}{4}\sin 2t\right)\Big|_0^{\frac{\pi}{2}} = \pi ab$$

6.4.3 旋转体的体积

所谓旋转体就是由一平面图形绕它所在平面内的一条定直线旋转一周而成的立体.

如图 6-9 所示，设旋转体是由连续曲线 $y=f(x)$，直线 $x=a$，$x=b(a<b)$ 和 x 轴所围成的曲边梯形绕 x 轴旋转一周而成的.

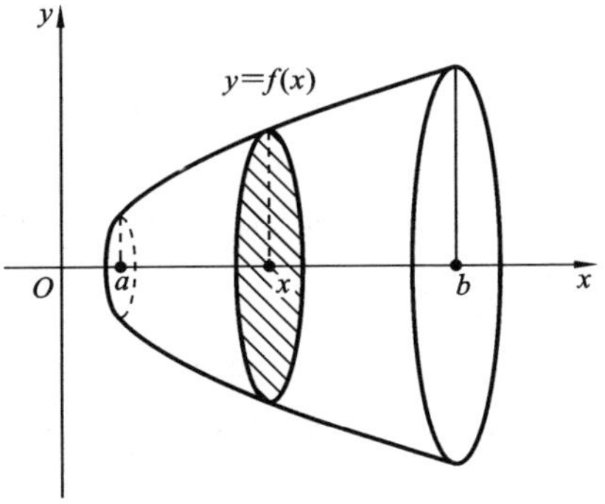

图 6-9

取 x 作积分变量，它的变化区间为 $[a,b]$，在 $[a,b]$ 上任取一小区间 $[x, x+\mathrm{d}x]$，相应的窄边梯形绕 x 轴旋转而成的薄片的体积近似等于以 $|f(x)|$ 为底半径、以 $\mathrm{d}x$ 为高的扁圆柱体的体积，从而得体积元素

$$\mathrm{d}V_x = \pi[f(x)]^2\mathrm{d}x$$

于是所求旋转体的体积为

$$V_x = \pi\int_a^b f^2(x)\mathrm{d}x$$

类似地，若旋转体是由曲线 $x=\varphi(y)$，直线 $y=c$，$y=d(c<d)$ 和 y 轴所围成的曲边梯形绕 y 轴旋转一周而成的，则其体积为

$$V_y = \pi\int_c^d \varphi^2(y)\mathrm{d}y$$

例 6.4.4　计算由椭圆 $\frac{x^2}{a^2}+\frac{y^2}{b^2}=1$ 所围图形绕 x 轴旋转而成的旋转体（称为旋转椭球体，见图 6-10）的体积.

解　这个旋转体实际上就是半个椭圆 $y=\frac{b}{a}\sqrt{a^2-x^2}$ 及 x 轴所围曲边梯形绕 x 轴旋转而成的立体，取 x 作积分变量，$-a\leqslant x\leqslant a$，体积元素

$$dV_x=\pi\left(\frac{b}{a}\sqrt{a^2-x^2}\right)^2dx=\frac{b^2}{a^2}\pi(a^2-x^2)dx$$

所以,所求体积为

$$\begin{aligned}V_x &= \pi\int_{-a}^{a}\frac{b^2}{a^2}(a^2-x^2)dx = 2\pi\int_0^a\frac{b^2}{a^2}(a^2-x^2)dx \\ &= 2\pi\frac{b^2}{a^2}\left(a^2x-\frac{x^3}{3}\right)\Bigg|_0^a = \frac{4}{3}\pi ab^2\end{aligned}$$

特别地,当 $a=b$ 时就得到半径为 a 的球的体积 $\frac{4}{3}\pi a^3$.

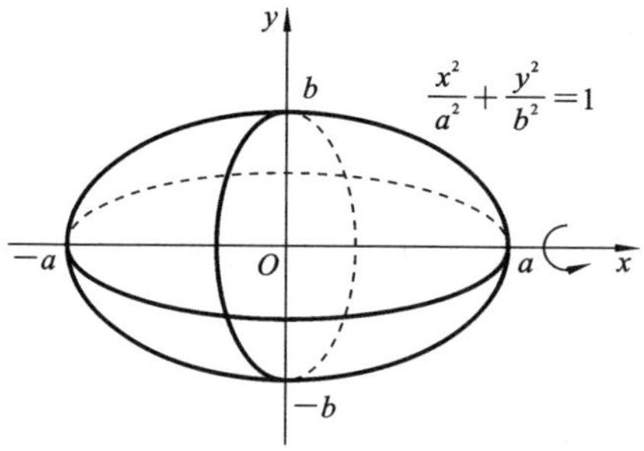

图 6-10

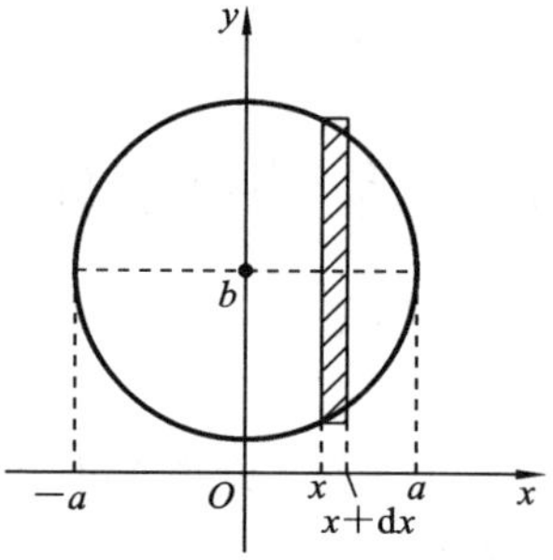

图 6-11

例 6.4.5 求圆域 $x^2+(y-b)^2\leqslant a^2(b>a)$ 绕 x 轴旋转而成的圆环体(见图 6-11)的体积.

解 如图 6-11 所示,上半圆周的方程为 $y_2=b+\sqrt{a^2-x^2}$,下半圆周的方程为 $y_1=b-\sqrt{a^2-x^2}$. 对应于典型区间 $[x,x+dx]$ 上的体积微元为

$$\begin{aligned}dV &= (\pi y_2^2-\pi y_1^2)dx=\pi\left[(b+\sqrt{a^2-x^2})^2-(b-\sqrt{a^2-x^2})^2\right]dx \\ &= 4\pi b\sqrt{a^2-x^2}dx\end{aligned}$$

所以

$$V=\int_{-a}^{a}4\pi b\sqrt{a^2-x^2}dx=8\pi b\int_0^a\sqrt{a^2-x^2}dx=8\pi b\cdot\frac{\pi a^2}{4}=2\pi^2a^2b$$

6.4.4 平行截面面积为已知的立体的体积

从计算旋转体体积的过程中可以看出,如果一个立体不是旋转体,但却知道该立体上垂直于一定轴的各个截面的面积,那么,这个立体的体积也可以用定积分来计算.

如图 6-12 所示,取上述定轴为 x 轴,并设该立体在过点 $x=a$,$x=b$ 且垂直于 x 轴的两个平面之间. 以 $A(x)$ 表示过点 x 且垂直于 x 轴的截面面积. 假定 $A(x)$ 为已

知的 x 的连续函数，这时，取 x 为积分变量，它的变化区间为 $[a,b]$；立体中相应于 $[a,b]$ 上任一小区间 $[x,x+\mathrm{d}x]$ 的一薄片的体积，近似于底面积为 $A(x)$、高为 $\mathrm{d}x$ 的扁柱体的体积，即体积元素

$$\mathrm{d}V=A(x)\mathrm{d}x$$

以 $A(x)\mathrm{d}x$ 为被积表达式，在闭区间 $[a,b]$ 上作定积分，便得所求立体的体积为

$$V=\int_a^b A(x)\mathrm{d}x$$

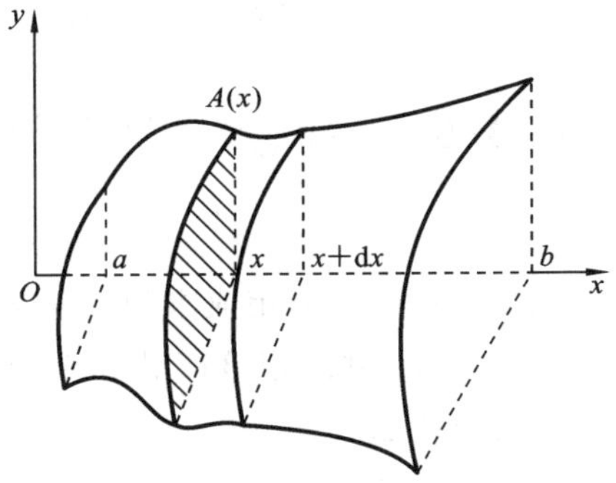

图 6-12

例 6.4.6　一平面经过半径为 R 的圆柱体的底圆中心，并与底面交成角 α，如图 6-13 所示，计算此平面截圆柱体所得楔形体的体积 V.

解　**方法 1**　建立直角坐标系，如图 6-13 所示，则底面圆方程为 $x^2+y^2=R^2$. 对任意的 $x\in[-R,R]$，过点 x 且垂直于 x 轴的截面是一个直角三角形，两直角边的长度分别为 $y=\sqrt{R^2-x^2}$ 和 $y\tan\alpha=\sqrt{R^2-x^2}\tan\alpha$，故截面面积为

$$A(x)=\frac{1}{2}(R^2-x^2)\tan\alpha$$

于是，立体体积为

$$V=\int_{-R}^{R}\frac{1}{2}(R^2-x^2)\tan\alpha\mathrm{d}x=\tan\alpha\int_0^R(R^2-x^2)\mathrm{d}x=\frac{2}{3}R^3\tan\alpha$$

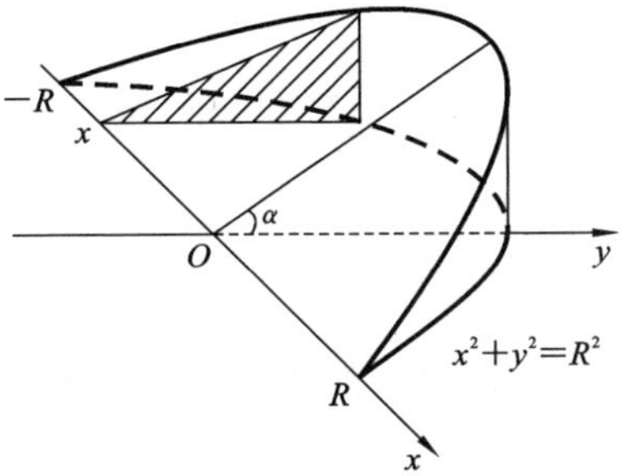

图 6-13

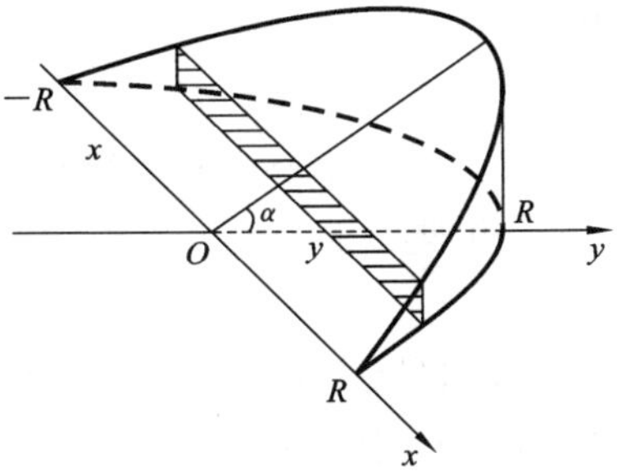

图 6-14

方法 2　在楔形体中，过点 y 且垂直于 y 轴的截面是一个矩形，如图 6-14 所示，其长为 $2x=2\sqrt{R^2-y^2}$，高为 $y\tan\alpha$，故其面积为

$$A(y)=2y\sqrt{R^2-y^2}\tan\alpha$$

从而，楔形体的体积为

$$V=\int_0^R 2y\sqrt{R^2-y^2}\tan\alpha \mathrm{d}y=-\frac{2}{3}\tan\alpha(R^2-y^2)^{\frac{3}{2}}\Big|_0^R=\frac{2}{3}R^3\tan\alpha$$

6.4.5 定积分在经济学中的应用举例——由边际函数求总函数

假设某产品的固定成本为 C_0，边际成本函数为 $C'(Q)$，边际收益函数为 $R'(Q)$，其中 Q 为产量，并假定该产品处于产销平衡状态，则根据经济学的有关理论及定积分的微元分析法易知：

总成本函数

$$C(Q)=\int_0^Q C'(Q)\mathrm{d}Q+C_0$$

总收益函数

$$R(Q)=\int_0^Q R'(Q)\mathrm{d}Q$$

总利润函数

$$L(Q)=R(Q)-C(Q)=\int_0^Q [R'(Q)-C'(Q)]\mathrm{d}Q-C_0$$

例 6.4.7 设某企业固定成本为 50，边际成本和边际收入分别为

$$C'(x)=x^2-14x+111,\quad R'(x)=100-2x$$

试求最大利润.

解 设利润函数 $L(x)$，则

$$L(x)=R(x)-C(x)$$

由于

$$\begin{aligned}L'(x)&=R'(x)-C'(x)=(100-2x)-(x^2-14x+111)\\&=-x^2+12x-11\end{aligned}$$

令 $L'(x)=0$，得

$$x_1=1,\quad x_2=11$$

又当 $x=1$ 时，$L''(x)=-2x+12>0$. 当 $x=11$ 时，$L''(x)<0$，故当 $x=11$ 时利润取得最大值，且最大利润为

$$L(11)=\int_0^{11}(-x^2+12x-11)\mathrm{d}x-50=\left(-\frac{1}{3}x^3+6x^2-11x\right)\Big|_0^{11}-50=\frac{334}{3}$$

习 题 6.4

1. 求下列各曲线所围图形的面积.

(1) $y=\frac{1}{x}$ 与直线 $y=x$ 及 $x=2$；

(2) $y=e^{x}, y=e^{-x}$与直线 $x=1$；

(3) $y=\ln x$，y 轴与直线 $y=\ln a, y=\ln b\ (b>a>0)$；

(4) 抛物线 $y=x^{2}$ 和 $y=-x^{2}+2$.

2. 求下列旋转体的体积.

(1) 由 $y=x^{2}$ 与 $y^{2}=x^{3}$ 围成的平面图形绕 x 轴旋转；

(2) 由 $y=x^{3}, x=2, y=0$ 所围图形分别绕 x 轴及 y 轴旋转.

3. 已知生产某产品 Q 单位时，边际收益函数 $R'(Q)=200-\dfrac{Q}{50}$(元/单位)，试求生产 Q 单位产品时的总收益 $R(Q)$ 以及平均单位收益 $\bar{R}(Q)$，并求生产 2000 单位产品时总收益及平均单位收益.

4. 设某产品的边际成本为 $C'(Q)=4+\dfrac{Q}{4}$ (万元/百台)，固定成本 $C_0=1$ 万元，边际收益 $R'(Q)=8-Q$(万元/百台)，求

(1) 产量从 100 台增加到 500 台的成本增量；

(2) 总成本函数 $C(Q)$ 和总收益函数 $R(Q)$；

(3) 产量为多少时，总利润最大？并求最大利润.

总 习 题 6

1. 求下列各导数.

(1) $\dfrac{d}{dx}\displaystyle\int_{0}^{x} te^{t}\,dt$；　　(2) $\dfrac{d}{dx}\displaystyle\int_{0}^{x^{2}} \ln(1+t^{2})\,dt$.

2. 计算下列定积分.

(1) $\displaystyle\int_{1}^{3}(3x^{2}-x+1)\,dx$；　　(2) $\displaystyle\int_{0}^{3}\frac{1}{(x+1)^{2}}\,dx$；

(3) $\displaystyle\int_{-1}^{2}\frac{x}{x+3}\,dx$；　　(4) $\displaystyle\int_{0}^{4}\sqrt{x}(1+\sqrt{x})\,dx$；

(5) $\displaystyle\int_{1}^{e}\frac{\ln x}{x}\,dx$；　　(6) $\displaystyle\int_{0}^{1}\frac{x}{x^{2}+1}\,dx$；

(7) $\displaystyle\int_{0}^{2\pi}|\sin x|\,dx$；　　(8) $\displaystyle\int_{3}^{8}\frac{1}{\sqrt{x+1}-1}\,dx$.

3. 求下列平面图形 D 的面积 A.

(1) D 是由曲线 $y=\sqrt{x}$和直线 $y=x-2$ 及 x 轴围成的图形；

(2) D 是由抛物线 $y=-x^{2}+1$ 与 $y=x^{2}-x$ 所围的平面图形.

4. 求直线 $y=2x$ 与抛物线 $y=x^{2}$ 所围的图形分别绕 x 轴和 y 轴旋转一周所成的旋转体体积.

5. 已知某产品生产 x 个单位时，总收益的变化率(边际收益)为

$$R'(x)=200-\frac{x}{40}\text{(元/单位)}$$

(1) 求生产了 100 个单位时的总收益以及平均收益 $\bar{R}(x)$;

(2) 如果已经生产 200 个单位,求再生产 200 个单位时的总收益.

6. 设某公司产品生产的边际成本 $C'(x)=x^2-18x+100$,边际收益 $R'(x)=200-3x$,试求公司的最大利润.

第 6 章习题答案

第 7 章　多元函数微分学

7.1　多元函数的概念

7.1.1　邻域

定义 7.1.1　以 $\mathbf{R}^2=\{(x,y)\mid x,y\in\mathbf{R}\}$ 表示坐标平面，设 $P_0(x_0,y_0)$ 是 $\mathbf{R}^2$ 的一个点，δ 是某一正数. 与点 $P_0(x_0,y_0)$ 距离小于 δ 的点 $P(x,y)$ 的全体称为点 P_0 的 δ 邻域，简称邻域，记为 $U(P_0,\delta)$，即

$$U(P_0,\delta)=\{P\in\mathbf{R}^2\mid |PP_0|<\delta\}$$

或

$$U(P_0,\delta)=\{(x,y)\mid \sqrt{(x-x_0)^2+(y-y_0)^2}<\delta\}$$

注　邻域 $U(P_0,\delta)$ 的几何意义是：xOy 平面上以点 $P_0(x_0,y_0)$ 为中心、$\delta(\delta>0)$ 为半径的圆的内部的点 $P(x,y)$ 的全体，如图 7-1 所示.

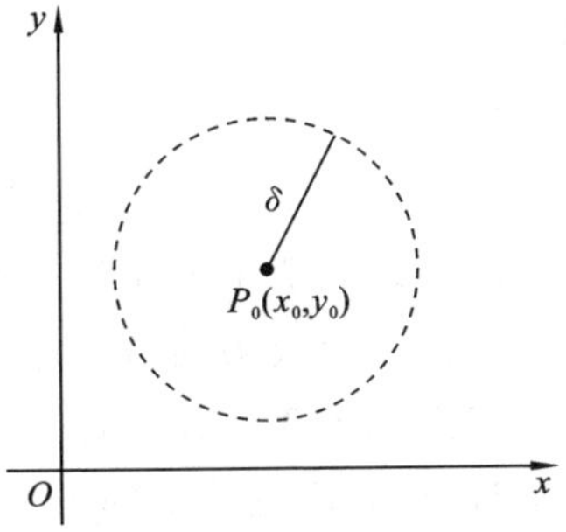

图 7-1

$U(P_0,\delta)$ 中除去点 P_0 后的部分称为点 P_0 的去心 δ 邻域，记作 $\mathring{U}(P_0,\delta)$，即

$$\mathring{U}(P_0,\delta)=\{P\mid 0<|P_0P|<\delta\}$$

注　如果不需要强调邻域的半径 δ，则用 $U(P_0)$ 或 $\mathring{U}(P_0)$ 分别表示点 P_0 的邻域或去心邻域.

7.1.2　多元函数的基本概念

定义 7.1.2　设 D 是平面上的一个非空点集，如果对于 D 内的每一点 (x,y)，按照某种法则 f，都有唯一的实数 z 与之对应，则称 f 是 D 上的二元函数，记为 $z=f(x,y)$.

其中 x,y 称为自变量，z 称为因变量. 点集 D 称为该函数的定义域，数集 $\{z\mid z=f(x,y),(x,y)\in D\}$ 称为该函数的值域.

类似地，可定义三元及三元以上函数. 当 $n\geqslant 2$ 时，n 元函数统称为多元函数.

与一元函数一样，多元函数的两个要素也是定义域和对应法则.

与一元函数类似，对二元函数的定义域作如下约定：

(1) 若函数与实际问题有关，则由问题的实际意义确定.

(2) 若用某一公式表示函数(不需考虑实际意义)，则其定义域为使函数表达式有意义的自变量的变化范围.

例 7.1.1 求二元函数 $z=\ln(y^2-2x+1)$ 的定义域.

解 由

$$y^2-2x+1>0$$

得所求定义域为

$$D=\{(x,y)\mid y^2-2x+1>0\}$$

7.1.3 二元函数的极限

定义 7.1.3 设函数 $z=f(x,y)$ 在点 $P(x_0,y_0)$ 的某一去心邻域内有定义，当点 $P(x,y)$ 无限趋于点 $P(x_0,y_0)$ 时，函数 $f(x,y)$ 无限趋于一个常数 A，则称 A 为函数 $z=f(x,y)$ 当 $(x,y)\to(x_0,y_0)$ 时的极限，记为

$$\lim_{\substack{x\to x_0\\ y\to y_0}} f(x,y)=A \quad 或 \quad \lim_{(x,y)\to(x_0,y_0)} f(x,y)=A$$

或

$$f(x,y)\to A((x,y)\to(x_0,y_0))$$

也记作

$$\lim_{P\to P_0} f(P)=A \quad 或 \quad f(P)\to A(P\to P_0)$$

注 定义 7.1.3 作为二元函数极限的描述性定义比较直观易懂.

二元函数极限的精确定义可作如下表述：

定义 7.1.3′ 设函数 $z=f(x,y)$ 的定义域为 D，$P(x_0,y_0)$ 是 D 的聚点. 如果存在常数 A，对任意给定的正数 ε(无论多么小)，总存在正数 δ，使得当点 $P(x,y)\in D\cap \mathring{U}(P_0,\delta)$ 总有

$$|f(x,y)-A|<\varepsilon$$

成立，则称 A 为函数 $z=f(x,y)$ 当 $(x,y)\to(x_0,y_0)$ (或 $P\to P_0$)时的极限，记作

$$\lim_{(x,y)\to(x_0,y_0)} f(x,y)=A$$

或

$$f(x,y)\to A \quad (\rho\to 0)$$

其中 $\rho=|PP_0|=\sqrt{(x-x_0)^2+(y-y_0)^2}$.

注 (1) 极限的常见记号还有：$\lim\limits_{\substack{x\to x_0\\ y\to y_0}} f(x,y)$，$\lim\limits_{P\to P_0} f(P)$；

(2) 定义表明：无论动点 $P(x,y)$ 以何路径趋于定点 $P_0(x_0,y_0)$，函数值 $f(x,y)$ 均无限接近常数 A. 在一元函数极限 $\lim\limits_{x\to x_0} f(x)$ 中，$x\to x_0$ 只有两种方式($x\to x_0^-$，$x\to$

x_0^+)，从而有左极限 $\lim\limits_{x\to x_0^-} f(x)$ 和右极限 $\lim\limits_{x\to x_0^+} f(x)$. 而多元函数极限 $\lim\limits_{\substack{x\to x_0\\ y\to y_0}} f(x,y)$ 中，$(x,y)\to(x_0,y_0)$ 有无穷多种方式，这正是多元函数极限比一元函数极限复杂的地方.

例 7.1.2　求极限 $\lim\limits_{(x,y)\to(0,0)} \dfrac{1-\cos(x^2+y^2)}{(x^2+y^2)^2 e^{x^2y^2}}$.

解

$$\lim_{(x,y)\to(0,0)} \frac{1-\cos(x^2+y^2)}{(x^2+y^2)^2 e^{x^2y^2}} = \lim_{(x,y)\to(0,0)} \frac{1-\cos(x^2+y^2)}{(x^2+y^2)^2} \cdot \lim_{(x,y)\to(0,0)} \frac{1}{e^{x^2y^2}}$$

$$= \lim_{(x,y)\to(0,0)} \frac{1-\cos(x^2+y^2)}{(x^2+y^2)^2} \cdot \frac{1}{e^0}$$

$$\xlongequal{x^2+y^2=t} \lim_{t\to 0} \frac{1-\cos t}{t^2} = \frac{1}{2}$$

例 7.1.3　证明极限 $\lim\limits_{(x,y)\to(0,0)} \dfrac{x^2y^2}{x^2y^2+(x-y)^2}$ 不存在.

证　取 $y=x$，则

$$\lim_{(x,y)\to(0,0)} \frac{x^2y^2}{x^2y^2+(x-y)^2} = \lim_{x\to 0} \frac{x^4}{x^4} = 1$$

取 $y=-x$，则

$$\lim_{(x,y)\to(0,0)} \frac{x^2y^2}{x^2y^2+(x-y)^2} = \lim_{\substack{x\to 0\\ y=-x}} \frac{x^4}{x^4+4x^2} = \lim_{x\to 0} \frac{x^2}{x^2+4} = 0$$

这表明 (x,y) 沿不同方向趋于 $(0,0)$ 时，$\dfrac{x^2y^2}{x^2y^2+(x-y)^2}$ 趋于不同的值，故极限不存在.

7.1.4　二元函数的连续性

定义 7.1.4　设二元函数 $z=f(x,y)$ 在点 (x_0,y_0) 的某一邻域内有定义，如果

$$\lim_{\substack{x\to x_0\\ y\to y_0}} f(x,y) = f(x_0,y_0)$$

则称 $z=f(x,y)$ 在点 (x_0,y_0) 处连续，并称点 (x_0,y_0) 为连续点.

如果函数 $z=f(x,y)$ 在点 (x_0,y_0) 处不连续，则称函数 $z=f(x,y)$ 在 (x_0,y_0) 处间断，称点 (x_0,y_0) 为间断点.

注　与一元函数一样，二元函数 $f(x,y)$ 在点 $P_0(x_0,y_0)$ 连续须满足三个条件：

(1) 极限 $\lim\limits_{(x,y)\to(x_0,y_0)} f(x,y)$ 存在；

(2) $f(x_0,y_0)$ 存在，即 $f(x,y)$ 在点 (x_0,y_0) 处有定义；

(3) 二者相等，即 $\lim\limits_{(x,y)\to(x_0,y_0)} f(x,y) = f(x_0,y_0)$.

故 $\lim\limits_{(x,y)\to(x_0,y_0)} f(x,y)$ 存在是函数 $f(x,y)$ 在点 $P_0(x_0,y_0)$ 连续的必要条件.

与一元函数类似，二元连续函数经过四则运算和复合运算后仍为二元连续函数.

由 x 和 y 的基本初等函数及常数经过有限次的四则运算和复合所构成的可用一个式子表示的二元函数称为二元初等函数. 例如, $\arccos \frac{y}{\sqrt{x^2+y^2}}$, $\frac{\tan(xy)}{y}$ 都是二元初等函数.

可得结论：一切二元初等函数在其定义区域内是连续的. 这里定义区域是指包含在定义域内的区域或闭区域.

这个结论表明：若要计算某个二元初等函数在其定义区域内一点的极限，则只要算出函数在该点的函数值即可.

类似于一元连续函数在闭区间上的性质，在有界闭区域 D 上连续的二元函数有如下相对应的性质：

性质 1(最大值和最小值定理) 在有界闭区域 D 上的二元连续函数，在 D 上至少取得它的最大值和最小值各一次.

性质 2(有界性定理) 在有界闭区域 D 上的二元连续函数在 D 上一定有界.

性质 3(介值定理) 在有界闭区域 D 上的二元连续函数，若在 D 上取得两个不同的函数值，则它在 D 上取得介于这两值之间的任何值至少一次.

习 题 7.1

1. 已知 $f(x,y)=x^2+y^2-xy\tan\frac{x}{y}$，试求 $f(tx,ty)$.

2. 求下列各函数的定义域.

(1) $z=\frac{1}{\sqrt{x+y}}+\frac{1}{\sqrt{x-y}}$；　　(2) $z=\frac{\ln(x^2+y^2-1)}{\sqrt{4-x^2-y^2}}$；

(3) $z=\frac{\sqrt{4x-y^2}}{\ln(1-x^2-y^2)}$；　　(4) $z=\frac{1}{\sqrt{x-\sqrt{y}}}$.

3. 求下列极限.

(1) $\lim\limits_{(x,y)\to(0,1)}\frac{\sin(xy)}{x}$；　　(2) $\lim\limits_{(x,y)\to(0,0)}\frac{x^2y}{x^2+y^2}$.

4. 证明极限 $\lim\limits_{(x,y)\to(0,0)}\frac{x^3y}{x^6+y^2}$ 不存在.

7.2 偏 导 数

7.2.1 偏导数的定义与计算

定义 7.2.1 设 $z=f(x,y)$ 在点 (x_0,y_0) 的某邻域内有定义，当 y 固定在 y_0，而

x 在 x_0 有增量 Δx 时，函数有偏增量 $f(x_0+\Delta x,y_0)-f(x_0,y_0)$，如果

$$\lim_{\Delta x\to 0}\frac{f(x_0+\Delta x,y_0)-f(x_0,y_0)}{\Delta x}$$

存在，则称此极限为函数 $z=f(x,y)$ 在点 (x_0,y_0) 处对 x 的偏导数，记作

$$\left.\frac{\partial z}{\partial x}\right|_{(x_0,y_0)},\left.\frac{\partial f}{\partial x}\right|_{(x_0,y_0)},z'_x\big|_{(x_0,y_0)}\quad\text{或者}\quad f'_x(x_0,y_0)$$

类似地，定义 $z=f(x,y)$ 在点 (x_0,y_0) 对 y 的偏导数为

$$f'_y(x_0,y_0)=\lim_{\Delta y\to 0}\frac{f(x_0,y_0+\Delta y)-f(x_0,y_0)}{\Delta y}=\left.\frac{\partial z}{\partial y}\right|_{(x_0,y_0)}=\left.\frac{\partial f}{\partial y}\right|_{(x_0,y_0)}$$

等价定义：

$$f'_x(x_0,y_0)=\lim_{x\to x_0}\frac{f(x,y_0)-f(x_0,y_0)}{x-x_0}$$

$$f'_y(x_0,y_0)=\lim_{y\to y_0}\frac{f(x_0,y)-f(x_0,y_0)}{y-y_0}$$

较常见的：

$$f'_x(0,0)=\lim_{x\to 0}\frac{f(x,0)-f(0,0)}{x}$$

$$f'_y(0,0)=\lim_{y\to 0}\frac{f(0,y)-f(0,0)}{y}$$

定义 7.2.2　若函数 $z=f(x,y)$ 在区域 D 内的每一点 (x,y) 对 x 的偏导数都存在，那么这个偏导数就是 x,y 的函数，称它为对 x 的偏导函数，即

$$f'_x(x,y)=\lim_{\Delta x\to 0}\frac{f(x+\Delta x,y)-f(x,y)}{\Delta x}=\frac{\partial z}{\partial x}=\frac{\partial f}{\partial x}$$

类似地，定义对 y 的偏导函数：

$$f'_y(x,y)=\lim_{\Delta y\to 0}\frac{f(x,y+\Delta y)-f(x,y)}{\Delta y}=\frac{\partial z}{\partial y}=\frac{\partial f}{\partial y}$$

注　在不致产生误解的情况下，偏导函数也简称偏导数. 从定义式可看出，$f'_x(x,y)$ 实际上是将 y 看作常量而对 x 求导数，因而本质上是一元函数的导数. 所谓"偏"，就是指偏于某个变量求导，而将其余变量看作常数.

偏导数的概念还可推广到二元以上的函数. 例如，三元函数 $u=f(x,y,z)$ 在点 (x,y,z) 处对 x 的偏导数为

$$f'_x(x,y,z)=\lim_{\Delta x\to 0}\frac{f(x+\Delta x,y,z)-f(x,y,z)}{\Delta x}$$

注　由于偏导数本质上是一元函数的导数，因此在求多元函数对某个自变量的偏导数时，只需把其余自变量看作常数，然后直接利用一元函数的求导法则进行计算.

例 7.2.1　求 $z=x^2y+xy^2$ 在点 $(0,1)$ 处的偏导数.

解 把 y 看作常数，对 x 求导得到

$$\frac{\partial z}{\partial x}=2xy+y^2$$

把 x 看作常数，对 y 求导得到

$$\frac{\partial z}{\partial y}=x^2+2xy$$

代入 $x=0,y=1$，故所求偏导数为

$$\left.\frac{\partial z}{\partial x}\right|_{(0,1)}=2\times0\times1+1^2=1,\quad \left.\frac{\partial z}{\partial y}\right|_{(0,1)}=0^2+2\times0\times1=0$$

注 例 7.2.1 的解法是先求出函数的偏导数，再代入点 (x,y) 的值求出该点的偏导数.

例 7.2.2 求 $z=\mathrm{e}^{xy}\sin x$ 的偏导数.

解
$$\frac{\partial z}{\partial x}=y\mathrm{e}^{xy}\sin x+\mathrm{e}^{xy}\cos x,\quad \frac{\partial z}{\partial y}=x\mathrm{e}^{xy}\sin x$$

例 7.2.3 已知理想气体的状态方程为 $pV=RT$（R 为常数），求证：

$$\frac{\partial p}{\partial V}\cdot\frac{\partial V}{\partial T}\cdot\frac{\partial T}{\partial p}=-1$$

证 因为 $p=\frac{RT}{V}$，将 p 看作是 T,V 的二元函数，于是 $\frac{\partial p}{\partial V}=-\frac{RT}{V^2}$；

同理，由 $V=\frac{RT}{p}$，知 $\frac{\partial V}{\partial T}=\frac{R}{p}$；由 $T=\frac{pV}{R}$，得 $\frac{\partial T}{\partial p}=\frac{V}{R}$；所以

$$\frac{\partial p}{\partial V}\cdot\frac{\partial V}{\partial T}\cdot\frac{\partial T}{\partial p}=-\frac{RT}{V^2}\cdot\frac{R}{p}\cdot\frac{V}{R}=-\frac{RT}{pV}=-1$$

注 从例 7.2.3 的证明过程表明：偏导数的记号 $\frac{\partial f}{\partial x}$ 是一个整体记号，不能像导数 $\frac{\mathrm{d}y}{\mathrm{d}x}$ 一样，看作分子 ∂f 与分母 ∂x 的商，单独的记号 ∂f，∂x 没有任何意义.

在一元函数的情形下，可导必定连续，而多元函数的偏导数存在并不能保证函数的连续.

例 7.2.4 考察函数

$$f(x,y)=\begin{cases}\dfrac{xy}{x^2+y^2}, & (x,y)\neq(0,0)\\ 0, & (x,y)=(0,0)\end{cases}$$

在点 $(0,0)$ 的偏导数与连续性.

解 考虑连续性：(1) 当点 $P(x,y)$ 沿 x 轴趋于点 $(0,0)$ 时，有

$$\lim_{(x,y)\to(0,0)}f(x,y)=\lim_{x\to0}f(x,0)=\lim_{x\to0}0=0$$

(2) 当点 $P(x,y)$ 沿 y 轴趋于点 $(0,0)$ 时，有

$$\lim_{(x,y)\to(0,0)} f(x,y)=\lim_{y\to 0} f(0,y)=\lim_{y\to 0} 0=0$$

(3) 当点 $P(x,y)$ 沿直线 $y=kx$ 趋于点(0,0)时,有

$$\lim_{\substack{(x,y)\to(0,0)\\ y=kx}} \frac{xy}{x^2+y^2}=\lim_{x\to 0}\frac{kx^2}{x^2+k^2x^2}=\frac{k}{1+k^2}$$

显然,此时的极限值随 k 的变化而变化.因此,函数 $f(x,y)$ 在(0,0)处的极限不存在.

考虑偏导数:函数在点(0,0)的偏导数为

$$f_x(0,0)=\lim_{\Delta x\to 0}\frac{f(0+\Delta x,0)-f(0,0)}{\Delta x}=\lim_{\Delta x\to 0}\frac{0}{\Delta x}=0$$

$$f_y(0,0)=\lim_{\Delta y\to 0}\frac{f(0,0+\Delta y)-f(0,0)}{\Delta y}=\lim_{\Delta x\to 0}\frac{0}{\Delta y}=0$$

即函数 $f(x,y)$ 在(0,0)处偏导数存在.

注 偏导数存在但不连续的原因是:偏导数只是刻画了函数沿坐标轴方向的变化率,不足以反映函数沿所有方向的动态.

7.2.2 高阶偏导数

设函数 $z=f(x,y)$ 在区域 D 内具有偏导数 $f'_x(x,y)$ 和 $f'_y(x,y)$,如果这两个函数又存在偏导数,则称之为函数 $z=f(x,y)$ 的二阶偏导数.按照对变量求导次序的不同,共有下列四种不同的二阶偏导数:

$$\frac{\partial^2 z}{\partial x^2}=\frac{\partial}{\partial x}\left(\frac{\partial z}{\partial x}\right)=f''_{xx}(x,y),\quad \frac{\partial^2 z}{\partial y^2}=\frac{\partial}{\partial y}\left(\frac{\partial z}{\partial y}\right)=f''_{yy}(x,y)$$

$$\frac{\partial^2 z}{\partial x\partial y}=\frac{\partial}{\partial y}\left(\frac{\partial z}{\partial x}\right)=f''_{xy}(x,y),\quad \frac{\partial^2 z}{\partial y\partial x}=\frac{\partial}{\partial x}\left(\frac{\partial z}{\partial y}\right)=f''_{yx}(x,y)$$

其中 $f''_{xy}(x,y)$ 与 $f''_{yx}(x,y)$ 称为二阶混合偏导数.类似地可以定义三阶及以上高阶导数.二阶及二阶以上的偏导数统称高阶偏导数.

定理 7.2.1 如果函数 $z=f(x,y)$ 的两个二阶混合偏导数 $\frac{\partial^2 z}{\partial y\partial x}$ 及 $\frac{\partial^2 z}{\partial x\partial y}$ 在区域 D 内连续,则在该区域内有 $\frac{\partial^2 z}{\partial y\partial x}=\frac{\partial^2 z}{\partial x\partial y}$.

注 定理 7.2.1 表明:二阶混合偏导数在连续的条件下,与求导的次序无关,该定理可推广到高阶混合偏导数的情形.

例 7.2.5 求函数 $z=e^{x^2+y}$ 的二阶偏导数.

解

$$\frac{\partial z}{\partial x}=e^{x^2+y}\cdot 2x,\quad \frac{\partial z}{\partial y}=e^{x^2+y}$$

$$\frac{\partial z}{\partial x^2}=e^{x^2+y}\cdot 2x\cdot 2x+e^{x^2+y}\cdot 2=2e^{x^2+y}(2x^2+1)$$

$$\frac{\partial z}{\partial y^2}=e^{x^2+y},\quad \frac{\partial z}{\partial x\partial y}=2xe^{x^2+y},\quad \frac{\partial z}{\partial y\partial x}=2xe^{x^2+y}$$

习　题　7.2

1. 求下列函数的偏导数.

(1) $z=x^2y+\frac{x}{y^2}$;　(2) $s=\frac{u^2+v^2}{uv}$;　(3) $u=z^{xy}$;　(4) $u=x^y+y^z+z^x$.

2. 已知 $u=\frac{x^2y^2}{x+y}$,求证:$x\frac{\partial u}{\partial x}+y\frac{\partial u}{\partial y}=3u$.

3. 设 $f(x,y)=x+(y-1)\arcsin\sqrt{\frac{x}{y}}$,求 $f_x(x,1)$.

4. 求下列函数的二阶偏导数.

(1) $z=x^4+y^4-4x^2y^2$;　　(2) $z=\arctan\frac{y}{x}$;

(3) $z=y^x$;　　(4) $z=e^{-x}\cos 2y$.

5. 设 $f(x,y)=\begin{cases} xy\sin\frac{1}{\sqrt{x^2+y^2}}, & (x,y)\neq(0,0) \\ 0, & (x,y)=(0,0) \end{cases}$,研究 $f(x,y)$在点(0, 0)处的连续性和偏导数.

7.3　全微分及其应用

7.3.1　全微分的定义

定义 7.3.1　如果函数 $z=f(x,y)$在点 $P(x,y)$的某邻域内有定义,并设 $N(x+\Delta x,y+\Delta y)$为这邻域内的任意一点,则称

$$f(x+\Delta x,y+\Delta y)-f(x,y)$$

为函数在点 P 对应于自变量增量 $\Delta x,\Delta y$ 的全增量,记为 Δz,即

$$\Delta z=f(x+\Delta x,y+\Delta y)-f(x,y) \tag{7-1}$$

定义 7.3.2　如果函数 $z=f(x,y)$在点(x,y)的某邻域内有定义,全增量 Δz 可以表示为

$$\Delta z=A\Delta x+B\Delta y+o(\rho) \tag{7-2}$$

其中 A,B 不依赖于 $\Delta x,\Delta y$ 而仅与 x,y 有关,$\rho=\sqrt{(\Delta x)^2+(\Delta y)^2}$,则称函数 $z=f(x,y)$在点(x,y)可微,$A\Delta x+B\Delta y$ 称为函数 $z=f(x,y)$在点(x,y)的全微分,记为 dz,即

$$dz=A\Delta x+B\Delta y \tag{7-3}$$

若函数 $z=f(x,y)$在区域 D 内各点处可微,则称 $z=f(x,y)$在 D 内可微.

习惯将 Δx 与 Δy 写成 $\mathrm{d}x$ 与 $\mathrm{d}y$，并分别称为自变量 x 与 y 的微分. 于是，函数 $z=f(x,y)$ 的全微分可写成

$$\mathrm{d}z=A\mathrm{d}x+B\mathrm{d}y \tag{7-4}$$

7.3.2　可微与连续、偏导数存在之间的关系

定理 7.3.1(必要条件)　如果函数 $z=f(x,y)$ 在点 (x,y) 处可微，则

(1) $f(x,y)$ 在点 (x,y) 处连续；

(2) $f(x,y)$ 在点 (x,y) 的偏导数 $\dfrac{\partial z}{\partial x},\dfrac{\partial z}{\partial y}$ 必存在，且 $f(x,y)$ 在点 (x,y) 处的全微分为

$$\mathrm{d}z=\frac{\partial z}{\partial x}\mathrm{d}x+\frac{\partial z}{\partial y}\mathrm{d}y \tag{7-5}$$

注　偏导数 $\dfrac{\partial z}{\partial x},\dfrac{\partial z}{\partial y}$ 存在是可微分的必要条件，但不是充分条件. 这要与一元函数区分开来，一元函数可微与可导是等价的.

定理 7.3.2(充分条件)　如果函数 $z=f(x,y)$ 的偏导数 $\dfrac{\partial z}{\partial x},\dfrac{\partial z}{\partial y}$ 在点 (x,y) 连续，则函数在该点处可微.

注　(1) 多元函数可微必连续，但连续不一定可微.

(2) 若多元函数可微，则偏导数必定存在，但偏导数存在不一定可微，只有偏导数连续才可微.

7.3.3　全微分的计算

由定理 7.3.1 可知，二元函数全微分的计算实质就是计算两个偏导数，再分别与两个自变量的微分相乘后求和.

关于二元函数全微分定义及可微的必要条件和充分条件，可以类似地推广到三元及三元以上的多元函数中. 例如，三元函数 $u=f(x,y,z)$ 的全微分可表示为

$$\mathrm{d}u=\frac{\partial u}{\partial x}\mathrm{d}x+\frac{\partial u}{\partial y}\mathrm{d}y+\frac{\partial u}{\partial z}\mathrm{d}z \tag{7-6}$$

例 7.3.1　求函数 $z=xy+\sin x$ 的全微分.

解　因为

$$\frac{\partial z}{\partial x}=y+\cos x,\quad \frac{\partial z}{\partial y}=x$$

所以

$$\mathrm{d}z=(y+\cos x)\mathrm{d}x+x\mathrm{d}y$$

例 7.3.2　计算函数 $z=\mathrm{e}^{x^2y}$ 在点 $(1,1)$ 处的全微分.

解 因为

$$\frac{\partial z}{\partial x}=2xye^{x^2y},\quad \frac{\partial z}{\partial y}=x^2e^{x^2y}$$

则

$$\left.\frac{\partial z}{\partial x}\right|_{\substack{x=1\\y=1}}=2e,\quad \left.\frac{\partial z}{\partial y}\right|_{\substack{x=1\\y=1}}=e$$

所以

$$dz=2edx+edy$$

例 7.3.3 求函数 $u=xy^2z^3$ 的全微分.

解 由

$$\frac{\partial u}{\partial x}=y^2z^3,\quad \frac{\partial u}{\partial y}=2xyz^3,\quad \frac{\partial u}{\partial z}=3xy^2z^2$$

故所求全微分

$$du=y^2z^3dx+2xyz^3dy+3xy^2z^2dz$$

习 题 7.3

1. 求下列函数的全微分.

(1) $z=e^{x^2+y^2}$； (2) $z=\frac{y}{\sqrt{x^2+y^2}}$； (3) $u=x^{yz}$； (4) $u=x^{\frac{y}{z}}$.

2. 求下列函数在给定点和自变量增量的条件下的全增量和全微分.

(1) $z=x^2-xy+2y^2, x=2, y=-1, \Delta x=0.2, \Delta y=-0.1$；

(2) $z=e^{xy}, x=1, y=1, \Delta x=0.15, \Delta y=0.1$.

7.4 多元函数的极值及其应用

7.4.1 二元函数的极值

定义 7.4.1 设函数 $z=f(x,y)$ 在点 (x_0,y_0) 的某一邻域内有定义，对于该邻域内异于 (x_0,y_0) 的任意一点 (x,y)，如果

$$f(x,y)<f(x_0,y_0)$$

则称函数在 (x_0,y_0) 有极大值；如果

$$f(x,y)>f(x_0,y_0)$$

则称函数在 (x_0,y_0) 有极小值；极大值、极小值统称为极值. 使函数取得极值的点称为极值点.

注 闭区域的边界点一定不是极值点.

例 7.4.1　证明函数 $z=\frac{x^2}{9}+\frac{y^2}{16}$ 在点(0,0)处有极小值.

证　当 $(x,y)=(0,0)$ 时，$z=0$，而当 $(x,y)\neq(0,0)$ 时，$z>0$，因此 $z=0$ 是函数的极小值，点(0,0)是极小值点，从几何上看，$z=\frac{x^2}{9}+\frac{y^2}{16}$ 表示一开口向上的椭圆抛物面，点(0,0,0)是它的顶点.

以上关于二元函数的极值概念，可推广到 $n(n\geqslant 3)$ 元函数. 设 n 元函数 $u=f(P)$ 在点 P_0 的某一邻域内有定义，如果对于该邻域内任何异于 P_0 的点 P，都有

$$f(P)<f(P_0)\text{（或 }f(P)>f(P_0)\text{）}$$

则称函数 $f(P)$ 在点 P_0 有极大值(或极小值) $f(P_0)$.

在一元函数中，可导函数在点 x_0 有极值的必要条件是该点处的导数为 0，对于多元函数也有类似的结论.

定理 7.4.1(必要条件)　设函数 $z=f(x,y)$ 在点 (x_0,y_0) 具有偏导数，且在点 (x_0,y_0) 处有极值，则它在该点的偏导数必然为零，即

$$f'_x(x_0,y_0)=0,\quad f'_y(x_0,y_0)=0$$

满足 $f'_x(x_0,y_0)=0, f'_y(x_0,y_0)=0$ 的点 (x_0,y_0) 称为二元函数 $z=f(x,y)$ 的驻点.

注　(1) 定理 7.4.1 说明，偏导数存在的极值点必是驻点，必须注意需要“偏导数存在”的条件.

(2) 极值点不一定是驻点，如 $z=\sqrt{x^2+y^2}$，点(0, 0)是它的极小值点，但在该点处两个偏导数 $f'_x(0,0)$ 和 $f'_y(0,0)$ 均不存在，故该点不是驻点.

(3) 驻点也不一定是极值点，如 $f(x,y)=xy$，显然有 $f'_x(0,0)=f'_y(0,0)=0$，即(0, 0)是该函数的驻点，但该点不是它的极值点. 这样的函数还有 $f(x,y)=x^3+y^3$，$f(x,y)=x^2-y^2$ 等.

(4) 求函数的极值点要考虑两类点，一是驻点，二是偏导数不存在的点，这两类点称为“可疑极值点”.

定理 7.4.2(充分条件)　设函数 $z=f(x,y)$ 在点 (x_0,y_0) 的某邻域内有直到二阶的连续偏导数，又点 (x_0,y_0) 是 $f(x,y)$ 的驻点，记

$$A=f_{xx}(x_0,y_0),\quad B=f_{xy}(x_0,y_0),\quad C=f_{yy}(x_0,y_0),\quad \Delta=AC-B^2$$

(1) 当 $\Delta>0$ 时，函数 $z=f(x,y)$ 在 (x_0,y_0) 处有极值，且当 $A>0$ 时有极小值，当 $A<0$ 时有极大值.

(2) 当 $\Delta<0$ 时，函数 $z=f(x,y)$ 在 (x_0,y_0) 处没有极值.

(3) 当 $\Delta=0$ 时，函数 $z=f(x,y)$ 在 (x_0,y_0) 处可能有极值，也可能没有极值(需另作讨论).

从结论(1)可知，只有当 A 和 C 同号时，才可能有极值；从结论(2)可知，若 A 和

C 异号，则函数 $z=f(x,y)$ 在 (x_0,y_0) 处没有极值.

注 (1) 该充分条件只能判断驻点是否是极值点，对偏导数不存在的点无能为力；

(2) 即使是驻点，当 $AC-B^2=0$ 时，也无能为力.

根据定理 7.4.1 与定理 7.4.2，如果函数 $f(x,y)$ 具有二阶连续偏导数，则求 $z=f(x,y)$ 的极值的一般步骤为：

(1) 解方程组 $f'_x(x,y)=0, f'_y(x,y)=0$，求出 $f(x,y)$ 的所有驻点；

(2) 求出函数 $f(x,y)$ 的二阶偏导数的值 A,B,C；

(3) 根据 $AC-B^2=\Delta$ 的符号逐一判定驻点是否为极值点，最后求出函数 $f(x,y)$ 在极值点处的极值.

例 7.4.2 求函数 $f(x,y)=2x^3-9x^2-6y^4+12x+24y$ 的极值点.

解 解方程组 $\begin{cases} f'_x(x,y)=6x^2-18x+12=0 \\ f'_y(x,y)=-24y^3+24=0 \end{cases}$，得驻点 $(1,1)$ 和 $(2,1)$.

又

$$f''_{xx}(x,y)=12x-18, \quad f''_{xy}(x,y)=0, \quad f''_{yy}(x,y)=-72y^2$$

在点 $(1,1)$ 处，$A=-6, B=0, C=-72$，故 $AC-B^2>0, A<0$，所以 $(1,1)$ 是函数的极大值点；

在点 $(2,1)$ 处，$A=6, B=0, C=-72$，故 $AC-B^2<0$，所以 $(2,1)$ 不是函数的极值点.

7.4.2 二元函数的最大值与最小值

由最大值和最小值定理可知，在有界闭区域 D 上的二元连续函数一定有最大值和最小值. 求函数 $f(x,y)$ 的最大值和最小值的一般步骤为：

(1) 求函数 $f(x,y)$ 在 D 内所有疑似极值点处的函数值；

(2) 求 $f(x,y)$ 在 D 的边界上的最大值和最小值；

(3) 将前两步得到的所有函数值进行比较，其中最大者即为最大值，最小者即为最小值.

在通常遇到的实际问题中，如果根据问题的性质，可以判断出可偏导函数 $f(x,y)$ 的最大值(最小值)一定在 D 的内部取得，而函数 $f(x,y)$ 在 D 内只有一个驻点，则可以肯定该驻点处的函数值就是函数 $f(x,y)$ 在 D 上的最大值(最小值).

例 7.4.3 求二元函数 $f(x,y)=x^2y(4-x-y)$ 在直线 $x+y=6$，x 轴和 y 轴所围成的闭三角形域 D 上的最大值与最小值.

解 (1) 先求函数在 D 内的驻点，解方程组

$$\begin{cases} f_x(x,y)=2xy(4-x-y)-x^2y=xy(8-3x-2y)=0 \\ f_y(x,y)=x^2(4-x-y)-x^2y=x^2(4-x-2y)=0 \end{cases}$$

因在 D 内部，$x>0$，$y>0$，故得唯一驻点 $(2,1)$，如图 7-2 所示，且 $f(2,1)=4$.

(2) 再求 $f(x,y)$ 在 D 的边界上的最值.

在边界 $x+y=6$ 上，即 $y=6-x$，于是

$$f(x,y)=x^2(6-x)(-2)=-12x^2+2x^3$$

令 $f'_x(x,y)=-24x+6x^2=6x(x-4)=0$，得 $x_1=0$，$x_2=4$. 又 $y=6-x|_{x=4}=2$，因此，在边界 $x+y=6$ 上，$f(4,2)=-64$，而三角形 D 的两条直角边处，$f(x,y)=0$.

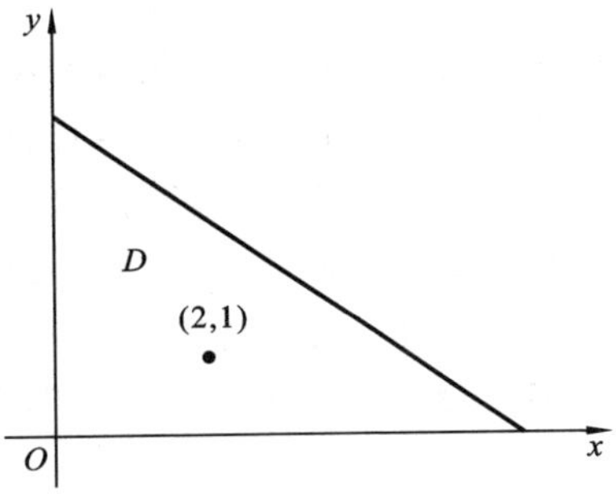

图 7-2

(3) 比较上述得到的函数值，从而得到 $f(2,1)=4$ 为最大值，$f(4,2)=-64$ 为最小值.

7.4.3 条件极值及拉格朗日乘数法

对自变量有附加条件(称为约束条件)的极值称为条件极值，而将无其他限制条件的极值称为无条件极值.

在很多情形下，将条件极值化为无条件极值并不容易，因而需要寻找另一种求条件极值的专用方法，这就是下面要着重介绍的比较巧妙的拉格朗日(Lagrange)乘数法.

设二元函数 $f(x,y)$ 和 $\varphi(x,y)$ 在区域 D 内有一阶连续偏导数，则求 $z=f(x,y)$ 在 D 内满足条件 $\varphi(x,y)=0$ 的极值问题，可以转化为求拉格朗日函数

$$L(x,y,\lambda)=f(x,y)+\lambda\varphi(x,y)$$

的无条件极值问题. 其中 λ 为某一常数，称为拉格朗日乘数.

用拉格朗日乘数法求函数 $z=f(x,y)$ 在条件 $\varphi(x,y)=0$ 下极值的基本步骤为：

(1) 构造拉格朗日函数

$$L(x,y,\lambda)=f(x,y)+\lambda\varphi(x,y)$$

(2) 由方程组

$$\begin{cases}L_x=f_x(x,y)+\lambda\varphi_x(x,y)=0\\L_y=f_y(x,y)+\lambda\varphi_y(x,y)=0\\L_\lambda=\varphi(x,y)=0\end{cases}$$

解出 x,y,λ，其中 (x,y) 就是所求条件极值的可能的极值点.

拉格朗日乘数法可推广到自变量多于两个而条件多于一个的情形. 例如，要求函数 $u=f(x,y,z)$ 在约束条件

$$\varphi(x,y,z)=0,\quad \psi(x,y,z)=0$$

下的极值问题，可以先作拉格朗日函数

$$L(x,y,z,\lambda,\mu)=f(x,y,z)+\lambda\varphi(x,y,z)+\mu\psi(x,y,z)$$

其中 λ,μ 均为常数,再按类似的步骤求出极值.

注 拉格朗日乘数法只给出函数取极值的必要条件,因此按照这种方法求出来的点是否为极值点,还需要加以讨论.不过在实际问题中,往往可以根据问题本身的性质来判定所求的点是不是极值点.

例 7.4.4 求表面积为 a^2 而体积为最大的长方体的体积.

解 设长方体的三棱长分别为 x,y,z,则问题就是在约束条件

$$2(xy+yz+xz)=a^2$$

下求函数 $V=xyz$ 的最大值.

构成辅助函数

$$F(x,y,z)=xyz+\lambda(2xy+2yz+2xz-a^2)$$

解方程组

$$\begin{cases}F_x(x,y,z)=yz+2\lambda(y+z)=0\\F_y(x,y,z)=xz+2\lambda(x+z)=0\\F_z(x,y,z)=xy+2\lambda(y+x)=0\\2xy+2yz+2xz-a^2=0\end{cases}$$

得 $x=y=z=\dfrac{\sqrt{6}}{6}a$. 这是唯一可能的极值点.

因为由问题本身可知最大值一定存在,所以最大值就在这个可能的极值点处取得.即:在表面积为 a^2 的长方体中,以棱长为$\dfrac{\sqrt{6}a}{6}$的正方体的体积为最大,最大体积 $V=\dfrac{\sqrt{6}}{36}a^3$.

习　题　7.4

1. 证明函数 $z=\sqrt{1-x^2-y^2}$在点(0,0)处有极大值.

2. 证明函数 $z=y^2-x^2$ 在点(0,0)处无极值.

3. 求下列函数的极值点.

(1) $f(x,y)=x^3-y^3+3x^2+3y^2-9x$;

(2) $f(x,y)=x^3+8y^3-xy$.

4. 某工厂生产甲、乙两种产品,甲种产品的售价为每吨 900 元,乙种产品的售价为每吨 1000 元,已知生产 x 吨甲种产品和 y 吨乙种产品的总成本为

$$C(x,y)=30000+300x+200y+3x^2+xy+3y^2\text{(元)}$$

问甲、乙两种产品的产量为多少时,利润最大?

5. 求函数 $z=xy$ 在圆周 $x^2+y^2=1$ 上的最小值.

6. 求函数 $f(x,y)=x^2+2y^2-x^2y^2$ 在区域 $D=\{(x,y)\mid x^2+y^2\leqslant 4, y\geqslant 0\}$ 上的最大值和最小值.

总 习 题 7

1. 证明下列函数在原点处极限不存在.

(1) $f(x,y)=\dfrac{xy^2}{x^2+y^4}$；　　(2) $f(x,y)=\dfrac{x^3+y^3}{x^2+y}$.

2. 讨论 $f(x,y)=\sqrt{|xy|}$ 在点(0, 0)处的连续性、偏导数、可微性.

3. 设 $z=xy+f(u)$，$u=\dfrac{y}{x}$，$f(u)$为可微函数，求：$x\dfrac{\partial z}{\partial x}+y\dfrac{\partial z}{\partial y}$.

4. 设 $f(x,y,z)=xy^2+yz^2+zx^2$，求 $f''_{xx}(0,0,1)$，$f''_{yz}(0,-1,0)$，$f'''_{zzx}(2,0,1)$.

5. 研究下列函数的极值.

(1) $z=x^3+y^3-3(x^2+y^2)$；(2) $z=\mathrm{e}^{2x}(x+y^2+2y)$.

6. 求内接于半径为 a 的球且有最大体积的长方体.

7. 设某公司销售收入 R(单位：万元)与在两种广告宣传的费用 x，y(单位：万元)之间的关系为

$$R=\frac{200x}{x+5}+\frac{100y}{10+y}$$

而利润额是销售收入的两成，并要扣除广告费用. 已知广告费用总预算金额是 15 万元，试问如何分配两种广告费用使利润最大？

第 7 章习题答案

第 8 章　二 重 积 分

本章首先建立二重积分的概念,然后讨论两种坐标系下二重积分的计算方法.

8.1　二重积分的概念与性质

8.1.1　二重积分的概念

1. 引例:求曲顶柱体的体积

设有一立体,它的底是 xOy 平面上的有界闭区域 D,它的侧面是以 D 的边界曲线为准线而母线平行于 z 轴的柱面,它的顶是曲面 $z=f(x,y)$. 这里假设 $f(x,y)\geqslant 0$,且 $f(x,y)$ 在 D 上连续,如图 8-1(a)所示. 现在我们来讨论如何求这个曲顶柱体的体积.

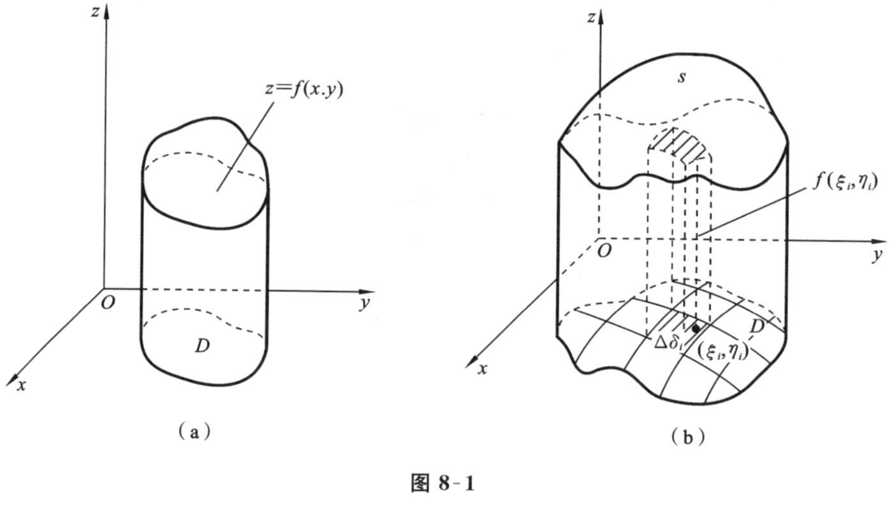

图 8-1

我们知道平顶柱体的高是不变的,它的体积可用公式

$$体积=底面积\times高$$

来计算. 但曲顶柱体的高是变化的,不能按上述公式来计算体积. 前面在求曲边梯形面积时,也曾遇到过这类问题. 当时的解决方案是:先在局部上"以直代曲"求得曲边

梯形面积的近似值;然后通过取极限,由近似值得到精确值.现在同样可以用"分割、近似、求和、取极限"的方法来求曲顶柱体的体积.

先将区域 D 分割成 n 个小区域:$\Delta\sigma_1,\Delta\sigma_2,\cdots,\Delta\sigma_n$,同时也用 $\Delta\sigma_i(i=1,2,\cdots,n)$ 表示第 i 个小区域的面积.以每个小区域的边界线为准线,作母线平行于 z 轴的柱面,这样就把给定的曲顶柱体分割成了 n 个小曲顶柱体.用 d_i 表示第 i 个小区域内任意两点之间的距离的最大值(也称为第 i 个**小区域的直径**,$i=1,2,\cdots,n$),并记

$$\lambda=\max\{d_1,d_2,\cdots,d_n\}$$

当分割很细密,即 $\lambda\to 0$ 时,由于 $z=f(x,y)$ 是连续变化的,在每个小区域 $\Delta\sigma_i$ 上,各点高度变化不大,可以近似看作平顶柱体.在 $\Delta\sigma_i$ 中任意取一点 (ξ_i,η_i),把这点的高度 $f(\xi_i,\eta_i)$ 作为这个小平顶柱体的高度,如图 8-1(b)所示.所以第 i 个小曲顶柱体的体积的近似值为

$$\Delta V_i\approx f(\xi_i,\eta_i)\Delta\sigma_i$$

将 n 个小平顶柱体的体积相加,得曲顶柱体体积的近似值

$$V\approx V_n=\sum_{i=1}^{n}\Delta V_i=\sum_{i=1}^{n}f(\xi_i,\eta_i)\Delta\sigma_i$$

当分割越来越细,小区域 $\Delta\sigma_i$ 的直径越来越小,并逐渐收缩成接近一点时,V_n 就越来越接近 V.若令 $\lambda\to 0$,对 V_n 取极限,该极限值就是曲顶柱体的体积 V,即

$$V=\lim_{\lambda\to 0}V_n=\lim_{\lambda\to 0}\sum_{i=1}^{n}f(\xi_i,\eta_i)\Delta\sigma_i$$

许多实际问题都可归结为和式 $\sum\limits_{i=1}^{n}f(\xi_i,\eta_i)\Delta\sigma_i$ 的极限.撇开上述问题的几何特征,抽象地概括出它们的共同数学本质,从而得出二重积分的定义.

2. 二重积分的定义

定义 8.1.1 设二元函数 $f(x,y)$ 在有界闭区域 D 上有界,将 D 任意划分成 n 个小区域 $\Delta\sigma_1,\Delta\sigma_2,\cdots,\Delta\sigma_n$,并以 $\Delta\sigma_1$ 和 d_i 分别表示第 i 个小区域的面积和直径,记 $\lambda=\max\{d_1,d_2,\cdots,d_n\}$.在每个小区域 $\Delta\sigma_1$ 上任取一点 $(x_i,y_i)(i=1,2,\cdots,n)$,作乘积 $f(x_i,y_i)\Delta\sigma_i(i=1,2,\cdots,n)$,并作和 $\sum\limits_{i=1}^{n}f(x_i,y_i)\Delta\sigma_i$.如果极限

$$\lim_{\lambda\to 0}\sum_{i=1}^{n}f(x_i,y_i)\Delta\sigma_i$$

存在,则称此极限为函数 $f(x,y)$ 在闭区域 D 上的**二重积分**,记作 $\iint\limits_D f(x,y)\mathrm{d}\sigma$,即

$$\iint\limits_D f(x,y)\mathrm{d}\sigma=\lim_{\lambda\to 0}\sum_{i=1}^{n}f(x_i,y_i)\Delta\sigma_i$$

其中 $f(x,y)$ 称为**被积函数**,x,y 称为**积分变量**,$f(x,y)\mathrm{d}\sigma$ 称为**被积表达式**,$\mathrm{d}\sigma$ 称为

面积元素，D 称为**积分区域**. 而 $\sum_{i=1}^{n} f(x_i, y_i)\Delta\sigma_i$ 称为**积分和**.

注 (1) 这里积分和的极限存在与区域 D 分成小区域 $\Delta\sigma_i$ 的分法和点 (x_i, y_i) 的取法无关.

当 $f(x,y)$ 在区域 D 上可积时，常采用特殊的分割方式和取特殊的点来计算二重积分. 在直角坐标系中，常用分别平行于 x 轴和 y 轴的两组直线来分割积分区域 D（见图 8-2），这样小区域 $\Delta\sigma_i$ 都是小矩形. 这时小区域的面积 $\Delta\sigma_i = \Delta x_i \cdot \Delta y_i$，因此面积元素为 $d\sigma = dx dy$，在直角坐标系下

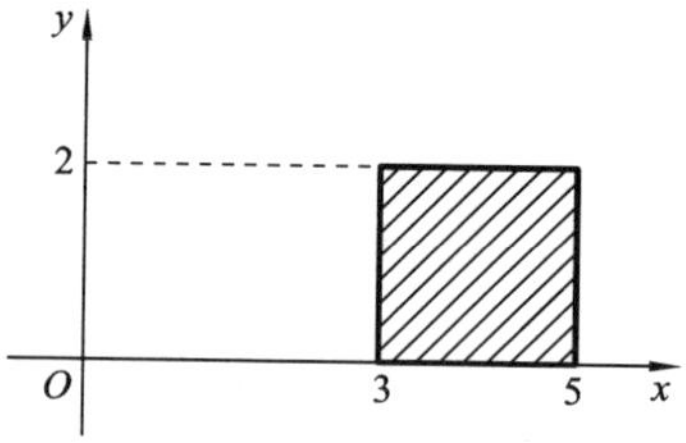

图 8-2

$$\iint_D f(x,y)d\sigma = \iint_D f(x,y)dxdy \tag{8-1}$$

(2) 可以证明，若 $f(x,y)$ 在有界闭区域 D 上连续，则二重积分 $\iint_D f(x,y)d\sigma$ 一定存在.

(3) 当 $f(x,y) \geqslant 0$ 且连续时，二重积分 $\iint_D f(x,y)d\sigma$ 在数值上等于以区域 D 为底、以曲面 $z=f(x,y)$ 为顶的曲顶柱体的体积；当 $f(x,y) \leqslant 0$ 时，二重积分 $\iint_D f(x,y)d\sigma$ 表示该柱体体积的相反数；当 $f(x,y)$ 有正有负时，二重积分 $\iint_D f(x,y)d\sigma$ 表示以曲面 $z=f(x,y)$ 为顶、以 D 为底的被 xOy 面分成的上方和下方的曲顶柱体体积的代数和. 这就是二重积分的几何意义.

(4) $\iint_D f(x,y)d\sigma$ 也可以写成 $\iint_D f(x,y)d\sigma$.

8.1.2 二重积分的性质

比较二重积分和定积分的定义可以看出，二重积分与定积分有类似的性质. 为了叙述简便，假设以下提到的二重积分都存在.

性质 1 若 α, β 为常数，则

$$\iint_D [\alpha f(x,y) + \beta g(x,y)]d\sigma = \alpha\iint_D f(x,y)d\sigma + \beta\iint_D g(x,y)d\sigma$$

性质 2 若积分区域 D 由 D_1，D_2 组成（其中 D_1 与 D_2 除边界外无公共点），则

$$\iint_D f(x,y)\mathrm{d}\sigma = \iint_{D_1} f(x,y)\mathrm{d}\sigma + \iint_{D_2} f(x,y)\mathrm{d}\sigma$$

性质 3　若闭区域 D 的面积为 σ，则 $\iint_D \mathrm{d}x\mathrm{d}y = \sigma$.

性质 4　如果在闭区域 D 上总有 $f(x,y)\leqslant g(x,y)$，则

$$\iint_D f(x,y)\mathrm{d}\sigma \leqslant \iint_D g(x,y)\mathrm{d}\sigma$$

特别有

$$\left|\iint_D f(x,y)\mathrm{d}\sigma\right| \leqslant \iint_D |f(x,y)|\mathrm{d}\sigma$$

性质 5　设 M,m 是函数 $f(x,y)$ 在闭区域 D 上的最大值与最小值，σ 是 D 的面积，则

$$m\sigma \leqslant \iint_D f(x,y)\mathrm{d}\sigma \leqslant M\sigma$$

注　该不等式称为二重积分的估值不等式.

性质 6(二重积分的中值定理)　设 $f(x,y)$ 在有界闭区域 D 上连续，σ 是 D 的面积，则在 D 内至少存在一点 (ξ,η)，使得

$$\iint_D f(x,y)\mathrm{d}\sigma = f(\xi,\eta)\sigma$$

例 8.1.1　根据二重积分性质，比较 $\iint_D \ln(x+y)\mathrm{d}\sigma$ 与 $\iint_D [\ln(x+y)]^2\mathrm{d}\sigma$ 的大小，其中 D 表示以 $(0,1)$、$(1,0)$、$(1,1)$ 为顶点的三角形.

解　区域 D 如图 8-3 所示，由于区域 D 夹在直线 $x+y=1$ 与 $x+y=2$ 之间，显然有

$$1\leqslant x+y\leqslant 2$$

从而

$$0\leqslant \ln(x+y)<1$$

故有

$$\ln(x+y)\geqslant[\ln(x+y)]^2$$

所以

$$\iint_D \ln(x+y)\mathrm{d}\sigma \geqslant \iint_D [\ln(x+y)]^2\mathrm{d}\sigma$$

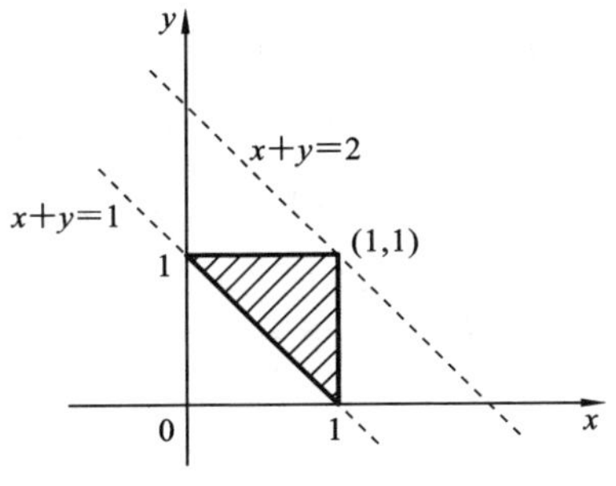

图 8-3

例 8.1.2　根据二重积分性质，估计积分 $I = \iint_D (x^2+4y^2+9)\mathrm{d}\sigma$ 的值，其中 $D = \{(x,y)\mid x^2+y^2\leqslant 4\}$.

解　因为当 $(x,y)\in D$ 时，$0\leqslant x^2+y^2\leqslant 4$，所以

$$9 \leqslant x^2+4y^2+9 \leqslant 4(x^2+y^2)+9 \leqslant 25$$

故

$$\iint_D 9\mathrm{d}\sigma \leqslant \iint_D (x^2+4y^2+9)\mathrm{d}\sigma \leqslant \iint_D 25\mathrm{d}\sigma$$

即

$$9\sigma \leqslant \iint_D (x^2+4y^2+9)\mathrm{d}\sigma \leqslant 25\sigma$$

而 $\sigma=\pi \cdot 2^2=4\pi$，所以

$$36\pi \leqslant \iint_D (x^2+4y^2+9)\mathrm{d}\sigma \leqslant 100\pi$$

习　题　8.1

1. 设 a 为正常数，根据二重积分的几何意义，确定下列积分的值.

(1) $\iint\limits_D (a-\sqrt{x^2+y^2})\mathrm{d}\sigma, D=\{(x,y) \mid x^2+y^2 \leqslant a^2\}$；

(2) $\iint\limits_D \sqrt{a^2-x^2-y^2}\mathrm{d}\sigma, D=\{(x,y) \mid x^2+y^2 \leqslant a^2\}$.

2. 根据二重积分性质，

(1) 比较 $\iint\limits_D \ln(x+y)\mathrm{d}\sigma$ 与 $\iint\limits_D [\ln(x+y)]^2\mathrm{d}\sigma$ 的大小，其中 D 表示矩形区域 $\{(x,y) \mid 3 \leqslant x \leqslant 5, 0 \leqslant y \leqslant 2\}$.

(2) 比较积分 $\iint\limits_D [\ln(x+y)]^2\mathrm{d}\sigma$ 与 $\iint\limits_D [\ln(x+y)]^3\mathrm{d}\sigma$ 的大小，其中区域 D 是三角形闭区域，三顶点各为 $(0,1)$，$(1,1)$，$(0,2)$.

3. 根据二重积分性质，估计下列积分的值.

(1) $I=\iint\limits_D \sqrt{4+xy}\mathrm{d}\sigma, D=\{(x,y) \mid 0 \leqslant x \leqslant 2, 0 \leqslant y \leqslant 2\}$；

(2) $I=\iint\limits_D \dfrac{\mathrm{d}\sigma}{x^2+y^2+2xy+4}, D=\{(x,y) \mid 0 \leqslant x \leqslant 3, 0 \leqslant y \leqslant 1\}$.

8.2　直角坐标系中二重积分的计算

下面介绍计算二重积分的方法，该方法将二重积分的计算问题化为两次定积分的计算问题，即**累次积分法**.

假定 $f(x,y)$ 连续，且 $f(x,y) \geqslant 0$. 设积分区域 D 由曲线 $y=\varphi_1(x)$，$y=\varphi_2(x)$ 及直线 $x=a$，$x=b$ 围成，其中 $a<b$，$\varphi_1(x)$，$\varphi_2(x) \in C[a,b]$，且 $\varphi_1(x)<\varphi_2(x)$，则 D 可

表示为

$$D=\{(x,y)\mid a\leqslant x\leqslant b,\ \varphi_1(x)\leqslant y\leqslant\varphi_2(x)\}$$

此时，称 D 为 X-**型区域**. 这种区域的特点是：穿过 D 内部且平行于 y 轴的直线与 D 的边界的交点不多于两个，如图 8-4 所示.

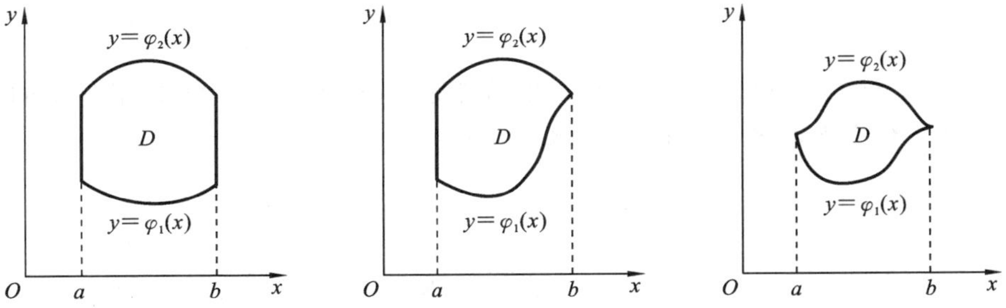

图 8-4

由二重积分的几何意义，$\iint\limits_D f(x,y)\mathrm{d}\sigma$ 的值等于以 D 为底、曲面 $z=f(x,y)$ 为顶的曲顶柱体的体积，如图 8-5 所示.

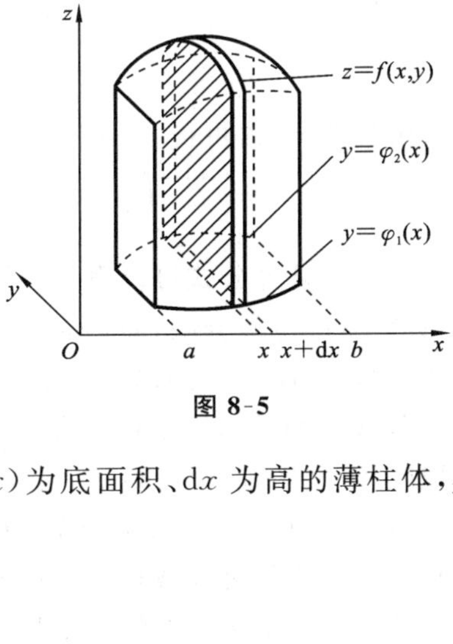

图 8-5

我们用“切片法”来求这个体积. 首先在区间 $[a,b]$ 上任取一子区间 $[x,\ x+\mathrm{d}x]$，用过点 $(x,0,0)$ 且平行于 yOz 坐标面的平面去截曲顶柱体，截得的截面是以空间曲线 $z=f(x,y)$ 为曲边、以 $[\varphi_1(x),\varphi_2(x)]$ 为底边的曲边梯形. 其面积为

$$A(x)=\int_{\varphi_1(x)}^{\varphi_2(x)}f(x,y)\mathrm{d}y$$

再用过点 $(x+\mathrm{d}x,0,0)$ 且平行于 yOz 坐标面的平面去截曲顶柱体，得一夹在两平行平面之间的小曲顶柱体. 它们可近似看作以截面面积 $A(x)$ 为底面积、$\mathrm{d}x$ 为高的薄柱体，其体积元素为

$$\mathrm{d}V=A(x)\mathrm{d}x$$

所以曲顶柱体的体积为

$$V=\int_a^b A(x)\mathrm{d}x=\int_a^b\left[\int_{\varphi_1(x)}^{\varphi_2(x)}f(x,y)\mathrm{d}y\right]\mathrm{d}x$$

或记为

$$V=\int_a^b\mathrm{d}x\int_{\varphi_1(x)}^{\varphi_2(x)}f(x,y)\mathrm{d}y$$

于是得到二重积分的计算公式

$$\iint\limits_D f(x,y)\mathrm{d}x\mathrm{d}y=\int_a^b\mathrm{d}x\int_{\varphi_1(x)}^{\varphi_2(x)}f(x,y)\mathrm{d}y \tag{8-2}$$

上式右端是一个先对 y,后对 x 的累次积分. 求内层积分时,将 x 看作常数,y 是积分变量,积分上、下限可以是随 x 变化的函数,积分的结果是 x 的函数. 然后再对 x 求外层积分,这时积分上、下限为常数.

若积分区域 D 由曲线 $x=\varphi_1(y)$,$x=\varphi_2(y)$ 及直线 $y=c$,$y=d$ 围成,其中 $c<d$,且 $\varphi_1(y)<\varphi_2(y)$,则 D 可表示为

$$D=\{(x,y)\mid c\leqslant y\leqslant d,\ \varphi_1(y)\leqslant x\leqslant\varphi_2(y)\}$$

此时,称 D 为 Y-**型区域**,这种区域的特点是:穿过 D 内部且平行于 x 轴的直线与 D 的边界的交点不多于两个,如图 8-6 所示.

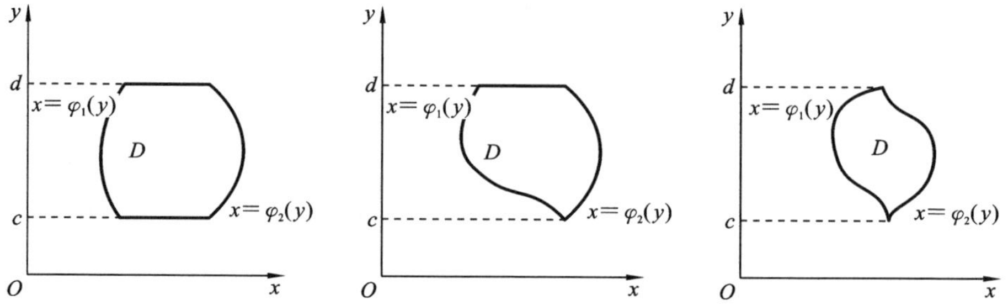

图 8-6

由类似分析,可得

$$\iint_D f(x,y)\mathrm{d}x\mathrm{d}y=\int_c^d \mathrm{d}y\int_{\varphi_1(y)}^{\varphi_2(y)} f(x,y)\mathrm{d}x \tag{8-3}$$

从上述计算公式可以看出,将二重积分化为两次定积分,关键是确定积分限,而确定积分限又依赖于区域 D 的几何形状. 因此,首先必须正确地画出 D 的图形,将 D 表示为 X-型区域或 Y-型区域. 如果 D 不能直接表示成 X-型区域或 Y-型区域,则应将 D 划分成若干个无公共内点的小区域,并使每个小区域能表示成 X-型区域或 Y-型区域. 再利用二重积分对区域具有可加性可知,区域 D 上的二重积分就是这些小区域上的二重积分之和,如图 8-7 所示.

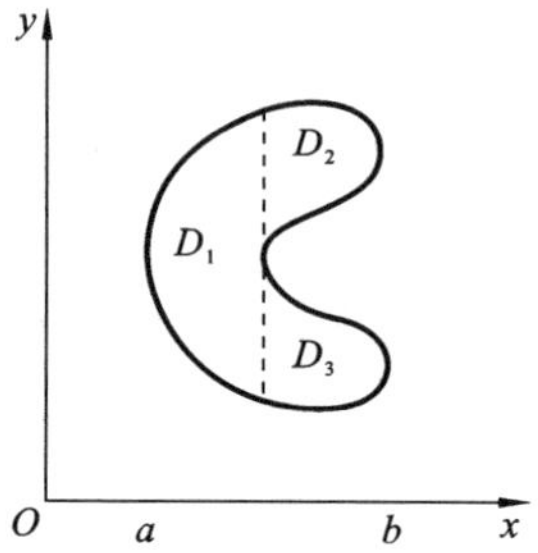

图 8-7

以上讨论中做了 $f(x,y)\geqslant 0$ 的假设,实际上把二重积分化为两次定积分时,并不需要被积函数满足此条件,只要 $f(x,y)$ 可积就行. 即式(8-2)、式(8-3)对一般可积函数均成立.

例 8.2.1 计算 $\iint\limits_D xy^2\mathrm{d}x\mathrm{d}y$,其中 D 是由直线 $y=x$,$x=1$ 及 $y=0$ 围成的区域.

解 方法 1 区域 D 如图 8-8 所示. 若将 D 表示为 X-型区域,$D=\{(x,y)\mid 0\leqslant x\leqslant 1,0\leqslant y\leqslant x\}$,则由式(8-2)可得

$$\iint_D xy^2\mathrm{d}x\mathrm{d}y=\int_0^1\mathrm{d}x\int_0^x xy^2\mathrm{d}y=\int_0^1 x\cdot\left(\frac{y^3}{3}\bigg|_0^x\right)\mathrm{d}x$$
$$=\int_0^1\frac{1}{3}x^4\mathrm{d}x=\frac{1}{15}$$

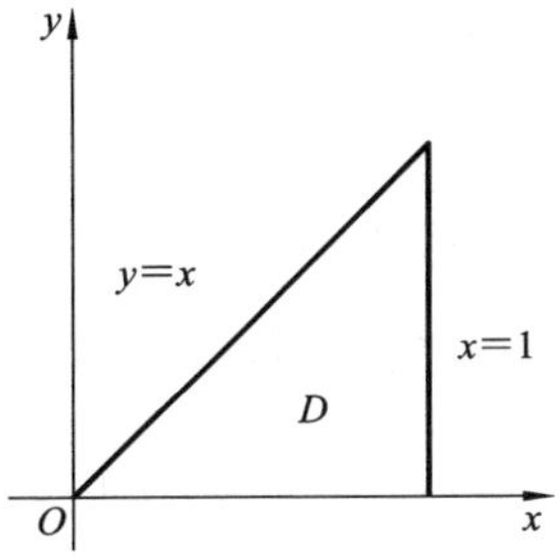

图 8-8

方法 2　将 D 表示成 Y-型区域，$D=\{(x,y)\mid 0\leqslant y\leqslant 1,y\leqslant x\leqslant 1\}$，由式(8-3)可得

$$\iint_D xy^2\mathrm{d}x\mathrm{d}y=\int_0^1\mathrm{d}y\int_y^1 xy^2\mathrm{d}x=\int_0^1 y^2\cdot\left(\frac{x^2}{2}\bigg|_y^1\right)\mathrm{d}y$$
$$=\int_0^1\left(\frac{y^2}{2}-\frac{y^4}{2}\right)\mathrm{d}y=\frac{1}{15}$$

例 8.2.2　交换二次积分 $\int_0^1\mathrm{d}x\int_{x^2}^x f(x,y)\mathrm{d}y$ 的积分次序.

解　由所给积分的上、下限可知，积分区域 D(见图 8-9)用 X-型区域表示为

$$D=\{(x,y)\mid 0\leqslant x\leqslant 1,x^2\leqslant y\leqslant x\}$$

改写 D 用 Y-型区域表示为

$$D=\{(x,y)\mid 0\leqslant y\leqslant 1,y\leqslant x\leqslant\sqrt{y}\}$$

所以交换二次积分的积分次序为

$$\int_0^1\mathrm{d}x\int_{x^2}^x f(x,y)\mathrm{d}y=\int_0^1\mathrm{d}y\int_y^{\sqrt{y}}f(x,y)\mathrm{d}x$$

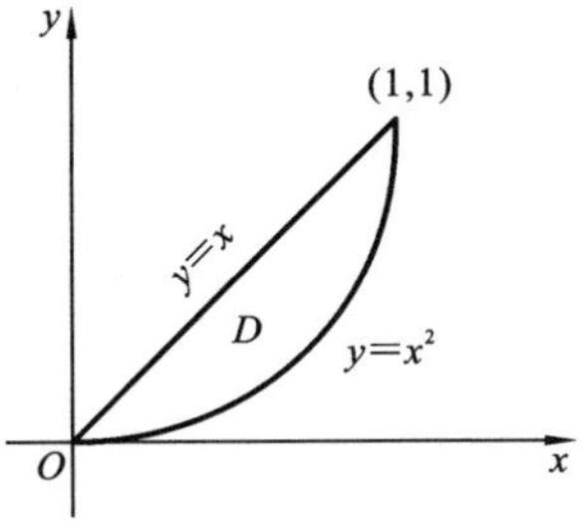

图 8-9

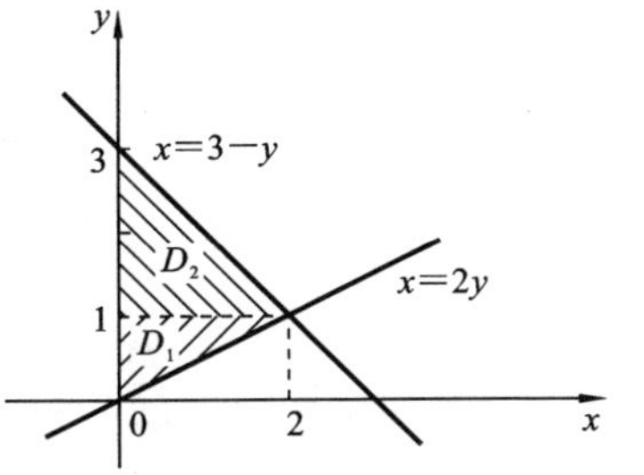

图 8-10

例 8.2.3　交换积分次序 $\int_0^1\mathrm{d}y\int_0^{2y}f(x,y)\mathrm{d}x+\int_1^3\mathrm{d}y\int_0^{3-y}f(x,y)\mathrm{d}x$.

解　已知二重积分的积分区域 D 由 D_1 与 D_2 两部分组成，如图 8-10 所示，其中 D_1：$0\leqslant y\leqslant 1$，$0\leqslant x\leqslant 2y$；D_2：$1\leqslant y\leqslant 3$，$0\leqslant x\leqslant 3-y$.

D 也可表示为：$0\leqslant x\leqslant 2$，$\frac{x}{2}\leqslant y\leqslant 3-x$；所以

$$\int_0^1\mathrm{d}y\int_0^{2y}f(x,y)\mathrm{d}x+\int_1^3\mathrm{d}y\int_0^{3-y}f(x,y)\mathrm{d}x=\int_0^2\mathrm{d}x\int_{\frac{x}{2}}^{3-x}f(x,y)\mathrm{d}y$$

注　交换积分次序的关键是，根据所给积分的上、下限准确地画出积分区域 D.

例 8.2.4 计算二重积分 $\iint\limits_D \frac{x^2}{y^2}\mathrm{d}\sigma$，其中 D 是由直线 $y=2$，$y=x$ 和双曲线 $xy=1$ 所围成的闭区域.

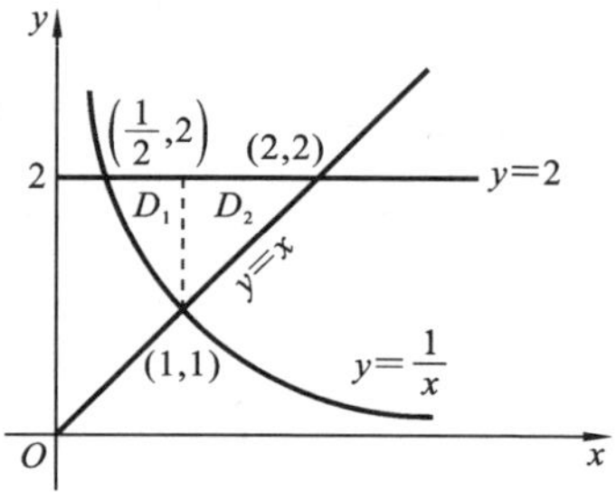

图 8-11

解 如图 8-11 所示，求得三线的三个交点分别是 $\left(\frac{1}{2},2\right)$，(1,1) 及 (2,2). 如果先对 y 积分，那么当 $\frac{1}{2}\leqslant x\leqslant 1$ 时，y 的下限是双曲线 $y=\frac{1}{x}$，而当 $1\leqslant x\leqslant 2$ 时，y 的下限是直线 $y=x$. 因此，需要用直线 $x=1$ 把区域 D 分为 D_1 和 D_2 两部分，其中 D_1：$\frac{1}{2}\leqslant x\leqslant 1$，$\frac{1}{x}\leqslant y\leqslant 2$；$D_2$：$1\leqslant x\leqslant 2$，$x\leqslant y\leqslant 2$. 于是

$$\begin{aligned}
\iint\limits_D \frac{x^2}{y^2}\mathrm{d}\sigma &= \iint\limits_{D_1} \frac{x^2}{y^2}\mathrm{d}\sigma + \iint\limits_{D_2} \frac{x^2}{y^2}\mathrm{d}\sigma = \int_{\frac{1}{2}}^{1}\mathrm{d}x\int_{\frac{1}{x}}^{2}\frac{x^2}{y^2}\mathrm{d}y + \int_1^2\mathrm{d}x\int_x^2\frac{x^2}{y^2}\mathrm{d}y \\
&= \int_{\frac{1}{2}}^{1} -\frac{x^2}{y}\bigg|_{\frac{1}{x}}^{2}\mathrm{d}x + \int_1^2 -\frac{x^2}{y}\bigg|_x^2\mathrm{d}x \\
&= \int_{\frac{1}{2}}^{1}\left(x^3-\frac{x^2}{2}\right)\mathrm{d}x + \int_1^2\left(x-\frac{x^2}{2}\right)\mathrm{d}x \\
&= \left(\frac{x^4}{4}-\frac{x^3}{6}\right)\bigg|_{\frac{1}{2}}^{1} + \left(\frac{x^2}{2}-\frac{x^3}{6}\right)\bigg|_1^2 = \frac{81}{192} = \frac{27}{64}
\end{aligned}$$

如果先对 x 积分，那么 D：$1\leqslant y\leqslant 2$，$\frac{1}{y}\leqslant x\leqslant y$，于是

$$\begin{aligned}
\iint\limits_D \frac{x^2}{y^2}\mathrm{d}\sigma &= \int_1^2\mathrm{d}y\int_{\frac{1}{y}}^{y}\frac{x^2}{y^2}\mathrm{d}x = \int_1^2\left(\frac{x^3}{3y^2}\right)\bigg|_{\frac{1}{y}}^{y}\mathrm{d}y = \int_1^2\left(\frac{y}{3}-\frac{1}{3y^5}\right)\mathrm{d}y \\
&= \left(\frac{y^2}{6}+\frac{1}{12y^4}\right)\bigg|_1^2 = \frac{27}{64}
\end{aligned}$$

注 该题说明选择恰当的积分次序很重要.

例 8.2.5 计算二次积分 $\int_0^1\mathrm{d}y\int_y^{\sqrt{y}}\frac{\sin x}{x}\mathrm{d}x$.

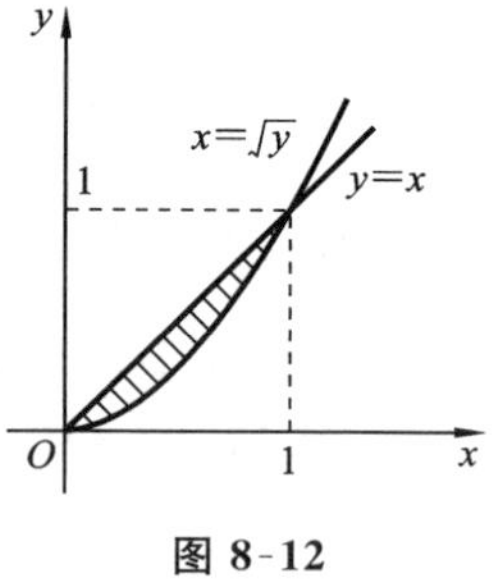

图 8-12

解 因为 $\int\frac{\sin x}{x}\mathrm{d}x$ 求不出来，故应改变积分次序. 积分区域 D：$0\leqslant y\leqslant 1$，$y\leqslant x\leqslant\sqrt{y}$，如图 8-12 所示.

D 也可表示为：$0\leqslant x\leqslant 1$，$x^2\leqslant y\leqslant x$.

所以

$$\int_0^1\mathrm{d}y\int_y^{\sqrt{y}}\frac{\sin x}{x}\mathrm{d}x = \int_0^1\mathrm{d}x\int_{x^2}^{x}\frac{\sin x}{x}\mathrm{d}y = \int_0^1\frac{\sin x}{x}(x-x^2)\mathrm{d}x$$

$$= \int_0^1 (\sin x - x\sin x)\mathrm{d}x = \int_0^1 \sin x\mathrm{d}x - \int_0^1 x\sin x\mathrm{d}x$$

$$= \int_0^1 \sin x\mathrm{d}x + (x\cos x)\big|_0^1 - \int_0^1 \cos x\mathrm{d}x = 1 - \sin 1$$

注　可见,积分次序的选取有时候会关系到积分能否算得出来.

习　题　8.2

1. 画出积分区域,把 $\iint\limits_D f(x,y)\mathrm{d}\sigma$ 化为累次积分.

(1) $D=\{(x,y)\mid x+y\leqslant 1, y-x\leqslant 1, y\geqslant 0\}$;

(2) $D=\{(x,y)\mid y\geqslant x-2, x\geqslant y^2\}$;

(3) $D=\left\{(x,y)\mid y\geqslant \dfrac{2}{x}, y\leqslant 2x, x\leqslant 2\right\}$.

2. 计算下列二重积分.

(1) $\iint\limits_D \dfrac{x^2}{y^2}\mathrm{d}x\mathrm{d}y$, $D: 1\leqslant x\leqslant 2, \dfrac{1}{x}\leqslant y\leqslant x$;

(2) $\iint\limits_D \mathrm{e}^{\frac{x}{y}}\mathrm{d}x\mathrm{d}y$, D 由抛物线 $y^2=x$,直线 $x=0$ 与 $y=1$ 所围;

(3) $\iint\limits_D \sqrt{x^2-y^2}\mathrm{d}x\mathrm{d}y$, D 是以 $O(0,0)$, $A(1,-1)$, $B(1,1)$ 为顶点的三角形;

(4) $\iint\limits_D \cos(x+y)\mathrm{d}x\mathrm{d}y$, $D=\{(x,y)\mid 0\leqslant x\leqslant \pi, x\leqslant y\leqslant \pi\}$.

3. 交换二次积分 $\int_0^1 \mathrm{d}y\int_y^{1+\sqrt{1-y^2}} f(x,y)\mathrm{d}x$ 的积分次序.

4. 计算 $\iint\limits_D xy\mathrm{d}x\mathrm{d}y$,其中 D 由 $y^2=x$ 及 $y=x-2$ 围成.

5. 计算二重积分 $\iint\limits_D \dfrac{\sin y}{y}\mathrm{d}x\mathrm{d}y$,其中 D 由直线 $y=1$, $y=x$ 及 $x=0$ 围成.

6. 计算二重积分 $\iint\limits_D |y-x^2|\mathrm{d}\sigma$,其中 D 为矩形区域:$-1\leqslant x\leqslant 1, 0\leqslant y\leqslant 1$.

8.3　极坐标系中二重积分的计算

下面考虑在极坐标系下计算二重积分.当积分区域为圆或圆的一部分时,可考虑用极坐标来计算二重积分.

如图 8-13 所示,设有极坐标系下的积分区域 D,我们用一组以极点为圆心的同心圆($r=$常数)及过极点的一组射线($\theta=$常数)将区域 D 分割成 n 个小区域.易证得

$$\Delta\sigma \approx r\Delta r \cdot \Delta\theta \quad (\Delta r \to 0, \Delta\theta \to 0)$$

从而小区域的面积元素为

$$d\sigma = r dr d\theta$$

再根据平面上的点的直角坐标(x,y)与该点的极坐标(r,θ)之间的关系：

$$x = r\cos\theta, \quad y = r\sin\theta$$

得

$$\iint\limits_{D} f(x,y)d\sigma = \iint\limits_{D'} f(r\cos\theta, r\sin\theta) r dr d\theta \quad (8\text{-}4)$$

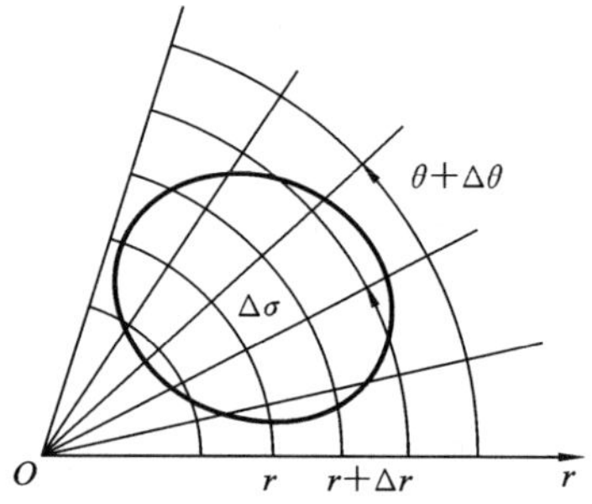

图 8-13

其中 D'是将 D 变换成极坐标(r,θ)所对应的区域.

与直角坐标系相似，在极坐标系下计算二重积分同样要化为关于坐标变量 r 和 θ 的累次积分来计算. 以下针对区域 D 的三种情形加以讨论.

(1) 若极点 O 在区域 D'之外，且 D' 由射线 $\theta=\alpha$，$\theta=\beta$ 和两条连续曲线 $r=r_1(\theta)$，$r=r_2(\theta)$围成，如图 8-14(a)所示，则

$$D' = \{(r,\theta) \mid \alpha \leqslant \theta \leqslant \beta, r_1(\theta) \leqslant r \leqslant r_2(\theta)\}$$

$$\iint\limits_{D'} f(r\cos\theta, r\sin\theta) r dr d\theta = \int_{\alpha}^{\beta} d\theta \int_{r_1(\theta)}^{r_2(\theta)} f(r\cos\theta, r\sin\theta) r dr \quad (8\text{-}5)$$

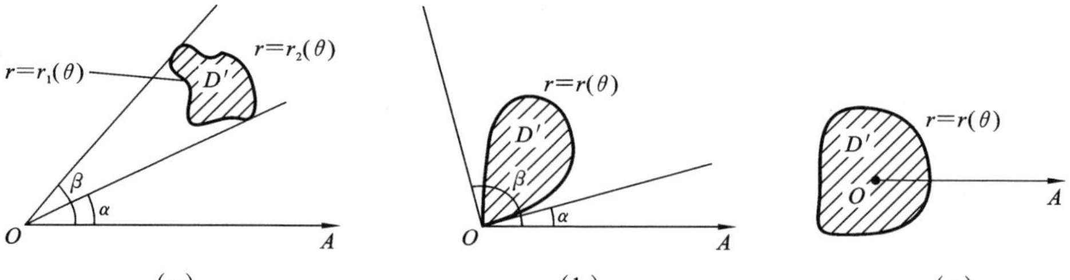

(a) (b) (c)

图 8-14

(2) 若 $r_1(\theta)=0$，即极点 O 在区域 D'的边界上，且 D' 由射线 $\theta=\alpha$，$\theta=\beta$ 和连续曲线 $r=r(\theta)$所围成，如图 8-14(b)所示，则

$$D' = \{(r,\theta) \mid \alpha \leqslant \theta \leqslant \beta, 0 \leqslant r \leqslant r(\theta)\}$$

$$\iint\limits_{D'} f(r\cos\theta, r\sin\theta) r dr d\theta = \int_{\alpha}^{\beta} d\theta \int_{0}^{r(\theta)} f(r\cos\theta, r\sin\theta) r dr \quad (8\text{-}6)$$

(3) 若极点 O 在区域 D'内，且 D'的边界曲线为连续封闭曲线 $r=r(\theta)$ $(0 \leqslant \theta \leqslant 2\pi)$，如图 8-14(c)所示，则

$$D' = \{(r,\theta) \mid 0 \leqslant \theta \leqslant 2\pi, 0 \leqslant r \leqslant r(\theta)\}$$

$$\iint\limits_{D'} f(r\cos\theta, r\sin\theta) r dr d\theta = \int_{0}^{2\pi} d\theta \int_{0}^{r(\theta)} f(r\cos\theta, r\sin\theta) r dr \quad (8\text{-}7)$$

例 8.3.1　在极坐标系计算二重积分：$\iint\limits_D \sin\sqrt{x^2+y^2}\,\mathrm{d}x\mathrm{d}y, D=\{(x,y)\mid \pi^2\leqslant x^2+y^2\leqslant 4\pi^2\}$.

解　积分区域 D 如图 8-15 所示.

D 采用极坐标表示为

$$\pi\leqslant r\leqslant 2\pi,\quad 0\leqslant\theta\leqslant 2\pi$$

所以 $$\iint\limits_D \sin\sqrt{x^2+y^2}\,\mathrm{d}x\mathrm{d}y=\int_0^{2\pi}\mathrm{d}\theta\int_\pi^{2\pi} r\sin r\mathrm{d}r=-2\pi(r\cos r-\sin r)\Big|_\pi^{2\pi}=-6\pi^2$$

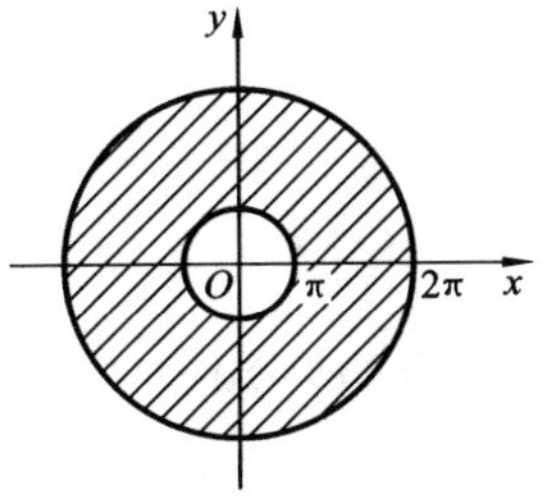

图 8-15

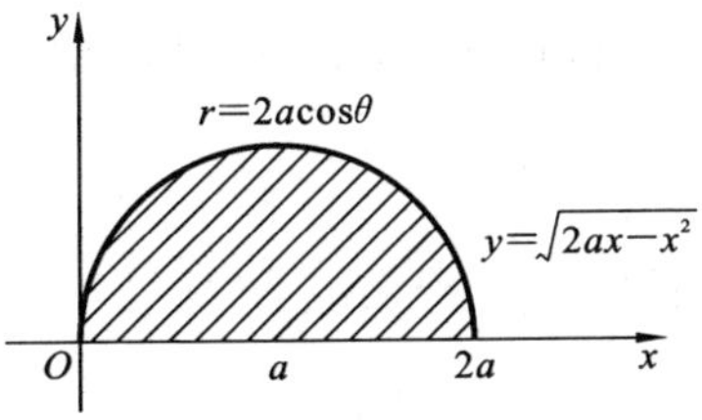

图 8-16

例 8.3.2　将积分 $\int_0^{2a}\mathrm{d}x\int_0^{\sqrt{2ax-x^2}}(x^2+y^2)\mathrm{d}y$ 化为极坐标形式，并计算积分值.

解　积分区域 D 如图 8-16 所示.

D 用极坐标表示为

$$0\leqslant\theta\leqslant\frac{\pi}{2},\quad 0\leqslant r\leqslant 2a\cos\theta$$

所以 $$\int_0^{2a}\mathrm{d}x\int_0^{\sqrt{2ax-x^2}}(x^2+y^2)\mathrm{d}y=\int_0^{\frac{\pi}{2}}\mathrm{d}\theta\int_0^{2a\cos\theta}r^3\mathrm{d}r=\int_0^{\frac{\pi}{2}}\frac{r^4}{4}\Bigg|_0^{2a\cos\theta}\mathrm{d}\theta=4a^4\int_0^{\frac{\pi}{2}}\cos^4\theta\mathrm{d}\theta$$

$$=4a^4\cdot\frac{3}{4}\cdot\frac{1}{2}\cdot\frac{\pi}{2}=\frac{3}{4}\pi a^4$$

注　一般地，当二重积分的积分区域为圆域或圆域一部分，被积函数为 $f(\sqrt{x^2+y^2})$，$f\left(\frac{y}{x}\right)$ 或 $f\left(\frac{x}{y}\right)$ 等形式时，用极坐标计算较方便.

习　题　8.3

1. 在极坐标系下计算二重积分.

(1) $\iint\limits_D \mathrm{e}^{-(x^2+y^2)}\mathrm{d}x\mathrm{d}y$，$D$ 为圆 $x^2+y^2=1$ 所围成的区域；

(2) $\iint\limits_D \mathrm{e}^{-y^2-x^2}\mathrm{d}x\mathrm{d}y$，$D$ 为圆 $x^2+y^2=4$ 所围成的区域；

(3) $\iint\limits_D \sqrt{x^2+y^2}\,\mathrm{d}\sigma, D=\{(x,y)\mid 1\leqslant x^2+y^2\leqslant 4\}$;

(4) $\iint\limits_D \frac{y}{x}\,\mathrm{d}\sigma, D=\{(x,y)\mid 1\leqslant x^2+y^2\leqslant -2x\}$.

2. 将积分 $\int_0^a \mathrm{d}x\int_0^x \sqrt{x^2+y^2}\,\mathrm{d}y$ 化为极坐标形式，并计算积分值.

3. 设区域 $D=\{(x+y)\mid 0\leqslant y<x\leqslant 1\}$，计算二重积分 $I=\iint\limits_D \frac{1}{\sqrt{x^2+y^2}}\mathrm{d}x\mathrm{d}y$.

总 习 题 8

1. 画出积分区域，改变累次积分的积分次序.

(1) $\int_0^2 \mathrm{d}y\int_{y^2}^{2y} f(x,y)\,\mathrm{d}x$;

(2) $\int_1^{\mathrm{e}} \mathrm{d}x\int_0^{\ln x} f(x,y)\,\mathrm{d}y$;

(3) $\int_0^1 \mathrm{d}y\int_{\sqrt{y}}^{3-2y} f(x,y)\,\mathrm{d}x$;

(4) $\int_0^{\pi} \mathrm{d}x\int_{-\sin\frac{x}{2}}^{\sin x} f(x,y)\,\mathrm{d}y$.

2. 计算二次积分 $\int_0^8 \mathrm{d}x\int_{\sqrt[3]{x}}^2 \frac{\mathrm{d}y}{1+y^4}$.

3. 计算二次积分 $\int_{\frac{1}{4}}^{\frac{1}{2}} \mathrm{d}y\int_{\frac{1}{2}}^{\sqrt{y}} \mathrm{e}^{\frac{y}{x}}\,\mathrm{d}x+\int_{\frac{1}{2}}^{1} \mathrm{d}y\int_{y}^{\sqrt{y}} \mathrm{e}^{\frac{y}{x}}\,\mathrm{d}x$.

4. 计算二重积分 $\iint\limits_D y\sqrt{1+x^2-y^2}\,\mathrm{d}\sigma$，其中 D 是由直线 $y=x, x=-1$ 和 $y=1$ 所围成的闭区域.

5. 在极坐标系下计算二重积分.

(1) $\iint\limits_D \arctan\frac{x}{y}\,\mathrm{d}x\mathrm{d}y$，$D$ 是由 $x^2+y^2=4, x^2+y^2=1$ 及直线 $y=0, y=x$ 所围成的在第一象限内的闭区域；

(2) $\iint\limits_D (x+y)\,\mathrm{d}x\mathrm{d}y$，$D$ 是由曲线 $x^2+y^2=x+y$ 所包围的闭区域.

6. 将下列积分化为极坐标形式，并计算积分值.

(1) $\int_0^1 \mathrm{d}x\int_{x^2}^{x} (x^2+y^2)^{-\frac{1}{2}}\,\mathrm{d}y$;

(2) $\int_0^a \mathrm{d}y\int_0^{\sqrt{a^2-y^2}} (x^2+y^2)\,\mathrm{d}x$.

第 8 章习题答案

第9章 行 列 式

9.1 n阶行列式的定义

9.1.1 二阶与三阶行列式

设有线性方程组

$$\begin{cases} a_{11}x_1+a_{12}x_2=b_1 \\ a_{21}x_1+a_{22}x_2=b_2 \end{cases} \tag{9-1}$$

其中 x_1,x_2 表示未知量，$a_{ij}(i=1,2;j=1,2)$表示未知量的系数，b_1,b_2 表示常数项.

用加减消元法，以 a_{22}乘方程组的第一式，以 a_{12}乘第二式得

$$\begin{cases} a_{22}a_{11}x_1+a_{22}a_{12}x_2=a_{22}b_1 \\ a_{12}a_{21}x_1+a_{12}a_{22}x_2=a_{12}b_2 \end{cases} \tag{9-2}$$

在方程组(9-2)中第一式减去第二式，消去 x_2，得

$$(a_{11}a_{22}-a_{12}a_{21})x_1=b_1a_{22}-b_2a_{12}$$

如果 $a_{11}a_{22}-a_{12}a_{21}\neq 0$，则 $x_1=\dfrac{b_1a_{22}-b_2a_{12}}{a_{11}a_{22}-a_{12}a_{21}}$.

同理，在方程组(9-1)中，用 a_{21}乘方程组的第一式，a_{11}乘第二式，然后相减，在 $a_{11}a_{22}-a_{12}a_{21}\neq 0$ 的情况下，得 $x_2=\dfrac{b_2a_{11}-b_1a_{21}}{a_{11}a_{22}-a_{12}a_{21}}$.

因此，方程组(9-1)只要适合条件 $a_{11}a_{22}-a_{12}a_{21}\neq 0$，则有解

$$x_1=\frac{b_1a_{22}-b_2a_{12}}{a_{11}a_{22}-a_{12}a_{21}},\quad x_2=\frac{b_2a_{11}-b_1a_{21}}{a_{11}a_{22}-a_{12}a_{21}} \tag{9-3}$$

这就是线性方程组(9-1)的公式解. 但式(9-3)不好记忆，为此我们引入下面的记号，它更能反映方程组(9-1)解的规律.

定义 9.1.1 记号

$$D=\begin{vmatrix} a_{11} & a_{12} \\ a_{21} & a_{22} \end{vmatrix}=a_{11}a_{22}-a_{12}a_{21} \tag{9-4}$$

称 D 为**二阶行列式**，有时记为 $D=\det(a_{ij})$，它表示一种运算. 二阶行列式的计算满足对角线法则，即：从左上角到右下角的主对角线上的元素之积减去从右上角到左下

角的副对角线上的元素之积，二阶行列式的计算结果是一个数. 其中，a_{11}，a_{22} 称为主对角元，a_{12}，a_{21} 称为副对角元，连接主对角元的线称为主对角线，连接副对角元的线称为副对角线，如图 9-1 所示.

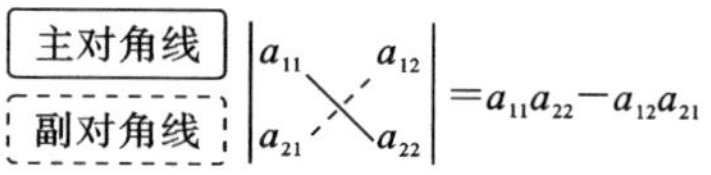

图 9-1

由此法则，于是就有

$$D_1 = \begin{vmatrix} b_1 & a_{12} \\ b_2 & a_{22} \end{vmatrix} = b_1 a_{22} - b_2 a_{12}, \quad D_2 = \begin{vmatrix} a_{11} & b_1 \\ a_{21} & b_2 \end{vmatrix} = b_2 a_{11} - b_1 a_{21}$$

有了二阶行列式，式(9-3)就可以很有规律地表示为

$$x_1 = \frac{\begin{vmatrix} b_1 & a_{12} \\ b_2 & a_{22} \end{vmatrix}}{\begin{vmatrix} a_{11} & a_{12} \\ a_{21} & a_{22} \end{vmatrix}} = \frac{D_1}{D}, \quad x_2 = \frac{\begin{vmatrix} a_{11} & b_1 \\ a_{21} & b_2 \end{vmatrix}}{\begin{vmatrix} a_{11} & a_{12} \\ a_{21} & a_{22} \end{vmatrix}} = \frac{D_2}{D} \tag{9-5}$$

称式(9-5)为二元线性方程组(9-1)的**公式解**. 可以看出，式(9-5)中位于分母的二阶行列式相同，都是方程组(9-1)中未知量的系数按原来的位置排成的，我们称其为方程组(9-1)的系数行列式. 对分子而言，x_1 的表达式中分子 D_1 正好是以常数项替换系数行列式中 x_1 的系数所得到的二阶行列式，x_2 的表达式中分子 D_2 正好是以常数项替换系数行列式中 x_2 的系数所得到的二阶行列式.

这样表示以后，解的形式简单规范，便于书写记忆，而且鲜明地给出了二元线性方程组(9-1)的解与其系数和常数项的关系.

例 9.1.1 解方程组 $\begin{cases} 2x_1 + 3x_2 = 13 \\ 5x_1 - 4x_2 = -2 \end{cases}$.

解 因

$$D = \begin{vmatrix} 2 & 3 \\ 5 & -4 \end{vmatrix} = -23, \quad D_1 = \begin{vmatrix} 13 & 3 \\ -2 & -4 \end{vmatrix} = -46, \quad D_2 = \begin{vmatrix} 2 & 13 \\ 5 & -2 \end{vmatrix} = -69$$

所以根据式(9-5)得 $x_1 = 2$，$x_2 = 3$.

设有三元线性方程组

$$\begin{cases} a_{11}x_1 + a_{12}x_2 + a_{13}x_3 = b_1 \\ a_{21}x_1 + a_{22}x_2 + a_{23}x_3 = b_2 \\ a_{31}x_1 + a_{32}x_2 + a_{33}x_3 = b_3 \end{cases} \tag{9-6}$$

与前面一样，用加减消元法，先消去 x_3，得到只含 x_1 和 x_2 的二元线性方程组，然后再用消元法消去 x_2，就得到：

$$(a_{11}a_{22}a_{33} + a_{12}a_{23}a_{31} + a_{13}a_{21}a_{32} - a_{31}a_{22}a_{13} - a_{21}a_{12}a_{33} - a_{11}a_{32}a_{23})x_1$$
$$= b_1a_{22}a_{33} + b_2a_{32}a_{13} + b_3a_{12}a_{23} - b_3a_{22}a_{13} - b_2a_{12}a_{33} - b_1a_{32}a_{23}$$

定义 9.1.2 记号

$$D=\begin{vmatrix} a_{11} & a_{12} & a_{13} \\ a_{21} & a_{22} & a_{23} \\ a_{31} & a_{32} & a_{33} \end{vmatrix}$$
$$=a_{11}a_{22}a_{33}+a_{12}a_{23}a_{31}+a_{13}a_{21}a_{32}-a_{31}a_{22}a_{13}-a_{21}a_{12}a_{33}-a_{11}a_{32}a_{23} \tag{9-7}$$

称 D 为**三阶行列式**. 其计算规律遵循图 9-2 所示的对角线法则.

三条实线看作是平行于主对角线的连线,三条虚线看作是平行于副对角线的连线. 实线上三元素的乘积冠以正号,虚线上三元素的乘积冠以负号. 六项相加的代数和便是三阶行列式的展开式.

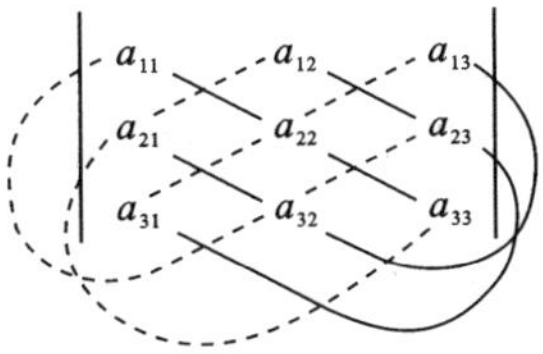

图 9-2

称式(9-7)为三元线性方程组(9-6)的系数行列式,于是当 $D\neq 0$ 时,该方程组有唯一解:

$$x_1=\frac{D_1}{D},\quad x_2=\frac{D_2}{D},\quad x_3=\frac{D_3}{D} \tag{9-8}$$

称式(9-8)为三元线性方程组(9-6)的**公式解**. 其中 D_1、D_2、D_3 分别是在系数行列式中用 b_1、b_2、b_3 代替 x_1、x_2、x_3 的相应系数而得到的行列式. 即

$$D_1=\begin{vmatrix} b_1 & a_{12} & a_{13} \\ b_2 & a_{22} & a_{23} \\ b_3 & a_{32} & a_{33} \end{vmatrix},\quad D_2=\begin{vmatrix} a_{11} & b_1 & a_{13} \\ a_{21} & b_2 & a_{23} \\ a_{31} & b_3 & a_{33} \end{vmatrix},\quad D_3=\begin{vmatrix} a_{11} & a_{12} & b_1 \\ a_{21} & a_{22} & b_2 \\ a_{31} & a_{32} & b_3 \end{vmatrix}$$

例 9.1.2 计算下列行列式 $\begin{vmatrix} 1 & 3 & 2 \\ 2 & 1 & 3 \\ 3 & 2 & 1 \end{vmatrix}$.

解 $$\begin{vmatrix} 1 & 3 & 2 \\ 2 & 1 & 3 \\ 3 & 2 & 1 \end{vmatrix}=1\times1\times1+3\times3\times3+2\times2\times2-2\times1\times3-3\times2\times1-1\times3\times2$$
$$=18$$

例 9.1.3 解三元线性方程组 $\begin{cases} -2x+y+z=-2 \\ x+y+4z=0 \\ 3x-7y+5z=5 \end{cases}$.

解 先计算系数行列式

$$D=\begin{vmatrix} -2 & 1 & 1 \\ 1 & 1 & 4 \\ 3 & -7 & 5 \end{vmatrix}=-10+12-7-3-56-5=-69\neq 0$$

再计算 D_1, D_2, D_3:

$$D_1=\begin{vmatrix} -2 & 1 & 1 \\ 0 & 1 & 4 \\ 5 & -7 & 5 \end{vmatrix}=-51,\quad D_2=\begin{vmatrix} -2 & -2 & 1 \\ 1 & 0 & 4 \\ 3 & 5 & 5 \end{vmatrix}=31,\quad D_3=\begin{vmatrix} -2 & 1 & -2 \\ 1 & 1 & 0 \\ 3 & -7 & 5 \end{vmatrix}=5$$

得 $x=\frac{D_1}{D}=\frac{17}{23}, y=\frac{D_2}{D}=-\frac{31}{69}, z=\frac{D_3}{D}=-\frac{5}{69}$.

一般地,将 n^2 个数 $a_{ij}(i,j=1,2,\cdots,n)$ 排成 n 行 n 列,a_{ij} 是位于第 i 行、第 j 列的元素,并在左、右侧各加一竖线 $\begin{vmatrix} a_{11} & a_{12} & \cdots & a_{1n} \\ a_{21} & a_{22} & \cdots & a_{2n} \\ \vdots & \vdots & & \vdots \\ a_{n1} & a_{n2} & \cdots & a_{nn} \end{vmatrix}$ 称之为一个 n 阶行列式.

那么,该如何定义 n 阶行列式的值,又该如何计算 n 阶行列式呢?

9.1.2 n 阶行列式

根据二阶和三阶行列式的定义,我们可以把一个三阶行列式表示成如下形式:

$$D=\begin{vmatrix} a_{11} & a_{12} & a_{13} \\ a_{21} & a_{22} & a_{23} \\ a_{31} & a_{32} & a_{33} \end{vmatrix}=a_{11}\cdot\begin{vmatrix} a_{22} & a_{23} \\ a_{32} & a_{33} \end{vmatrix}-a_{12}\cdot\begin{vmatrix} a_{21} & a_{23} \\ a_{31} & a_{33} \end{vmatrix}+a_{13}\cdot\begin{vmatrix} a_{21} & a_{22} \\ a_{31} & a_{32} \end{vmatrix}$$

此即表明,三阶行列式可以用二阶行列式来表示. 这就启发我们:能不能将高阶行列式用一些低阶行列式来表示呢? 这即是所谓行列式的展开问题. 为此,我们引入余子式和代数余子式的概念.

定义 9.1.3 在 n 阶行列式 $D=\begin{vmatrix} a_{11} & a_{12} & \cdots & a_{1n} \\ a_{21} & a_{22} & \cdots & a_{2n} \\ \vdots & \vdots & & \vdots \\ a_{n1} & a_{n2} & \cdots & a_{nn} \end{vmatrix}$ 中划去元素 a_{ij} 所在的第 i 行和第 j 列后,余下的元素按原来的顺序组成的 $n-1$ 阶行列式称为元素 a_{ij} 的余子式,记作 M_{ij}. 而 $A_{ij}=(-1)^{i+j}M_{ij}$ 称为元素 a_{ij} 的代数余子式.

例如,四阶行列式 $\begin{vmatrix} a_{11} & a_{12} & a_{13} & a_{14} \\ a_{21} & a_{22} & a_{23} & a_{24} \\ a_{31} & a_{32} & a_{33} & a_{34} \\ a_{41} & a_{42} & a_{43} & a_{44} \end{vmatrix}$ 中 a_{34} 的余子式是 $M_{34}=\begin{vmatrix} a_{11} & a_{12} & a_{13} \\ a_{21} & a_{22} & a_{23} \\ a_{41} & a_{42} & a_{43} \end{vmatrix}$, a_{34} 的代数余子式 $A_{34}=(-1)^{3+4}M_{34}=-M_{34}$.

注意余子式和代数余子式的区别,当元素 a_{ij} 的行指标与列指标和 $(i+j)$ 为偶数时,代数余子式和余子式相等,当 $(i+j)$ 为奇数时,代数余子式和余子式相差一个负号.

定理 9.1.1 n 阶行列式

$$D=\begin{vmatrix} a_{11} & a_{12} & \cdots & a_{1n} \\ a_{21} & a_{22} & \cdots & a_{2n} \\ \vdots & \vdots & & \vdots \\ a_{n1} & a_{n2} & \cdots & a_{nn} \end{vmatrix}$$

等于它的任意一行(列)的各元素与其对应代数余子式乘积的和,即

$$D=a_{i1}A_{i1}+a_{i2}A_{i2}+\cdots+a_{in}A_{in}\quad(i=1,2,\cdots,n)\tag{9-9}$$

或

$$D=a_{1j}A_{1j}+a_{2j}A_{2j}+\cdots+a_{nj}A_{nj}\quad(j=1,2,\cdots,n)\tag{9-10}$$

此定理称为行列式按行(列)展开法则(拉普拉斯展开定理),也可以视为 n 阶行列式的定义.

定理 9.1.2* n 阶行列式 D 的某一行(列)的元素与另一行(列)对应元素的代数余子式乘积之和等于零,即

$$a_{i1}A_{s1}+a_{i2}A_{s2}+\cdots+a_{in}A_{sn}=0\quad(i\neq s)\tag{9-11}$$

和

$$a_{1j}A_{1t}+a_{2j}A_{2t}+\cdots+a_{nj}A_{nt}=0\quad(j\neq t)\tag{9-12}$$

综合定理 9.1.1 及定理 9.1.2,得到

$$a_{i1}A_{s1}+a_{i2}A_{s2}+\cdots+a_{in}A_{sn}=\begin{cases}D, & i=s\\ 0, & i\neq s\end{cases}\tag{9-13}$$

$$a_{1j}A_{1t}+a_{2j}A_{2t}+\cdots+a_{nj}A_{nt}=\begin{cases}D, & j=t\\ 0, & j\neq t\end{cases}\tag{9-14}$$

例 9.1.4 计算上三角行列式 $\begin{vmatrix}a_{11} & a_{12} & \cdots & a_{1n}\\ 0 & a_{22} & \cdots & a_{2n}\\ \vdots & \vdots & & \vdots\\ 0 & 0 & \cdots & a_{nn}\end{vmatrix}$.

这个行列式的特点是主对角线下方的元素都是零,称它为上三角行列式.称主对角线上方的元素都是零的行列式为下三角行列式.称主对角线以外元素都是零的行列式为对角行列式.

解 按展开式定理可知:上式 $=a_{11}a_{22}\cdots a_{nn}$,即该行列式等于主对角线上元素的乘积.

同理可得

$$\begin{vmatrix}a_{11} & 0 & \cdots & 0\\ a_{21} & a_{22} & \cdots & 0\\ \vdots & \vdots & & \vdots\\ a_{n1} & a_{n2} & \cdots & a_{nn}\end{vmatrix}=\begin{vmatrix}a_{11} & 0 & \cdots & 0\\ 0 & a_{22} & \cdots & 0\\ \vdots & \vdots & & \vdots\\ 0 & 0 & \cdots & a_{nn}\end{vmatrix}=a_{11}a_{22}\cdots a_{nn}\tag{9-15}$$

一般地,可以证明:

$$\begin{vmatrix}0 & 0 & \cdots & 0 & a_{1n}\\ 0 & 0 & \cdots & a_{2,n-1} & 0\\ \vdots & \vdots & & \vdots & \vdots\\ 0 & a_{n-1,2} & \cdots & 0 & 0\\ a_{n1} & 0 & \cdots & 0 & 0\end{vmatrix}=\begin{vmatrix}0 & 0 & \cdots & 0 & a_{1n}\\ 0 & 0 & \cdots & a_{2,n-1} & a_{2n}\\ \vdots & \vdots & & \vdots & \vdots\\ 0 & a_{n-1,2} & \cdots & a_{n-1,n-1} & a_{n-1,n}\\ a_{n1} & a_{n2} & \cdots & a_{n,n-1} & a_{nn}\end{vmatrix}$$

$$
=\begin{vmatrix} a_{11} & a_{12} & \cdots & a_{1,n-1} & a_{1n} \\ a_{21} & a_{22} & \cdots & a_{2,n-1} & 0 \\ \vdots & \vdots & & \vdots & \vdots \\ a_{n-1,1} & a_{n-1,2} & \cdots & 0 & 0 \\ a_{n1} & 0 & \cdots & 0 & 0 \end{vmatrix}
$$

$$
=(-1)^{\frac{n(n-1)}{2}}\cdot a_{1n}a_{2,n-1}\cdot\cdots\cdot a_{n1} \tag{9-16}
$$

例 9.1.5 计算行列式 $\begin{vmatrix} 1 & 2 & 3 \\ 0 & 2 & 0 \\ 4 & 2 & 6 \end{vmatrix}$.

解 由行列式的展开定理,按第 2 行展开,可得

$$
\begin{vmatrix} 1 & 2 & 3 \\ 0 & 2 & 0 \\ 4 & 2 & 6 \end{vmatrix}=2\times(-1)^{2+2}\begin{vmatrix} 1 & 3 \\ 4 & 6 \end{vmatrix}=2\times(6-12)=-12
$$

习 题 9.1

1. 用对角线法则计算下列行列式.

(1) $\begin{vmatrix} 1 & 2 \\ 3 & -1 \end{vmatrix}$; (2) $\begin{vmatrix} 1 & 0 & 2 \\ 0 & 3 & 2 \\ 1 & 2 & 1 \end{vmatrix}$; (3) $\begin{vmatrix} 1 & 2 & 0 \\ -2 & -1 & 1 \\ -1 & 1 & 3 \end{vmatrix}$.

2. 用行列式法求解下列线性方程组.

(1) $\begin{cases} 5x_1-x_2=2 \\ 3x_1+2x_2=9 \end{cases}$; (2) $\begin{cases} x_1-2x_2+x_3=-2 \\ 2x_1+x_2-3x_3=1 \\ -x_1+x_2-x_3=0 \end{cases}$.

3. 求行列式 $D=\begin{vmatrix} 1 & 0 & -1 & 3 \\ 0 & 1 & 2 & 4 \\ -3 & 5 & 0 & 0 \\ 2 & 0 & 0 & 1 \end{vmatrix}$ 中的元素 a_{12},a_{44} 的余子式 M_{12},M_{44} 和代数余子式 A_{12},A_{44}.

4. 用行列式展开定理计算行列式 $\begin{vmatrix} 2 & 0 & 0 & 0 \\ 5 & 4 & 1 & 2 \\ 4 & 0 & 0 & 2 \\ 6 & 1 & 2 & 3 \end{vmatrix}$.

5. 已知四阶行列式 D 中第三列元素依次为 $-1,2,0,1$,它们的余子式依次分别为 $5,3,-7,4$,求 D.

9.2　n 阶行列式的性质及计算

9.2.1　n 阶行列式的性质

设行列式

$$D=\begin{vmatrix} a_{11} & a_{12} & \cdots & a_{1n} \\ a_{21} & a_{22} & \cdots & a_{2n} \\ \vdots & \vdots & & \vdots \\ a_{n1} & a_{n2} & \cdots & a_{nn} \end{vmatrix}$$

将行列式 D 的行列位置进行互换，得到新的行列式，记为

$$D'=D^{\mathrm{T}}=\begin{vmatrix} a_{11} & a_{21} & \cdots & a_{n1} \\ a_{12} & a_{22} & \cdots & a_{n2} \\ \vdots & \vdots & & \vdots \\ a_{1n} & a_{2n} & \cdots & a_{nn} \end{vmatrix}$$

称 D'（或 D^{T}）为 D 的转置行列式. 显然 $(D^{\mathrm{T}})^{\mathrm{T}}=D$. 由行列式定义，可得行列式的性质.

性质 1（转置性质）　行列式的行列互换，其值不变，即 $D^{\mathrm{T}}=D$.

性质 1 表明行列式的行和列具有同等的地位，即行列式的行所具有的一切性质对列仍然成立.

性质 2（数乘性质）

$$\begin{vmatrix} a_{11} & a_{12} & \cdots & a_{1n} \\ \vdots & \vdots & & \vdots \\ ka_{i1} & ka_{i2} & \cdots & ka_{in} \\ \vdots & \vdots & & \vdots \\ a_{n1} & a_{n2} & \cdots & a_{nn} \end{vmatrix}=k\begin{vmatrix} a_{11} & \cdots & a_{1n} \\ \vdots & & \vdots \\ a_{i1} & \cdots & a_{in} \\ \vdots & & \vdots \\ a_{n1} & \cdots & a_{nn} \end{vmatrix} \tag{9-17}$$

即某一行的公因子可以提到行列式外面，或者说以一数乘行列式的某一行就相当于用这个数乘此行列式.

性质 3（拆分性质）

$$\begin{vmatrix} a_{11} & \cdots & a_{1n} \\ \vdots & & \vdots \\ b_{i1}+c_{i1} & \cdots & b_{in}+c_{in} \\ \vdots & & \vdots \\ a_{n1} & \cdots & a_{nn} \end{vmatrix}=\begin{vmatrix} a_{11} & \cdots & a_{1n} \\ \vdots & & \vdots \\ b_{i1} & \cdots & b_{in} \\ \vdots & & \vdots \\ a_{n1} & \cdots & a_{nn} \end{vmatrix}+\begin{vmatrix} a_{11} & \cdots & a_{1n} \\ \vdots & & \vdots \\ c_{i1} & \cdots & c_{in} \\ \vdots & & \vdots \\ a_{n1} & \cdots & a_{nn} \end{vmatrix} \tag{9-18}$$

即如果某一行是两组数的和，那么这个行列式就等于两个行列式的和，而这两个行列

式除这一行以外全与原来行列式的对应的行一样.

性质 4 如果行列式中有两行相同,那么行列式为零(所谓两行相同就是说两行的对应元素相等).

推论 如果行列式中两行元素对应成比例,那么行列式为零.

性质 5(倍加性质) 把行列式中的某一行的倍数加到另一行上去,其行列式的值不变,即

$$\begin{vmatrix} a_{11} & \cdots & a_{1n} \\ \vdots & & \vdots \\ a_{i1} & \cdots & a_{in} \\ \vdots & & \vdots \\ a_{k1} & \cdots & a_{kn} \\ \vdots & & \vdots \\ a_{n1} & \cdots & a_{nn} \end{vmatrix} \xlongequal{r_k + cr_i} \begin{vmatrix} a_{11} & \cdots & a_{1n} \\ \vdots & & \vdots \\ a_{i1} & \cdots & a_{in} \\ \vdots & & \vdots \\ a_{k1} + c \cdot a_{i1} & \cdots & a_{kn} + c \cdot a_{in} \\ \vdots & & \vdots \\ a_{n1} & \cdots & a_{nn} \end{vmatrix} \tag{9-19}$$

上式中,符号 $r_k + cr_i$ 表示将第 i 行的 c 倍加到第 k 行上去.

性质 6 对换行列式中两行的位置,行列式反号.

$$\begin{vmatrix} a_{11} & \cdots & a_{1n} \\ \vdots & & \vdots \\ a_{i1} & \cdots & a_{in} \\ \vdots & & \vdots \\ a_{k1} & \cdots & a_{kn} \\ \vdots & & \vdots \\ a_{n1} & \cdots & a_{nn} \end{vmatrix} = - \begin{vmatrix} a_{11} & \cdots & a_{1n} \\ \vdots & & \vdots \\ a_{k1} & \cdots & a_{kn} \\ \vdots & & \vdots \\ a_{i1} & \cdots & a_{in} \\ \vdots & & \vdots \\ a_{n1} & \cdots & a_{nn} \end{vmatrix} \tag{9-20}$$

有了上述性质,我们就可以计算一般的 n 阶行列式.

9.2.2 利用行列式的性质化为上三角行列式进行计算

例 9.2.1 计算四阶行列式 $D = \begin{vmatrix} 1 & \frac{3}{2} & \frac{1}{2} & 0 \\ 4 & -2 & -1 & -1 \\ -2 & 1 & 2 & 1 \\ -4 & 3 & 2 & 1 \end{vmatrix}$.

解 先利用数乘性质,以 2 乘以第 1 行,再以 $\frac{1}{2}$ 乘以行列式,使行列式的元素都为整数. 再利用行列式倍加性质,将其化为上三角行列式.

$$D \xlongequal{2r_1} \frac{1}{2}\begin{vmatrix} 2 & 3 & 1 & 0 \\ 4 & -2 & -1 & -1 \\ -2 & 1 & 2 & 1 \\ -4 & 3 & 2 & 1 \end{vmatrix} \xlongequal[\substack{r_3+r_1 \\ r_4+2r_1}]{r_2-2r_1} \frac{1}{2}\begin{vmatrix} 2 & 3 & 1 & 0 \\ 0 & -8 & -3 & -1 \\ 0 & 4 & 3 & 1 \\ 0 & 9 & 4 & 1 \end{vmatrix}$$

$$\xlongequal{r_2+r_4} \frac{1}{2}\begin{vmatrix} 2 & 3 & 1 & 0 \\ 0 & 1 & 1 & 0 \\ 0 & 4 & 3 & 1 \\ 0 & 9 & 4 & 1 \end{vmatrix} \xlongequal[r_4-9r_2]{r_3-4r_2} \frac{1}{2}\begin{vmatrix} 2 & 3 & 1 & 0 \\ 0 & 1 & 1 & 0 \\ 0 & 0 & -1 & 1 \\ 0 & 0 & -5 & 1 \end{vmatrix}$$

$$\xlongequal{r_4-5r_3} \frac{1}{2}\begin{vmatrix} 2 & 3 & 1 & 0 \\ 0 & 1 & 1 & 0 \\ 0 & 0 & -1 & 1 \\ 0 & 0 & 0 & -4 \end{vmatrix}$$

$$=\frac{1}{2}\times 2\times 1\times(-1)\times(-4)=4$$

例 9.2.2　计算 $D=\begin{vmatrix} 2 & -5 & 1 & 2 \\ -3 & 7 & -1 & 4 \\ 5 & -9 & 2 & 7 \\ 4 & -6 & 1 & 2 \end{vmatrix}$.

解　$D=\begin{vmatrix} 2 & -5 & 1 & 2 \\ -3 & 7 & -1 & 4 \\ 5 & -9 & 2 & 7 \\ 4 & -6 & 1 & 2 \end{vmatrix} \xlongequal{c_1\leftrightarrow c_3} -\begin{vmatrix} 1 & -5 & 2 & 2 \\ -1 & 7 & -3 & 4 \\ 2 & -9 & 5 & 7 \\ 1 & -6 & 4 & 2 \end{vmatrix}$

$$\xrightarrow[\substack{r_3-2r_1 \\ r_4-r_1}]{r_2+r_1} -\begin{vmatrix} 1 & -5 & 2 & 2 \\ 0 & 2 & -1 & 6 \\ 0 & 1 & 1 & 3 \\ 0 & -1 & 2 & 0 \end{vmatrix} \xlongequal[r_3+r_4]{r_2+2r_4} -\begin{vmatrix} 1 & -5 & 2 & 2 \\ 0 & 0 & 3 & 6 \\ 0 & 0 & 3 & 3 \\ 0 & -1 & 2 & 0 \end{vmatrix}$$

$$\xlongequal{r_2\leftrightarrow r_4} \begin{vmatrix} 1 & -5 & 2 & 2 \\ 0 & -1 & 2 & 0 \\ 0 & 0 & 3 & 3 \\ 0 & 0 & 3 & 6 \end{vmatrix} \xlongequal{r_4-r_3} \begin{vmatrix} 1 & -5 & 2 & 2 \\ 0 & -1 & 2 & 0 \\ 0 & 0 & 3 & 3 \\ 0 & 0 & 0 & 3 \end{vmatrix} = -9$$

例 9.2.3　计算 $D=\begin{vmatrix} a & b & b & b \\ b & a & b & b \\ b & b & a & b \\ b & b & b & a \end{vmatrix}$.

解 $D=\begin{vmatrix} a & b & b & b \\ b & a & b & b \\ b & b & a & b \\ b & b & b & a \end{vmatrix} \xlongequal[r_1+r_4]{\substack{r_1+r_2\\ r_1+r_3}} \begin{vmatrix} a+3b & a+3b & a+3b & a+3b \\ b & a & b & b \\ b & b & a & b \\ b & b & b & a \end{vmatrix}$

$$\xlongequal{r_1\times\frac{1}{a+3b}}(a+3b)\begin{vmatrix} 1 & 1 & 1 & 1 \\ b & a & b & b \\ b & b & a & b \\ b & b & b & a \end{vmatrix} \xlongequal[i=2,3,4]{r_i-br_1}(a+3b)\begin{vmatrix} 1 & 1 & 1 & 1 \\ 0 & a-b & 0 & 0 \\ 0 & 0 & a-b & 0 \\ 0 & 0 & 0 & a-b \end{vmatrix}$$

$=(a+3b)(a-b)^3$

9.2.3 综合利用行列式的性质及展开定理进行计算

在计算高阶行列式时，一般是首先利用行列式的性质将行列式中某一行(列)化为仅含一个非零元素，再利用行列式按行(列)展开法则(拉普拉斯展开定理)，将其降为低一阶的行列式，直至降为二阶或三阶行列式.

例 9.2.4 计算行列式

$$D=\begin{vmatrix} 2 & 3 & 1 & 0 \\ 4 & -2 & -1 & -1 \\ -2 & 1 & 2 & 1 \\ -4 & 3 & 2 & 1 \end{vmatrix}$$

解 第 4 列较简单，并且还有一个 0，所以对行作运算，使第 4 列除一个元素为非零外，其余元素都是 0，具体计算如下：

$$D\xlongequal[r_4-r_3]{r_2+r_3}\begin{vmatrix} 2 & 3 & 1 & 0 \\ 2 & -1 & 1 & 0 \\ -2 & 1 & 2 & 1 \\ -2 & 2 & 0 & 0 \end{vmatrix} \xlongequal{\text{按第 4 列展开}} 1\times(-1)^{3+4}\begin{vmatrix} 2 & 3 & 1 \\ 2 & -1 & 1 \\ -2 & 2 & 0 \end{vmatrix}$$

$$\xlongequal{r_2-r_1}-\begin{vmatrix} 2 & 3 & 1 \\ 0 & -4 & 0 \\ -2 & 2 & 0 \end{vmatrix} \xlongequal{\text{按第 2 行展开}} -1\times(-4)\times(-1)^{2+2}\begin{vmatrix} 2 & 1 \\ -2 & 0 \end{vmatrix}$$

$=8$

例 9.2.5 计算行列式

$$D=\begin{vmatrix} 3 & 1 & -1 & 2 \\ -5 & 1 & 3 & -4 \\ 2 & 0 & 1 & -1 \\ 1 & -5 & 3 & -3 \end{vmatrix}$$

解 $D\xlongequal[r_4+5r_1]{r_2-r_1}\begin{vmatrix}3&1&-1&2\\-8&0&4&-6\\2&0&1&-1\\16&0&-2&7\end{vmatrix}\xlongequal{\text{按第二列展开}}1\times(-1)^{1+2}\begin{vmatrix}-8&4&-6\\2&1&-1\\16&-2&7\end{vmatrix}$

$\xlongequal[c_3+c_2]{c_1-2c_2}-\begin{vmatrix}-16&4&-2\\0&1&0\\20&-2&5\end{vmatrix}\xlongequal{\text{按第二行展开}}-1\times(-1)^{2+2}\begin{vmatrix}-16&-2\\20&5\end{vmatrix}=40$

习 题 9.2

1. 利用行列式的性质计算下列行列式的值. 其中 $\begin{vmatrix}a_{11}&a_{12}&a_{13}\\a_{21}&a_{22}&a_{23}\\a_{31}&a_{32}&a_{33}\end{vmatrix}=2$.

(1) $\begin{vmatrix}6a_{11}&-3a_{12}&-15a_{13}\\-2a_{21}&a_{22}&5a_{23}\\-2a_{31}&a_{32}&5a_{33}\end{vmatrix}$；(2) $\begin{vmatrix}a_{11}&a_{11}-3a_{12}&a_{13}-a_{11}\\a_{21}&a_{21}-3a_{22}&a_{23}-a_{21}\\a_{31}&a_{31}-3a_{32}&a_{33}-a_{31}\end{vmatrix}$.

2. 利用行列式的性质计算下列行列式.

(1) $D=\begin{vmatrix}3&1&1&1\\1&3&1&1\\1&1&3&1\\1&1&1&3\end{vmatrix}$；　(2) $D=\begin{vmatrix}1+\lambda&1&1&1\\1&1+\lambda&1&1\\1&1&1+\lambda&1\\1&1&1&1+\lambda\end{vmatrix}$.

3. 用拉普拉斯展开法计算下列行列式的值.

(1) $\begin{vmatrix}1&0&2\\0&3&2\\1&2&1\end{vmatrix}$；　(2) $\begin{vmatrix}1&2&0\\-2&-1&1\\-1&1&3\end{vmatrix}$；　(3) $\begin{vmatrix}1&2&3&4\\1&0&1&2\\3&0&-1&2\\1&-1&0&5\end{vmatrix}$；

(4) $\begin{vmatrix}0&1&2&3\\1&0&1&2\\2&1&0&1\\3&2&1&0\end{vmatrix}$；　(5) $\begin{vmatrix}3&0&4&0\\2&2&2&2\\0&-7&0&0\\5&3&-2&2\end{vmatrix}$.

4. 计算 n 阶行列式

$$D=\begin{vmatrix}a&b&\cdots&b\\b&a&\cdots&b\\\vdots&\vdots&&\vdots\\b&b&\cdots&a\end{vmatrix}$$

(主对角线元素都为 a,其他元素都为 b).

9.3 行列式的应用——克拉默法则

定理 9.3.1(克拉默法则) 如果线性方程组

$$\begin{cases} a_{11}x_1+\cdots+a_{1n}x_n=b_1 \\ a_{21}x_1+\cdots+a_{2n}x_n=b_2 \\ \qquad\qquad\vdots \\ a_{n1}x_1+\cdots+a_{nn}x_n=b_n \end{cases} \tag{9-21}$$

的系数行列式 $D=\begin{vmatrix} a_{11} & \cdots & a_{1n} \\ a_{21} & \cdots & a_{2n} \\ \vdots & & \vdots \\ a_{n1} & \cdots & a_{nn} \end{vmatrix}\neq 0$,则线性方程组(9-21)有且仅有唯一解

$$x_1=\frac{D_1}{D},x_2=\frac{D_2}{D},\cdots,x_n=\frac{D_n}{D} \tag{9-22}$$

其中,D_j是把行列式 D 的第 j 列元素换成方程组的常数项 $b_1,b_2,\cdots,b_n$而得到的 n 阶行列式,即

$$D_j=\begin{vmatrix} a_{11} & \cdots & a_{1,j-1} & b_1 & a_{1,j+1} & \cdots & a_{1n} \\ a_{21} & \cdots & a_{2,j-1} & b_2 & a_{2,j+1} & \cdots & a_{2n} \\ \vdots & & \vdots & \vdots & \vdots & & \vdots \\ a_{n1} & \cdots & a_{n,j-1} & b_n & a_{n,j+1} & \cdots & a_{nn} \end{vmatrix}$$

例 9.3.1 解方程组 $\begin{cases} 2x_1+x_2-5x_3+x_4=8 \\ x_1-3x_2-6x_4=9 \\ 2x_2-x_3+2x_4=-5 \\ x_1+4x_2-7x_3+6x_4=0 \end{cases}$.

解 方程组的系数行列式

$$D=\begin{vmatrix} 2 & 1 & -5 & 1 \\ 1 & -3 & 0 & -6 \\ 0 & 2 & -1 & 2 \\ 1 & 4 & -7 & 6 \end{vmatrix}=\begin{vmatrix} 0 & -7 & 9 & -11 \\ 0 & -7 & 7 & -12 \\ 0 & 2 & -1 & 2 \\ 1 & 4 & -7 & 6 \end{vmatrix}=-\begin{vmatrix} -7 & 9 & -11 \\ -7 & 7 & -12 \\ 2 & -1 & 2 \end{vmatrix}$$

$$=-\begin{vmatrix} 0 & 2 & 1 \\ -7 & 7 & -12 \\ 2 & -1 & 2 \end{vmatrix}=-\begin{vmatrix} 0 & 0 & 1 \\ -7 & 31 & -12 \\ 2 & -5 & 2 \end{vmatrix}$$

$$=-\begin{vmatrix} -7 & 31 \\ 2 & -5 \end{vmatrix}=\begin{vmatrix} 7 & -31 \\ 2 & -5 \end{vmatrix}=\begin{vmatrix} 1 & -16 \\ 2 & -5 \end{vmatrix}=27\neq 0$$

且 $D_1=\begin{vmatrix}8&1&-5&1\\9&-3&0&-6\\-5&2&-1&2\\0&4&-7&6\end{vmatrix}=-3\begin{vmatrix}8&1&-5&1\\-3&1&0&2\\-5&2&-1&2\\0&4&-7&6\end{vmatrix}=-3\begin{vmatrix}11&0&-5&-1\\-3&1&0&2\\1&0&-1&-2\\12&0&-7&-2\end{vmatrix}$

$$=-3\begin{vmatrix}11&-5&-1\\1&-1&-2\\12&-7&-2\end{vmatrix}=-3\begin{vmatrix}11&-5&-1\\1&-1&-2\\1&-2&-1\end{vmatrix}=-3\begin{vmatrix}10&-3&-1\\-1&3&-2\\0&0&-1\end{vmatrix}$$

$$=3\begin{vmatrix}10&-3\\-1&3\end{vmatrix}=9\begin{vmatrix}10&-1\\-1&1\end{vmatrix}=81$$

同理有 $D_2=-108$，$D_3=-27$，$D_4=27$. 所以原方程组的唯一解为 $x_1=3,x_2=-4,x_3=-1,x_4=1$.

如果方程组(9-21)中 $b_1=b_2=\cdots=b_n=0$，就称之为齐次线性方程组. 齐次线性方程组总有一组解 $x_1=0,x_2=0,\cdots,x_n=0$，即零解.

定理 9.3.2　如果齐次线性方程组

$$\begin{cases}a_{11}x_1+\cdots+a_{1n}x_n=0\\a_{21}x_1+\cdots+a_{2n}x_n=0\\\qquad\qquad\vdots\\a_{n1}x_1+\cdots+a_{nn}x_n=0\end{cases}\tag{9-23}$$

的系数行列式 $D=\begin{vmatrix}a_{11}&\cdots&a_{1n}\\\vdots&&\vdots\\a_{n1}&\cdots&a_{nn}\end{vmatrix}\neq0$，那么它只有零解；即如果方程组(9-23)有非零解，则 $D=0$(逆否命题).

注　实际上，方程组(9-23)有非零解的充要条件是 $D=0$.

例 9.3.2　求 λ 在什么条件下，方程组 $\begin{cases}\lambda x_1+x_2=0\\x_1+\lambda x_2=0\end{cases}$ 有非零解.

解　由定理 9.3.2 可知，当系数行列式 $D=\begin{vmatrix}\lambda&1\\1&\lambda\end{vmatrix}=\lambda^2-1=0$ 时，方程组有非零解，即当 $\lambda=\pm1$ 时，方程组有非零解.

例 9.3.3　若齐次线性方程组

$$\begin{cases}ax_1+x_2+x_3=0\\x_1+ax_2+x_3=0\\x_1+x_2+x_3=0\end{cases}$$

只有零解，则 a 应满足的条件是什么？

解　因齐次线性方程组只有零解，故

$$D=\begin{vmatrix} a & 1 & 1 \\ 1 & a & 1 \\ 1 & 1 & 1 \end{vmatrix}=(1-a)^2\neq 0$$

即 $a\neq 1$ 时,齐次线性方程组只有零解.

习　题　9.3

1. 用克莱姆法则解线性方程组.

(1) $\begin{cases} 2x+5y=1 \\ 3x+7y=2 \end{cases}$;　　(2) $\begin{cases} x_1+x_2-2x_3=-3 \\ 5x_1-2x_2+7x_3=22 \\ 2x_1-5x_2+4x_3=4 \end{cases}$.

2. 如果齐次线性方程组$\begin{cases} kx+y+z=0 \\ x+ky-z=0 \\ 2x-y+z=0 \end{cases}$有非零解,$k$ 应取什么值?

3. 问 λ 为何值时,齐次线性方程组$\begin{cases} (1-\lambda)x_1-2x_2+4x_3=0 \\ 2x_1+(3-\lambda)x_2+x_3=0 \\ x_1+x_2+(1-\lambda)x_3=0 \end{cases}$ 有非零解?

总 习 题 9

1. 选择题

(1) 若$\begin{vmatrix} a_{11} & a_{12} & a_{13} \\ a_{21} & a_{22} & a_{23} \\ a_{31} & a_{32} & a_{33} \end{vmatrix}=1$,则$\begin{vmatrix} 2a_{11} & -3a_{12}+a_{13} & a_{13} \\ 2a_{21} & -3a_{22}+a_{23} & a_{23} \\ 2a_{31} & -3a_{32}+a_{33} & a_{33} \end{vmatrix}=($　　$)$.

A. 6　　B. -6　　C. 2　　D. -3

(2) $\begin{vmatrix} 0 & 0 & \cdots & 0 & -1 \\ 0 & 0 & \cdots & -1 & 0 \\ \vdots & \vdots & & \vdots & \vdots \\ 0 & -1 & \cdots & 0 & 0 \\ -1 & 0 & \cdots & 0 & 0 \end{vmatrix}=($　　$)$.

A. -1　　B. $(-1)^n$　　C. $(-1)^{\frac{n(n+1)}{2}}$　　D. $(-1)^{\frac{n(n-1)}{2}}$

2. 填空题

(1) 设 n 阶行列式 $|a_{ij}|$ 中每一行的诸元素之和为零,则 $|a_{ij}|=$______.

(2) 当 $k=$______时,$\begin{vmatrix} k & 3 & 4 \\ -1 & k & 0 \\ 0 & k & 1 \end{vmatrix}=0$.

(3) 当 $x=$______时，$\begin{vmatrix} 3 & 1 & x \\ 4 & x & 0 \\ 1 & 0 & x \end{vmatrix} \neq 0$.

3. 用行列式性质计算以下行列式.

(1) $\begin{vmatrix} 10 & 8 & 2 \\ 15 & 12 & 3 \\ 20 & 32 & 12 \end{vmatrix}$；　　(2) $\begin{vmatrix} a & b+c & 1 \\ b & c+a & 1 \\ c & a+b & 1 \end{vmatrix}$.

4. 用行列式的性质将下列行列式化为上三角行列式，然后计算行列式 D 的值.

(1) $\begin{vmatrix} 1 & 2 & 3 & 4 \\ 1 & 0 & 1 & 2 \\ 3 & -1 & -1 & 0 \\ 1 & -2 & 0 & 5 \end{vmatrix}$；　　(2) $\begin{vmatrix} 1 & 2 & -2 & 0 \\ -1 & 0 & 1 & 2 \\ 2 & 2 & -1 & 0 \\ 1 & -2 & 0 & 3 \end{vmatrix}$；

(3) $\begin{vmatrix} 1 & 2 & 3 & 4 \\ 2 & 3 & 4 & 1 \\ 3 & 4 & 1 & 2 \\ 4 & 1 & 2 & 3 \end{vmatrix}$；　　(4) $\begin{vmatrix} -ab & ac & ae \\ bd & -cd & de \\ bf & cf & -ef \end{vmatrix}$.

5. 设 $D=\begin{vmatrix} -1 & 3 & 0 & -1 \\ 0 & 1 & 2 & 1 \\ 2 & 1 & 0 & 3 \\ 2 & 1 & -2 & 0 \end{vmatrix}$，求(1) D 的值；(2) 代数余子式 A_{34} 的值.

6. k 应如何取值，齐次线性方程组$\begin{cases} kx+y-z=0 \\ x+ky-z=0 \\ 2x-y+z=0 \end{cases}$只有零解？

7. 确定 a 的值，使方程组$\begin{cases} -x+y+z=0 \\ x+y+z=0 \\ x+ay+2z=0 \end{cases}$有非零解.

第 9 章习题答案

第 10 章　矩　　阵

10.1　矩阵及其运算

10.1.1　矩阵的概念及特殊矩阵

1. 矩阵的概念

定义 10.1.1　由 $m\times n$ 个数 $a_{ij}(i=1,2,\cdots,m;j=1,2,\cdots,n)$ 排成的数表

$$\begin{pmatrix} a_{11} & a_{12} & \cdots & a_{1n} \\ a_{21} & a_{22} & \cdots & a_{2n} \\ \vdots & \vdots & & \vdots \\ a_{m1} & a_{m2} & \cdots & a_{mn} \end{pmatrix} \tag{10-1}$$

就称为一个 $m\times n$ 矩阵. 数 $a_{ij}(i=1,2,\cdots,m;j=1,2,\cdots,n)$ 称为矩阵(10-1)的元素，i 称为元素 a_{ij} 的行指标，j 称为列指标. 当一个矩阵的元素全是实数时，称它为实矩阵；当一个矩阵的元素全为复数时，就称它为复矩阵. 本书只涉及实矩阵.

一般用 $\boldsymbol{A},\boldsymbol{B},\cdots$ 表示矩阵；或者用 $\boldsymbol{A}_{m\times n}$，$\boldsymbol{B}_{m\times n}$，$\cdots$ 表示矩阵. 值得注意的是，矩阵与行列式在形式上有些类似，但在意义上完全不同. 一个行列式是一个数值，而矩阵只是一个 m 行 n 列的一个数表.

同型矩阵　若两个矩阵的行数与列数分别相等，则称它们是同型矩阵.

矩阵的相等　设矩阵 $\boldsymbol{A}=(a_{ij})_{m\times n}$，$\boldsymbol{B}=(b_{ij})_{s\times k}$，如果 $m=s$，$n=k$，且 $a_{ij}=b_{ij}$ 对 $i=1,2,\cdots,m;j=1,2,\cdots,n$ 都成立，我们就说矩阵 $\boldsymbol{A}$ 与 $\boldsymbol{B}$ 相等，记为 $\boldsymbol{A}=\boldsymbol{B}$.

2. 特殊矩阵

1) 行矩阵与列矩阵

当 $m=1$ 时，得 $1\times n$ 矩阵 $(a_{11},a_{12},\cdots,a_{1n})$，称它为一个 n 维行向量(或行矩阵).

当 $n=1$ 时，得 $m\times 1$ 矩阵 $\begin{pmatrix} a_{11} \\ a_{21} \\ \vdots \\ a_{m1} \end{pmatrix}$，称它为一个 m 维列向量(或列矩阵).

由此可知，n 维向量是特殊的矩阵.

2）零矩阵

若 $m\times n$ 阶矩阵的所有元素均为零，称此矩阵为零矩阵，记作 $\boldsymbol{O}_{m\times n}$.

注　不同型的零矩阵是不同的. 如矩阵 $\begin{pmatrix}0&0\\0&0\end{pmatrix}$ 与矩阵 $\begin{pmatrix}0&0&0\\0&0&0\\0&0&0\end{pmatrix}$ 不同.

3）方阵

当 $m=n$ 时，则称矩阵 $\boldsymbol{A}$ 为 n 阶矩阵或 n 阶方阵，简记为 $\boldsymbol{A}_n$.

4）对角阵

n 阶方阵 $\boldsymbol{A}$ 的元素 $a_{11},a_{22},\cdots,a_{nn}$ 称为 $\boldsymbol{A}$ 的主对角元素. 若 n 阶方阵 $\boldsymbol{A}=(a_{ij})$ 中的元素满足条件

$$a_{ij}=0,\quad i\neq j\quad (i,j=1,2,\cdots,n)$$

即不在主对角线上的元素全为零，则称该方阵 $\boldsymbol{A}$ 为 n 阶对角矩阵或对角阵，即

$$\boldsymbol{A}=\begin{pmatrix}a_{11}&&&\\&a_{22}&&\\&&\ddots&\\&&&a_{nn}\end{pmatrix}$$

此记法表示对角线以外未标明的元素均为 0. 简记为 $\boldsymbol{A}=\mathrm{diag}(a_{11},a_{22},\cdots,a_{nn})$.

例如，$\boldsymbol{A}=\begin{pmatrix}1&0&0\\0&3&0\\0&0&5\end{pmatrix}$ 为 3 阶对角阵；$\boldsymbol{A}=\begin{pmatrix}1&0&0&0\\0&2&0&0\\0&0&3&0\\0&0&0&4\end{pmatrix}$ 为 4 阶对角阵.

5）单位矩阵

主对角线上元素全是 1，其余元素全是 0 的 $n\times n$ 矩阵 $\begin{pmatrix}1&0&\cdots&0\\0&1&\cdots&0\\\vdots&\vdots&&\vdots\\0&0&\cdots&1\end{pmatrix}$ 称为 n 阶单位矩阵，记为 $\boldsymbol{E}_n$ 或 $\boldsymbol{I}_n$，在不致引起混淆的情况下简记为 $\boldsymbol{E}$ 或 $\boldsymbol{I}$.

6）上(下)三角矩阵

主对角线的下(上)方元素全为零的方阵分别称为上(下)三角矩阵，即

$$\boldsymbol{A}=\begin{pmatrix}a_{11}&a_{12}&\cdots&a_{1n}\\0&a_{22}&\cdots&a_{2n}\\\vdots&\vdots&&\vdots\\0&0&\cdots&a_{nn}\end{pmatrix}$$

为上三角矩阵.

$$B=\begin{pmatrix} b_{11} & 0 & \cdots & 0 \\ b_{21} & b_{22} & \cdots & 0 \\ \vdots & \vdots & & \vdots \\ b_{n1} & b_{n2} & \cdots & b_{nn} \end{pmatrix}$$

为下三角矩阵.

10.1.2 矩阵的线性运算

1. 矩阵的加法

定义 10.1.2 设 $A=\begin{pmatrix} a_{11} & \cdots & a_{1n} \\ \vdots & & \vdots \\ a_{m1} & \cdots & a_{mn} \end{pmatrix}$，$B=\begin{pmatrix} b_{11} & \cdots & b_{1n} \\ \vdots & & \vdots \\ b_{m1} & \cdots & b_{mn} \end{pmatrix}$是两个 $m\times n$ 的同型矩阵，则矩阵

$$C=\begin{pmatrix} a_{11}+b_{11} & \cdots & a_{1n}+b_{1n} \\ \vdots & & \vdots \\ a_{m1}+b_{m1} & \cdots & a_{mn}+b_{mn} \end{pmatrix} \tag{10-2}$$

称为 A 与 B 的和，记作 $C=A+B$.

即矩阵的加法就是矩阵对应的元素相加.

由此即知，相加的矩阵必须有相同的行数和列数，即只有同型矩阵才能进行加法运算.

因矩阵的加法就是矩阵的对应元素相加，也就是数的加法，所以容易验证矩阵的加法满足下面的运算.

(1) 结合律：$A+(B+C)=(A+B)+C$.

(2) 交换律：$A+B=B+A$.

(3) $A+0=0+A=A$，其中 0 为与 A 同型的零矩阵.

称矩阵$\begin{pmatrix} -a_{11} & \cdots & -a_{1n} \\ \vdots & & \vdots \\ -a_{m1} & \cdots & -a_{mn} \end{pmatrix}$为 A 的负矩阵，记作 $-A$.

显然，对任意 A 有：$A+(-A)=0$，由此，可以定义矩阵的减法.

2. 矩阵的减法

定义 10.1.3 矩阵的减法定义为

$$A-B=A+(-B)$$

即

$$A-B=\begin{pmatrix} a_{11}-b_{11} & \cdots & a_{1n}-b_{1n} \\ \vdots & & \vdots \\ a_{m1}-b_{m1} & \cdots & a_{mn}-b_{mn} \end{pmatrix} \tag{10-3}$$

3. 矩阵的数量乘法

定义 10.1.4 称矩阵 $\begin{pmatrix} ka_{11} & \cdots & ka_{1n} \\ \vdots & & \vdots \\ ka_{m1} & \cdots & ka_{mn} \end{pmatrix}$ 为矩阵 $\boldsymbol{A}=(a_{ij})_{m\times n}$ 与数 k 的数量乘法，记为 $k\boldsymbol{A}$. 即用数 k 乘矩阵就是把矩阵的每个元素都乘上 k. 具体表示如下：

$$k\boldsymbol{A}=k\begin{pmatrix} a_{11} & \cdots & a_{1n} \\ \vdots & & \vdots \\ a_{m1} & \cdots & a_{mn} \end{pmatrix}=\begin{pmatrix} ka_{11} & \cdots & ka_{1n} \\ \vdots & & \vdots \\ ka_{m1} & \cdots & ka_{mn} \end{pmatrix} \tag{10-4}$$

很显然，矩阵的数量乘法(简称矩阵的数乘)满足以下运算性质：

(1) $(k+t)\boldsymbol{A}=k\boldsymbol{A}+t\boldsymbol{A}$；

(2) $k(\boldsymbol{A}+\boldsymbol{B})=k\boldsymbol{A}+k\boldsymbol{B}$；

(3) $k(t\boldsymbol{A})=(kt)\boldsymbol{A}$；

(4) $1\cdot\boldsymbol{A}=\boldsymbol{A}$；

(5) $k(\boldsymbol{AB})=(k\boldsymbol{A})\boldsymbol{B}=\boldsymbol{A}(k\boldsymbol{B})$.

矩阵的加法与数乘统称为矩阵的线性运算.

例 10.1.1 若矩阵 $\boldsymbol{A}=\begin{pmatrix} 1 & 0 & 1 \\ 0 & 1 & 1 \\ 1 & 1 & 0 \end{pmatrix}$，$\boldsymbol{B}=\begin{pmatrix} 2 & 1 & 0 \\ 3 & 0 & 1 \\ 2 & 1 & 3 \end{pmatrix}$，求 $2\boldsymbol{A}+3\boldsymbol{B}$.

解
$$2\boldsymbol{A}+3\boldsymbol{B}=\begin{pmatrix} 2 & 0 & 2 \\ 0 & 2 & 2 \\ 2 & 2 & 0 \end{pmatrix}+\begin{pmatrix} 6 & 3 & 0 \\ 9 & 0 & 3 \\ 6 & 3 & 9 \end{pmatrix}=\begin{pmatrix} 8 & 3 & 2 \\ 9 & 2 & 5 \\ 8 & 5 & 9 \end{pmatrix}$$

例 10.1.2 求矩阵 $\boldsymbol{X}$，使 $\boldsymbol{A}=\boldsymbol{B}+\boldsymbol{X}$，其中 $\boldsymbol{A}=\begin{pmatrix} 3 & -2 & 0 \\ 1 & 1 & 2 \\ 2 & 3 & -1 \end{pmatrix}$，$\boldsymbol{B}=\begin{pmatrix} 1 & 2 & -1 \\ 1 & 3 & -4 \\ -2 & -1 & 1 \end{pmatrix}$.

解
$$\boldsymbol{X}=\boldsymbol{A}-\boldsymbol{B}=\begin{pmatrix} 3 & -2 & 0 \\ 1 & 1 & 2 \\ 2 & 3 & -1 \end{pmatrix}-\begin{pmatrix} 1 & 2 & -1 \\ 1 & 3 & -4 \\ -2 & -1 & 1 \end{pmatrix}=\begin{pmatrix} 2 & -4 & 1 \\ 0 & -2 & 6 \\ 4 & 4 & -2 \end{pmatrix}$$

10.1.3 矩阵的乘法

1. 矩阵乘法的定义

定义 10.1.5 设 $\boldsymbol{A}=(a_{ij})_{m\times k}$，$\boldsymbol{B}=(b_{ij})_{k\times n}$ 是两个矩阵，即

$$A=\begin{pmatrix} a_{11} & a_{12} & \cdots & a_{1k} \\ a_{21} & a_{22} & \cdots & a_{2k} \\ \vdots & \vdots & & \vdots \\ a_{m1} & a_{m2} & \cdots & a_{mk} \end{pmatrix},\quad B=\begin{pmatrix} b_{11} & b_{12} & \cdots & b_{1n} \\ b_{21} & b_{22} & \cdots & b_{2n} \\ \vdots & \vdots & & \vdots \\ b_{k1} & b_{k2} & \cdots & b_{kn} \end{pmatrix}$$

定义 $\boldsymbol{A}$ 与 $\boldsymbol{B}$ 的乘积为

$$\boldsymbol{C}_{m\times n}=\boldsymbol{A}_{m\times k}\boldsymbol{B}_{k\times n}=\begin{pmatrix} c_{11} & c_{12} & \cdots & c_{1n} \\ c_{21} & c_{22} & \cdots & c_{2n} \\ \vdots & \vdots & & \vdots \\ c_{m1} & c_{m2} & \cdots & c_{mn} \end{pmatrix}$$

其中

$$c_{ij}=a_{i1}b_{1j}+a_{i2}b_{2j}+\cdots+a_{ik}b_{kj}=\sum_{t=1}^{k}a_{it}b_{tj} \tag{10-5}$$

即乘积矩阵 $\boldsymbol{C}$ 是 $m\times n$ 矩阵，它的第 i 行第 j 列的元素等于矩阵 $\boldsymbol{A}$ 的第 i 行元素与矩阵 $\boldsymbol{B}$ 的第 j 列对应元素乘积之和.

注 在矩阵乘法的定义中，要求第一个矩阵的列数必须等于第二个矩阵的行数.

例 10.1.3 设 $\boldsymbol{A}=\begin{pmatrix} 1 & 0 & -1 & 2 \\ -1 & 1 & 3 & 0 \\ 0 & 5 & -1 & 4 \end{pmatrix}$，$\boldsymbol{B}=\begin{pmatrix} 0 & 3 & 4 \\ 1 & 2 & 1 \\ 3 & 1 & -1 \\ -1 & 2 & 1 \end{pmatrix}$. 求 $\boldsymbol{AB}$，$\boldsymbol{BA}$.

$$\boldsymbol{AB}=\begin{pmatrix} 0+0-3-2 & 3+0-1+4 & 4+0+1+2 \\ 0+1+9+0 & -3+2+3+0 & -4+1-3+0 \\ 0+5-3-4 & 0+10-1+8 & 0+5+1+4 \end{pmatrix}=\begin{pmatrix} -5 & 6 & 7 \\ 10 & 2 & -6 \\ -2 & 17 & 10 \end{pmatrix}$$

$$\boldsymbol{BA}=\begin{pmatrix} 0 & 3 & 4 \\ 1 & 2 & 1 \\ 3 & 1 & -1 \\ -1 & 2 & 1 \end{pmatrix}\cdot\begin{pmatrix} 1 & 0 & -1 & 2 \\ -1 & 1 & 3 & 0 \\ 0 & 5 & -1 & 4 \end{pmatrix}$$

$$=\begin{pmatrix} 0-3+0 & 0+3+20 & 0+9-4 & 0+0+16 \\ 1-2+0 & 0+2+5 & -1+6-1 & 2+0+4 \\ 3-1+0 & 0+1-5 & -3+3+1 & 6+0-4 \\ -1-2+0 & 0+2+5 & 1+6-1 & -2+0+4 \end{pmatrix}$$

$$=\begin{pmatrix} -3 & 23 & 5 & 16 \\ -1 & 7 & 4 & 6 \\ 2 & -4 & 1 & 2 \\ -3 & 7 & 6 & 2 \end{pmatrix}$$

例 10.1.4　设 $\boldsymbol{A}=\begin{pmatrix}1 & 1\\-1 & -1\end{pmatrix}$，$\boldsymbol{B}=\begin{pmatrix}1 & -1\\-1 & 1\end{pmatrix}$. 求 $\boldsymbol{AB},\boldsymbol{BA}$.

解
$$\boldsymbol{AB}=\begin{pmatrix}0 & 0\\0 & 0\end{pmatrix},\boldsymbol{BA}=\begin{pmatrix}2 & 2\\-2 & -2\end{pmatrix}$$

注　(1) 此例有 $\boldsymbol{AB}\neq\boldsymbol{BA}$. 此即表明，矩阵的乘法一般不满足交换律. 但若 $\boldsymbol{AB}=\boldsymbol{BA}$，此时称矩阵 $\boldsymbol{A},\boldsymbol{B}$ 是乘积可交换的.

(2) 在数量的运算中 $ab=0$，必有 $a=0$ 或 $b=0$，但在矩阵乘积运算中，若 $\boldsymbol{AB}=\boldsymbol{0}$，则未必有 $\boldsymbol{A}=\boldsymbol{0}$ 或 $\boldsymbol{B}=\boldsymbol{0}$.

例 10.1.5　已知 $\boldsymbol{A}=\begin{pmatrix}1 & -1\\-2 & 2\end{pmatrix}$，$\boldsymbol{B}=\begin{pmatrix}3 & 1\\2 & -1\end{pmatrix}$，$\boldsymbol{C}=\begin{pmatrix}2 & -1\\1 & -3\end{pmatrix}$，计算 $\boldsymbol{AB},\boldsymbol{AC}$.

解
$$\boldsymbol{AB}=\boldsymbol{AC}=\begin{pmatrix}1 & 2\\-2 & -4\end{pmatrix}$$

注　尽管 $\boldsymbol{AB}=\boldsymbol{AC},\boldsymbol{A}\neq\boldsymbol{0}$，但 $\boldsymbol{B}\neq\boldsymbol{C}$. 即矩阵的乘法不满足消去律.

2. 线性方程组与矩阵乘法的关系

显然，给定线性方程组
$$\begin{cases}a_{11}x_1+\cdots+a_{1n}x_n=b_1\\a_{21}x_1+\cdots+a_{2n}x_n=b_2\\\qquad\qquad\vdots\\a_{m1}x_1+\cdots+a_{mn}x_n=b_m\end{cases}$$

若令它的系数矩阵为 $\boldsymbol{A}=\begin{bmatrix}a_{11} & \cdots & a_{1n}\\\vdots & & \vdots\\a_{m1} & \cdots & a_{mn}\end{bmatrix}$，再令 $\boldsymbol{X}=\begin{bmatrix}x_1\\x_2\\\vdots\\x_n\end{bmatrix}$，$\boldsymbol{B}=\begin{bmatrix}b_1\\b_2\\\vdots\\b_m\end{bmatrix}$，则线性方程组就可以写成一个矩阵方程 $\boldsymbol{AX}=\boldsymbol{B}$，从而对线性方程组的研究可转化为对矩阵方程的研究.

3. 矩阵乘法的性质

矩阵乘法满足以下性质.

(1) 矩阵的乘法满足结合律，即 $\boldsymbol{A}(\boldsymbol{BC})=(\boldsymbol{AB})\boldsymbol{C}$.

(2) 矩阵的乘法满足分配律，即
$$\boldsymbol{A}(\boldsymbol{B}+\boldsymbol{C})=\boldsymbol{AB}+\boldsymbol{AC},\quad(\boldsymbol{B}+\boldsymbol{C})\boldsymbol{A}=\boldsymbol{BA}+\boldsymbol{CA}$$

(3) 对于单位矩阵有：
$$\boldsymbol{A}_{m\times n}\boldsymbol{E}_{n\times n}=\boldsymbol{A}_{m\times n},\quad\boldsymbol{E}_{m\times m}\boldsymbol{A}_{m\times n}=\boldsymbol{A}_{m\times n}$$

矩阵乘法不满足以下性质.

(1) 不满足交换律.

(2) 不满足消去律.

(3) 若 $\boldsymbol{AB}=\boldsymbol{0}$,不一定有 $\boldsymbol{A}=\boldsymbol{0}$ 或 $\boldsymbol{B}=\boldsymbol{0}$.

10.1.4 矩阵的转置

定义 10.1.6 设 $\boldsymbol{A}=\begin{pmatrix} a_{11} & \cdots & a_{1n} \\ \vdots & & \vdots \\ a_{m1} & \cdots & a_{mn} \end{pmatrix}$ 是一个 $m\times n$ 矩阵. $n\times m$ 矩阵 $\begin{pmatrix} a_{11} & \cdots & a_{m1} \\ \vdots & & \vdots \\ a_{1n} & \cdots & a_{mn} \end{pmatrix}$ 称为 $\boldsymbol{A}$ 的转置矩阵(即将矩阵 $\boldsymbol{A}$ 的行列位置互换),简称 $\boldsymbol{A}$ 的转置,记为 $\boldsymbol{A}'$ 或 $\boldsymbol{A}^{\mathrm{T}}$.

如果 $\boldsymbol{A}^{\mathrm{T}}=\boldsymbol{A}$,则称 $\boldsymbol{A}$ 为对称矩阵;如果 $\boldsymbol{A}^{\mathrm{T}}=-\boldsymbol{A}$,则称 $\boldsymbol{A}$ 为反对称矩阵.

矩阵的转置具有下列性质.

(1) $(\boldsymbol{A}^{\mathrm{T}})^{\mathrm{T}}=\boldsymbol{A}$.

(2) $(\boldsymbol{A}+\boldsymbol{B})^{\mathrm{T}}=\boldsymbol{A}^{\mathrm{T}}+\boldsymbol{B}^{\mathrm{T}}$.

(3) $(\boldsymbol{AB})^{\mathrm{T}}=\boldsymbol{B}^{\mathrm{T}}\boldsymbol{A}^{\mathrm{T}}$.

(4) $(k\boldsymbol{A})^{\mathrm{T}}=k\boldsymbol{A}^{\mathrm{T}}$.

例 10.1.6 设 $\boldsymbol{A}=\begin{pmatrix} 1 & -1 & 2 \\ 0 & 1 & 3 \\ 1 & 2 & 1 \end{pmatrix}$,$\boldsymbol{B}=\begin{pmatrix} 3 & 1 \\ 2 & 2 \\ 1 & -1 \end{pmatrix}$. 计算 $\boldsymbol{AB}$,$\boldsymbol{B}^{\mathrm{T}}\boldsymbol{A}^{\mathrm{T}}$.

解 由于 $\boldsymbol{A}^{\mathrm{T}}=\begin{pmatrix} 1 & 0 & 1 \\ -1 & 1 & 2 \\ 2 & 3 & 1 \end{pmatrix}$,$\boldsymbol{B}^{\mathrm{T}}=\begin{pmatrix} 3 & 2 & 1 \\ 1 & 2 & -1 \end{pmatrix}$.

所以

$$\boldsymbol{AB}=\begin{pmatrix} 3 & -3 \\ 5 & -1 \\ 8 & 4 \end{pmatrix},\boldsymbol{B}^{\mathrm{T}}\boldsymbol{A}^{\mathrm{T}}=\begin{pmatrix} 3 & 5 & 8 \\ -3 & -1 & 4 \end{pmatrix}=(\boldsymbol{AB})^{\mathrm{T}}$$

10.1.5 方阵的行列式

定义 10.1.7 由 n 阶方阵 $\boldsymbol{A}$ 的元素所构成的行列式(各元素的位置不变),称为方阵 $\boldsymbol{A}$ 的行列式,记作 $|\boldsymbol{A}|$ 或 $\det\boldsymbol{A}$,即

$$|\boldsymbol{A}|=\det\boldsymbol{A}=\begin{vmatrix} a_{11} & a_{12} & \cdots & a_{1n} \\ a_{21} & a_{22} & \cdots & a_{2n} \\ \vdots & \vdots & & \vdots \\ a_{n1} & a_{n2} & \cdots & a_{nn} \end{vmatrix} \tag{10-6}$$

注 方阵和行列式是两个不同的概念,n 阶方阵是 n^2 个数按一定的方式排列成的数表,而 n 阶行列式则是这些数(也就是数表 A)按一定的运算法则确定的一个数.

设 $\boldsymbol{A}$,$\boldsymbol{B}$ 均为 n 阶方阵,λ 为数,则 n 阶方阵的行列式有下列性质:

(1) $|\boldsymbol{A}^{\mathrm{T}}|=|\boldsymbol{A}|$(相当于行列式的转置性质);

(2) $|\lambda\cdot\boldsymbol{A}|=\lambda^{n}\cdot|\boldsymbol{A}|$;

(3) $|\boldsymbol{AB}|=|\boldsymbol{A}|\cdot|\boldsymbol{B}|=|\boldsymbol{BA}|$.

一般对 k 个 n 阶方阵 $\boldsymbol{A}_1,\boldsymbol{A}_2,\cdots,\boldsymbol{A}_k$ 之积的行列式有

$$|\boldsymbol{A}_1\boldsymbol{A}_2\cdots\boldsymbol{A}_k|=|\boldsymbol{A}_1||\boldsymbol{A}_2|\cdots|\boldsymbol{A}_k|$$

例 10.1.7　设 $\boldsymbol{A}$ 是 3 阶矩阵，且 $|\boldsymbol{A}|=4$,求 $|-2\boldsymbol{A}|$.

解

$$|-2\boldsymbol{A}|=(-2)^3|\boldsymbol{A}|=-32$$

例 10.1.8　设两个 n 阶方阵 $\boldsymbol{A},\boldsymbol{B}$ 的行列式 $|\boldsymbol{A}|=1$, $|\boldsymbol{B}|=2$,计算 $|-(\boldsymbol{AB})^3\boldsymbol{B}^{\mathrm{T}}|$.

解

$$\begin{aligned}|-(\boldsymbol{AB})^3\boldsymbol{B}^{\mathrm{T}}|&=(-1)^n|\boldsymbol{AB}|^3|\boldsymbol{B}^{\mathrm{T}}|=(-1)^n|\boldsymbol{A}|^3|\boldsymbol{B}|^3|\boldsymbol{B}|\\&=(-1)^n\times1^3\times2^4=(-1)^n\cdot16\end{aligned}$$

习　题　10.1

1. 设矩阵 $\boldsymbol{A}=\begin{pmatrix}1&0&-3\\5&1&-2\end{pmatrix}$, $\boldsymbol{B}=\begin{pmatrix}3&1&-2\\5&7&12\end{pmatrix}$,求 $\boldsymbol{A}+\boldsymbol{B}$, $\boldsymbol{A}-\boldsymbol{B}$.

2. 若 $\boldsymbol{A}=\begin{pmatrix}2&0&3\\5&3&2\\2&1&0\end{pmatrix}$,求 $3\boldsymbol{A}$.

3. 设矩阵 $\boldsymbol{A}=\begin{pmatrix}2&0&-3&0\\1&1&9&5\\-2&4&0&5\end{pmatrix}$, $\boldsymbol{B}=\begin{pmatrix}-1&1&-2&0\\0&1&-1&2\\0&0&0&4\end{pmatrix}$,满足 $\boldsymbol{A}+2\boldsymbol{X}=\boldsymbol{B}$,求矩阵 $\boldsymbol{X}$.

4. 试求矩阵 $\boldsymbol{A}=\begin{pmatrix}1&2&-3\\2&-1&4\end{pmatrix}$, $\boldsymbol{B}=\begin{pmatrix}-1&4&2\\6&0&2\\3&5&1\end{pmatrix}$ 的乘积 $\boldsymbol{AB}$.

5. 已知矩阵 $\boldsymbol{A}=\begin{pmatrix}1&2\\2&3\end{pmatrix}$, $\boldsymbol{B}=\begin{pmatrix}-2&0\\1&3\end{pmatrix}$,试求 $\boldsymbol{AB}$ 与 $\boldsymbol{BA}$.

6. 已知 $\boldsymbol{A}=\begin{pmatrix}2&0&-1\\1&3&2\end{pmatrix}$, $\boldsymbol{B}=\begin{pmatrix}1&7&-1\\4&2&3\\2&0&1\end{pmatrix}$,求 $(\boldsymbol{AB})^{\mathrm{T}}$.

7. $\boldsymbol{A}=\begin{pmatrix}1&2\\2&3\end{pmatrix}$, $\boldsymbol{B}=\begin{pmatrix}2&4\\-1&5\end{pmatrix}$,求 $|\boldsymbol{AB}|$.

8. 已知矩阵 $\boldsymbol{A}=\begin{pmatrix}1&0&-1\\1&2&0\\-1&0&4\end{pmatrix}$,求 $|4\boldsymbol{A}|$ 及 $4|\boldsymbol{A}|$.

9. 判断题

(1) $\boldsymbol{A}$ 为 n 阶方阵，则 $|-\boldsymbol{A}|=-|\boldsymbol{A}|$. ( )

(2) $|\boldsymbol{A}+\boldsymbol{BA}|=0$，则 $|\boldsymbol{A}|=0$ 或 $|\boldsymbol{I}+\boldsymbol{B}|=0$. ( )

(3) $\boldsymbol{A},\boldsymbol{B}$ 为 n 阶方阵，则 $|\boldsymbol{A}^{\mathrm{T}}+\boldsymbol{B}^{\mathrm{T}}|=|\boldsymbol{A}+\boldsymbol{B}|$. ( )

(4) $\boldsymbol{A},\boldsymbol{B}$ 为 n 阶方阵，则 $|\boldsymbol{A}^{\mathrm{T}}+\boldsymbol{B}^{\mathrm{T}}|=|\boldsymbol{A}|+|\boldsymbol{B}|$. ( )

10.2 逆 矩 阵

10.2.1 逆矩阵的定义

定义 10.2.1 对于 n 阶方阵 $\boldsymbol{A}$，如果有 n 阶方阵 $\boldsymbol{B}$，使得

$$\boldsymbol{AB}=\boldsymbol{BA}=\boldsymbol{E} \tag{10-7}$$

则称 $\boldsymbol{A}$ 为可逆矩阵，$\boldsymbol{B}$ 称为 $\boldsymbol{A}$ 的逆矩阵，记为 $\boldsymbol{A}^{-1}$.

由定义有：(1)如果 $\boldsymbol{B}$ 是 $\boldsymbol{A}$ 的逆矩阵，则 $\boldsymbol{A}$ 也是 $\boldsymbol{B}$ 的逆矩阵，$\boldsymbol{A}$ 与 $\boldsymbol{B}$ 互为逆矩阵.

(2) 若 $\boldsymbol{A}^{-1}$ 存在，则 $\boldsymbol{A}^{-1}$ 必唯一.

证 设 $\boldsymbol{B}$、$\boldsymbol{C}$ 都是 $\boldsymbol{A}$ 的逆阵，则有

$$\boldsymbol{B}=\boldsymbol{BE}=\boldsymbol{B}(\boldsymbol{AC})=(\boldsymbol{BA})\boldsymbol{C}=\boldsymbol{EC}=\boldsymbol{C} \quad (\text{唯一})$$

定义 10.2.2 如果 n 阶矩阵 $\boldsymbol{A}$ 的行列式 $|\boldsymbol{A}|\neq 0$，则称 $\boldsymbol{A}$ 为非退化(非奇异)的，否则 $\boldsymbol{A}$ 为退化(奇异)的.

例 10.2.1 已知矩阵 $\boldsymbol{A}=\begin{pmatrix}1&0\\2&1\end{pmatrix}$，$\boldsymbol{B}=\begin{pmatrix}1&0\\-2&1\end{pmatrix}$，验证 $\boldsymbol{A}$ 为可逆矩阵，且 $\boldsymbol{B}$ 是 $\boldsymbol{A}$ 的逆矩阵.

解 因为 $\boldsymbol{AB}=\begin{pmatrix}1&0\\2&1\end{pmatrix}\begin{pmatrix}1&0\\-2&1\end{pmatrix}=\begin{pmatrix}1&0\\0&1\end{pmatrix}$，$\boldsymbol{BA}=\begin{pmatrix}1&0\\-2&1\end{pmatrix}\begin{pmatrix}1&0\\2&1\end{pmatrix}=\begin{pmatrix}1&0\\0&1\end{pmatrix}$，故 $\boldsymbol{A}$ 为可逆矩阵，$\boldsymbol{B}$ 是 $\boldsymbol{A}$ 的逆矩阵，即 $\boldsymbol{B}=\boldsymbol{A}^{-1}$.

那么，一个 n 阶方阵在什么条件下才有逆矩阵呢？在有逆矩阵时，又如何求其逆矩阵呢？

10.2.2 逆矩阵的计算

我们先引入定义：

定义 10.2.3 设 n 阶矩阵

$$\boldsymbol{A}=\begin{pmatrix}a_{11}&a_{12}&\cdots&a_{1n}\\a_{21}&a_{22}&\cdots&a_{2n}\\\vdots&\vdots&&\vdots\\a_{n1}&a_{n2}&\cdots&a_{nn}\end{pmatrix}$$

又 A_{ij} 是 $|\boldsymbol{A}|$ 中元素 a_{ij} 的代数余子式，矩阵

$$\boldsymbol{A}^* = \begin{pmatrix} A_{11} & A_{21} & \cdots & A_{n1} \\ A_{12} & A_{22} & \cdots & A_{n2} \\ \vdots & \vdots & & \vdots \\ A_{1n} & A_{2n} & \cdots & A_{nn} \end{pmatrix} \tag{10-8}$$

称为矩阵 $\boldsymbol{A}$ 的伴随矩阵.

从而由矩阵的乘法和行列式的展开定理有

$$\boldsymbol{A}\boldsymbol{A}^* = \boldsymbol{A}^*\boldsymbol{A} = \begin{pmatrix} |\boldsymbol{A}| & 0 & \cdots & 0 \\ 0 & |\boldsymbol{A}| & \cdots & 0 \\ \vdots & \vdots & & \vdots \\ 0 & 0 & \cdots & |\boldsymbol{A}| \end{pmatrix} = |\boldsymbol{A}|\boldsymbol{E} \tag{10-9}$$

即如果 $|\boldsymbol{A}| \neq 0$，则有 $\boldsymbol{A} \cdot \left(\frac{1}{|\boldsymbol{A}|}\boldsymbol{A}^*\right) = \left(\frac{1}{|\boldsymbol{A}|}\boldsymbol{A}^*\right) \cdot \boldsymbol{A} = \boldsymbol{E}$.

定理 10.2.1 矩阵 $\boldsymbol{A}$ 可逆的充要条件是 $|\boldsymbol{A}| \neq 0$（即 $\boldsymbol{A}$ 非退化）. 当 $\boldsymbol{A}$ 可逆时，$\boldsymbol{A}^{-1} = \frac{1}{|\boldsymbol{A}|}\boldsymbol{A}^*$.

证　必要性 若 $\boldsymbol{A}$ 可逆，那么有 $\boldsymbol{A}^{-1}$，使 $\boldsymbol{A}\boldsymbol{A}^{-1} = \boldsymbol{E}$.

所以有 $|\boldsymbol{A}\boldsymbol{A}^{-1}| = 1$，即 $|\boldsymbol{A}| \cdot |\boldsymbol{A}^{-1}| = 1$，从而 $|\boldsymbol{A}| \neq 0$，即 $\boldsymbol{A}$ 非退化.

充分性 若 $\boldsymbol{A}$ 为非退化的，即 $|\boldsymbol{A}| \neq 0$，则由 $\boldsymbol{A} \cdot \left(\frac{1}{|\boldsymbol{A}|}\boldsymbol{A}^*\right) = \left(\frac{1}{|\boldsymbol{A}|}\boldsymbol{A}^*\right) \cdot \boldsymbol{A} = \boldsymbol{E}$ 可知，$\boldsymbol{A}$ 可逆，且 $\boldsymbol{A}^{-1} = \frac{1}{|\boldsymbol{A}|}\boldsymbol{A}^*$.

例 10.2.2 已知矩阵 $\boldsymbol{A} = \begin{pmatrix} 1 & 0 & 1 \\ 2 & 1 & 2 \\ 0 & 4 & 6 \end{pmatrix}$，判断该矩阵是否可逆，若可逆，求出其逆矩阵.

解 由于 $|\boldsymbol{A}| = \begin{vmatrix} 1 & 0 & 1 \\ 2 & 1 & 2 \\ 0 & 4 & 6 \end{vmatrix} = 6 \neq 0$，所以矩阵 $\boldsymbol{A}$ 可逆. 又矩阵 $\boldsymbol{A}$ 的各元素的代数余子式为

$$A_{11} = \begin{vmatrix} 1 & 2 \\ 4 & 6 \end{vmatrix} = -2,\quad A_{21} = (-1)^{2+1}\begin{vmatrix} 0 & 1 \\ 4 & 6 \end{vmatrix} = 4,\quad A_{31} = (-1)^{3+1}\begin{vmatrix} 0 & 1 \\ 1 & 2 \end{vmatrix} = -1$$

$$A_{12} = (-1)^{1+2}\begin{vmatrix} 2 & 2 \\ 0 & 6 \end{vmatrix} = -12,\quad A_{22} = (-1)^{2+2}\begin{vmatrix} 1 & 1 \\ 0 & 6 \end{vmatrix} = 6,\quad A_{32} = (-1)^{3+2}\begin{vmatrix} 1 & 1 \\ 2 & 2 \end{vmatrix} = 0$$

$$A_{13} = (-1)^{1+3}\begin{vmatrix} 2 & 1 \\ 0 & 4 \end{vmatrix} = 8,\quad A_{23} = (-1)^{2+3}\begin{vmatrix} 1 & 0 \\ 0 & 4 \end{vmatrix} = -4,\quad A_{33} = (-1)^{3+3}\begin{vmatrix} 1 & 0 \\ 2 & 1 \end{vmatrix} = 1$$

得矩阵 $\boldsymbol{A}$ 的伴随矩阵 $\boldsymbol{A}^*=\begin{pmatrix}-2&4&-1\\-12&6&0\\8&-4&1\end{pmatrix}$，从而可得矩阵 $\boldsymbol{A}$ 的逆矩阵为

$$\boldsymbol{A}^{-1}=\frac{1}{|\boldsymbol{A}|}\boldsymbol{A}^*=\frac{1}{6}\boldsymbol{A}^*=\frac{1}{6}\begin{pmatrix}-2&4&-1\\-12&6&0\\8&-4&1\end{pmatrix}=\begin{pmatrix}-1/3&2/3&-1/6\\-2&1&0\\4/3&-2/3&1/6\end{pmatrix}$$

例 10.2.3 讨论下列矩阵何时可逆，若可逆，求其逆矩阵.

(1) $\boldsymbol{A}=\begin{pmatrix}a_{11}&a_{12}\\a_{21}&a_{22}\end{pmatrix}$； (2) $\boldsymbol{B}=\begin{pmatrix}a_1&\cdots&0\\\vdots&&\vdots\\0&\cdots&a_n\end{pmatrix}$（$\boldsymbol{B}$ 为对角矩阵）.

解 (1) 当 $|\boldsymbol{A}|=a_{11}a_{22}-a_{12}a_{21}\neq 0$ 时，$\boldsymbol{A}$ 可逆. 此时 $\boldsymbol{A}$ 的伴随矩阵为

$$\boldsymbol{A}^*=\begin{pmatrix}a_{22}&-a_{12}\\-a_{21}&a_{11}\end{pmatrix}$$

所以，

$$\boldsymbol{A}^{-1}=\frac{1}{|\boldsymbol{A}|}\boldsymbol{A}^*=\frac{1}{a_{11}a_{22}-a_{12}a_{21}}\begin{pmatrix}a_{22}&-a_{12}\\-a_{21}&a_{11}\end{pmatrix}$$

(2) 当 $|\boldsymbol{B}|=a_1a_2\cdots a_n\neq 0$ 时，$\boldsymbol{B}$ 可逆. 此时由

$$\begin{pmatrix}a_1&\cdots&0\\\vdots&&\vdots\\0&\cdots&a_n\end{pmatrix}\begin{pmatrix}a_1^{-1}&\cdots&0\\\vdots&&\vdots\\0&\cdots&a_n^{-1}\end{pmatrix}=\boldsymbol{E}$$

得

$$\boldsymbol{B}^{-1}=\begin{pmatrix}a_1^{-1}&\cdots&0\\\vdots&&\vdots\\0&\cdots&a_n^{-1}\end{pmatrix}$$

推论 设 $\boldsymbol{A}$ 为 n 阶方阵，若存在 n 阶方阵 $\boldsymbol{B}$，使得 $\boldsymbol{AB}=\boldsymbol{E}$（或 $\boldsymbol{BA}=\boldsymbol{E}$），则 $\boldsymbol{B}=\boldsymbol{A}^{-1}$.

证 因为 $|\boldsymbol{AB}|=|\boldsymbol{A}|\,|\boldsymbol{B}|=|\boldsymbol{E}|=1$，所以 $|\boldsymbol{A}|\neq 0$，故 $\boldsymbol{A}^{-1}$ 存在.

于是 $$\boldsymbol{B}=\boldsymbol{EB}=(\boldsymbol{A}^{-1}\boldsymbol{A})\boldsymbol{B}=\boldsymbol{A}^{-1}(\boldsymbol{AB})=\boldsymbol{A}^{-1}\boldsymbol{E}=\boldsymbol{A}^{-1}$$

注 该推论说明，判断矩阵 $\boldsymbol{A}$ 是否可逆（或求 $\boldsymbol{A}^{-1}$）时，只需要验算 $\boldsymbol{AB}=\boldsymbol{E}$ 即可，从而使计算量减半.

例 10.2.4 已知 n 阶方阵 $\boldsymbol{A}$ 满足 $\boldsymbol{A}^2+3\boldsymbol{A}-2\boldsymbol{E}=0$，证明：(1) $\boldsymbol{A}$ 可逆，并求 $\boldsymbol{A}$ 的逆矩阵；(2) $\boldsymbol{A}+2\boldsymbol{E}$ 可逆，并求 $\boldsymbol{A}+2\boldsymbol{E}$ 的逆矩阵.

解 (1) 因为 $\boldsymbol{A}(\boldsymbol{A}+3\boldsymbol{E})=2\boldsymbol{E}$，即 $\boldsymbol{A}\left(\dfrac{\boldsymbol{A}+3\boldsymbol{E}}{2}\right)=\boldsymbol{E}$，所以 $\boldsymbol{A}$ 可逆，且

$$\boldsymbol{A}^{-1}=\frac{\boldsymbol{A}+3\boldsymbol{E}}{2}$$

(2) 因为

$$(\boldsymbol{A}+2\boldsymbol{E})(\boldsymbol{A}+\boldsymbol{E})=\boldsymbol{A}^2+3\boldsymbol{A}+2\boldsymbol{E}=4\boldsymbol{E}$$

所以 $\boldsymbol{A}+2\boldsymbol{E}$ 可逆,且

$$(\boldsymbol{A}+2\boldsymbol{E})^{-1}=\frac{1}{4}(\boldsymbol{A}+\boldsymbol{E})$$

10.2.3 可逆矩阵的性质

(1) 若 $\boldsymbol{A}$ 可逆,则 $\boldsymbol{A}^{-1}$ 也可逆,且 $(\boldsymbol{A}^{-1})^{-1}=\boldsymbol{A}$, $|\boldsymbol{A}^{-1}|=\dfrac{1}{|\boldsymbol{A}|}$.

(2) 若 $\boldsymbol{A}$ 可逆,则转置矩阵 $\boldsymbol{A}^{\mathrm{T}}$ 也可逆,而且 $(\boldsymbol{A}^{\mathrm{T}})^{-1}=(\boldsymbol{A}^{-1})^{\mathrm{T}}$.

(3) 若 $\boldsymbol{A}$ 可逆且数 $\lambda\neq0$,则 $(\lambda\boldsymbol{A})^{-1}=\dfrac{1}{\lambda}\cdot\boldsymbol{A}^{-1}$.

(4) 若 $\boldsymbol{A}$、$\boldsymbol{B}$ 都可逆,则 $\boldsymbol{AB}$ 也可逆,而且 $(\boldsymbol{AB})^{-1}=\boldsymbol{B}^{-1}\cdot\boldsymbol{A}^{-1}$.

一般地,可推广到 k 个可逆矩阵乘积的情况,即

$$(\boldsymbol{A}_1\boldsymbol{A}_2\cdots\boldsymbol{A}_k)^{-1}=\boldsymbol{A}_k^{-1}\boldsymbol{A}_{k-1}^{-1}\cdots\boldsymbol{A}_2^{-1}\boldsymbol{A}_1^{-1}$$

还规定 $\boldsymbol{A}^{-k}=(\boldsymbol{A}^{-1})^k$($k$ 为正整数).

例 10.2.5 设 $\boldsymbol{A}$ 为 4 阶矩阵,且 $|\boldsymbol{A}|=3$, $\boldsymbol{A}^*$ 是其伴随矩阵,求 $|2\boldsymbol{A}|$, $|\boldsymbol{A}^{-1}|$, $|3\boldsymbol{A}^{-1}-2\boldsymbol{A}^*|$.

解 $\boldsymbol{A}^*=|\boldsymbol{A}|\boldsymbol{A}^{-1}=3\boldsymbol{A}^{-1}$, $|2\boldsymbol{A}|=2^4|\boldsymbol{A}|=48$, $|\boldsymbol{A}^{-1}|=|\boldsymbol{A}|^{-1}=1/3$

$$|3\boldsymbol{A}^{-1}-2\boldsymbol{A}^*|=|3\boldsymbol{A}^{-1}-6\boldsymbol{A}^{-1}|=|-3\boldsymbol{A}^{-1}|=(-3)^4|\boldsymbol{A}|^{-1}=27$$

10.2.4 利用逆矩阵求解线性方程组

利用逆矩阵的概念和性质,可以得到简化的克拉默法则.

对于线性方程组

$$\boldsymbol{AX}=\boldsymbol{b}$$

其中,

$$\boldsymbol{A}=\begin{pmatrix}a_{11}&\cdots&a_{1n}\\\vdots&&\vdots\\a_{n1}&\cdots&a_{nn}\end{pmatrix},\quad \boldsymbol{X}=\begin{pmatrix}x_1\\x_2\\\vdots\\x_n\end{pmatrix},\quad \boldsymbol{b}=\begin{pmatrix}b_1\\b_2\\\vdots\\b_n\end{pmatrix}$$

若 $\boldsymbol{A}$ 可逆,则有

$$\boldsymbol{X}=\boldsymbol{A}^{-1}\boldsymbol{b} \tag{10-10}$$

同样地,若 $\boldsymbol{A}$ 是 n 阶可逆矩阵,$\boldsymbol{B}$ 是任一 $n\times k$ 矩阵,则矩阵方程

$$\boldsymbol{AX}=\boldsymbol{B}_{n\times k}$$

有唯一解

$$\boldsymbol{X}=\boldsymbol{A}^{-1}\boldsymbol{B} \tag{10-11}$$

例 10.2.6 求 $\boldsymbol{X}$,使 $\boldsymbol{AX}=\boldsymbol{B}$,其中 $\boldsymbol{A}=\begin{pmatrix}3&0&8\\3&-1&6\\-2&0&-5\end{pmatrix}$,$\boldsymbol{B}=\begin{pmatrix}1&-1&2\\-1&3&4\\-2&0&5\end{pmatrix}$.

解 因为

$$|\boldsymbol{A}|=\begin{vmatrix}3&0&8\\3&-1&6\\-2&0&-5\end{vmatrix}=-1\neq0,\quad \boldsymbol{A}^*=\begin{pmatrix}5&0&8\\3&1&6\\-2&0&-3\end{pmatrix}$$

所以

$$\boldsymbol{A}^{-1}=\frac{\boldsymbol{A}^*}{|\boldsymbol{A}|}=\begin{pmatrix}-5&0&-8\\-3&-1&-6\\2&0&3\end{pmatrix}$$

从而有

$$\boldsymbol{X}=\boldsymbol{A}^{-1}\boldsymbol{B}=\begin{pmatrix}-5&0&-8\\-3&-1&-6\\2&0&3\end{pmatrix}\cdot\begin{pmatrix}1&-1&2\\-1&3&4\\-2&0&5\end{pmatrix}=\begin{pmatrix}11&5&-50\\10&0&-40\\-4&-2&19\end{pmatrix}$$

注 关于矩阵方程的求解,归纳如下:

(1) 设矩阵 $\boldsymbol{A}$ 可逆,若 $\boldsymbol{AX}=\boldsymbol{B}$,那么 $\boldsymbol{X}=\boldsymbol{A}^{-1}\boldsymbol{B}$.

(2) 设矩阵 $\boldsymbol{A}$ 可逆,若 $\boldsymbol{XA}=\boldsymbol{B}$,那么 $\boldsymbol{X}=\boldsymbol{BA}^{-1}$.

(3) 设矩阵 $\boldsymbol{A}$,$\boldsymbol{B}$ 都可逆,若 $\boldsymbol{AXB}=\boldsymbol{C}$,那么 $\boldsymbol{X}=\boldsymbol{A}^{-1}\boldsymbol{CB}^{-1}$.

习 题 10.2

1. 设 $\boldsymbol{A}$ 为 3 阶方阵,$\boldsymbol{A}^*$ 是伴随矩阵,且 $|\boldsymbol{A}|=2$,则 $|-3\boldsymbol{A}|=$______,$|\boldsymbol{A}^*-3\boldsymbol{A}^{-1}|=$______.

2. 判断下列方阵

(1) $\boldsymbol{A}=\begin{pmatrix}3&2&1\\1&2&2\\3&4&3\end{pmatrix}$, (2) $\boldsymbol{B}=\begin{pmatrix}-1&3&2\\-11&15&1\\-3&3&-1\end{pmatrix}$, (3) $\boldsymbol{C}=\begin{pmatrix}2&1&1\\3&1&2\\1&-1&0\end{pmatrix}$

是否可逆? 若可逆,求其逆阵.

3. 解线性方程组

$$\begin{cases}3x_1+2x_2+x_3=1\\x_1+2x_2+2x_3=2\\3x_1+4x_2+3x_3=3\end{cases}$$

4. 设 $\boldsymbol{A}=\begin{pmatrix}1&2&1\\1&0&-1\\2&3&2\end{pmatrix}$,$\boldsymbol{B}=\begin{pmatrix}1&4\\-1&3\\3&2\end{pmatrix}$,解矩阵方程 $\boldsymbol{AX}=\boldsymbol{B}$.

5. 求解矩阵方程 $\boldsymbol{AXB}=\boldsymbol{C}$,其中

$$\boldsymbol{A}=\begin{pmatrix}3&2&1\\1&2&2\\3&4&3\end{pmatrix},\quad \boldsymbol{B}=\begin{pmatrix}3&1\\5&2\end{pmatrix},\quad \boldsymbol{C}=\begin{pmatrix}1&4\\2&0\\3&2\end{pmatrix}$$

6. 已知 n 阶方阵 $\boldsymbol{A}$ 满足 $\boldsymbol{A}^2-\boldsymbol{A}-4\boldsymbol{E}=0$,证明 $\boldsymbol{A}+\boldsymbol{E}$ 可逆,并求$(\boldsymbol{A}+\boldsymbol{E})^{-1}$.

7. 设 $\boldsymbol{A}$、$\boldsymbol{B}$ 均为 3 阶矩阵,$\boldsymbol{E}$ 是 3 阶单位矩阵,已知 $\boldsymbol{AB}=2\boldsymbol{A}+\boldsymbol{B}$,$\boldsymbol{B}=\begin{pmatrix}2&0&2\\0&4&0\\2&0&2\end{pmatrix}$,求$(\boldsymbol{A}-\boldsymbol{E})^{-1}$.

10.3 矩阵的初等变换及初等矩阵

10.3.1 矩阵的初等变换

定义 10.3.1 矩阵的下列三种变换称为矩阵的初等行变换.

(1) 对换变换:交换矩阵的两行(交换 i,j 两行,记作 $r_i\leftrightarrow r_j$).

(2) 数乘变换:以一个非零的数 k 乘矩阵的某一行(第 i 行乘数 k,记作 $k\times r_i$).

(3) 倍加变换:把矩阵的某一行的 k 倍加到另一行(第 j 行乘数 k 加到第 i 行,记作 r_i+kr_j).

注 若把以上对行的变换改为对列作类似的变换,则称对矩阵的初等列变换,相应地记为 $c_i\leftrightarrow c_j$,$k\times c_i$,c_i+kc_j. 矩阵的初等行变换和初等列变换统称矩阵的初等变换.

定义 10.3.2 若矩阵 $\boldsymbol{A}$ 经过有限次初等变换成矩阵 $\boldsymbol{B}$,则称矩阵 $\boldsymbol{A}$ 和 $\boldsymbol{B}$ 等价,记作 $\boldsymbol{A}\sim\boldsymbol{B}$.

矩阵之间等价关系具有下列基本性质.

(1) 反身性:$\boldsymbol{A}\sim\boldsymbol{A}$.

(2) 对称性:若 $\boldsymbol{A}\sim\boldsymbol{B}$,则 $\boldsymbol{B}\sim\boldsymbol{A}$.

(3) 传递性:若 $\boldsymbol{A}\sim\boldsymbol{B}$,$\boldsymbol{B}\sim\boldsymbol{C}$,则 $\boldsymbol{A}\sim\boldsymbol{C}$.

一般地,称满足下列条件的矩阵为行阶梯形矩阵:

(1) 可画出一条阶梯线,线的下方全是零;

(2) 每个台阶只有一行,台阶数即为非零行的行数,阶梯线的竖线后面的第一个元素是非零元素,即非零行的第一个非零元. 从第 1 行起,每行第 1 个非零元素前面的零元素在逐行增加. 例如,

$$\boldsymbol{A}=\begin{pmatrix}1&-1&1\\0&2&-3\\0&0&-4\end{pmatrix},\quad \boldsymbol{B}=\begin{pmatrix}1&0&-1&0&4\\0&1&-1&0&3\\0&0&0&1&-3\\0&0&0&0&0\end{pmatrix}$$

例 10.3.1 设矩阵 $\boldsymbol{A}=\begin{pmatrix}0&0&-1&-1&2\\1&4&-1&0&2\\-1&-4&2&-1&0\\2&8&1&1&0\end{pmatrix}$. 试将矩阵 $\boldsymbol{A}$ 化为行阶梯形矩阵.

解 $$A\xrightarrow{r_1\leftrightarrow r_2}\begin{pmatrix}1&4&-1&0&2\\0&0&-1&-1&2\\-1&-4&2&-1&0\\2&8&1&1&0\end{pmatrix}\xrightarrow{r_3+r_1,r_4-2r_1}\begin{pmatrix}1&4&-1&0&2\\0&0&-1&-1&2\\0&0&1&-1&2\\0&0&3&1&-4\end{pmatrix}$$

$$\xrightarrow{r_3+r_2,r_4+3r_2}\begin{pmatrix}1&4&-1&0&2\\0&0&-1&-1&2\\0&0&0&-2&4\\0&0&0&-2&2\end{pmatrix}\xrightarrow{r_4-r_3}\begin{pmatrix}1&4&-1&0&2\\0&0&-1&-1&2\\0&0&0&-2&4\\0&0&0&0&-2\end{pmatrix}$$

$$=\boldsymbol{B}$$

通过例 10.3.1 可以看到,任何一个 $m\times n$ 矩阵都可以仅经过一系列的初等行变换化为行阶梯形矩阵,即任何一个 $m\times n$ 矩阵都等价于一个行阶梯形矩阵.

对例 10.3.1 中的矩阵 $\boldsymbol{B}$ 再作初等行变换:

$$\boldsymbol{B}\xrightarrow{(-1)r_2,\left(-\frac{1}{2}\right)r_3,\left(-\frac{1}{2}\right)r_4}\begin{pmatrix}1&4&-1&0&2\\0&0&1&1&-2\\0&0&0&1&-2\\0&0&0&0&1\end{pmatrix}\xrightarrow[r_1-2r_4]{r_3+2r_4,\ r_2+2r_4}\begin{pmatrix}1&4&-1&0&0\\0&0&1&1&0\\0&0&0&1&0\\0&0&0&0&1\end{pmatrix}$$

$$\xrightarrow{r_2-r_3}\begin{pmatrix}1&4&-1&0&0\\0&0&1&0&0\\0&0&0&1&0\\0&0&0&0&1\end{pmatrix}\xrightarrow{r_1+r_2}\begin{pmatrix}1&4&0&0&0\\0&0&1&0&0\\0&0&0&1&0\\0&0&0&0&1\end{pmatrix}=\boldsymbol{C}$$

把矩阵 $\boldsymbol{C}$ 称为行最简形矩阵. 一般地,称满足下列条件的行阶梯形矩阵为行最简形矩阵:

(1) 各非零行的第一个非零元素为 1;

(2) 各非零行的首个非零元所在列的其余元素都是零.

例如,下列矩阵均为行最简形矩阵:

$$\begin{pmatrix}1&0&0\\0&1&0\\0&0&1\end{pmatrix},\quad\begin{pmatrix}1&0&0&2\\0&1&0&1\\0&0&1&4\end{pmatrix},\quad\begin{pmatrix}0&1&0&2\\0&0&1&0\\0&0&0&0\end{pmatrix}$$

再对矩阵 $\boldsymbol{C}$ 作初等列变换：

$$\boldsymbol{C}=\begin{pmatrix}1&4&0&0&0\\0&0&1&0&0\\0&0&0&1&0\\0&0&0&0&1\end{pmatrix}\xrightarrow{c_2-4c_1,c_2\leftrightarrow c_3,c_3\leftrightarrow c_4,c_4\leftrightarrow c_5}\begin{pmatrix}1&0&0&0&0\\0&1&0&0&0\\0&0&1&0&0\\0&0&0&1&0\end{pmatrix}=\boldsymbol{D}$$

把矩阵 $\boldsymbol{D}$ 称为原矩阵 $\boldsymbol{A}$ 的标准形. 它具有如下特点：

左上角是一个单位矩阵，其余元素全为 0.

定理 10.3.1　任一矩阵 $\boldsymbol{A}$ 总可以仅经过有限次初等行变换化为行阶梯形矩阵以及行最简形矩阵.

定理 10.3.2　任一矩阵 $\boldsymbol{A}$ 总可以经过有限次初等变换(初等行变换或初等列变换)化为标准形矩阵.

即任意 $m\times n$ 矩阵 $\boldsymbol{A}$ 都与一形如

$$\begin{pmatrix}1&0&\cdots&0&0&\cdots&0\\0&1&\cdots&0&0&\cdots&0\\\vdots&\vdots&&\vdots&\vdots&&\\0&0&\cdots&1&0&\cdots&0\\0&0&\cdots&0&0&\cdots&0\\\vdots&\vdots&&\vdots&\vdots&&\vdots\\0&0&\cdots&0&0&\cdots&0\end{pmatrix}=\begin{pmatrix}\boldsymbol{E}_r&\boldsymbol{O}\\\boldsymbol{O}&\boldsymbol{O}\end{pmatrix}_{m\times n}\tag{10-12}$$

的矩阵等价，它称为矩阵 $\boldsymbol{A}$ 的标准形.

例 10.3.2　把矩阵 $\boldsymbol{A}=\begin{pmatrix}1&-1&-1&1&0\\0&1&2&-4&1\\2&-2&-4&6&-1\\3&-3&-5&7&-1\end{pmatrix}$ 化为行最简形矩阵.

解　$$\boldsymbol{A}\xrightarrow{r_3-2r_1,r_4-3r_1}\begin{pmatrix}1&-1&-1&1&0\\0&1&2&-4&1\\0&0&-2&4&-1\\0&0&-2&4&-1\end{pmatrix}$$

$$\xrightarrow{r_4-r_3}\begin{pmatrix}1&-1&-1&1&0\\0&1&2&-4&1\\0&0&-2&4&-1\\0&0&0&0&0\end{pmatrix}\xrightarrow{r_2+r_3}\begin{pmatrix}1&-1&-1&1&0\\0&1&0&0&0\\0&0&-2&4&-1\\0&0&0&0&0\end{pmatrix}$$

$$\xrightarrow{-\frac{1}{2}r_3}\begin{pmatrix}1 & -1 & -1 & 1 & 0\\ 0 & 1 & 0 & 0 & 0\\ 0 & 0 & 1 & -2 & \frac{1}{2}\\ 0 & 0 & 0 & 0 & 0\end{pmatrix}\xrightarrow{r_1+r_3}\begin{pmatrix}1 & -1 & 0 & -1 & \frac{1}{2}\\ 0 & 1 & 0 & 0 & 0\\ 0 & 0 & 1 & -2 & \frac{1}{2}\\ 0 & 0 & 0 & 0 & 0\end{pmatrix}$$

$$\xrightarrow{r_1+r_2}\begin{pmatrix}1 & 0 & 0 & -1 & \frac{1}{2}\\ 0 & 1 & 0 & 0 & 0\\ 0 & 0 & 1 & -2 & \frac{1}{2}\\ 0 & 0 & 0 & 0 & 0\end{pmatrix}$$

例 10.3.3 将矩阵 $\boldsymbol{A}=\begin{pmatrix}0 & 0 & 3 & 2\\ 2 & 6 & -4 & 5\\ 1 & 3 & -2 & 2\\ -1 & -3 & 4 & 0\end{pmatrix}$化为标准形.

解 $\boldsymbol{A}\xrightarrow{r_1\leftrightarrow r_3}\begin{pmatrix}1 & 3 & -2 & 2\\ 2 & 6 & -4 & 5\\ 0 & 0 & 3 & 2\\ -1 & -3 & 4 & 0\end{pmatrix}\xrightarrow[r_4+r_1]{r_2-2r_1}\begin{pmatrix}1 & 3 & -2 & 2\\ 0 & 0 & 0 & 1\\ 0 & 0 & 3 & 2\\ 0 & 0 & 2 & 2\end{pmatrix}$

$$\xrightarrow{r_4\leftrightarrow r_2}\begin{pmatrix}1 & 3 & -2 & 2\\ 0 & 0 & 2 & 2\\ 0 & 0 & 3 & 2\\ 0 & 0 & 0 & 1\end{pmatrix}\xrightarrow{\frac{1}{2}r_2}\begin{pmatrix}1 & 3 & -2 & 2\\ 0 & 0 & 1 & 1\\ 0 & 0 & 3 & 2\\ 0 & 0 & 0 & 1\end{pmatrix}$$

$$\xrightarrow{r_3-3r_2}\begin{pmatrix}1 & 3 & -2 & 2\\ 0 & 0 & 1 & 1\\ 0 & 0 & 0 & -1\\ 0 & 0 & 0 & 1\end{pmatrix}\xrightarrow[r_4+r_3]{r_3\leftrightarrow r_4}\begin{pmatrix}1 & 3 & -2 & 0\\ 0 & 0 & 1 & 0\\ 0 & 0 & 0 & 1\\ 0 & 0 & 0 & 0\end{pmatrix}$$

$$\xrightarrow{r_1+2r_2}\begin{pmatrix}1 & 3 & 0 & 0\\ 0 & 0 & 1 & 0\\ 0 & 0 & 0 & 1\\ 0 & 0 & 0 & 0\end{pmatrix}\xrightarrow{c_2-3c_1}\begin{pmatrix}1 & 0 & 0 & 0\\ 0 & 0 & 1 & 0\\ 0 & 0 & 0 & 1\\ 0 & 0 & 0 & 0\end{pmatrix}$$

$$\xrightarrow{c_2\leftrightarrow c_3}\begin{pmatrix}1 & 0 & 0 & 0\\ 0 & 1 & 0 & 0\\ 0 & 0 & 0 & 1\\ 0 & 0 & 0 & 0\end{pmatrix}\xrightarrow{c_3\leftrightarrow c_4}\begin{pmatrix}1 & 0 & 0 & 0\\ 0 & 1 & 0 & 0\\ 0 & 0 & 1 & 0\\ 0 & 0 & 0 & 0\end{pmatrix}$$

注 化标准形时,一般先化为行最简形,然后再作列变换.

10.3.2 初等矩阵

1. 初等矩阵的定义

定义 10.3.3 由单位矩阵 $\boldsymbol{E}$ 经过一次初等变换而得到的矩阵称为初等矩阵. 三种初等变换对应的三种初等矩阵如下.

(1) 对换初等矩阵.

把单位矩阵 $\boldsymbol{E}$ 的 i 行与 j 行互换后，得到初等矩阵 $\boldsymbol{E}(i,j)$；

$$\boldsymbol{E}(i,j)=\begin{pmatrix}1 &&&&&&&& \\ & \ddots & 1 &&&&&& \\ &&& 0 & \cdots & 1 &&& \\ &&& \vdots & 1 & \vdots &&& \\ &&& \vdots & \ddots & \vdots &&& \\ &&&& 1 &&&& \\ &&& 1 & \cdots & 0 &&& \\ &&&&&& 1 && \\ &&&&&&& \vdots & 1\end{pmatrix} \tag{10-13}$$

(2) 数乘初等矩阵.

用非零数 k 乘单位矩阵 $\boldsymbol{E}$ 的第 i 行，得到初等矩阵 $\boldsymbol{E}(i(k))$.

$$E(i(k))=\begin{pmatrix}1 &&&&&& \\ & \ddots &&&&& \\ && 1 &&&& \\ &&& k &&& \\ &&&& 1 && \\ &&&&& \ddots & \\ &&&&&& 1\end{pmatrix} \tag{10-14}$$

(3) 倍加初等矩阵.

把单位矩阵 $\boldsymbol{E}$ 的第 j 行的 k 倍加到第 i 行，得到初等矩阵 $\boldsymbol{E}(i,j(k))$.

$$E(i,j(k))=\begin{pmatrix}1 &&&&&& \\ & \ddots &&&&& \\ && 1 & \cdots & k && \\ &&& \ddots & \vdots && \\ &&& \ddots & \vdots && \\ &&&& 1 && \\ &&&&& \ddots & \\ &&&&&& 1\end{pmatrix} \tag{10-15}$$

同样可以得到与列变换相应的初等矩阵.

(1) 对换初等矩阵:把矩阵 $\boldsymbol{E}$ 的第 i 列与第 j 列互换后得到的矩阵就是 $E(i,j)$.

(2) 数乘初等矩阵:把矩阵 $\boldsymbol{E}$ 的第 i 列乘以非零常数 k 后得到的矩阵就是$E(i(k))$.

(3) 倍加初等矩阵:把矩阵 $\boldsymbol{E}$ 的第 i 列的 k 倍加到第 j 列后得到的矩阵就是 $\boldsymbol{E}(i,j(k))$(式(10-15)).

注 利用初等行变换或初等列变换得到的对换初等矩阵和数乘初等矩阵在形式上是一样的,但得到的倍加初等矩阵在形式上不一样.

2. 初等矩阵的性质

由行列式的性质得:

(1) $|\boldsymbol{E}(i,j)|=-1$;

(2) $|\boldsymbol{E}(i(k))|=k\neq 0$;

(3) $|\boldsymbol{E}(i,j(k))|=1$.

所以,初等矩阵都是可逆的,且它们的逆矩阵还是初等矩阵. 即

$$(\boldsymbol{E}(i,j))^{-1}=\boldsymbol{E}(i,j),(\boldsymbol{E}(i(k)))^{-1}=\boldsymbol{E}\left(i\left(\frac{1}{k}\right)\right),(\boldsymbol{E}(i,j(k)))^{-1}=\boldsymbol{E}(i,j(-k))$$

3. 矩阵的初等变换和矩阵乘法的关系

设 $\boldsymbol{A}=\begin{pmatrix} a_{11} & a_{12} & a_{13} \\ a_{21} & a_{22} & a_{23} \\ a_{31} & a_{32} & a_{33} \end{pmatrix}$,则

$$\boldsymbol{E}(2,1(3))\cdot\boldsymbol{A}=\begin{pmatrix} 1 & 0 & 0 \\ 3 & 1 & 0 \\ 0 & 0 & 1 \end{pmatrix}\cdot\boldsymbol{A}=\begin{pmatrix} a_{11} & a_{12} & a_{13} \\ 3a_{11}+a_{21} & 3a_{12}+a_{22} & 3a_{13}+a_{23} \\ a_{31} & a_{32} & a_{33} \end{pmatrix}$$

$$\boldsymbol{A}\cdot\boldsymbol{E}(1(3))=\boldsymbol{A}\cdot\begin{pmatrix} 3 & 0 & 0 \\ 0 & 1 & 0 \\ 0 & 0 & 1 \end{pmatrix}=\begin{pmatrix} 3a_{11} & a_{12} & a_{13} \\ 3a_{21} & a_{22} & a_{23} \\ 3a_{31} & a_{32} & a_{33} \end{pmatrix}$$

此式表明,以初等矩阵 $\boldsymbol{E}(2,1(3))$左乘矩阵 $\boldsymbol{A}$,相当于对矩阵 $\boldsymbol{A}$ 作初等行变换:把矩阵 $\boldsymbol{A}$ 的第一行的 3 倍加到第二行. 以初等矩阵 $\boldsymbol{E}(1(3))$右乘矩阵 $\boldsymbol{A}$,相当于对矩阵 $\boldsymbol{A}$ 作初等列变换:把矩阵 $\boldsymbol{A}$ 的第一列乘数 3.

定理 10.3.3 对一个 $m\times n$ 矩阵 $\boldsymbol{A}$ 作一次初等行变换就相当于在 $\boldsymbol{A}$ 的左边乘上一个相应的 $m\times m$ 初等矩阵;对 $\boldsymbol{A}$ 作一次初等列变换就相当于在 $\boldsymbol{A}$ 的右边乘上一个相应的 $n\times n$ 初等矩阵.

定理 10.3.3 可以简单叙述为:用初等矩阵左乘 $\boldsymbol{A}$,则对 $\boldsymbol{A}$ 作行变换;用初等矩阵右乘矩阵 $\boldsymbol{A}$,则对 $\boldsymbol{A}$ 作列变换. 具体如下:

(1) $\boldsymbol{E}(i,j)\boldsymbol{A}$——将 $\boldsymbol{A}$ 的 i 行与 j 行互换.

(2) $\boldsymbol{E}(i(k))\boldsymbol{A}$——将 $\boldsymbol{A}$ 的 i 行乘非零数 k.

(3) $\boldsymbol{E}(i+j(k))\boldsymbol{A}$——将 $\boldsymbol{A}$ 的 j 行的 k 倍加到 i 行上.

(4) $\boldsymbol{AE}(i,j)$——将 $\boldsymbol{A}$ 的 i 列与 j 列互换.

(5) $\boldsymbol{AE}(i(k))$——将 $\boldsymbol{A}$ 的 i 列乘非零数 k.

(6) $\boldsymbol{AE}(j+i(k))$——将 $\boldsymbol{A}$ 的 j 列的 k 倍加到 i 列上.

推论 1　矩阵 $\boldsymbol{A}$ 与 $\boldsymbol{B}$ 等价的充要条件是有初等矩阵 $\boldsymbol{P}_1,\boldsymbol{P}_2,\cdots,\boldsymbol{P}_m;\boldsymbol{Q}_1,\cdots,\boldsymbol{Q}_t$，使 $\boldsymbol{A}=\boldsymbol{P}_1\boldsymbol{P}_2\cdots\boldsymbol{P}_m\cdot\boldsymbol{B}\cdot\boldsymbol{Q}_1\boldsymbol{Q}_2\cdots\boldsymbol{Q}_t$.

定理 10.3.4　n 阶矩阵 $\boldsymbol{A}$ 可逆的充要条件是它能表示成一些初等矩阵的乘积：

$$\boldsymbol{A}=\boldsymbol{Q}_1\boldsymbol{Q}_2\cdots\boldsymbol{Q}_m$$

证　必要性　若 $\boldsymbol{A}$ 可逆，则 $|\boldsymbol{A}|\neq 0$，所以 $\boldsymbol{A}$ 与 $\boldsymbol{E}$ 等价(可参考定理 10.4.3 的推论).

从而有初等矩阵 $\boldsymbol{Q}_1,\boldsymbol{Q}_2,\cdots,\boldsymbol{Q}_m$ 使 $\boldsymbol{A}=\boldsymbol{Q}_1\boldsymbol{Q}_2\cdots\boldsymbol{E}\cdots\boldsymbol{Q}_{m-1}\boldsymbol{Q}_m=\boldsymbol{Q}_1\boldsymbol{Q}_2\cdots\boldsymbol{Q}_m$.

充分性　若有初等矩阵 $\boldsymbol{Q}_1,\boldsymbol{Q}_2,\cdots,\boldsymbol{Q}_m$ 使 $\boldsymbol{A}=\boldsymbol{Q}_1\boldsymbol{Q}_2\cdots\boldsymbol{Q}_m$，则 $|\boldsymbol{A}|=|\boldsymbol{Q}_1|\cdot|\boldsymbol{Q}_2|\cdots|\boldsymbol{Q}_m|\neq 0$. 故 $\boldsymbol{A}$ 可逆.

推论 2　两个 $m\times n$ 矩阵 $\boldsymbol{A},\boldsymbol{B}$ 等价的充要条件是：存在可逆的 m 阶矩阵 $\boldsymbol{P}$ 与可逆的 n 阶矩阵 $\boldsymbol{Q}$，使 $\boldsymbol{A}=\boldsymbol{PBQ}$.

由以上结论可得到求逆矩阵的另一种简单方法.

10.3.3　初等变换求逆矩阵

设 $\boldsymbol{A}$ 是一 n 阶可逆矩阵，则有一系列初等矩阵 $\boldsymbol{P}_1,\boldsymbol{P}_2,\cdots,\boldsymbol{P}_m$，使 $\boldsymbol{P}_m\cdots\boldsymbol{P}_2\boldsymbol{P}_1\boldsymbol{A}=\boldsymbol{E}$，即 $\boldsymbol{A}^{-1}=\boldsymbol{P}_m\cdots\boldsymbol{P}_2\boldsymbol{P}_1=\boldsymbol{P}_m\cdots\boldsymbol{P}_2\boldsymbol{P}_1\cdot\boldsymbol{E}$.

如果用一系列初等行变换把 $\boldsymbol{A}$ 化为单位矩阵，那么同样地用这些初等行变换去化单位矩阵，就得到 $\boldsymbol{A}^{-1}$；亦即把 $\boldsymbol{A},\boldsymbol{E}$ 两个矩阵凑在一起，作成一个 $n\times 2n$ 矩阵 $(\boldsymbol{A},\boldsymbol{E})$，则有 $\boldsymbol{P}_m\cdots\boldsymbol{P}_2\boldsymbol{P}_1(\boldsymbol{A},\boldsymbol{E})=(\boldsymbol{P}_m\cdots\boldsymbol{P}_2\boldsymbol{P}_1\boldsymbol{A},\boldsymbol{P}_m\boldsymbol{P}_{m-1}\cdots\boldsymbol{P}_2\boldsymbol{P}_1\cdot\boldsymbol{E})=(\boldsymbol{E},\boldsymbol{A}^{-1})$. 具体操作过程如下：

$$(\boldsymbol{A},\boldsymbol{E})\xrightarrow{\text{初等行变换}}(\boldsymbol{E},\boldsymbol{A}^{-1}) \tag{10-16}$$

即当左边的 $\boldsymbol{A}$ 变换成单位矩阵 $\boldsymbol{E}$ 时，右边的单位矩阵 $\boldsymbol{E}$ 就变成 $\boldsymbol{A}$ 的逆矩阵 $\boldsymbol{A}^{-1}$.

例 10.3.4　设 $\boldsymbol{A}=\begin{pmatrix}0 & 1 & 2\\ 1 & 1 & 4\\ 2 & -1 & 0\end{pmatrix}$，求 $\boldsymbol{A}^{-1}$.

解　对 $(\boldsymbol{A},\boldsymbol{E})$ 施行初等行变换

$$\begin{pmatrix} 0 & 1 & 2 & 1 & 0 & 0 \\ 1 & 1 & 4 & 0 & 1 & 0 \\ 2 & -1 & 0 & 0 & 0 & 1 \end{pmatrix} \xrightarrow{r_1 \leftrightarrow r_2} \begin{pmatrix} 1 & 1 & 4 & 0 & 1 & 0 \\ 0 & 1 & 2 & 1 & 0 & 0 \\ 2 & -1 & 0 & 0 & 0 & 1 \end{pmatrix}$$

$$\xrightarrow{r_3 - 2r_1} \begin{pmatrix} 1 & 1 & 4 & 0 & 1 & 0 \\ 0 & 1 & 2 & 1 & 0 & 0 \\ 0 & -3 & -8 & 0 & -2 & 1 \end{pmatrix}$$

$$\xrightarrow{r_1 - r_2, r_3 + 3r_2} \begin{pmatrix} 1 & 0 & 2 & -1 & 1 & 0 \\ 0 & 1 & 2 & 1 & 0 & 0 \\ 0 & 0 & -2 & 3 & -2 & 1 \end{pmatrix}$$

$$\xrightarrow{r_1 + r_3, r_2 + r_3} \begin{pmatrix} 1 & 0 & 0 & 2 & -1 & 1 \\ 0 & 1 & 0 & 4 & -2 & 1 \\ 0 & 0 & -2 & 3 & -2 & 1 \end{pmatrix}$$

$$\xrightarrow{-\frac{1}{2}r_3} \begin{pmatrix} 1 & 0 & 0 & 2 & -1 & 1 \\ 0 & 1 & 0 & 4 & -2 & 1 \\ 0 & 0 & 1 & -\frac{3}{2} & 1 & -\frac{1}{2} \end{pmatrix}$$

此时，当左边的矩阵 $\boldsymbol{A}$ 变成单位矩阵 $\boldsymbol{E}$ 以后，右边的单位矩阵 $\boldsymbol{E}$ 就变为 $\boldsymbol{A}$ 的逆矩阵，故 $\boldsymbol{A}^{-1} = \begin{pmatrix} 2 & -1 & 1 \\ 4 & -2 & 1 \\ -\frac{3}{2} & 1 & -\frac{1}{2} \end{pmatrix}$.

例 10.3.5 设 $\boldsymbol{A} = \begin{pmatrix} 0 & 2 & -1 \\ 1 & 1 & 2 \\ -1 & -1 & -1 \end{pmatrix}$，求 $\boldsymbol{A}^{-1}$.

解 $(\boldsymbol{A}, \boldsymbol{E}) = \begin{pmatrix} 0 & 2 & -1 & 1 & 0 & 0 \\ 1 & 1 & 2 & 0 & 1 & 0 \\ -1 & -1 & -1 & 0 & 0 & 1 \end{pmatrix} \xrightarrow{r_1 \leftrightarrow r_2} \begin{pmatrix} 1 & 1 & 2 & 0 & 1 & 0 \\ 0 & 2 & -1 & 1 & 0 & 0 \\ -1 & -1 & -1 & 0 & 0 & 1 \end{pmatrix}$

$$\xrightarrow{r_3 + r_1} \begin{pmatrix} 1 & 1 & 2 & 0 & 1 & 0 \\ 0 & 2 & -1 & 1 & 0 & 0 \\ 0 & 0 & 1 & 0 & 1 & 1 \end{pmatrix} \xrightarrow{\frac{1}{2}r_2} \begin{pmatrix} 1 & 1 & 2 & 0 & 1 & 0 \\ 0 & 1 & -\frac{1}{2} & \frac{1}{2} & 0 & 0 \\ 0 & 0 & 1 & 0 & 1 & 1 \end{pmatrix}$$

$$\xrightarrow{r_1 - r_2} \begin{pmatrix} 1 & 0 & \frac{5}{2} & -\frac{1}{2} & 1 & 0 \\ 0 & 1 & -\frac{1}{2} & \frac{1}{2} & 0 & 0 \\ 0 & 0 & 1 & 0 & 1 & 1 \end{pmatrix}$$

$$\xrightarrow[r_2+\frac{1}{2}r_3]{r_1-\frac{5}{2}r_3}\begin{pmatrix}1 & 0 & 0 & -\frac{1}{2} & -\frac{3}{2} & -\frac{5}{2}\\ 0 & 1 & 0 & \frac{1}{2} & \frac{1}{2} & \frac{1}{2}\\ 0 & 0 & 1 & 0 & 1 & 1\end{pmatrix}$$

所以 $\boldsymbol{A}^{-1}=\begin{pmatrix}-\frac{1}{2} & -\frac{3}{2} & -\frac{5}{2}\\ \frac{1}{2} & \frac{1}{2} & \frac{1}{2}\\ 0 & 1 & 1\end{pmatrix}$.

习 题 10.3

1. 把下列矩阵化为行阶梯形矩阵.

(1) $\boldsymbol{A}=\begin{pmatrix}1 & -1 & 1\\ 1 & -1 & -1\\ 2 & -2 & -1\end{pmatrix}$；　　(2) $\boldsymbol{B}=\begin{pmatrix}4 & 3 & 2 & 8\\ 3 & 4 & 1 & 7\\ 1 & 1 & 1 & 1\end{pmatrix}$.

2. 将下列矩阵化为行最简形矩阵.

(1) $\begin{pmatrix}1 & 2 & 1 & 0\\ 2 & 1 & -2 & 1\\ 3 & 3 & 0 & 2\end{pmatrix}$；　　(2) $\begin{pmatrix}3 & 2 & -3 & -1 & 1\\ 2 & -2 & 1 & 3 & -1\\ -2 & -1 & 2 & 1 & -1\end{pmatrix}$.

3. 把矩阵 $\boldsymbol{A}=\begin{pmatrix}0 & 0 & 3 & 1\\ 2 & 1 & -1 & 2\\ 4 & 2 & 3 & 1\\ -2 & -1 & 4 & -3\end{pmatrix}$ 化为标准形.

4. 利用初等行变换求下列矩阵的逆矩阵.

(1) $\boldsymbol{A}=\begin{pmatrix}1 & 2 & 0\\ 3 & 5 & 2\\ 0 & 0 & 1\end{pmatrix}$；　　(2) $\boldsymbol{B}=\begin{pmatrix}1 & 0 & 1\\ 2 & 1 & 0\\ -3 & 2 & -8\end{pmatrix}$；　　(3) $\boldsymbol{C}=\begin{pmatrix}1 & 3 & 3\\ 2 & 4 & 1\\ 3 & 5 & 4\end{pmatrix}$.

10.4 矩阵的秩

10.4.1 矩阵秩的定义

我们已经知道,任一矩阵都可以经过初等行变换化为行阶梯形矩阵,且行阶梯形矩阵中所含非零行的行数是唯一确定的,这个数实质上就是矩阵的“秩”,它是矩阵的一个重要数字特征，下面就来讨论它的定义和求法.

定义 10.4.1 在一个 $m\times n$ 矩阵 $\boldsymbol{A}$ 中任意选定 k 行和 k 列，位于这些选定的行和列的交点上的 k^2 个元素按原来的次序所组成的 k 阶行列式，称为 $\boldsymbol{A}$ 的一个 k 阶子式.

例如，在矩阵 $\begin{pmatrix}1 & 2 & 3 & -1 & 2\\ 0 & 4 & -1 & 1 & 2\\ 1 & 0 & -3 & 2 & -1\\ 2 & 3 & 5 & -1 & 0\end{pmatrix}$ 中选第 1、3 行，第 2、4 列，位于这些行和列交点上的 4 个元素组成 2 阶行列式 $\begin{vmatrix}2 & -1\\ 0 & 2\end{vmatrix}=4$.

选第 1、2、4 行，第 2、4、5 列，就得到一个 3 阶子式 $\begin{vmatrix}2 & -1 & 2\\ 4 & 1 & 2\\ 3 & -1 & 0\end{vmatrix}=-16$.

显然：(1) 子式的阶数 $k\leqslant\min(m,n)$；

(2) $\boldsymbol{A}$ 中的每一个元素都是 $\boldsymbol{A}$ 的一阶子式.

定义 10.4.2 设 $\boldsymbol{A}$ 为 $m\times n$ 矩阵，如果存在 $\boldsymbol{A}$ 的一个 r 阶子式不为零，同时所有 $r+1$ 阶子式(如果存在的话)全为 0，则称数 r 为矩阵 $\boldsymbol{A}$ 的秩，记为 $r(\boldsymbol{A})$ 或 $R(\boldsymbol{A})$.

矩阵的秩具有下列性质：

(1) 设 $\boldsymbol{A}$ 为 $m\times n$ 矩阵，则 $0\leqslant r(\boldsymbol{A})\leqslant\min\{m,n\}$.

(2) 若矩阵 $\boldsymbol{A}$ 有某个 s 阶子式不为零，则 $r(\boldsymbol{A})\geqslant s$；若矩阵 $\boldsymbol{A}$ 中所有 s 阶子式全为零，则 $r(\boldsymbol{A})<s$.

(3) $r(\boldsymbol{A})=r(\boldsymbol{A}^{\mathrm{T}})$.

当 $r(\boldsymbol{A})=\min\{m,n\}$ 时，称 $\boldsymbol{A}$ 为满秩矩阵，否则称为降秩矩阵.

定理 10.4.1 n 阶矩阵 $\boldsymbol{A}$ 可逆的充要条件是矩阵 $\boldsymbol{A}$ 为满秩矩阵；n 阶矩阵 $\boldsymbol{A}$ 不可逆的充要条件是矩阵 $\boldsymbol{A}$ 为降秩矩阵.

例 10.4.1 求矩阵 $\boldsymbol{A}$ 和 $\boldsymbol{B}$ 的秩，其中

$$\boldsymbol{A}=\begin{pmatrix}1 & 2 & 3\\ 2 & 3 & -5\\ 4 & 7 & 1\end{pmatrix},\quad \boldsymbol{B}=\begin{pmatrix}1 & 1 & 2 & 2 & 1\\ 0 & 2 & 1 & 5 & -1\\ 0 & 0 & -2 & 2 & -2\\ 0 & 0 & 0 & 0 & 0\end{pmatrix}$$

解 在 $\boldsymbol{A}$ 中，2 阶子式 $\begin{vmatrix}1 & 2\\ 2 & 3\end{vmatrix}\neq0$，3 阶子式只有一个 $|\boldsymbol{A}|$，且

$$|\boldsymbol{A}|=\begin{vmatrix}1 & 2 & 3\\ 2 & 3 & -5\\ 4 & 7 & 1\end{vmatrix}=\begin{vmatrix}1 & 2 & 3\\ 0 & -1 & -11\\ 0 & -1 & -11\end{vmatrix}=0$$

所以 $r(\boldsymbol{A})=2$.

$\boldsymbol{B}$ 是一个行阶梯形行列式，其非零行只有 3 行，所以 $\boldsymbol{B}$ 的 4 阶子式全为零；而 $\boldsymbol{B}$ 有一个 3 阶子式

$$\begin{vmatrix} 1 & 1 & 2 \\ 0 & 2 & 1 \\ 0 & 0 & -2 \end{vmatrix}=-4\neq 0$$

所以 $r(\boldsymbol{B})=3$.

从上例看到，利用定义计算矩阵的秩，需要由低阶到高阶考虑矩阵的子式，当矩阵的行数与列数较高时，按定义求秩就非常麻烦；但行阶梯形矩阵的秩很容易确定，而任意矩阵都可以经过初等行变换化为行阶梯形矩阵，因而可考虑借助初等变换来求矩阵的秩.

10.4.2　初等变换求矩阵的秩

定理 10.4.2　任何一个矩阵经过有限次初等行变换都可以化为行阶梯形矩阵（参见定理 10.3.1）

定理 10.4.3　矩阵的初等变换不改变矩阵的秩. 即若 $\boldsymbol{A}\sim\boldsymbol{B}$，则 $r(\boldsymbol{A})=r(\boldsymbol{B})$.

推论　如果 $\boldsymbol{A}$ 为 n 阶可逆矩阵，则矩阵 $\boldsymbol{A}$ 经过有限次初等变换可以化为单位矩阵 $\boldsymbol{E}$，即 $\boldsymbol{A}\sim\boldsymbol{E}$.

证　因为任何 n 阶矩阵 $\boldsymbol{A}$ 都可经过有限次初等变换化为标准型 $\begin{pmatrix} \boldsymbol{E}_r & \boldsymbol{O} \\ \boldsymbol{O} & \boldsymbol{O} \end{pmatrix}_{n\times n}$ 其中 $r\leqslant n$，由于初等变换不改变矩阵的秩，而如果 $\boldsymbol{A}$ 为 n 阶可逆矩阵（满秩），则标准型 $\begin{pmatrix} \boldsymbol{E}_r & \boldsymbol{O} \\ \boldsymbol{O} & \boldsymbol{O} \end{pmatrix}_{n\times n}$ 也必然可逆（满秩），此时 $r=n$，即标准型为 $\boldsymbol{E}_n$，从而得证.

由定理 10.4.2 和定理 10.4.3 可得出用初等变换求矩阵秩的方法：将矩阵用初等行变换（只需初等行变换就可以，不必进行初等列变换）化为行阶梯形矩阵，则行阶梯形矩阵中非零行的行数就是矩阵的秩.

例 10.4.2　求矩阵 $\boldsymbol{A}$ 的秩.

$$\boldsymbol{A}=\begin{pmatrix} 1 & 2 & 3 & -1 & 2 \\ 0 & 4 & -1 & 1 & 2 \\ 1 & 0 & -3 & 2 & -1 \\ 1 & 6 & 2 & 0 & 4 \end{pmatrix}$$

解　$$\boldsymbol{A}=\begin{pmatrix} 1 & 2 & 3 & -1 & 2 \\ 0 & 4 & -1 & 1 & 2 \\ 1 & 0 & -3 & 2 & -1 \\ 1 & 6 & 2 & 0 & 4 \end{pmatrix}\xrightarrow{r_3-r_1,\,r_4-r_1}\begin{pmatrix} 1 & 2 & 3 & -1 & 2 \\ 0 & 4 & -1 & 1 & 2 \\ 0 & -2 & -6 & 3 & -3 \\ 0 & 4 & -1 & 1 & 2 \end{pmatrix}$$

$$\xrightarrow{r_4-r_2}\begin{pmatrix}1&2&3&-1&2\\0&4&-1&1&2\\0&-2&-6&3&-3\\0&0&0&0&0\end{pmatrix}\xrightarrow{r_3\leftrightarrow r_2}\begin{pmatrix}1&2&3&-1&2\\0&-2&-6&3&-3\\0&4&-1&1&2\\0&0&0&0&0\end{pmatrix}$$

$$\xrightarrow{r_3+2r_2}\begin{pmatrix}1&2&3&-1&2\\0&-2&-6&3&-3\\0&0&-13&7&-4\\0&0&0&0&0\end{pmatrix}=\boldsymbol{B}$$

显然矩阵 $\boldsymbol{B}$ 为行阶梯形，其非零行数为 3，从而由定理可知，$r(\boldsymbol{A})=r(\boldsymbol{B})=3$.

例 10.4.3 设 $\boldsymbol{A}$ 是一个 $m\times n$ 矩阵，$\boldsymbol{P}$ 是 m 阶可逆方阵，$\boldsymbol{Q}$ 是 n 阶可逆方阵，证明 $r(\boldsymbol{A})=r(\boldsymbol{PA})=r(\boldsymbol{AQ})$.

证 因 $\boldsymbol{P}$ 可逆，所以 $\boldsymbol{P}$ 可表示成初等矩阵的积，即

$$\boldsymbol{P}=\boldsymbol{P}_1\boldsymbol{P}_2\cdots\boldsymbol{P}_t$$

其中 $\boldsymbol{P}_i(i=1,2,\cdots,t)$ 均为初等矩阵，从而有

$$\boldsymbol{PA}=\boldsymbol{P}_1\boldsymbol{P}_2\cdots\boldsymbol{P}_t\boldsymbol{A}$$

所以 $\boldsymbol{PA}\sim\boldsymbol{A}$，故 $r(\boldsymbol{A})=r(\boldsymbol{PA})$.

同理可证 $r(\boldsymbol{A})=r(\boldsymbol{AQ})$.

关于矩阵的秩，还有一些常见的且经常用到的性质，现直接列出：

(1) $r(\boldsymbol{A}+\boldsymbol{B})\leqslant r(\boldsymbol{A})+r(\boldsymbol{B})$.

(2) $r(\boldsymbol{AB})\leqslant\min\{r(\boldsymbol{A}),r(\boldsymbol{B})\}$.

(3) 若 $\boldsymbol{A}_{m\times n}\boldsymbol{B}_{n\times s}=\boldsymbol{O}$，则 $r(\boldsymbol{A})+r(\boldsymbol{B})\leqslant n$.

例 10.4.4 设 $\boldsymbol{A}=\begin{pmatrix}1&2&-1&1\\3&2&\lambda&-1\\5&6&3&\mu\end{pmatrix}$，已知 $r(\boldsymbol{A})=2$，求 λ、μ 的值.

解 $\boldsymbol{A}\xrightarrow[r_3+(-5)r_1]{r_2+(-3)r_1}\begin{pmatrix}1&2&-1&1\\0&-4&\lambda+3&-4\\0&-4&8&\mu-5\end{pmatrix}$

$$\xrightarrow{r_3+(-1)r_2}\begin{pmatrix}1&2&-1&1\\0&-4&\lambda+3&-4\\0&0&5-\lambda&\mu-1\end{pmatrix}$$

因为 $r(\boldsymbol{A})=2$，故 $\begin{cases}5-\lambda=0\\ \mu-1=0\end{cases}$，即 $\begin{cases}\lambda=5\\ \mu=1\end{cases}$.

例 10.4.5 设矩阵 $\boldsymbol{A}=\begin{pmatrix}1&-2&-2&3\\3&-6&-3&9\\-2&4&2&k\end{pmatrix}$，问 k 取何值时可使(1) $r(\boldsymbol{A})=1$；

(2) $r(\boldsymbol{A})=2$；(3) $r(\boldsymbol{A})=3$.

解 $$\boldsymbol{A}=\begin{bmatrix}1&-2&-2&3\\3&-6&-3&9\\-2&4&2&k\end{bmatrix}\xrightarrow[r_3+2r_1]{r_2+(-3)r_1}\begin{bmatrix}1&-2&-2&3\\0&0&3&0\\0&0&-2&k+6\end{bmatrix}$$

$$\xrightarrow{\frac{1}{3}r_2}\begin{bmatrix}1&-2&-2&3\\0&0&1&0\\0&0&-2&k+6\end{bmatrix}\xrightarrow{r_3+2r_2}\begin{bmatrix}1&-2&-2&3\\0&0&1&0\\0&0&0&k+6\end{bmatrix}$$

因此，(1) 无论 k 取何值，$r(\boldsymbol{A})\neq 1$；

(2) $k=-6$，$r(\boldsymbol{A})=2$；

(3) $k\neq -6$，$r(\boldsymbol{A})=3$.

习 题 10.4

1. 根据定义求下列矩阵的秩.

(1) $\boldsymbol{A}=\begin{pmatrix}0&-1\\1&3\end{pmatrix}$；　　(2) $\boldsymbol{B}=\begin{pmatrix}1&1&1\\0&1&1\end{pmatrix}$.

2. 已知 $\boldsymbol{A}=\begin{bmatrix}1&2&1\\2&5&2\\3&8&k\end{bmatrix}$ 的秩为 2，求 k.

3. 将下列矩阵化为行阶梯形矩阵，并求其秩.

(1) $\boldsymbol{A}=\begin{pmatrix}1&-1\\2&3\end{pmatrix}$；　(2) $\boldsymbol{B}=\begin{pmatrix}-1&1&0\\2&-1&3\end{pmatrix}$；　(3) $\boldsymbol{C}=\begin{bmatrix}1&3&-2&2\\0&2&-1&3\\-2&0&1&5\end{bmatrix}$.

4. 设 $\boldsymbol{A}$ 为 n 阶矩阵，证明：$r(\boldsymbol{A}-\boldsymbol{E})+r(\boldsymbol{A}+\boldsymbol{E})\geqslant n$.

总习题 10

1. 单选题

(1) 设 $\boldsymbol{A},\boldsymbol{B}$ 为 n 阶可逆矩阵，下列运算不正确的是(　　).

A. $(2\boldsymbol{A})^{-1}=2^{-1}\boldsymbol{A}^{-1}$　　B. $(\boldsymbol{AB})^{\mathrm{T}}=\boldsymbol{B}^{\mathrm{T}}\boldsymbol{A}^{\mathrm{T}}$

C. $(\boldsymbol{AB})^{-1}=\boldsymbol{B}^{-1}\boldsymbol{A}^{-1}$　　D. $\boldsymbol{AB}=\boldsymbol{BA}$

(2) 若 $\boldsymbol{A}=\begin{pmatrix}2&1&2\\1&4&3\end{pmatrix}$，$\boldsymbol{B}=\begin{bmatrix}4&1\\3&2\\2&1\end{bmatrix}$，$\boldsymbol{C}=\begin{pmatrix}3&2&1\\3&1&1\end{pmatrix}$，则下列运算结果为 3×2 矩阵的是(　　).

A. $\boldsymbol{AC}^{\mathrm{T}}\boldsymbol{B}^{\mathrm{T}}$　　B. $\boldsymbol{ABC}$　　C. $\boldsymbol{C}^{\mathrm{T}}\boldsymbol{B}^{\mathrm{T}}\boldsymbol{A}^{\mathrm{T}}$　　D. $\boldsymbol{CBA}$

(3) 设 $\boldsymbol{A},\boldsymbol{B}$ 都是 n 阶可逆矩阵且满足 $\boldsymbol{AXB}=\boldsymbol{C}$，则 $\boldsymbol{X}=$(　　).

A. $\boldsymbol{X}=\boldsymbol{A}^{-1}\boldsymbol{B}^{-1}\boldsymbol{C}$　　B. $\boldsymbol{X}=\boldsymbol{A}^{-1}\boldsymbol{C}\boldsymbol{B}^{-1}$

C. $\boldsymbol{X}=\boldsymbol{B}^{-1}\boldsymbol{C}\boldsymbol{A}^{-1}$　　D. $\boldsymbol{X}=\boldsymbol{C}\boldsymbol{A}^{-1}\boldsymbol{B}^{-1}$

(4) 设 $\boldsymbol{A}=\begin{pmatrix}1&2&3&2\\-1&2&-1&-3\\2&0&4&2\end{pmatrix}$，则 $\boldsymbol{A}$ 的秩 $r(\boldsymbol{A})$ 为（　　）.

A. 1　　B. 2　　C. 3　　D. 4

2. 已知 $\boldsymbol{A}=\begin{pmatrix}1&3&0\\2&0&-1\end{pmatrix}$，$\boldsymbol{B}=\begin{pmatrix}2&0&-1\\-1&1&4\end{pmatrix}$，试求(1) $3\boldsymbol{A}-2\boldsymbol{B}$；(2) $(2\boldsymbol{A})^{\mathrm{T}}-\boldsymbol{B}^{\mathrm{T}}$.

3. 计算下列矩阵运算.

(1) $\begin{pmatrix}1&3&0\\2&0&-1\end{pmatrix}\begin{pmatrix}1\\2\\-1\end{pmatrix}$；　　(2) $(1\quad 2\quad 3)\begin{pmatrix}1\\2\\-1\end{pmatrix}$；

(3) $\begin{pmatrix}1\\2\\-1\end{pmatrix}(1\quad 2\quad 3)$；　　(4) $\begin{pmatrix}1&2&3\\-2&1&2\end{pmatrix}\begin{pmatrix}1&2&0\\0&1&1\\3&0&-1\end{pmatrix}$.

4. 将方程组 $\begin{cases}x_1+x_2+3x_3-2x_4=-2\\4x_1-x_2+2x_3-x_4=1\\3x_1-2x_2-x_3+x_4=3\end{cases}$ 用矩阵形式表示.

5. 判断下列矩阵是否可逆，如果可逆，求其逆矩阵.

(1) $\boldsymbol{A}=\begin{pmatrix}2&5\\1&3\end{pmatrix}$；　　(2) $\boldsymbol{B}=\begin{pmatrix}1&0&0\\0&2&0\\0&0&3\end{pmatrix}$；　　(3) $\boldsymbol{C}=\begin{pmatrix}0&1&1\\0&1&2\\1&2&3\end{pmatrix}$.

6. 用逆矩阵法求解下列矩阵方程.

(1) $\begin{pmatrix}1&2\\1&0\end{pmatrix}\boldsymbol{X}=\begin{pmatrix}-2&1\\2&3\end{pmatrix}$；　　(2) $\begin{pmatrix}1&2&3\\3&5&2\\0&0&1\end{pmatrix}\boldsymbol{X}=\begin{pmatrix}1&0\\2&-1\\3&1\end{pmatrix}$；

(3) $\boldsymbol{X}\begin{pmatrix}1&2&3\\3&5&2\\0&0&1\end{pmatrix}=\begin{pmatrix}1&0&1\\2&3&-1\end{pmatrix}$；　　(4) $\begin{pmatrix}1&2\\1&0\end{pmatrix}\boldsymbol{X}\begin{pmatrix}2&1\\3&2\end{pmatrix}=\begin{pmatrix}3&1\\2&4\end{pmatrix}$.

7. 先将下列线性方程组用矩阵形式表示，再利用逆矩阵求出线性方程组的解.

(1) $\begin{cases}5x_1-x_2=2\\3x_1+2x_2=9\end{cases}$；　　(2) $\begin{cases}x_1-2x_2+x_3=-2\\2x_1+x_2-3x_3=1\\-x_1+x_2-x_3=0\end{cases}$.

8. 用初等行变换求矩阵 $\boldsymbol{A}=\begin{pmatrix}1&1&1\\1&2&2\\-1&1&2\end{pmatrix}$ 的逆矩阵 $\boldsymbol{A}^{-1}$.

9. 化矩阵 $\boldsymbol{A}=\begin{pmatrix}1&0&1\\2&1&0\\-3&2&5\end{pmatrix}$ 为行最简形矩阵,并求秩 $r(\boldsymbol{A})$.

10. 讨论 a 的取值范围,确定矩阵 $\boldsymbol{A}=\begin{pmatrix}1&a&-1&2\\2&-1&a&5\\1&10&-6&1\end{pmatrix}$ 的秩.

第10章习题答案

第 11 章　线性方程组及向量组

11.1　线性方程组

11.1.1　线性方程组的概念

n 个未知量 m 个方程的线性方程组，其形式为

$$\begin{cases} a_{11}x_1+a_{12}x_2+\cdots+a_{1n}x_n=b_1 \\ a_{21}x_1+a_{22}x_2+\cdots+a_{2n}x_n=b_2 \\ \qquad\qquad\vdots \\ a_{m1}x_1+a_{m2}x_2+\cdots+a_{mn}x_n=b_m \end{cases} \tag{11-1}$$

其中 $x_1,\cdots,x_n$ 代表 n 个未知量，m 是方程个数，$a_{ij}(i=1,\cdots,m;j=1,\cdots,n)$ 称为方程组的系数，$b_i(i=1,\cdots,m)$ 是常数项. 方程组中未知量个数 n 与方程个数 m 不一定相等. 系数 a_{ij} 的第一个角标 i 表示它在第 i 个方程，第二个角标 j 表示它是未知量 x_j 的系数. 因为未知量的幂次是 1，故称为线性方程组.

当 $x_1,x_2,\cdots,x_n$ 分别用 $k_1,k_2,\cdots,k_n$ 代入后，方程组(11-1)中每个等式都变成恒等式，则称有序数组$(k,k_2,\cdots,k_n)$为方程组(11-1)的一个解(或解向量). 方程组(11-1)的解的全体称为它的解集合. 解方程组的过程就是求解集合的过程；如果两个方程组有相同的解集合，就称它们为同解的.

对于线性方程组(11-1)，设 $\boldsymbol{A}=(a_{ij})_{m\times n}$，$\boldsymbol{X}=(x_1,\cdots,x_n)^{\mathrm{T}}$，$\boldsymbol{b}=(b_1,\cdots,b_m)^{\mathrm{T}}$，由矩阵乘法的定义知，它可表示为

$$\boldsymbol{AX}=\boldsymbol{b} \tag{11-2}$$

称 $\boldsymbol{A}$ 为方程组(11-1)的系数矩阵. 显然，线性方程组解的情况取决于未知量的系数与常数项. 由未知量系数与常数项构成的 m 行 $n+1$ 列矩阵称为增广矩阵，记作 $\overline{\boldsymbol{A}}$，即矩阵

$$\overline{\boldsymbol{A}}=(\boldsymbol{A},\boldsymbol{b})=\begin{pmatrix} a_{11} & a_{12} & \cdots & a_{1n} & b_1 \\ a_{21} & a_{22} & \cdots & a_{2n} & b_2 \\ \vdots & \vdots & & \vdots & \vdots \\ a_{m1} & a_{m2} & \cdots & a_{mn} & b_m \end{pmatrix}$$

它们与线性方程组(11-1)是一一对应的.

注 系数矩阵 $\boldsymbol{A}$ 的增广矩阵的记法有多种，可记为 $\bar{\boldsymbol{A}}=(\boldsymbol{A},\boldsymbol{b})=(\boldsymbol{A}\vdots\boldsymbol{b})=(\boldsymbol{A}|\boldsymbol{b})$.

如果常数项 $\boldsymbol{b}_1,\cdots,\boldsymbol{b}_m$ 不全为零，即 $\boldsymbol{b}\neq\boldsymbol{0}$，则称方程组(11-1)为非齐次线性方程组. 其任一组解 $\boldsymbol{X}=\begin{pmatrix}x_1\\x_2\\\vdots\\x_n\end{pmatrix}=\begin{pmatrix}k_1\\k_2\\\vdots\\k_n\end{pmatrix}$ 称为方程组(11-1)的一个解向量，也称为一个解.

例如，二元线性方程组

$$\begin{cases}x_1+x_2=2\\2x_1-x_2=1\end{cases}$$

则系数矩阵 $\boldsymbol{A}=\begin{pmatrix}1&1\\2&-1\end{pmatrix}$，增广矩阵 $\bar{\boldsymbol{A}}=\left(\begin{array}{cc:c}1&1&2\\2&-1&1\end{array}\right)$，$\boldsymbol{X}=\begin{pmatrix}1\\1\end{pmatrix}$ 为该线性方程组的一个解向量.

如果常数项 $b_1,\cdots,b_m$ 全为零，即 $\boldsymbol{b}=\boldsymbol{0}$，则方程组(11-1)为下面线性方程组：

$$\begin{cases}a_{11}x_1+a_{12}x_2+\cdots+a_{1n}x_n=0\\a_{21}x_1+a_{22}x_2+\cdots+a_{2n}x_n=0\\\qquad\qquad\vdots\\a_{m1}x_1+a_{m2}x_2+\cdots+a_{mn}x_n=0\end{cases}\tag{11-3}$$

方程组(11-3)称为齐次线性方程组.

显然，方程组(11-3)至少有一个解向量 $\boldsymbol{O}=\begin{pmatrix}0\\0\\\vdots\\0\end{pmatrix}$，即 n 元齐次线性方程组至少有零解.

方程组(11-3)可以表示为矩阵形式：

$$\boldsymbol{AX}=\boldsymbol{O}\tag{11-4}$$

11.1.2 消元法

在中学代数中，已经学过用消元法解简单的线性方程组，该方法实质就是方程组的三种同解变形的反复使用，方程组的三种同解变形分别为：

(1) 对换两个方程的位置；

(2) 用非零数乘某个方程；

(3) 将某个方程的倍数加到另一个方程上.

当然这一方法也适用于求解一般的线性方程组(11-1)，并可用其增广矩阵的初等变换表示其求解过程.

例 11.1.1 求解线性方程组

$$\begin{cases}2x_1+2x_2-x_3=6\\x_1-2x_2+4x_3=3\\5x_1+7x_2+x_3=28\end{cases}\qquad ①$$

解 将方程组①中的第一个方程的$-\frac{1}{2}$倍与$-\frac{5}{2}$倍分别加到第二个方程和第三个方程上,得

$$\begin{cases}2x_1+2x_2-x_3=6\\-3x_2+\frac{9}{2}x_3=0\\2x_2+\frac{7}{2}x_3=13\end{cases}\qquad ②$$

再将方程组②中第二个方程的$\frac{2}{3}$倍加到第三个方程上,得

$$\begin{cases}2x_1+2x_2-x_3=6\\-3x_2+\frac{9}{2}x_3=0\\\frac{13}{2}x_3=13\end{cases}\qquad ③$$

将方程组③中第三个方程乘以$\frac{2}{13}$,得

$$\begin{cases}2x_1+2x_2-x_3=6\\-3x_2+\frac{9}{2}x_3=0\\x_3=2\end{cases}\qquad ④$$

将方程组④中的第三个方程的$-\frac{9}{2}$倍加到第二个方程上,将第三个方程的 1 倍加到第一个方程上,得

$$\begin{cases}2x_1+2x_2=8\\-3x_2=-9\\x_3=2\end{cases}\qquad ⑤$$

将方程组⑤的第二个方程乘以$-\frac{1}{3}$倍,得

$$\begin{cases}2x_1+2x_2=8\\x_2=3\\x_3=2\end{cases}\qquad ⑥$$

将方程组⑥的第二个方程的 −2 倍加到第一个方程上，得

$$\begin{cases}2x_1=2\\x_2=3\\x_3=2\end{cases} \tag{7}$$

最后，将方程组⑦的第一个方程乘以 $\frac{1}{2}$ 倍，得

$$\begin{cases}x_1=1\\x_2=3\\x_3=2\end{cases} \tag{8}$$

这里，方程组①至⑧都是同解方程组，因而(1,3,2)是方程组①的解.

上述求解过程就称为消元法，其消元过程可以用方程组①的增广矩阵的初等行变换表示：

$$(\boldsymbol{A} \vdots \boldsymbol{b})=\begin{pmatrix}2 & 2 & -1 & \vdots & 6\\1 & -2 & 4 & \vdots & 3\\5 & 7 & 1 & \vdots & 28\end{pmatrix}\xrightarrow[r_3-\frac{5}{2}r_1]{r_2-\frac{1}{2}r_1}\begin{pmatrix}2 & 2 & -1 & \vdots & 6\\0 & -3 & \frac{9}{2} & \vdots & 0\\0 & 2 & \frac{7}{2} & \vdots & 13\end{pmatrix}$$

$$\xrightarrow{r_3+\frac{2}{3}r_2}\begin{pmatrix}2 & 2 & -1 & \vdots & 6\\0 & -3 & \frac{9}{2} & \vdots & 0\\0 & 0 & \frac{13}{2} & \vdots & 13\end{pmatrix}\xrightarrow{\frac{2}{13}r_3}\begin{pmatrix}2 & 2 & -1 & \vdots & 6\\0 & -3 & \frac{9}{2} & \vdots & 0\\0 & 0 & 1 & \vdots & 2\end{pmatrix}$$

$$\xrightarrow[r_1+r_3]{r_2-\frac{9}{2}r_3}\begin{pmatrix}2 & 2 & 0 & \vdots & 8\\0 & -3 & 0 & \vdots & -9\\0 & 0 & 1 & \vdots & 2\end{pmatrix}\xrightarrow{-\frac{1}{3}r_2}\begin{pmatrix}2 & 2 & 0 & \vdots & 8\\0 & 1 & 0 & \vdots & 3\\0 & 0 & 1 & \vdots & 2\end{pmatrix}$$

$$\xrightarrow{r_1-2r_2}\begin{pmatrix}2 & 0 & 0 & \vdots & 2\\0 & 1 & 0 & \vdots & 3\\0 & 0 & 1 & \vdots & 2\end{pmatrix}\xrightarrow{\frac{1}{2}r_1}\begin{pmatrix}1 & 0 & 0 & \vdots & 1\\0 & 1 & 0 & \vdots & 3\\0 & 0 & 1 & \vdots & 2\end{pmatrix}$$

由最后一个矩阵得到方程组的解

$$x_1=1,\quad x_2=3,\quad x_3=2$$

由上面的例子可以看出，用消元法解线性方程组的过程，实质上就是对该方程组的增广矩阵施以仅限于初等行变换的过程. 因为消元法解方程组，就是在进行三种同解变形，而这三种同解变形实际上对应着增广矩阵的三种初等行变换. 解线性方程组时，为了书写简明，只写出方程组的增广矩阵的变换过程即可.

11.1.3 初等行变换求解线性方程组

对方程组的增广矩阵施以初等行变换，相当于把原方程组变换成一个新的方程组. 显然新方程组与原方程组是同解方程组.

用初等行变换法解线性方程组的过程大致如下：

首先写出方程组(11-1)的增广矩阵$(\boldsymbol{A},\boldsymbol{b})$或写成$(\boldsymbol{A}\vdots\boldsymbol{b})$或写成$\overline{\boldsymbol{A}}$. 设$a_{11}\neq0$，否则，将$(\boldsymbol{A},\boldsymbol{b})$的第一行与另一行交换，使$a_{11}\neq0$.

然后，第一行乘以$\left(-\dfrac{a_{i1}}{a_{11}}\right)$再加到第$i$行上$(i=2,3,\cdots,m)$，使$(\boldsymbol{A},\boldsymbol{b})$成为

$$\begin{pmatrix} a_{11} & a_{12} & \cdots & a_{1n} & b_1 \\ 0 & a_{22}^{(1)} & \cdots & a_{2n}^{(1)} & b_2^{(1)} \\ \vdots & \vdots & & \vdots & \vdots \\ 0 & a_{m2}^{(1)} & \cdots & a_{mn}^{(1)} & b_m^{(1)} \end{pmatrix}$$

对这个矩阵的第2行到第m行，第2列到第n列再按以上步骤进行，如果有必要，可重新安排方程中未知量的次序，最后可以得到阶梯形矩阵，其相应的阶梯形方程组为

$$\begin{cases} a'_{11}x_1+a'_{12}x_2+\cdots+a'_{1r}x_r+\cdots+a'_{1n}x_n=d_1 \\ \qquad a'_{22}x_2+\cdots+a'_{2r}x_r+\cdots+a'_{2n}x_n=d_2 \\ \\ \qquad\qquad a'_{rr}x_r+a'_{rr+1}x_{r+1}+\cdots+a'_{rn}x_n=d_r \\ \qquad\qquad 0=d_{r+1} \\ \qquad\qquad 0=0 \\ \qquad\qquad \vdots \\ \qquad\qquad 0=0 \end{cases} \tag{11-5}$$

其中$a'_{ii}\neq0(i=1,2,\cdots,r)$.

从上面的讨论易知，方程组(11-5)与原方程组(11-1)是同解方程组. 因此，只需讨论阶梯形方程组(11-5)解的各种情形，便可知道原方程组(11-1)解的情形. 而方程组(11-5)中，"$0=0$"形式的方程是多余的方程，去掉它们不影响方程组的解.

最后，根据阶梯形方程组(11-5)解的各种情形来加以判断：

(1) 如果方程组(11-5)中$d_{r+1}\neq0$，则方程组无解，从而方程组(11-1)也无解.

(2) 如果方程组(11-5)中$d_{r+1}=0$，又有以下两种情况.

① 当$r=n$时，方程组(11-1)有唯一解.

② 当$r<n$时，方程组(11-1)有无穷多个解.

由此得到解线性方程组的步骤：

(1) 用初等行变换化方程组(11-1)的增广矩阵为行阶梯形矩阵,根据 d_{r+1} 不等于零或等于零判断原方程组是否有解.

(2) 如果 $d_{r+1}\neq 0$,则有 $r(\boldsymbol{A})=r$,而 $r(\boldsymbol{A},\boldsymbol{B})=r+1$,即 $r(\boldsymbol{A})\neq r(\boldsymbol{A},\boldsymbol{b})$,此时方程组(11-1)无解.

(3) 如果 $d_{r+1}=0$,则有 $r(\boldsymbol{A})=r(\boldsymbol{A},\boldsymbol{b})=r$,此时方程组(11-1)有解. 而当 $r=n$ 时,有唯一解;当 $r<n$ 时,有无穷多个解. 由以上讨论可得出以下定理.

定理 11.1.1 线性方程组(11-1)有解的充分必要条件是:

$$r(\boldsymbol{A},\boldsymbol{b})=r(\boldsymbol{A})$$

并且当 $r(\boldsymbol{A},\boldsymbol{b})=n$ 时有唯一解;当 $r(\boldsymbol{A},\boldsymbol{b})<n$ 时有无穷多解.

注 显然,若线性方程组(11-1)中 $r(\boldsymbol{A},\boldsymbol{b})>r(\boldsymbol{A})$,则线性方程组(11-1)无解.

定理 11.1.2 齐次线性方程组(11-3)有非零解的充分必要条件是:$r(\boldsymbol{A})<n$.

推论 1 当 $m<n$ 时,齐次线性方程组(11-3)有非零解.

例 11.1.2 三元齐次线性方程组 $\begin{cases}x_1-x_2+5x_3=0\\x_1+x_2-2x_3=0\\3x_1-x_2+8x_3=0\\x_1+3x_2-9x_3=0\end{cases}$ 是否有非零解?

解 由

$$\boldsymbol{A}=\begin{pmatrix}1&-1&5\\1&1&-2\\3&-1&8\\1&3&-9\end{pmatrix}\xrightarrow[r_4-r_1]{r_2-r_1,r_3-3r_1}\begin{pmatrix}1&-1&5\\0&2&-7\\0&2&-7\\0&4&-14\end{pmatrix}$$

$$\xrightarrow[r_4-2r_2]{r_3-r_2}\begin{pmatrix}1&-1&5\\0&2&-7\\0&0&0\\0&0&0\end{pmatrix}$$

可知 $r(\boldsymbol{A})=2<3$,所以此齐次线性方程组有非零解.

例 11.1.3 当 λ 取何值时,齐次线性方程组 $\begin{cases}3x_1+x_2-x_3=0\\3x_1+2x_2+3x_3=0\\x_2+\lambda x_3=0\end{cases}$ 有非零解.

解 用初等行变换化系数矩阵

$$\boldsymbol{A}=\begin{pmatrix}3&1&-1\\3&2&3\\0&1&\lambda\end{pmatrix}\xrightarrow{r_2-r_1}\begin{pmatrix}3&1&-1\\0&1&4\\0&1&\lambda\end{pmatrix}\xrightarrow{r_3-r_2}\begin{pmatrix}3&1&-1\\0&1&4\\0&0&\lambda-4\end{pmatrix}$$

可知,当 $\lambda=4$ 时, $r(\boldsymbol{A})=2<3$. 所以,当 $\lambda=4$ 时,齐次线性方程组有非零解.

例 11.1.4 求解下列齐次线性方程组.

(1) $\begin{cases} x_1+2x_2-3x_3=0 \\ 2x_1+5x_2+2x_3=0 \\ 3x_1-x_2-4x_3=0 \\ 4x_1+9x_2-4x_3=0 \end{cases}$;　　(2) $\begin{cases} x_1+2x_2+x_3-x_4=0 \\ 3x_1+6x_2-x_3-3x_4=0 \\ 5x_1+10x_2+x_3-5x_4=0 \end{cases}$.

解　(1) $\boldsymbol{A}=\begin{pmatrix} 1 & 2 & -3 \\ 2 & 5 & 2 \\ 3 & -1 & -4 \\ 4 & 9 & -4 \end{pmatrix} \xrightarrow[\substack{r_3-3r_1 \\ r_4-4r_1}]{r_2-2r_1} \begin{pmatrix} 1 & 2 & -3 \\ 0 & 1 & 8 \\ 0 & -7 & 5 \\ 0 & 1 & 8 \end{pmatrix} \xrightarrow[r_4-r_2]{r_3+7r_2} \begin{pmatrix} 1 & 2 & -3 \\ 0 & 1 & 8 \\ 0 & 0 & 61 \\ 0 & 0 & 0 \end{pmatrix}$

可得 $r(\boldsymbol{A})=3$，而 $n=3$，故方程组只有零解

$$x_1=0,\quad x_2=0,\quad x_3=0$$

(2) $\boldsymbol{A}=\begin{pmatrix} 1 & 2 & 1 & -1 \\ 3 & 6 & -1 & -3 \\ 5 & 10 & 1 & -5 \end{pmatrix} \xrightarrow[r_3-5r_1]{r_2-3r_1} \begin{pmatrix} 1 & 2 & 1 & -1 \\ 0 & 0 & -4 & 0 \\ 0 & 0 & -4 & 0 \end{pmatrix}$

$$\xrightarrow[-\frac{1}{4}r_2]{r_3-r_2} \begin{pmatrix} 1 & 2 & 1 & -1 \\ 0 & 0 & 1 & 0 \\ 0 & 0 & 0 & 0 \end{pmatrix} \xrightarrow{r_1-r_2} \begin{pmatrix} 1 & 2 & 0 & -1 \\ 0 & 0 & 1 & 0 \\ 0 & 0 & 0 & 0 \end{pmatrix}$$

可得 $r(\boldsymbol{A})=2$，而 $n=4$，故方程组有非零解，通解中含有 $4-2=2$ 个任意常数.

原方程组的同解方程组为 $\begin{cases} x_1=-2x_2+x_4 \\ x_3=0 \end{cases}$.

取 x_2, x_4 为自由未知量(一般取行最简形矩阵中非零行的第一个非零元对应的未知量为非自由的)，此时可将同解方程组写成 $\begin{cases} x_1=-2x_2+x_4 \\ x_2=x_2 \\ x_3=0 \\ x_4=x_4 \end{cases}$，令 $x_2=c_1, x_4=c_2$，则方程组的全部解(通解)为

$$\begin{cases} x_1=-2c_1+c_2 \\ x_2=c_1 \\ x_3=0 \\ x_4=c_2 \end{cases}\quad (c_1, c_2 \text{ 为任意常数})$$

或写成(向量)形式

$$\begin{pmatrix} x_1 \\ x_2 \\ x_3 \\ x_4 \end{pmatrix}=c_1\begin{pmatrix} -2 \\ 1 \\ 0 \\ 0 \end{pmatrix}+c_2\begin{pmatrix} 1 \\ 0 \\ 0 \\ 1 \end{pmatrix}\quad (c_1, c_2 \text{ 为任意常数})$$

注　求解齐次方程组时,只需对系数矩阵进行初等行变换就可以了.

例 11.1.5　求解下列非齐次线性方程组.

$$(1)\begin{cases}2x_1+x_2+x_3=2\\ x_1+3x_2+x_3=5\\ x_1+x_2+5x_3=-7\\ 2x_1+3x_2-3x_3=14\end{cases};(2)\begin{cases}x_1+3x_2-3x_3=2\\ 3x_1-x_2+2x_3=3\\ 4x_1+2x_2-x_3=2\end{cases};(3)\begin{cases}x_1-x_2-x_3-3x_4=-2\\ x_1-x_2+x_3+5x_4=4\\ -4x_1+4x_2+x_3=-1\end{cases}.$$

解　(1)
$$\bar{\boldsymbol{A}}=\left(\begin{array}{ccc:c}2&1&1&2\\1&3&1&5\\1&1&5&-7\\2&3&-3&14\end{array}\right)\xrightarrow{r_1\leftrightarrow r_2}\left(\begin{array}{ccc:c}1&3&1&5\\2&1&1&2\\1&1&5&-7\\2&3&-3&14\end{array}\right)$$

$$\xrightarrow[\substack{r_3-r_1\\ r_4-2r_1}]{r_2-2r_1}\left(\begin{array}{ccc:c}1&3&1&5\\0&-5&-1&-8\\0&-2&4&-12\\0&-3&-5&4\end{array}\right)\xrightarrow[r_2\leftrightarrow r_3]{-\frac{1}{2}r_3}\left(\begin{array}{ccc:c}1&3&1&5\\0&1&-2&6\\0&-5&-1&-8\\0&-3&-5&4\end{array}\right)$$

$$\xrightarrow[r_4+3r_2]{r_3+5r_2}\left(\begin{array}{ccc:c}1&3&1&5\\0&1&-2&6\\0&0&-11&22\\0&0&-11&22\end{array}\right)\xrightarrow[-\frac{1}{11}r_3]{r_4-r_3}\left(\begin{array}{ccc:c}1&3&1&5\\0&1&-2&6\\0&0&1&-2\\0&0&0&0\end{array}\right)$$

$$\xrightarrow[r_1-r_3]{r_2+2r_3}\left(\begin{array}{ccc:c}1&3&0&7\\0&1&0&2\\0&0&1&-2\\0&0&0&0\end{array}\right)\xrightarrow{r_1-3r_2}\left(\begin{array}{ccc:c}1&0&0&1\\0&1&0&2\\0&0&1&-2\\0&0&0&0\end{array}\right)$$

可得 $r(\boldsymbol{A})=r(\bar{\boldsymbol{A}})=3$,而 $n=3$,故方程组有解,且解唯一:

$$x_1=1,\quad x_2=2,\quad x_3=-2.$$

(2)
$$\bar{\boldsymbol{A}}=\left(\begin{array}{ccc:c}1&3&-3&2\\3&-1&2&3\\4&2&-1&2\end{array}\right)\xrightarrow{\substack{r_2-3r_1\\ r_3-4r_1}}\left(\begin{array}{ccc:c}1&3&-3&2\\0&-10&11&-3\\0&-10&11&-6\end{array}\right)$$

$$\xrightarrow{r_3-r_2}\left(\begin{array}{ccc:c}1&3&-3&2\\0&-10&11&-3\\0&0&0&-3\end{array}\right)$$

可得 $r(\boldsymbol{A})=2,r(\bar{\boldsymbol{A}})=3$,故方程组无解.

(3)
$$\bar{\boldsymbol{A}}=\left(\begin{array}{cccc:c}1&-1&-1&-3&-2\\1&-1&1&5&4\\-4&4&1&0&-1\end{array}\right)\xrightarrow[r_3+4r_1]{r_2-r_1}\left(\begin{array}{cccc:c}1&-1&-1&-3&-2\\0&0&2&8&6\\0&0&-3&-12&-9\end{array}\right)$$

$$\xrightarrow{\frac{1}{2}r_2}\left(\begin{array}{cccc:c}1&-1&-1&-3&-2\\0&0&1&4&3\\0&0&-3&-12&-9\end{array}\right)\xrightarrow[r_3+3r_2]{r_1+r_2}\left(\begin{array}{cccc:c}1&-1&0&1&1\\0&0&1&4&3\\0&0&0&0&0\end{array}\right)$$

可得 $r(\boldsymbol{A})=r(\bar{\boldsymbol{A}})=2$，而 $n=4$，故方程组有解，且有无穷多解，通解中含有 $4-2=2$ 个任意常数.

与原方程组同解的方程组为

$$\begin{cases}x_1=1+x_2-x_4\\x_3=3-4x_4\end{cases}$$

取 x_2,x_4 为自由未知量(一般取行最简形矩阵中非零行的第一个非零元对应的未知量为非自由的)，此时，同解的方程组可进一步写为

$$\begin{cases}x_1=1+x_2-x_4\\x_2=x_2\\x_3=3-4x_4\\x_4=x_4\end{cases}$$

令 $x_2=c_1,x_4=c_2$，则方程组的全部解(通解)为

$$\begin{cases}x_1=1+c_1-c_2\\x_2=\quad c_1\\x_3=3\quad -4c_2\\x_4=\quad\quad c_2\end{cases}\quad(c_1,c_2\text{ 为任意常数})$$

或写成(向量)形式 $\begin{pmatrix}x_1\\x_2\\x_3\\x_4\end{pmatrix}=\begin{pmatrix}1\\0\\3\\0\end{pmatrix}+c_1\begin{pmatrix}1\\1\\0\\0\end{pmatrix}+c_2\begin{pmatrix}-1\\0\\-4\\1\end{pmatrix}$ $(c_1,c_2$ 为任意常数)

习　题　11.1

1. 求下列齐次线性方程组的解.

(1) $\begin{cases}3x_1+x_2=0\\x_1+5x_2-2x_3=0\\x_1-2x_2+4x_3=0\\2x_1+3x_2+3x_3=0\end{cases}$；　(2) $\begin{cases}x_1+x_2+x_5=0\\x_1+x_2-x_3=0\\x_3+x_4+x_5=0\end{cases}$.

2. 判断下列非齐次线性方程组是否有解：

$$\begin{cases}x_1-2x_2+3x_3-x_4=2\\3x_1-x_2+5x_3-3x_4=6\\2x_1+x_2+2x_3-2x_4=8\\5x_2-4x_3+5x_4=7\end{cases}$$

3. 求线性方程组

$$\begin{cases}x_1-2x_2+x_3-x_4+x_5=1\\2x_1+x_2-x_3+2x_4-3x_5=2\\3x_1-2x_2-x_3+x_4-2x_5=2\\2x_1-5x_2+x_3-2x_4+2x_5=1\end{cases}$$

的一般解.

4. 解线性方程组 $\begin{cases}x_1+x_2+x_3+4x_4=3\\x_1-x_2+3x_3-2x_4=1\\2x_1+x_2+3x_3+5x_4=5\end{cases}$.

5. 当 a,b 取何值时,非齐次线性方程组

$$\begin{cases}x_1+x_2+x_3+x_4=1\\x_2-x_3+2x_4=1\\2x_1+3x_2+(a+2)x_3+4x_4=b+3\\3x_1+5x_2+x_3+(a+8)x_4=5\end{cases}$$

(1) 有唯一解;(2) 无解;(3) 有无穷多个解.

11.2　向量组的线性相关性

11.2.1　n 维向量的定义及运算

定义 11.2.1　n 个实数组成的有序数组 $(a_1,a_2,\cdots,a_n)$ 称为 n 维向量.

一般用 $\boldsymbol{\alpha},\boldsymbol{\beta},\boldsymbol{\gamma}$ 等希腊字母表示,有时也用 $\boldsymbol{a},\boldsymbol{b},\boldsymbol{c},\boldsymbol{u},\boldsymbol{v},\boldsymbol{x},\boldsymbol{y}$ 等拉丁字母表示.

$$\boldsymbol{\alpha}=(a_1,a_2,\cdots,a_n)$$

称为 n 维行向量.其中 a_i 称为向量 $\boldsymbol{\alpha}$ 的第 i 个分量;

$$\boldsymbol{\beta}=\begin{pmatrix}b_1\\b_2\\\vdots\\b_n\end{pmatrix}$$

称为 n 维列向量.其中 b_i 称为向量 $\boldsymbol{\beta}$ 的第 i 个分量.要把列(行)向量写成行(列)向量可用转置记号,例如,

$$\boldsymbol{\beta}=\begin{pmatrix}b_1\\b_2\\\vdots\\b_n\end{pmatrix}\text{可写成}\boldsymbol{\beta}=(b_1,b_2,\cdots,b_n)^{\mathrm{T}}$$

矩阵 $\boldsymbol{A}=\begin{pmatrix} a_{11} & a_{12} & \cdots & a_{1n} \\ a_{21} & a_{22} & \cdots & a_{2n} \\ \vdots & \vdots & & \vdots \\ a_{m1} & a_{m2} & \cdots & a_{mn} \end{pmatrix}$ 中的每一行 $(a_{i1},a_{i2},\cdots,a_{in})(i=1,2,\cdots,m)$ 都是 n 维行向量，每一列 $\begin{pmatrix} a_{1j} \\ a_{2j} \\ \vdots \\ a_{mj} \end{pmatrix}(j=1,2,\cdots,n)$ 都是 m 维列向量.

所以，若记 $\boldsymbol{\alpha}_i=(a_{i1},a_{i2},\cdots,a_{in})(i=1,2,\cdots,m)$，$\boldsymbol{\beta}_j=\begin{pmatrix} a_{1j} \\ a_{2j} \\ \vdots \\ a_{nj} \end{pmatrix}(j=1,2,\cdots,n)$，则有

$$\boldsymbol{A}=\begin{pmatrix} \boldsymbol{\alpha}_1 \\ \boldsymbol{\alpha}_2 \\ \vdots \\ \boldsymbol{\alpha}_m \end{pmatrix}=(\boldsymbol{\beta}_1,\boldsymbol{\beta}_2,\cdots,\boldsymbol{\beta}_n)$$

两个 n 维向量当且仅当它们各自对应分量都相等时，才是相等的. 即如果 $\boldsymbol{\alpha}=(a_1,a_2,\cdots,a_n)$，$\boldsymbol{\beta}=(b_1,b_2,\cdots,b_n)$ 当且仅当 $a_i=b_i(i=1,2,\cdots,n)$ 时 $\boldsymbol{\alpha}=\boldsymbol{\beta}$.

所有分量均为零的向量称为零向量，记为

$$\boldsymbol{O}=(0,0,\cdots,0)$$

n 维向量 $\boldsymbol{\alpha}=(a_1,a_2,\cdots,a_n)$ 的各分量的相反数组成的 n 维向量，称为 $\boldsymbol{\alpha}$ 的负向量，记为 $-\boldsymbol{\alpha}$，即 $-\boldsymbol{\alpha}=(-a_1,-a_2,\cdots,-a_n)$.

定义 11.2.2 两个 n 维向量 $\boldsymbol{\alpha}=(a_1,a_2,\cdots,a_n)$ 与 $\boldsymbol{\beta}=(b_1,b_2,\cdots,b_n)$ 的各对应分量之和所组成的向量，称为向量 $\boldsymbol{\alpha}$ 与 $\boldsymbol{\beta}$ 的和，记为 $\boldsymbol{\alpha}+\boldsymbol{\beta}$. 即

$$\boldsymbol{\alpha}+\boldsymbol{\beta}=(a_1+b_1,a_2+b_2,\cdots,a_n+b_n)$$

由向量加法及负向量的定义，可定义向量的减法：

$$\boldsymbol{\alpha}-\boldsymbol{\beta}=\boldsymbol{\alpha}+(-\boldsymbol{\beta})=(a_1-b_1,a_2-b_2,\cdots,a_n-b_n)$$

定义 11.2.3 n 维向量 $\boldsymbol{\alpha}=(a_1,a_2,\cdots,a_n)$ 的各个分量都乘以 k（k 为一实数）所组成的向量，称为数 k 与向量 α 的数量乘法，记为 $k\alpha$，即 $k\boldsymbol{\alpha}=(ka_1,ka_2,\cdots,ka_n)$.

向量的加、减及数乘运算统称为向量的线性运算.

定义 11.2.4 所有 n 维实向量的集合记为 $\mathbf{R}^n$，称 $\mathbf{R}^n$ 为实 n 维向量空间，它是指在 $\mathbf{R}^n$ 中定义了加法及数乘这两种运算，并且这两种运算满足以下 8 条性质：

(1) $\boldsymbol{\alpha}+\boldsymbol{\beta}=\boldsymbol{\beta}+\boldsymbol{\alpha}$；

(2) $\boldsymbol{\alpha}+(\boldsymbol{\beta}+\boldsymbol{\gamma})=(\boldsymbol{\alpha}+\boldsymbol{\beta})+\boldsymbol{\gamma}$;

(3) $\boldsymbol{\alpha}+\boldsymbol{O}=\boldsymbol{\alpha}$;

(4) $\boldsymbol{\alpha}+(-\boldsymbol{\alpha})=\boldsymbol{O}$;

(5) $(k+l)\boldsymbol{\alpha}=k\boldsymbol{\alpha}+l\boldsymbol{\alpha}$;

(6) $k(\boldsymbol{\alpha}+\boldsymbol{\beta})=k\boldsymbol{\alpha}+k\boldsymbol{\beta}$;

(7) $(kl)\boldsymbol{\alpha}=k(l\boldsymbol{\alpha})$;

(8) $1\cdot\boldsymbol{\alpha}=\boldsymbol{\alpha}$.

其中 $\boldsymbol{\alpha},\boldsymbol{\beta},\boldsymbol{\gamma}$ 都是 n 维向量，k,l 为实数.

例 11.2.1　设向量 $\boldsymbol{\alpha}_1=(2,-4,1,-1)$，$\boldsymbol{\alpha}_2=\left(-3,-1,2,-\frac{5}{2}\right)$，如果向量 $\boldsymbol{\beta}$ 满足 $3\boldsymbol{\alpha}_1-2(\boldsymbol{\beta}+\boldsymbol{\alpha}_2)=\boldsymbol{0}$，求 $\boldsymbol{\beta}$.

解　由已知得

$$3\boldsymbol{\alpha}_1-2\boldsymbol{\beta}-2\boldsymbol{\alpha}_2=\boldsymbol{0}$$

所以

$$\begin{aligned}\boldsymbol{\beta}&=-\frac{1}{2}(2\boldsymbol{\alpha}_2-3\boldsymbol{\alpha}_1)=-\boldsymbol{\alpha}_2+\frac{3}{2}\boldsymbol{\alpha}_1=-\left(-3,-1,2,-\frac{5}{2}\right)+\frac{3}{2}(2,-4,1,-1)\\&=\left(6,-5,-\frac{1}{2},1\right)\end{aligned}$$

11.2.2　向量的线性关系

1. 线性组合

已知线性方程组

$$\begin{cases}a_{11}x_1+a_{12}x_2+\cdots+a_{1n}x_n=b_1\\a_{21}x_1+a_{22}x_2+\cdots+a_{2n}x_n=b_2\\\qquad\vdots\\a_{m1}x_1+a_{m2}x_2+\cdots+a_{mn}x_n=b_m\end{cases}\tag{11-6}$$

若设向量 $\boldsymbol{\alpha}_j=(a_{1j},a_{2j},\cdots,a_{mj})^{\mathrm{T}}(j=1,2,\cdots,n)$，$\boldsymbol{\beta}=(b_1,b_2,\cdots,b_m)^{\mathrm{T}}$，则线性方程组(11-6)可以写成向量之间的线性关系式

$$x_1\boldsymbol{\alpha}_1+x_2\boldsymbol{\alpha}_2+\cdots+x_n\boldsymbol{\alpha}_n=\boldsymbol{\beta}\tag{11-7}$$

它称为方程组(11-6)的向量形式.

于是，线性方程组(11-6)是否有解，就相当于是否存在一组数：$x_1=k_1,x_2=k_2,\cdots,x_n=k_n$，使线性关系式

$$k_1\boldsymbol{\alpha}_1+k_2\boldsymbol{\alpha}_2+\cdots+k_n\boldsymbol{\alpha}_n=\boldsymbol{\beta}\tag{11-8}$$

成立. 即常数列向量 $\boldsymbol{\beta}$ 是否可以表示成上述系数列向量组 $\boldsymbol{\alpha}_1,\boldsymbol{\alpha}_2,\cdots,\boldsymbol{\alpha}_n$ 的线性关系式. 如果可以，则方程组有解；否则，方程组无解. 当 $\boldsymbol{\beta}$ 可以表示成上述关系式时，称向

量 $\boldsymbol{\beta}$ 是向量组 $\boldsymbol{\alpha}_1,\boldsymbol{\alpha}_2,\cdots,\boldsymbol{\alpha}_n$ 的线性组合，或者称 $\boldsymbol{\beta}$ 可由向量组 $\boldsymbol{\alpha}_1,\boldsymbol{\alpha}_2,\cdots,\boldsymbol{\alpha}_n$ 线性表示.

定义 11.2.5 对于给定向量 $\boldsymbol{\beta},\boldsymbol{\alpha}_1,\boldsymbol{\alpha}_2,\cdots,\boldsymbol{\alpha}_n$，如果存在一组数 $k_1,k_2,\cdots,k_n$，使关系式

$$\boldsymbol{\beta}=k_1\boldsymbol{\alpha}_1+k_2\boldsymbol{\alpha}_2+\cdots+k_n\boldsymbol{\alpha}_n \tag{11-9}$$

成立，则称向量 $\boldsymbol{\beta}$ 是向量组 $\boldsymbol{\alpha}_1,\boldsymbol{\alpha}_2,\cdots,\boldsymbol{\alpha}_n$ 的线性组合或称向量 $\boldsymbol{\beta}$ 可以由向量组 $\boldsymbol{\alpha}_1,\boldsymbol{\alpha}_2,\cdots,\boldsymbol{\alpha}_n$ 线性表示.

例如，设 $\boldsymbol{\beta}=(2,-1,1)$，$\boldsymbol{\alpha}_1=(1,0,0)$，$\boldsymbol{\alpha}_2=(0,1,0)$，$\boldsymbol{\alpha}_3=(0,0,1)$，则有 $\boldsymbol{\beta}=2\boldsymbol{\alpha}_1-\boldsymbol{\alpha}_2+\boldsymbol{\alpha}_3$，即 $\boldsymbol{\beta}$ 是 $\boldsymbol{\alpha}_1,\boldsymbol{\alpha}_2,\boldsymbol{\alpha}_3$ 的线性组合，或者说 $\boldsymbol{\beta}$ 可由 $\boldsymbol{\alpha}_1,\boldsymbol{\alpha}_2,\boldsymbol{\alpha}_3$ 线性表示.

例 11.2.2 任何一个 n 维向量 $\boldsymbol{\alpha}=(a_1,a_2,\cdots,a_n)$ 都是 n 维向量组 $\boldsymbol{\varepsilon}_1=(1,0,\cdots,0)$，$\boldsymbol{\varepsilon}_2=(0,1,0,\cdots,0)$，$\cdots$，$\boldsymbol{\varepsilon}_n=(0,0,\cdots,0,1)$的线性组合.

事实上，$\boldsymbol{\alpha}=a_1\boldsymbol{\varepsilon}_1+a_2\boldsymbol{\varepsilon}_2+\cdots+a_n\boldsymbol{\varepsilon}_n$.

把 $\boldsymbol{\varepsilon}_1,\boldsymbol{\varepsilon}_2,\cdots,\boldsymbol{\varepsilon}_n$ 称为 $\mathbf{R}^n$ 的单位坐标向量组.

例 11.2.3 零向量是任何一组向量的线性组合.

这是因为 $\boldsymbol{O}=0\cdot\boldsymbol{\alpha}_1+0\cdot\boldsymbol{\alpha}_2+\cdots+0\cdot\boldsymbol{\alpha}_n$.

例 11.2.4 向量组 $\boldsymbol{\alpha}_1,\boldsymbol{\alpha}_2,\cdots,\boldsymbol{\alpha}_n$ 中的任一向量 $\boldsymbol{\alpha}_j(1\leqslant j\leqslant n)$都是此向量组的线性组合.

这是因为 $\boldsymbol{\alpha}_j=0\cdot\boldsymbol{\alpha}_1+\cdots+0\cdot\boldsymbol{\alpha}_{j-1}+1\cdot\boldsymbol{\alpha}_j+0\cdot\boldsymbol{\alpha}_{j+1}+\cdots+0\cdot\boldsymbol{\alpha}_n$.

例 11.2.5 分别判断向量 $\boldsymbol{\beta}_1=(4,3,-1,11)$与 $\boldsymbol{\beta}_2=(4,3,0,11)$是否为向量组 $\boldsymbol{\alpha}_1=(1,2,-1,5)$，$\boldsymbol{\alpha}_2=(2,-1,1,1)$的线性组合. 若是，写出表示式.

解 设 $k_1\boldsymbol{\alpha}_1+k_2\boldsymbol{\alpha}_2=\boldsymbol{\beta}_1$，对矩阵$(\boldsymbol{\alpha}_1^{\mathrm{T}},\boldsymbol{\alpha}_2^{\mathrm{T}},\boldsymbol{\beta}_1^{\mathrm{T}})$施以初等行变换：

$$\begin{pmatrix}1&2&4\\2&-1&3\\-1&1&-1\\5&1&11\end{pmatrix}\xrightarrow[r_4-5r_1]{\substack{r_2-2r_1\\r_3+r_1}}\begin{pmatrix}1&2&4\\0&-5&-5\\0&3&3\\0&-9&-9\end{pmatrix}\xrightarrow{-\frac{1}{5}r_2,\frac{1}{3}r_3,-\frac{1}{9}r_4}\begin{pmatrix}1&2&4\\0&1&1\\0&1&1\\0&1&1\end{pmatrix}$$

$$\xrightarrow[r_4-r_2]{r_3-r_2}\begin{pmatrix}1&2&4\\0&1&1\\0&0&0\\0&0&0\end{pmatrix}\xrightarrow{r_1-2r_2}\begin{pmatrix}1&0&2\\0&1&1\\0&0&0\\0&0&0\end{pmatrix}$$

显然，$r(\boldsymbol{\alpha}_1^{\mathrm{T}},\boldsymbol{\alpha}_2^{\mathrm{T}},\boldsymbol{\beta}_1^{\mathrm{T}})=r(\boldsymbol{\alpha}_1^{\mathrm{T}},\boldsymbol{\alpha}_2^{\mathrm{T}})=2$，因此 $\boldsymbol{\beta}_1$ 可由 $\boldsymbol{\alpha}_1,\boldsymbol{\alpha}_2$ 线性表示，且由上面的初等行变换可知，$k_1=2,k_2=1$ 使 $\boldsymbol{\beta}_1=2\boldsymbol{\alpha}_1+\boldsymbol{\alpha}_2$.

类似地，对矩阵$(\boldsymbol{\alpha}_1^{\mathrm{T}},\boldsymbol{\alpha}_2^{\mathrm{T}},\boldsymbol{\beta}_2^{\mathrm{T}})$施以初等行变换：

$$\begin{pmatrix}1&2&4\\2&-1&3\\-1&1&0\\5&1&11\end{pmatrix}\xrightarrow[r_4-5r_1]{\substack{r_2-2r_1\\r_3+r_1}}\begin{pmatrix}1&2&4\\0&-5&-5\\0&3&4\\0&-9&-9\end{pmatrix}\xrightarrow{-\frac{1}{5}r_2,-\frac{1}{9}r_4}\begin{pmatrix}1&2&4\\0&1&1\\0&3&4\\0&1&1\end{pmatrix}$$

$$\xrightarrow{r_4-r_2}\begin{pmatrix}1&2&4\\0&1&1\\0&3&4\\0&0&0\end{pmatrix}\xrightarrow{r_3-3r_2}\begin{pmatrix}1&2&4\\0&1&1\\0&0&1\\0&0&0\end{pmatrix}$$

由于 $r(\boldsymbol{\alpha}_1^{\mathrm{T}},\boldsymbol{\alpha}_2^{\mathrm{T}},\boldsymbol{\beta}_2^{\mathrm{T}})=3$，$r(\boldsymbol{\alpha}_1^{\mathrm{T}},\boldsymbol{\alpha}_2^{\mathrm{T}})=2$，因此 $\boldsymbol{\beta}_2$ 不能由 $\boldsymbol{\alpha}_1,\boldsymbol{\alpha}_2$ 线性表示.

2. 线性相关与线性无关

类似于前面的讨论，齐次线性方程组可以写成零向量与系数列向量的如下的线性关系式：

$$x_1\boldsymbol{\alpha}_1+x_2\boldsymbol{\alpha}_2+\cdots+x_n\boldsymbol{\alpha}_n=\mathbf{0} \tag{11-10}$$

它称为齐次线性方程组的向量形式.

因为零向量是任意向量组的线性组合，所以齐次线性方程组一定有零解. 即 $0\cdot\boldsymbol{\alpha}_1+0\cdot\boldsymbol{\alpha}_2+\cdots+0\cdot\boldsymbol{\alpha}_n=\mathbf{0}$ 总是成立的. 问题是齐次线性方程组除零解外是否还有非零解，即是否存在一组不全为零的数 $k_1,k_2,\cdots,k_n$，使关系式

$$k_1\boldsymbol{\alpha}_1+k_2\boldsymbol{\alpha}_2+\cdots+k_n\boldsymbol{\alpha}_n=\mathbf{0}$$

成立.

例如，齐次线性方程组 $\begin{cases}3x_1-2x_2=0\\-6x_1+4x_2=0\end{cases}$ 除零解 $x_1=0,x_2=0$ 外，还有非零解，如 $x_1=2,x_2=3$. 因此，系数列向量组 $\boldsymbol{\alpha}_1=\begin{pmatrix}3\\-6\end{pmatrix}$，$\boldsymbol{\alpha}_2=\begin{pmatrix}-2\\4\end{pmatrix}$ 与零向量 $\begin{pmatrix}0\\0\end{pmatrix}$ 之间，除有关系 $0\cdot\boldsymbol{\alpha}_1+0\cdot\boldsymbol{\alpha}_2=\mathbf{0}$ 之外，还有关系式 $2\boldsymbol{\alpha}_1+3\boldsymbol{\alpha}_2=\mathbf{0}$ 等其他关系.

而齐次线性方程组 $\begin{cases}x_1-x_2=0\\2x_1+x_2=0\end{cases}$ 仅有零解，即系数列向量组 $\boldsymbol{\beta}_1=\begin{pmatrix}1\\2\end{pmatrix}$，$\boldsymbol{\beta}_2=\begin{pmatrix}-1\\1\end{pmatrix}$ 与零向量 $\begin{pmatrix}0\\0\end{pmatrix}$ 之间，仅有关系式 $0\cdot\boldsymbol{\beta}_1+0\cdot\boldsymbol{\beta}_2=\mathbf{0}$.

由此引入以下重要概念：

定义 11.2.6　对于向量组 $\boldsymbol{\alpha}_1,\boldsymbol{\alpha}_2,\cdots,\boldsymbol{\alpha}_n$，如果存在一组不全为零的数 $k_1,k_2,\cdots,k_n$ 使关系式

$$k_1\boldsymbol{\alpha}_1+k_2\boldsymbol{\alpha}_2+\cdots+k_n\boldsymbol{\alpha}_n=\mathbf{0} \tag{11-11}$$

成立，则称向量组 $\boldsymbol{\alpha}_1,\boldsymbol{\alpha}_2,\cdots,\boldsymbol{\alpha}_n$ 线性相关；如果式(11-11)当且仅当 $k_1=k_2=\cdots=k_n=0$ 时成立，则称向量组 $\boldsymbol{\alpha}_1,\boldsymbol{\alpha}_2,\cdots,\boldsymbol{\alpha}_n$ 线性无关.

前面例题中 $\boldsymbol{\alpha}_1=\begin{pmatrix}3\\-6\end{pmatrix}$，$\boldsymbol{\alpha}_2=\begin{pmatrix}-2\\4\end{pmatrix}$ 线性相关，而 $\boldsymbol{\beta}_1=\begin{pmatrix}1\\2\end{pmatrix}$，$\boldsymbol{\beta}_2=\begin{pmatrix}-1\\1\end{pmatrix}$ 线性无关.

定理 11.2.1　向量组 $\boldsymbol{\alpha}_1,\boldsymbol{\alpha}_2,\cdots,\boldsymbol{\alpha}_n(n\geqslant 2)$ 线性相关的充分必要条件是：其中至少有一个向量是其余 $n-1$ 个向量的线性组合.

证 若 $\boldsymbol{\alpha}_1,\boldsymbol{\alpha}_2,\cdots,\boldsymbol{\alpha}_n$ 是线性相关的,则存在不全为零的数 $k_1,k_2,\cdots,k_n$ 使

$$k_1\boldsymbol{\alpha}_1+\cdots+k_n\boldsymbol{\alpha}_n=\mathbf{0}$$

因 $k_1,k_2,\cdots,k_n$ 不全为 0,不妨设 $k_1\neq 0$,则有

$$\boldsymbol{\alpha}_1=-\frac{k_2}{k_1}\boldsymbol{\alpha}_2-\frac{k_3}{k_1}\boldsymbol{\alpha}_3-\cdots-\frac{k_n}{k_1}\boldsymbol{\alpha}_n$$

即向量 $\boldsymbol{\alpha}_1$ 可以表示成其余 $n-1$ 个向量的线性组合.

若 $\boldsymbol{\alpha}_1,\boldsymbol{\alpha}_2,\cdots,\boldsymbol{\alpha}_n$ 中有一个向量是其余向量的线性组合,不妨设 $\boldsymbol{\alpha}_n=k_1\boldsymbol{\alpha}_1+\cdots+k_{n-1}\boldsymbol{\alpha}_{n-1}$,则有 $k_1\boldsymbol{\alpha}_1+\cdots+k_{n-1}\boldsymbol{\alpha}_{n-1}-\boldsymbol{\alpha}_n=\mathbf{0}$. 于是取 $k_n=-1$,则有 $k_1,k_2,\cdots,k_n$ 不全为 0,使 $k_1\boldsymbol{\alpha}_1+k_2\boldsymbol{\alpha}_2+\cdots+k_n\boldsymbol{\alpha}_n=\mathbf{0}$.

故 $\boldsymbol{\alpha}_1,\boldsymbol{\alpha}_2,\cdots,\boldsymbol{\alpha}_n$ 线性相关.

例如,设有向量组 $\boldsymbol{\alpha}_1=(1,-1,1,0)$,$\boldsymbol{\alpha}_2=(1,0,1,0)$,$\boldsymbol{\alpha}_3=(0,1,0,0)$,因为 $\boldsymbol{\alpha}_1-\boldsymbol{\alpha}_2+\boldsymbol{\alpha}_3=\mathbf{0}$,故 $\boldsymbol{\alpha}_1,\boldsymbol{\alpha}_2,\boldsymbol{\alpha}_3$ 线性相关.

由 $\boldsymbol{\alpha}_1-\boldsymbol{\alpha}_2+\boldsymbol{\alpha}_3=\mathbf{0}$ 可得 $\boldsymbol{\alpha}_1=\boldsymbol{\alpha}_2-\boldsymbol{\alpha}_3$,$\boldsymbol{\alpha}_2=\boldsymbol{\alpha}_1+\boldsymbol{\alpha}_3$,$\boldsymbol{\alpha}_3=-\boldsymbol{\alpha}_1+\boldsymbol{\alpha}_2$.

又如,$\boldsymbol{\alpha}_1=(1,-2)$,$\boldsymbol{\alpha}_2=\left(-\frac{1}{2},1\right)$,有 $\boldsymbol{\alpha}_1=-2\boldsymbol{\alpha}_2$,由此可得 $\boldsymbol{\alpha}_1+2\boldsymbol{\alpha}_2=\mathbf{0}$,即 $\boldsymbol{\alpha}_1$,$\boldsymbol{\alpha}_2$ 线性相关.

定理 11.2.2 如果向量组 $\boldsymbol{\alpha}_1,\boldsymbol{\alpha}_2,\cdots,\boldsymbol{\alpha}_n,\boldsymbol{\beta}$ 线性相关,而 $\boldsymbol{\alpha}_1,\boldsymbol{\alpha}_2,\cdots,\boldsymbol{\alpha}_n$ 线性无关,则向量 $\boldsymbol{\beta}$ 可由向量组 $\boldsymbol{\alpha}_1,\boldsymbol{\alpha}_2,\cdots,\boldsymbol{\alpha}_n$ 线性表示且表示法唯一.

证 因向量组 $\boldsymbol{\alpha}_1,\boldsymbol{\alpha}_2,\cdots,\boldsymbol{\alpha}_n,\boldsymbol{\beta}$ 线性相关,所以存在不全为零的数 $k_1,k_2,\cdots,k_n$,k,使

$$k_1\boldsymbol{\alpha}_1+k_2\boldsymbol{\alpha}_2+\cdots+k_n\boldsymbol{\alpha}_n+k\boldsymbol{\beta}=\mathbf{0}$$

若 $k=0$,则有 $k_1\boldsymbol{\alpha}_1+k_2\boldsymbol{\alpha}_2+\cdots+k_n\boldsymbol{\alpha}_n=\mathbf{0}$ 且 $k_1,k_2,\cdots,k_n$ 不全为零,与 $\boldsymbol{\alpha}_1,\boldsymbol{\alpha}_2,\cdots,\boldsymbol{\alpha}_n$ 线性无关矛盾,故 $k\neq 0$. 从而有

$$\boldsymbol{\beta}=-\frac{k_1}{k}\boldsymbol{\alpha}_1-\frac{k_2}{k}\boldsymbol{\alpha}_2-\cdots-\frac{k_n}{k}\boldsymbol{\alpha}_n$$

再证唯一性,又设 $\boldsymbol{\beta}=p_1\boldsymbol{\alpha}_1+p_2\boldsymbol{\alpha}_2+\cdots+p_n\boldsymbol{\alpha}_n=q_1\boldsymbol{\alpha}_1+q_2\boldsymbol{\alpha}_2+\cdots+q_n\boldsymbol{\alpha}_n$,则有

$$(p_1-q_1)\boldsymbol{\alpha}_1+(p_2-q_2)\boldsymbol{\alpha}_2+\cdots+(p_n-q_n)\boldsymbol{\alpha}_n=\mathbf{0}$$

而 $\boldsymbol{\alpha}_1,\boldsymbol{\alpha}_2,\cdots,\boldsymbol{\alpha}_n$ 线性无关,所以有 $p_1-q_1=p_2-q_2=\cdots=p_n-q_n$. 故结论成立.

例如,任意一向量 $\boldsymbol{\alpha}=(a_1,a_2,\cdots,a_n)$ 可由单位坐标向量组 $\boldsymbol{\varepsilon}_1,\boldsymbol{\varepsilon}_2,\cdots,\boldsymbol{\varepsilon}_n$ 唯一地线性表示. 即 $\boldsymbol{\alpha}=a_1\boldsymbol{\varepsilon}_1+a_2\boldsymbol{\varepsilon}_2+\cdots+a_n\boldsymbol{\varepsilon}_n$.

定理 11.2.3 设向量 $\boldsymbol{\alpha}_j=(a_{1j},a_{2j},\cdots,a_{mj})^{\mathrm{T}}\ (j=1,2,\cdots,n)$,则 $\boldsymbol{\alpha}_1,\boldsymbol{\alpha}_2,\cdots,\boldsymbol{\alpha}_n$ 线性相关的充分必要条件是

$$r(\boldsymbol{\alpha}_1,\boldsymbol{\alpha}_2,\cdots,\boldsymbol{\alpha}_n)<n$$

即以 $\boldsymbol{\alpha}_1,\boldsymbol{\alpha}_2,\cdots,\boldsymbol{\alpha}_n$ 为列向量的矩阵的秩小于向量的个数 n.

此定理的另一说法:m 维列向量组 $\boldsymbol{\alpha}_1,\boldsymbol{\alpha}_2,\cdots,\boldsymbol{\alpha}_n$ 线性无关的充分必要条件是,以 $\boldsymbol{\alpha}_1,\boldsymbol{\alpha}_2,\cdots,\boldsymbol{\alpha}_n$ 为列向量的矩阵的秩等于向量的个数 n.

对于行向量组,定理 11.2.3 显然也成立.

推论 1　设 n 个 n 维向量 $\boldsymbol{\alpha}_j=(a_{1j},a_{2j},\cdots,a_{nj})(j=1,2,\cdots,n)$,则向量组 $\boldsymbol{\alpha}_1,\boldsymbol{\alpha}_2,\cdots,\boldsymbol{\alpha}_n$ 线性相关的充分必要条件是

$$\begin{vmatrix} a_{11} & a_{12} & \cdots & a_{1n} \\ a_{21} & a_{22} & \cdots & a_{2n} \\ \vdots & \vdots & & \vdots \\ a_{n1} & a_{n2} & \cdots & a_{nn} \end{vmatrix}=0$$

或者说,设 n 个 n 维向量 $\boldsymbol{\alpha}_j=(a_{1j},a_{2j},\cdots,a_{nj})(j=1,2,\cdots,n)$,则向量组 $\boldsymbol{\alpha}_1,\boldsymbol{\alpha}_2,\cdots,\boldsymbol{\alpha}_n$ 线性无关的充分必要条件是

$$\begin{vmatrix} a_{11} & a_{12} & \cdots & a_{1n} \\ a_{21} & a_{22} & \cdots & a_{2n} \\ \vdots & \vdots & & \vdots \\ a_{n1} & a_{n2} & \cdots & a_{nn} \end{vmatrix}\neq 0$$

推论 2　当向量组中所含向量的个数大于向量的维数时,此向量组线性相关.

例 11.2.6　证明 $\mathbf{R}^n$ 中的单位坐标向量组 $\boldsymbol{\varepsilon}_1,\boldsymbol{\varepsilon}_2,\cdots,\boldsymbol{\varepsilon}_n$ 线性无关.

证　因为 $|\boldsymbol{E}_n|=1\neq 0$,故 $\boldsymbol{\varepsilon}_1,\boldsymbol{\varepsilon}_2,\cdots,\boldsymbol{\varepsilon}_n$ 线性无关.

例 11.2.7　一个零向量线性相关,而一个非零向量线性无关.

因为当 $\boldsymbol{\alpha}=\mathbf{0}$ 时,对任意 $k\neq 0$,都有 $k\boldsymbol{\alpha}=\mathbf{0}$ 成立;而当 $\boldsymbol{\alpha}\neq\mathbf{0}$ 时,当且仅当 $k=0$ 时 $k\boldsymbol{\alpha}=\mathbf{0}$ 才成立.

例 11.2.8　判断向量组 $\boldsymbol{\alpha}_1=(1,-2,3)^{\mathrm{T}},\boldsymbol{\alpha}_2=(0,2,-5)^{\mathrm{T}},\boldsymbol{\alpha}_3=(-1,0,2)^{\mathrm{T}}$ 是否线性相关.

解　**方法 1**　对矩阵 $(\boldsymbol{\alpha}_1^{\mathrm{T}},\boldsymbol{\alpha}_2^{\mathrm{T}},\boldsymbol{\alpha}_3^{\mathrm{T}})$ 施以初等变换化为行阶梯形矩阵:

$$\begin{pmatrix} 1 & 0 & -1 \\ -2 & 2 & 0 \\ 3 & -5 & 2 \end{pmatrix} \xrightarrow[r_3-3r_1]{r_2+2r_1} \begin{pmatrix} 1 & 0 & -1 \\ 0 & 2 & -2 \\ 0 & -5 & 5 \end{pmatrix} \xrightarrow{\frac{1}{2}r_2,-\frac{1}{5}r_3} \begin{pmatrix} 1 & 0 & -1 \\ 0 & 1 & -1 \\ 0 & 1 & -1 \end{pmatrix}$$

$$\xrightarrow{r_3-r_2} \begin{pmatrix} 1 & 0 & -1 \\ 0 & 1 & -1 \\ 0 & 0 & 0 \end{pmatrix}$$

由于 $r(\boldsymbol{\alpha}_1^{\mathrm{T}},\boldsymbol{\alpha}_2^{\mathrm{T}},\boldsymbol{\alpha}_3^{\mathrm{T}})=2<3$,所以向量组 $\boldsymbol{\alpha}_1,\boldsymbol{\alpha}_2,\boldsymbol{\alpha}_3$ 线性相关.

方法 2　由于 $|\boldsymbol{\alpha}_1^{\mathrm{T}},\boldsymbol{\alpha}_2^{\mathrm{T}},\boldsymbol{\alpha}_3^{\mathrm{T}}|=\begin{vmatrix} 1 & 0 & -1 \\ -2 & 2 & 0 \\ 3 & -5 & 2 \end{vmatrix}=0$,所以向量组 $\boldsymbol{\alpha}_1,\boldsymbol{\alpha}_2,\boldsymbol{\alpha}_3$ 线性相关.

例 11.2.9　判断向量组 $\boldsymbol{\alpha}_1=(1,2,0,1),\boldsymbol{\alpha}_2=(1,3,0,-1),\boldsymbol{\alpha}_3=(-1,-1,1,0)$ 是否线性相关.

解 因$\begin{pmatrix}1 & 1 & -1\\2 & 3 & -1\\0 & 0 & 1\\1 & -1 & 0\end{pmatrix}$中有三阶子式$\begin{vmatrix}1 & 1 & -1\\2 & 3 & -1\\0 & 0 & 1\end{vmatrix}=1\neq 0$. 即这个矩阵的秩为3,恰好等于向量组中向量的个数,故向量组$\boldsymbol{\alpha}_1,\boldsymbol{\alpha}_2,\boldsymbol{\alpha}_3$线性无关.

定理 11.2.4 如果向量组中有一部分向量(称为部分组)线性相关,则整个向量组线性相关.

推论 3 线性无关的向量组中任何一部分组皆线性无关.

定理 11.2.4 和推论 3 可以概括为:部分相关,整体必相关;整体无关,部分必无关.

例 11.2.10 含有零向量的向量组线性相关.

因为零向量线性相关,由定理 11.2.4 可知,该向量组也线性相关.

习 题 11.2

1. 已知$\boldsymbol{\alpha}_1=\begin{pmatrix}1\\1\\1\end{pmatrix}$,$\boldsymbol{\alpha}_2=\begin{pmatrix}0\\2\\5\end{pmatrix}$,$\boldsymbol{\alpha}_3=\begin{pmatrix}2\\4\\7\end{pmatrix}$,试讨论向量组$\boldsymbol{\alpha}_1,\boldsymbol{\alpha}_2,\boldsymbol{\alpha}_3$及$\boldsymbol{\alpha}_1,\boldsymbol{\alpha}_2$的线性相关性.

2. 已知向量组$\boldsymbol{a}_1=(1,1,2,1)^{\mathrm{T}},\boldsymbol{a}_2=(1,0,0,2)^{\mathrm{T}},\boldsymbol{a}_3=(-1,-4,-8,k)^{\mathrm{T}}$线性相关,求$k$的值.

3. 设向量组$\boldsymbol{a}_1,\boldsymbol{a}_2,\boldsymbol{a}_3$线性无关,$\boldsymbol{b}_1=\boldsymbol{a}_1+\boldsymbol{a}_2,\boldsymbol{b}_2=\boldsymbol{a}_2+\boldsymbol{a}_3,\boldsymbol{b}_3=\boldsymbol{a}_3+\boldsymbol{a}_1$,讨论向量组$\boldsymbol{b}_1,\boldsymbol{b}_2,\boldsymbol{b}_3$的线性相关性.

4. 设$\boldsymbol{a}_1=\begin{pmatrix}1\\1\\2\\2\end{pmatrix}$,$\boldsymbol{a}_2=\begin{pmatrix}1\\2\\1\\3\end{pmatrix}$,$\boldsymbol{a}_3=\begin{pmatrix}1\\-1\\4\\0\end{pmatrix}$,$\boldsymbol{b}=\begin{pmatrix}1\\0\\3\\1\end{pmatrix}$,证明向量$\boldsymbol{b}$能由向量组$\boldsymbol{a}_1,\boldsymbol{a}_2,\boldsymbol{a}_3$线性表示,并求出表示式.

总 习 题 11

1. 求解齐次方程组$\begin{cases}x_1+2x_2+x_3+x_4=0\\2x_1+x_2-2x_3-2x_4=0\\x_1-x_2-4x_3-3x_4=0\end{cases}$的通解.

2. 设非零 3 阶矩阵$\boldsymbol{B}$的 3 个列向量都是方程组$\begin{cases}x_1+2x_2-2x_3=0\\4x_1+tx_2+3x_3=0\\3x_1-x_2+x_3=0\end{cases}$的解,求参

数 t 的值.

3. 求解线性方程组 $\begin{cases} x_1+5x_2-x_3-x_4=-1 \\ x_1-2x_2+x_3+3x_4=3 \\ 3x_1+8x_2-x_3+x_4=1 \\ x_1-9x_2+3x_3+7x_4=7 \end{cases}$ 的通解.

4. 问 a,b 为何值时,线性方程组 $\begin{cases} x_1+x_2+x_3+x_4=0 \\ x_2+2x_3+2x_4=1 \\ -x_2+(a-3)x_3-2x_4=b \\ 3x_1+2x_2+x_3+ax_4=-1 \end{cases}$ (1) 有唯一解;(2) 无解;(3) 有无穷多解,并求其解.

5. 设 $\boldsymbol{\alpha}=(3,5,7,9)^{\mathrm{T}}$,$\boldsymbol{\beta}=(-1,5,2,0)^{\mathrm{T}}$,若(1) $3\boldsymbol{\alpha}-2\boldsymbol{r}=5\boldsymbol{\beta}$,求 $\boldsymbol{r}$;(2) $3(\boldsymbol{\alpha}-\boldsymbol{\beta})+2(\boldsymbol{\beta}+\boldsymbol{r})=5(\boldsymbol{\alpha}-\boldsymbol{r})$,求 $\boldsymbol{r}$.

6. 将向量 $\boldsymbol{\beta}=(1,2,3)^{\mathrm{T}}$ 表示为下列向量组的线性组合.

$$\boldsymbol{\alpha}_1=(1,1,1)^{\mathrm{T}},\quad \boldsymbol{\alpha}_2=(1,-1,1)^{\mathrm{T}},\quad \boldsymbol{\alpha}_3=(1,1,-1)^{\mathrm{T}}$$

7. 判定下列向量组的线性相关性.

(1) $\boldsymbol{\alpha}_1=(1,1,1)^{\mathrm{T}}$,$\boldsymbol{\alpha}_2=(2,3,1)^{\mathrm{T}}$,$\boldsymbol{\alpha}_3=(3,1,0)^{\mathrm{T}}$;

(2) $\boldsymbol{\alpha}_1=(1,1,1,1)^{\mathrm{T}}$,$\boldsymbol{\alpha}_2=(1,2,3,4)$,$\boldsymbol{\alpha}_3=(1,3,5,7)^{\mathrm{T}}$.

8. 若 $\boldsymbol{\alpha}_1,\boldsymbol{\alpha}_2,\boldsymbol{\alpha}_3$ 线性无关,l,m 满足什么条件,向量组 $l\boldsymbol{\alpha}_2-\boldsymbol{\alpha}_1$,$m\boldsymbol{\alpha}_3-\boldsymbol{\alpha}_2$,$\boldsymbol{\alpha}_1-\boldsymbol{\alpha}_3$ 线性相关.

9. 设 $\boldsymbol{a}_1=(1,1,1)^{\mathrm{T}}$,$\boldsymbol{a}_2=(1,2,3)^{\mathrm{T}}$,$\boldsymbol{a}_3=(1,3,t)^{\mathrm{T}}$,试求:

(1) t 为何值时,向量组 $\boldsymbol{a}_1,\boldsymbol{a}_2,\boldsymbol{a}_3$ 线性相关?

(2) t 为何值时,向量组 $\boldsymbol{a}_1,\boldsymbol{a}_2,\boldsymbol{a}_3$ 线性无关?

(3) 当向量组 $\boldsymbol{a}_1,\boldsymbol{a}_2,\boldsymbol{a}_3$ 线性相关时,将 $\boldsymbol{a}_3$ 表示为 $\boldsymbol{a}_1,\boldsymbol{a}_2$ 的线性组合.

第 11 章习题答案

第 12 章　矩阵的相似对角化

12.1　矩阵的特征值与特征向量

12.1.1　特征值与特征向量的概念

定义 12.1.1　设 $\boldsymbol{A}$ 是一个 n 阶方阵，如果存在数 λ_0 和非零向量 $\boldsymbol{\alpha}$，使得

$$\boldsymbol{A\alpha}=\lambda_0\boldsymbol{\alpha} \tag{12-1}$$

那么 λ_0 称为 $\boldsymbol{A}$ 的一个特征值，而 $\boldsymbol{\alpha}$ 称为 $\boldsymbol{A}$ 的属于特征值 λ_0 的一个特征向量.

由此可知：

(1) 特征值只是针对方阵而言，特征向量必须是非零向量.

(2) 若 $\boldsymbol{\alpha}$ 为 $\boldsymbol{A}$ 的属于特征值 λ_0 的特征向量，则 $k\boldsymbol{\alpha}\,(k\neq 0)$ 都是属于特征值 λ_0 的特征向量.

12.1.2　特征值与特征向量的求法

设 λ_0 是 n 阶方阵 $\boldsymbol{A}$ 的特征值，$\boldsymbol{\alpha}=(c_1,c_2,\cdots,c_n)'$ 是它的一个特征向量，则由式(12-1)得

$$\begin{pmatrix} a_{11} & a_{12} & \cdots & a_{1n} \\ a_{21} & a_{22} & \cdots & a_{2n} \\ \vdots & \vdots & & \vdots \\ a_{n1} & a_{n2} & \cdots & a_{nn} \end{pmatrix}\begin{pmatrix} c_1 \\ c_2 \\ \vdots \\ c_n \end{pmatrix}=\lambda_0\begin{pmatrix} c_1 \\ c_2 \\ \vdots \\ c_n \end{pmatrix}$$

即

$$\begin{cases} (\lambda_0-a_{11})c_1-a_{12}c_2-\cdots-a_{1n}c_n=0 \\ -a_{21}c_1+(\lambda_0-a_{22})c_2-\cdots-a_{2n}c_n=0 \\ \qquad\qquad\vdots \\ -a_{n1}c_1-a_{n2}c_2-\cdots+(\lambda_0-a_{nn})c_n=0 \end{cases}$$

所以 $(c_1,c_2,\cdots,c_n)$ 是齐次线性方程组

$$\begin{cases} (\lambda_0-a_{11})x_1-a_{12}x_2-\cdots-a_{1n}x_n=0 \\ -a_{21}x_1+(\lambda_0-a_{22})x_2-\cdots-a_{2n}x_n=0 \\ \qquad\qquad\vdots \\ -a_{n1}x_1-a_{n2}x_2-\cdots+(\lambda_0-a_{nn})x_n=0 \end{cases} \tag{12-2}$$

的一组解. 而 $\boldsymbol{\alpha}\neq\mathbf{0}$,即齐次线性方程组(12-2)有非零解. 故有

$$\begin{vmatrix} \lambda_0-a_{11} & -a_{12} & \cdots & -a_{1n} \\ -a_{21} & \lambda_0-a_{22} & \cdots & -a_{2n} \\ \vdots & \vdots & & \vdots \\ -a_{n1} & -a_{n2} & \cdots & \lambda_0-a_{nn} \end{vmatrix}=0, \quad 即 \quad |\lambda_0\boldsymbol{E}-\boldsymbol{A}|=0 \quad 或 \quad |\boldsymbol{A}-\lambda_0\boldsymbol{E}|=0.$$

定义 12.1.2　设 $\boldsymbol{A}$ 是一个 n 阶方阵,矩阵 $\lambda\boldsymbol{E}-\boldsymbol{A}$ 的行列式

$$|\lambda\boldsymbol{E}-\boldsymbol{A}|=\begin{vmatrix} \lambda-a_{11} & -a_{12} & \cdots & -a_{1n} \\ -a_{21} & \lambda-a_{22} & \cdots & -a_{2n} \\ \vdots & \vdots & & \vdots \\ -a_{n1} & -a_{n2} & \cdots & \lambda-a_{nn} \end{vmatrix} \tag{12-3}$$

称为 $\boldsymbol{A}$ 的特征多项式,它是一个 n 次多项式.

由以上讨论可知,如果 λ_0 是矩阵 $\boldsymbol{A}$ 的特征值,那么 λ_0 一定是 $\boldsymbol{A}$ 的特征多项式的一个根;反过来,如果 λ_0 是矩阵 $\boldsymbol{A}$ 的特征多项式的一个根,即 $|\lambda_0\boldsymbol{E}-\boldsymbol{A}|=0$,那么齐次线性方程组 $(\lambda\boldsymbol{E}-\boldsymbol{A})\boldsymbol{x}=0$ 就有非零解,这时,λ_0 是 $\boldsymbol{A}$ 的特征值,而方程组(12-2)的每一个非零解都是 $\boldsymbol{A}$ 的属于 λ_0 的特征向量.

因此,确定一个矩阵 $\boldsymbol{A}$ 的特征值与特征向量的方法如下:

(1) 求 $\boldsymbol{A}$ 的特征多项式 $|\lambda\boldsymbol{E}-\boldsymbol{A}|$;

(2) 解方程:求出 $|\lambda\boldsymbol{E}-\boldsymbol{A}|=0$ 或 $|\boldsymbol{A}-\lambda\boldsymbol{E}|=0$ 的全部根,就是矩阵 $\boldsymbol{A}$ 的全部特征值;

(3) 解方程组:对于每一个特征值 λ_0,求出齐次线性方程组 $(\lambda\boldsymbol{E}-\boldsymbol{A})\boldsymbol{x}=0$ 的非零解,就是属于 λ_0 的特征向量.

例 12.1.1　求矩阵 $\boldsymbol{A}=\begin{pmatrix} 1 & 2 \\ 3 & 2 \end{pmatrix}$ 的特征值与特征向量.

解　$\boldsymbol{A}$ 的特征多项式为

$$|\lambda\boldsymbol{E}-\boldsymbol{A}|=\begin{vmatrix} \lambda-1 & -2 \\ -3 & \lambda-2 \end{vmatrix}=(\lambda-4)(\lambda+1)$$

从而 $\boldsymbol{A}$ 的特征值为 $\lambda_1=4,\lambda_2=-1$.

把 $\lambda_1=4$ 代入 $(\lambda\boldsymbol{E}-\boldsymbol{A})\boldsymbol{x}=0$,得

$$\begin{pmatrix} 3 & -2 \\ -3 & 2 \end{pmatrix}\begin{bmatrix} x_1 \\ x_2 \end{bmatrix}=0$$

解得 $\lambda_1=4$ 对应的特征向量集为

$$\boldsymbol{x}=k_1(2,3)^{\mathrm{T}}, \quad k_1\neq 0$$

把 $\lambda_2=-1$ 代入 $(\lambda\boldsymbol{E}-\boldsymbol{A})\boldsymbol{x}=0$,得

$$\begin{pmatrix} -2 & -2 \\ -3 & -3 \end{pmatrix}\begin{bmatrix} x_1 \\ x_2 \end{bmatrix}=0$$

解得 $\lambda_2=-1$ 对应的特征向量集为

$$x=k_2(1,-1)^{\mathrm{T}},\quad k_2\neq 0$$

例 12.1.2 设矩阵 $\boldsymbol{A}=\begin{pmatrix}1&-2&2\\-2&-2&4\\2&4&-2\end{pmatrix}$,求 $\boldsymbol{A}$ 的特征值与特征向量.

解 $\boldsymbol{A}$ 的特征多项式为

$$|\lambda\boldsymbol{E}-\boldsymbol{A}|=\begin{vmatrix}\lambda-1&2&-2\\2&\lambda+2&-4\\-2&-4&\lambda+2\end{vmatrix}=(\lambda-2)^2(\lambda+7)$$

所以 $\boldsymbol{A}$ 的特征值为 $\lambda_1=\lambda_2=2,\lambda_3=-7$.

把 $\lambda_1=\lambda_2=2$ 代入齐次线性方程组 $(\lambda\boldsymbol{E}-\boldsymbol{A})\boldsymbol{x}=0$,得 $\begin{cases}x_1+2x_2-2x_3=0\\2x_1+4x_2-4x_3=0\\-2x_1-4x_2+4x_3=0\end{cases}$.解得属于特征值 $\lambda_1=\lambda_2=2$ 的特征向量集为 $k_1(-2,1,0)^{\mathrm{T}}+k_2(2,0,1)^{\mathrm{T}}$,$k_1,k_2$ 为任意不全为 0 的数.

把 $\lambda_3=-7$ 代入 $(\lambda\boldsymbol{E}-\boldsymbol{A})\boldsymbol{x}=0$,得 $\begin{cases}-8x_1+2x_2-2x_3=0\\2x_1-5x_2-4x_3=0\\-2x_1-4x_2-5x_3=0\end{cases}$.解得属于特征值 $\lambda_3=-7$ 的特征向量集为 $k_3(1,2,-2)^{\mathrm{T}},k_3\neq 0$.

例 12.1.3 求矩阵 $\boldsymbol{A}=\begin{pmatrix}-1&1&0\\-4&3&0\\1&0&2\end{pmatrix}$ 的特征值和特征向量.

解 $\boldsymbol{A}$ 的特征多项式为

$$|\lambda\boldsymbol{E}-\boldsymbol{A}|=\begin{vmatrix}\lambda+1&-1&0\\4&\lambda-3&0\\-1&0&\lambda-2\end{vmatrix}=(\lambda-2)(\lambda-1)^2$$

令 $|\lambda\boldsymbol{E}-\boldsymbol{A}|=0$,解得 $\lambda_1=2,\lambda_2=\lambda_3=1$ 是 $\boldsymbol{A}$ 的全部特征值.

把 $\lambda_1=2$ 代入 $(\lambda\boldsymbol{E}-\boldsymbol{A})\boldsymbol{x}=0$ 得

$$\begin{cases}3x_1-x_2+0x_3=0\\4x_1-x_2+0x_3=0\\-x_1+0x_2+0x_3=0\end{cases}$$

解得 $\lambda_1=2$ 对应的特征向量集为 $k_1\begin{pmatrix}0\\0\\1\end{pmatrix},k_1\neq 0$.

同理可求出 $\boldsymbol{A}$ 的属于 $\lambda_2=\lambda_3=1$ 的特征向量集为 $k_2\begin{pmatrix}1\\2\\-1\end{pmatrix},k_2\neq 0$.

12.1.3　特征值与特征向量的性质

定理 12.1.1　设 $\lambda_1,\lambda_2,\cdots,\lambda_n$ 是 n 阶矩阵 $\boldsymbol{A}=(a_{ij})$ 的全部特征值，则有

(1) $\lambda_1+\lambda_2+\cdots+\lambda_n=a_{11}+a_{22}+\cdots+a_{nn}=\mathrm{tr}(\boldsymbol{A})$，其中 $\mathrm{tr}(\boldsymbol{A})$ 为矩阵 $\boldsymbol{A}$ 的主对角线元素之和，称为 $\boldsymbol{A}$ 的迹. (2) $\lambda_1\cdot\lambda_2\cdot\cdots\cdot\lambda_n=|\boldsymbol{A}|$.

定理 12.1.2　如果 $\lambda_1,\lambda_2,\cdots,\lambda_s$ 是矩阵 $\boldsymbol{A}$ 的不同特征值，而 $\boldsymbol{\alpha}_1,\boldsymbol{\alpha}_2,\cdots,\boldsymbol{\alpha}_s$ 分别是属于它们的特征向量，则 $\boldsymbol{\alpha}_1,\boldsymbol{\alpha}_2,\cdots,\boldsymbol{\alpha}_s$ 线性无关.

例 12.1.4　设 λ_1,λ_2 是矩阵 $\boldsymbol{A}$ 的两个不同的特征值，$\boldsymbol{\alpha}_1,\boldsymbol{\alpha}_2$ 分别是属于 λ_1,λ_2 的特征向量，则 $\boldsymbol{\alpha}_1+\boldsymbol{\alpha}_2$ 不是 $\boldsymbol{A}$ 的特征向量.

证　假设 $\boldsymbol{\alpha}_1+\boldsymbol{\alpha}_2$ 是 $\boldsymbol{A}$ 的属于特征值 λ 的特征向量，则有

$$\boldsymbol{A}(\boldsymbol{\alpha}_1+\boldsymbol{\alpha}_2)=\lambda(\boldsymbol{\alpha}_1+\boldsymbol{\alpha}_2)$$

又由已知：$\boldsymbol{A\alpha}_1=\lambda_1\boldsymbol{\alpha}_1,\boldsymbol{A\alpha}_2=\lambda_2\boldsymbol{\alpha}_2$，所以

$$\boldsymbol{A}(\boldsymbol{\alpha}_1+\boldsymbol{\alpha}_2)=\lambda_1\boldsymbol{\alpha}_1+\lambda_2\boldsymbol{\alpha}_2$$

即 $(\lambda-\lambda_1)\boldsymbol{\alpha}_1+(\lambda-\lambda_2)\boldsymbol{\alpha}_2=0$；而 $\boldsymbol{\alpha}_1,\boldsymbol{\alpha}_2$ 线性无关，所以有 $\lambda-\lambda_1=\lambda-\lambda_2=0$，即 $\lambda=\lambda_1=\lambda_2$ 与 $\lambda_1\neq\lambda_2$ 矛盾.

故 $\boldsymbol{\alpha}_1+\boldsymbol{\alpha}_2$ 不是 $\boldsymbol{A}$ 的特征向量.

例 12.1.5　若 λ 是 $\boldsymbol{A}$ 的一个特征值，$f(\boldsymbol{A})=a_m\boldsymbol{A}^m+a_{m-1}\boldsymbol{A}^{m-1}+\cdots+a_1\boldsymbol{A}+a_0\boldsymbol{E}$，证明：$f(\lambda)=a_m\lambda^m+a_{m-1}\lambda^{m-1}+\cdots+a_1\lambda+a_0$ 是矩阵 $f(\boldsymbol{A})$ 的一个特征值.

证　若 λ 是 $\boldsymbol{A}$ 的一个特征值，由 $\boldsymbol{AX}=\lambda\boldsymbol{X}$，有

$$\boldsymbol{A}^2\boldsymbol{X}=\boldsymbol{A}(\boldsymbol{AX})=\boldsymbol{A}(\lambda\boldsymbol{X})=\lambda(\lambda\boldsymbol{X})=\lambda^2\boldsymbol{X},\cdots,\boldsymbol{A}^m\boldsymbol{X}=\lambda^m\boldsymbol{X}$$

所以

$$\begin{aligned}f(\boldsymbol{A})\boldsymbol{X}&=(a_m\boldsymbol{A}^m+a_{m-1}\boldsymbol{A}^{m-1}+\cdots+a_1\boldsymbol{A}+a_0\boldsymbol{E})\boldsymbol{X}\\&=(a_m\lambda^m+a_{m-1}\lambda^{m-1}+\cdots+a_1\lambda+a_0)\boldsymbol{X}=f(\lambda)\boldsymbol{X}\end{aligned}$$

故 $f(\lambda)=a^m\lambda^m+a_{m-1}\lambda^{m-1}+\cdots+a_1\lambda+a_0$ 是矩阵 $f(\boldsymbol{A})$ 的一个特征值.

例 12.1.6　设 3 阶方阵 $\boldsymbol{A}$ 的三个特征值为 1、2、-1，求矩阵 $\boldsymbol{B}=\boldsymbol{A}^2+3\boldsymbol{A}+2\boldsymbol{E}$ 的特征值.

解　设 $\boldsymbol{A}$ 的特征值为 λ_0，由上题结论可知，$\boldsymbol{B}$ 的特征值为 $\lambda_0^2+3\lambda_0+2$，即

$$\begin{cases}\lambda_1(\boldsymbol{B})=1^2+3\times1+2=6\\\lambda_2(\boldsymbol{B})=2^2+3\times2+2=12\\\lambda_3(\boldsymbol{B})=(-1)^2+3\times(-1)+2=0\end{cases}$$

因此，矩阵 $\boldsymbol{B}$ 的特征值分别为 6，12，0.

习　题　12.1

1. 求下列矩阵的特征值及相应的特征向量.

(1) $A=\begin{pmatrix}1&1&0\\1&1&2\\0&0&2\end{pmatrix}$；　(2) $A=\begin{pmatrix}1&2&4\\2&-2&2\\4&2&1\end{pmatrix}$；　(3) $A=\begin{pmatrix}4&6&0\\-3&-5&0\\-3&-6&1\end{pmatrix}$.

2. 设向量 $\boldsymbol{\alpha}=(1,2,2)^{\mathrm{T}}$ 是矩阵 $A=\begin{pmatrix}0&0&1\\a&1&0\\2&0&b\end{pmatrix}$ 的特征值 λ_1 对应的特征向量.

(1) 求 λ_1,a,b；　(2) 求矩阵 A 的其他特征值.

3. 设 $A=\begin{pmatrix}1&2&0\\0&2&1\\0&1&2\end{pmatrix}$，求 $B=3A^2+2A+E$ 的特征值.

4. 设 λ_0 是方阵 A 对应于特征向量 x 的特征值.

(1) 若 A 为可逆矩阵，$\lambda_0\neq0$，证明 $\dfrac{1}{\lambda_0}$ 是矩阵 A^{-1} 对应于特征向量 x 的特征值.

(2) 计算当 A 的特征值为 1、2、-1 时，矩阵 $B=A^{-1}+2E$ 的特征值.

12.2　矩阵的相似对角化

12.2.1　相似矩阵的定义

定义 12.2.1　设 A,B 为两个 n 阶矩阵，如果存在可逆矩阵 P，使得 $B=P^{-1}AP$，就说 A 相似于 B，记作 $A\sim B$.

相似是矩阵间的一种等价关系，具有

(1) 反身性：$A\sim A$.

(2) 对称性：若 $A\sim B$，则 $B\sim A$.

(3) 传递性：若 $A\sim B$，$B\sim C$，则 $A\sim C$.

由定义及前面的分析，我们能容易地证明相似矩阵的一些性质和矩阵相似于对角矩阵的条件.

12.2.2　相似矩阵的性质及矩阵的相似对角化

定理 12.2.1　相似矩阵有相同的行列式、相同的特征多项式和特征值.

证　设矩阵 A,B 相似，则存在可逆矩阵 P，使 $B=P^{-1}AP$. 所以有

$$|\boldsymbol{B}|=|\boldsymbol{P}^{-1}\boldsymbol{A}\boldsymbol{P}|=|\boldsymbol{P}^{-1}|\cdot|\boldsymbol{P}|\cdot|\boldsymbol{A}|=|\boldsymbol{A}|$$

$$\begin{aligned}|\lambda\boldsymbol{E}-\boldsymbol{B}|&=|\lambda\boldsymbol{E}-\boldsymbol{P}^{-1}\boldsymbol{A}\boldsymbol{P}|=|\boldsymbol{P}^{-1}(\lambda\boldsymbol{E}-\boldsymbol{A})\boldsymbol{P}|=|\boldsymbol{P}^{-1}|\cdot|\lambda\boldsymbol{E}-\boldsymbol{A}|\cdot|\boldsymbol{P}|\\&=|\lambda\boldsymbol{E}-\boldsymbol{A}|\end{aligned}$$

故结论成立.

定理 12.2.2 若矩阵 $\boldsymbol{A}$ 与 $\boldsymbol{B}$ 相似,则 $\boldsymbol{A}^m$ 与 $\boldsymbol{B}^m$ 相似.

进一步可以推出,若 $\boldsymbol{B}_1=\boldsymbol{P}^{-1}\boldsymbol{A}_1\boldsymbol{P},\boldsymbol{B}_2=\boldsymbol{P}^{-1}\boldsymbol{A}_2\boldsymbol{P}$,则有

$$\boldsymbol{B}_1+\boldsymbol{B}_2=\boldsymbol{P}^{-1}(\boldsymbol{A}_1+\boldsymbol{A}_2)\boldsymbol{P},\quad \boldsymbol{B}_1\boldsymbol{B}_2=\boldsymbol{P}^{-1}(\boldsymbol{A}_1\boldsymbol{A}_2)\boldsymbol{P}$$

$$k\boldsymbol{B}_1=\boldsymbol{P}^{-1}(k\boldsymbol{A}_1)\boldsymbol{P},\quad \boldsymbol{B}_1^m=\boldsymbol{P}^{-1}\boldsymbol{A}_1^m\boldsymbol{P}$$

例 12.2.1 设 $\boldsymbol{A}=\begin{pmatrix}0&-1&0\\1&0&0\\0&0&-1\end{pmatrix}$,$\boldsymbol{B}=\boldsymbol{P}^{-1}\boldsymbol{A}\boldsymbol{P}$,其中 $\boldsymbol{P}$ 为 3 阶可逆矩阵,计算 $\boldsymbol{B}^{2012}-2\boldsymbol{A}^2$.

解 因 $\boldsymbol{A}^2=\begin{pmatrix}-1&&\\&-1&\\&&1\end{pmatrix}$,$\boldsymbol{A}^4=\boldsymbol{E}$,所以 $\boldsymbol{B}^{2012}-2\boldsymbol{A}^2=\boldsymbol{P}^{-1}\boldsymbol{A}^{2012}\boldsymbol{P}-2\boldsymbol{A}^2=\boldsymbol{E}-2\boldsymbol{A}^2=\begin{pmatrix}3&&\\&3&\\&&-1\end{pmatrix}$.

定理 12.2.3 n 阶矩阵 $\boldsymbol{A}$ 相似于对角矩阵的充分必要条件是,$\boldsymbol{A}$ 有 n 个线性无关的特征向量.

证 必要性 若矩阵 $\boldsymbol{A}$ 相似于对角矩阵 $\begin{pmatrix}\lambda_1&&&\\&\lambda_2&&\\&&\ddots&\\&&&\lambda_n\end{pmatrix}$,则存在非退化矩阵 $\boldsymbol{P}$ 使

$$\boldsymbol{P}^{-1}\boldsymbol{A}\boldsymbol{P}=\begin{pmatrix}\lambda_1&&&\\&\lambda_2&&\\&&\ddots&\\&&&\lambda_n\end{pmatrix},\quad 即\quad \boldsymbol{A}\boldsymbol{P}=\boldsymbol{P}\begin{pmatrix}\lambda_1&&&\\&\lambda_2&&\\&&\ddots&\\&&&\lambda_n\end{pmatrix}$$

再设 $\boldsymbol{P}=(\boldsymbol{\alpha}_1,\boldsymbol{\alpha}_2,\cdots,\boldsymbol{\alpha}_n)$,则有 $\boldsymbol{A}\boldsymbol{\alpha}_i=\lambda_i\boldsymbol{\alpha}_i(i=1,2,\cdots,n)$,即 λ_i 为 $\boldsymbol{A}$ 的特征值,$\boldsymbol{\alpha}_i$ 为 $\boldsymbol{A}$ 的属于 λ_i 的特征向量,且由 $\boldsymbol{P}$ 非退化知 $\boldsymbol{\alpha}_1,\boldsymbol{\alpha}_2,\cdots,\boldsymbol{\alpha}_n$ 线性无关.

充分性 由上面逆推就可证得.

由此我们可进一步得到:

(1) 若矩阵 $\boldsymbol{A}$ 相似于对角矩阵 $\boldsymbol{\Lambda}=\mathrm{diag}(\lambda_1,\lambda_2,\cdots,\lambda_n)$,则 $\boldsymbol{\Lambda}$ 的主对角线上的元素即为 $\boldsymbol{A}$ 的特征值.

(2) 若矩阵 $\boldsymbol{A}$ 有 n 个不同的特征值，那么 $\boldsymbol{A}$ 一定相似于对角矩阵.

定理 12.2.4 n 阶矩阵 $\boldsymbol{A}$ 相似于对角矩阵的充分必要条件是，对 $\boldsymbol{A}$ 的每一个 k 重特征值 λ_i，特征矩阵 $(\lambda_i\boldsymbol{E}-\boldsymbol{A})$ 的秩 $r(\lambda_i\boldsymbol{E}-\boldsymbol{A})=n-k$，即每一个 k 重特征值 λ_i 对应有 k 个线性无关的解向量.

注 由定理 12.2.3 或定理 12.2.4 可知，例 12.1.1 中的矩阵 $\boldsymbol{A}=\begin{pmatrix}1 & 2\\3 & 2\end{pmatrix}$ 可相似对角化，例 12.1.2 中矩阵 $\boldsymbol{A}=\begin{pmatrix}1 & -2 & 2\\-2 & -2 & 4\\2 & 4 & -2\end{pmatrix}$ 也可相似对角化，而例 12.1.3 中矩阵 $\boldsymbol{A}=\begin{pmatrix}-1 & 1 & 0\\-4 & 3 & 0\\1 & 0 & 2\end{pmatrix}$ 不可相似对角化.

例 12.2.2 化矩阵 $\boldsymbol{A}=\begin{pmatrix}1 & 2 & 2\\2 & 1 & 2\\2 & 2 & 1\end{pmatrix}$ 为对角矩阵.

解 由 $|\lambda\boldsymbol{E}-\boldsymbol{A}|=\begin{vmatrix}\lambda-1 & -2 & -2\\-2 & \lambda-1 & -2\\-2 & -2 & \lambda-1\end{vmatrix}=(\lambda-5)(\lambda+1)^2$，得 $\boldsymbol{A}$ 的特征值为 $\lambda_1=5,\lambda_2=\lambda_3=-1$.

对于 $\lambda_1=5$，由 $(5\boldsymbol{E}-\boldsymbol{A})\boldsymbol{X}=0$ 求得所对应的线性无关的一个特征向量为 $(1,1,1)^{\mathrm{T}}$；

对于 $\lambda_2=\lambda_3=-1$，由 $(-\boldsymbol{E}-\boldsymbol{A})\boldsymbol{X}=0$ 求得所对应的两个线性无关的特征向量为 $(1,0,-1)^{\mathrm{T}},(0,1,-1)^{\mathrm{T}}$. 从而可知矩阵 $\boldsymbol{A}$ 可以相似对角化.

取 $\boldsymbol{P}=\begin{pmatrix}1 & 1 & 0\\1 & 0 & 1\\1 & -1 & -1\end{pmatrix}$，则有 $\boldsymbol{P}^{-1}\boldsymbol{A}\boldsymbol{P}=\begin{pmatrix}5 & & \\ & -1 & \\ & & -1\end{pmatrix}$.

例 12.2.3 设矩阵 $\boldsymbol{A}=\begin{pmatrix}-2 & 0 & 0\\2 & x & 0\\3 & 1 & 2\end{pmatrix}$ 与 $\boldsymbol{B}=\begin{pmatrix}-1 & 0 & 0\\0 & 2 & 0\\0 & 0 & y\end{pmatrix}$ 相似.

(1) 计算 x 和 y 的值；(2) 求可逆矩阵 $\boldsymbol{P}$，使得 $\boldsymbol{P}^{-1}\boldsymbol{A}\boldsymbol{P}=\boldsymbol{B}$.

解 (1) 因 $\boldsymbol{B}$ 的特征值为 $-1,2,y$，且 $\boldsymbol{A}$ 有特征值 -2.

所以由 $\boldsymbol{A},\boldsymbol{B}$ 相似(相似矩阵有相同的特征值)知：$y=-2$；

又 $-2+x+2=-1+2+y$，所以 $x=-1+2+y=-1$.

(2) 对 $\lambda=-1$，由 $(-\boldsymbol{E}-\boldsymbol{A})\boldsymbol{X}=0$ 得 $\begin{cases}x_1=0\\x_2=-3x_3\end{cases}$，取 $\boldsymbol{\alpha}_1=(0,-3,,1)^{\mathrm{T}}$；

对于 $\lambda=2$,由 $(2\boldsymbol{E}-\boldsymbol{A})\boldsymbol{X}=0$ 得 $\begin{cases}x_1=0\\x_2=0\end{cases}$,取 $\boldsymbol{\alpha}_2=(0,0,1)^{\mathrm{T}}$;

对于 $\lambda=-2$,由 $(-2\boldsymbol{E}-\boldsymbol{A})\boldsymbol{X}=0$ 得 $\begin{cases}x_1=-4x_3\\x_2=8x_3\end{cases}$,取 $\boldsymbol{\alpha}_3=(4,-8,-1)^{\mathrm{T}}$;

于是取 $\boldsymbol{P}=(\boldsymbol{\alpha}_1,\boldsymbol{\alpha}_2,\boldsymbol{\alpha}_3)$,有 $\boldsymbol{P}^{-1}\boldsymbol{A}\boldsymbol{P}=\boldsymbol{B}$.

例 12.2.4 设矩阵 $\boldsymbol{A}=\begin{pmatrix}1&4&2\\0&-3&4\\0&4&3\end{pmatrix}$,求 $\boldsymbol{A}^{100}$.

解 由 $|\lambda\boldsymbol{E}-\boldsymbol{A}|=(\lambda-1)(\lambda-5)(\lambda+5)$ 知,$\boldsymbol{A}$ 的特征值为 $\lambda_1=1,\lambda_2=5,\lambda_3=-5$;

又由 $(\lambda\boldsymbol{E}-\boldsymbol{A})\boldsymbol{X}=0$ 分别解得:

属于 1 的线性无关的特征向量可取为 $\boldsymbol{\alpha}_1=(1,0,0)^{\mathrm{T}}$;

属于 5 的线性无关的特征向量可取为 $\boldsymbol{\alpha}_2=(2,1,2)^{\mathrm{T}}$;

属于 -5 的线性无关的特征向量可取为 $\boldsymbol{\alpha}_3=(1,-2,1)^{\mathrm{T}}$.

于是取 $\boldsymbol{P}=(\boldsymbol{\alpha}_1,\boldsymbol{\alpha}_2,\boldsymbol{\alpha}_3)=\begin{pmatrix}1&2&1\\0&1&-2\\0&2&1\end{pmatrix}$,则有

$$\boldsymbol{P}^{-1}\boldsymbol{A}\boldsymbol{P}=\begin{pmatrix}1&&\\&5&\\&&-5\end{pmatrix},\quad \text{且}\quad \boldsymbol{P}^{-1}=\frac{1}{5}\begin{pmatrix}5&0&-5\\0&1&2\\0&-2&1\end{pmatrix}$$

所以

$$\boldsymbol{A}^{100}=\boldsymbol{P}\begin{pmatrix}1&&\\&5&\\&&-5\end{pmatrix}^{100}\cdot\boldsymbol{P}^{-1}=\begin{pmatrix}1&0&5^{100}-1\\0&5^{100}&0\\0&0&5^{100}\end{pmatrix}$$

习 题 12.2

1. 判断下面矩阵能否相似于对角矩阵,若能相似于对角矩阵,求出 $\boldsymbol{P}$ 和对角矩阵 $\boldsymbol{\Lambda}$.

(1) $\boldsymbol{A}=\begin{pmatrix}1&1&0\\0&2&1\\0&0&3\end{pmatrix}$; (2) $\boldsymbol{B}=\begin{pmatrix}1&0&0\\1&2&-1\\-1&-1&2\end{pmatrix}$.

2. 已知 $\boldsymbol{X}=(1,-1,-1)^{\mathrm{T}}$ 是矩阵 $\boldsymbol{A}=\begin{pmatrix}2&-1&-2\\5&a&3\\1&b&-2\end{pmatrix}$ 的一个特征向量,试确定 a,b 及 $\boldsymbol{X}$ 所对应的特征值.

3. 已知矩阵 $\boldsymbol{A}=\begin{pmatrix}2 & a & 2\\ 5 & b & 3\\ -1 & 1 & -1\end{pmatrix}$ 有特征值 1，−1，求 a，b. 并问 $\boldsymbol{A}$ 可否对角化，说明理由.

4. 设 $\boldsymbol{A}=\begin{pmatrix}0 & 0 & 1\\ 1 & 1 & a\\ 1 & 0 & 0\end{pmatrix}$，问 a 为何值时，矩阵 $\boldsymbol{A}$ 能对角化？

5. 已知矩阵 $\boldsymbol{A}_{3\times 3}$ 的特征值为 $\lambda_1=1$，$\lambda_2=0$，$\lambda_3=-1$，其相应的特征向量为 $\boldsymbol{x}_1=(1,2,1)$，$\boldsymbol{x}_2=(1,1,-1)$，$\boldsymbol{x}_3=(-1,0,0)$，求矩阵 $\boldsymbol{A}_{3\times 3}$.

总 习 题 12

1. 求 $\boldsymbol{A}=\begin{pmatrix}5 & 0 & 0\\ 0 & 3 & -2\\ 0 & -2 & 3\end{pmatrix}$ 的特征值和特征向量.

2. 已知矩阵 $\boldsymbol{A}_{3\times 3}$ 的特征值 $\lambda_1=1$，$\lambda_2=-1$，$\lambda_3=2$，求

(1) $|\boldsymbol{A}|$；　(2) $|\boldsymbol{A}-5\boldsymbol{E}|$；　(3) $|\boldsymbol{A}^3-5\boldsymbol{A}^2|$.

3. 判断下面矩阵能否相似于对角矩阵，若能相似于对角矩阵，求 $\boldsymbol{P}$ 和对角矩阵 $\boldsymbol{\Lambda}$.

(1) $\boldsymbol{A}=\begin{pmatrix}-2 & 1 & 1\\ 0 & 2 & 0\\ -4 & 1 & 3\end{pmatrix}$；　(2) $\boldsymbol{A}=\begin{pmatrix}-3 & 1 & -1\\ -7 & 5 & -1\\ -6 & 6 & -2\end{pmatrix}$.

4. 设 3 阶矩阵 $\boldsymbol{A}$ 的特征值 $\lambda_1=4$，$\lambda_2=\lambda_3=1$ 对应的特征向量为 $\boldsymbol{a}_1=(1,1,1)^{\mathrm{T}}$，$\boldsymbol{a}_2=(1,-1,0)^{\mathrm{T}}$，$\boldsymbol{a}_3=(1,0,-1)^{\mathrm{T}}$，求 $\boldsymbol{A}$.

5. 设 $\boldsymbol{A}=\begin{pmatrix}1 & 2 & -3\\ -1 & 4 & -3\\ 1 & a & 5\end{pmatrix}$ 的特征方程有一个二重根，求 a 的值，并讨论 $\boldsymbol{A}$ 是否可以相似对角化.

6. 若矩阵 $\boldsymbol{A}=\begin{pmatrix}2 & 0 & 1\\ 3 & 1 & x\\ 4 & 0 & 5\end{pmatrix}$ 可相似对角化，求 x.

第 12 章习题答案

第 13 章　随机事件与概率

本章主要介绍随机试验、样本空间、随机事件、事件间的关系与运算、概率的定义、古典概型、几何概型、概率的性质、条件概率、乘法公式、全概率公式、贝叶斯公式、事件的独立性等内容.

13.1　随机事件

13.1.1　随机试验

我们遇到过各种试验,这里把试验作为一个含义广泛的术语,它包括各种各样的科学试验,甚至对某一事物的某一特征的观察也认为是一种试验.下面举一些试验的例子.

E_1:抛一枚硬币,观察正面 H、反面 T 出现的情况.

E_2:将一枚硬币抛一次,观察出现正面的次数.

E_3:抛一颗骰子,观察出现的点数.

E_4:记录汽车站售票处一天内售出的车票数.

E_5:在一批灯泡中任意抽取一只,测试它的寿命.

E_6:记录某地一昼夜的最高温度和最低温度.

这些试验都具有以下特点:

(1) 可以在相同的条件下重复地进行;

(2) 每次试验的可能结果不止一个,并且能事先明确试验的所有可能结果;

(3) 每次进行试验之前不能确定哪一个结果会出现.

在概率论中,我们将具有上述三个特点的试验称为随机试验(random experiment).我们约定,本章后面所提到的试验都是指随机试验.

13.1.2　样本空间

对于随机试验,尽管在每次试验之前不能预知试验的结果,但试验的一切可能的结果是已知的,我们把随机试验 E 的所有可能结果组成的集合称为 E 的样本空间(sampling space),记为 $S=\{\omega\}$ 或 $\Omega=\{\omega\}$.其中 ω 表示样本空间的元素,即 E 的每个结果,称为样本点(sampling point).样本点是今后抽样的最基本单元.例如,上面的 6

个随机试验的样本空间分别为

$\Omega_1=\{H,T\}$;

$\Omega_2=\{0,1\}$;

$\Omega_3=\{1,2,3,4,5,6\}$;

$\Omega_4=\{1,2,\cdots,n\}$,这里的 n 是汽车站售票处一天内准备出售的车票数 n;

$\Omega_5=\{t\mid t\geqslant 0\}$;

$\Omega_6=\{(x,y)\mid T_0\leqslant x\leqslant y\leqslant T_1\}$;这里 x 表示最低温度,y 表示最高温度,并设这一地区的温度不会小于 T_0,也不会大于 T_1.

应该注意的是:

(1) 试验 E_1 和 E_2 的过程都是将硬币抛一次,但由于试验的目的不一样,所以样本空间 Ω_1 和 Ω_2 完全不同,这说明试验的目的决定试验所对应的样本空间.

(2) 样本空间的元素可以是数也可以不是数.

(3) 随机现象的样本空间至少有两个样本点,如果将确定性现象放在一起考虑,则含有一个样本点的样本空间对应的现象为确定现象.

13.1.3 随机事件

在随机试验中,可能发生也可能不发生的事情就叫随机事件(random event).更确切地说,随机试验 E 的样本空间 Ω 的子集称为 E 的随机事件,简称事件.随机事件常用大写字母 $A,B,C,\cdots$表示,它是样本空间 Ω 的子集合.在每次试验中,当出现的样本点 $\omega\in A$ 时,称事件 A 发生,否则,称事件 A 没有发生.

例如,在 E_3 中,如果用 A 表示事件"掷出偶点数",那么 A 是一个随机事件.由于在一次投掷中,当且仅当掷出的点数是 2、4、6 中的任何一个时才称事件 A 发生了,所以我们把事件 A 表示为 $A=\{2,4,6\}$.同样地,若用 B 表示事件"掷出的点数大于 3",那么 B 也是一个随机事件,且 $B=\{4,5,6\}$.

必然事件:对于一个试验 E,在每次试验中必然发生的事件,称为 E 的必然事件(certain event),记为 S 或 Ω.

不可能事件:在每次试验中都不发生的事件,称为 E 的不可能事件(impossible event),记为$\varnothing$.例如,在 E_3 中,"掷出的点数不超过 6"就是必然事件,用集合表示这一事件就是 E_3 的样本空间 $\Omega_3=\{1,2,3,4,5,6\}$.而事件"掷出的点数大于 6"是不可能事件,这个事件不包括 E_3 的任何一个可能结果,所以用空集$\varnothing$表示.

对于一个试验 E,它的样本空间 Ω 是随机试验 E 的必然事件,空集$\varnothing$是不可能事件.必然事件与不可能事件虽已无随机性可言,但在概率论中,常把它们当作两个特殊的随机事件,这样做是为了数学处理上的方便.

基本事件:只含有单个样本点的事件称为基本事件.样本空间也称为基本事件空间.

13.1.4 事件间的关系与运算

因为事件是一个集合,因而事件间的关系和运算可以按集合间的关系和运算来处理.下面给出这些关系和运算在概率中的提法,并根据"事件发生"的含义,给出它们在概率论中的含义.

设试验 E 的样本空间为 Ω,而 $A,B,A_k(k=1,2,\cdots)$是 Ω 的子集.

1. 事件的包含与相等(inclusion and equivalent relation)

若事件 A 发生必然导致事件 B 发生,则称事件 B 包含事件 A,记为 $B\supset A$ 或者 $A\subset B$. 譬如投一颗骰子,事件 $A=$"出现 3 点"的发生必然导致事件 $B=$"出现奇数点"的发生,故 $A\subset B$.

若 $A\subset B$ 且 $B\subset A$,即 $A=B$,则称事件 A 与事件 B 相等. 从集合论的观点看,两个事件相等就意味着这两个事件是同一个集合.

为了方便起见,规定对于任一事件 A,有 $\varnothing\subset A\subset\Omega$.

2. 事件的和(union of events)

事件 A 与事件 B 至少有一个发生的事件称为事件 A 与事件 B 的和事件,记为 $A\cup B$. 事件 $A\cup B$ 发生意味着:或者事件 A 发生,或者事件 B 发生,或者事件 A 与事件 B 都发生.

事件的和可以推广到多个事件的情景. 设有 n 个事件 $A_1,A_2,\cdots,A_n$,定义它们的和事件为$\{A_1,A_2,\cdots,A_n$ 中至少有一个发生$\}$,记为 $\bigcup\limits_{k=1}^{n}A_k$. 类似地,$\bigcup\limits_{k=1}^{\infty}A_k$ 为可列个事件 $A_1,A_2,\cdots,A_n\cdots$的和事件.

显然,对任一事件 A,有

$$A\cup\Omega=\Omega,\quad A\cup\varnothing=A$$

3. 事件的积(product of events)

事件 A 与事件 B 都发生的事件称为事件 A 与事件 B 的积事件,记为 $A\cap B$,也简记为 AB. 事件 $A\cap B$(或 AB)发生意味着事件 A 发生且事件 B 也发生,即 A 与 B 都发生.

类似地,可以定义 n 个事件 $A_1,A_2,\cdots,A_n$ 的积事件$\bigcap\limits_{k=1}^{n}A_k=\{A_1,A_2,\cdots,A_n$ 都发生$\}$以及可列个事件 $A_1,A_2,\cdots,A_n\cdots$的积事件$\bigcap\limits_{k=1}^{\infty}A_k=\{A_1,A_2,\cdots,A_n\cdots$都发生$\}$.

显然,对任一事件 A,有

$$A\cap\Omega=A,\quad A\cap\varnothing=\varnothing$$

4. 互不相容事件(互斥)(incompatible events)

若事件 A 与事件 B 不能同时发生,即 $AB=\varnothing$,则称事件 A 与事件 B 是互斥的,或称它们是互不相容的. 若事件 $A_1, A_2, \cdots, A_n$ 中的任意两个都互斥,则称这些事件是两两互斥的. 当事件 A 与事件 B 是互不相容时,有时将两事件的和事件 $A \cup B$ 记为 $A+B$.

注 基本事件是两两互不相容的.

5. 对立事件(opposite events)

"A 不发生"的事件称为事件 A 的对立事件,记为 $\overline{A}$. 显然 A 和 $\overline{A}$ 满足:$A \cup \overline{A} = \Omega, A\overline{A} = \varnothing, \overline{\overline{A}} = A$. 对立事件有时也称为逆事件. 显然 $\overline{\varnothing} = \Omega, \overline{\Omega} = \varnothing$.

注 对立事件一定是互不相容事件,但互不相容事件未必是对立事件.

6. 事件的差(difference of events)

事件 A 发生而事件 B 不发生的事件称为事件 A 与事件 B 的差事件,记为 $A-B$,即 $A-B = \{\omega | \omega \in A$ 且 $\omega \notin B\}$. 例如,在掷一颗骰子的试验中,记事件 $A=$"出现奇数点"$=\{1,3,5\}$,记事件 $B=$"出现点数不超过 3"$=\{1,2,3\}$,则 $A-B=\{5\}$.

由事件的积和对立事件的定义,显然有:$A-B=A-AB=A\overline{B}$.

显然,对任一事件 A,有

$$A-A=\varnothing; \quad A-\varnothing=A; \quad A-\Omega=\varnothing$$

以上事件之间的关系及运算可以用文氏(Venn)图来直观地描述. 若用平面上一个矩形表示样本空间 Ω,矩形内的点表示样本点,圆 A 与圆 B 分别表示事件 A 与事件 B,则 A 与 B 的各种关系及运算如图 13-1~图 13-6 所示.

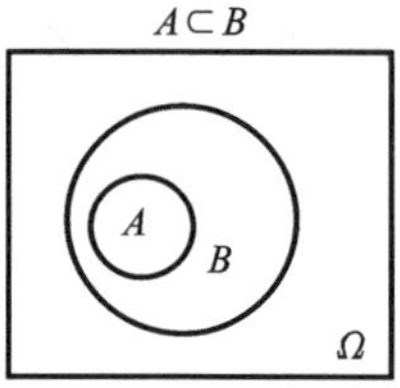

图 13-1

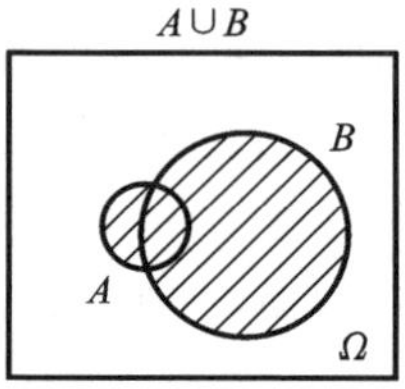

图 13-2

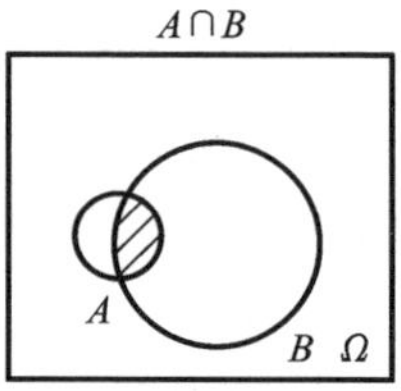

图 13-3

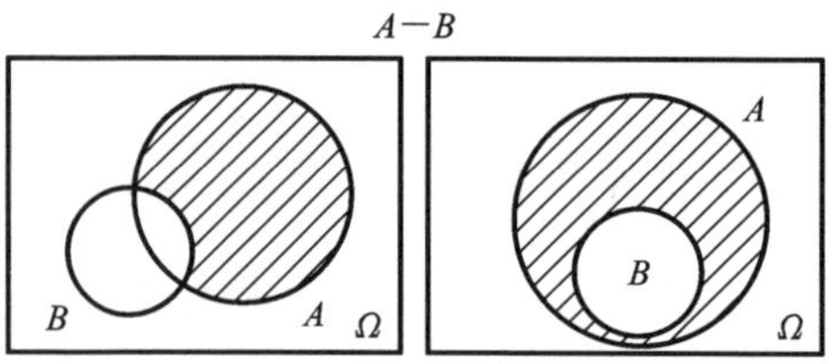

图 13-4

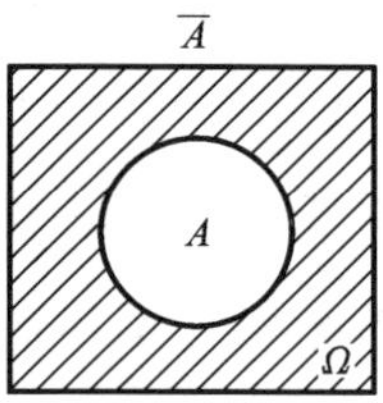

图 13-5

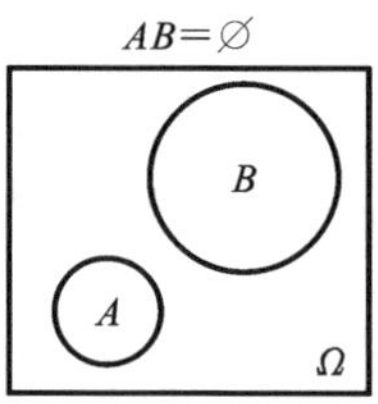

图 13-6

注 事件间的关系主要是包含关系、相等关系以及互不相容关系;事件间的运算主要是事件间的并、交、差以及互逆(余)运算.

13.1.5 事件运算满足的定律

设 A,B,C 为事件,则有

交换律(exchange law):$A\cup B=B\cup A$;$AB=BA$.

结合律(combination law):$(A\cup B)\cup C=A\cup(B\cup C)$;$(AB)C=A(BC)$.

分配律(distributive law):$(A\cup B)C=(AC)\cup(BC)$;$(AB)\cup C=(A\cup C)(B\cup C)$.

对偶律(dual law):$\overline{A\cup B}=\overline{A}\cap\overline{B}$;$\overline{A\cap B}=\overline{A}\cup\overline{B}$.

其中:

对偶律(德摩根公式)可以推广到有限个事件及可列无穷个事件场合:

$$\overline{\bigcup_{i=1}^{n}A_i}=\bigcap_{i=1}^{n}\overline{A_i},\quad \overline{\bigcup_{i=1}^{\infty}A_i}=\bigcap_{i=1}^{\infty}\overline{A_i},\quad \overline{\bigcap_{i=1}^{n}A_i}=\bigcup_{i=1}^{n}\overline{A_i},\quad \overline{\bigcap_{i=1}^{\infty}A_i}=\bigcup_{i=1}^{\infty}\overline{A_i}$$

易证下面常用等式的正确性:

$$A\cup A=A,\quad A\cup\Omega=\Omega,\quad A\cup\varnothing=A,\quad A\cap A=A,\quad A\cap\Omega=A,\quad A\cap\varnothing=\varnothing$$

$$A-B=A-AB=A\overline{B},\quad A\cup B=A\cup B\overline{A}=B\cup\overline{B}A$$

例 13.1.1 向指定目标射三枪,观察射中目标的情况.用 A_1、A_2、A_3 分别表示事件"第1、2、3枪击中目标",试用 A_1、A_2、A_3 表示以下各事件:

(1) 只击中第一枪;

(2) 只击中一枪;

(3) 三枪都没击中;

(4) 至少击中一枪.

解 (1) 事件"只击中第一枪",意味着第二枪不中,第三枪也不中.所以,事件可以表示成 $A_1\overline{A_2}\,\overline{A_3}$.

(2) 事件"只击中一枪",并不指定哪一枪击中.三个事件"只击中第一枪""只击中第二枪""只击中第三枪"中,任意一个发生,都意味着事件"只击中一枪"发生.同时,因为上述三个事件互不相容,所以,事件可以表示成 $A_1\overline{A_2}\,\overline{A_3}+\overline{A_1}A_2\overline{A_3}+\overline{A_1}\,\overline{A_2}A_3$.

(3) 事件"三枪都没击中",就是事件"第一、二、三枪都未击中",所以,事件可以表示成 $\overline{A_1}\,\overline{A_2}\,\overline{A_3}$.

(4) 事件"至少击中一枪",就是事件"第一、二、三枪至少有一次击中",所以,事件可以表示成 $A_1\cup A_2\cup A_3$ 或 $A_1\overline{A_2}\,\overline{A_3}+\overline{A_1}A_2\overline{A_3}+\overline{A_1}\,\overline{A_2}A_3+A_1A_2\overline{A_3}+A_1\overline{A_2}A_3+\overline{A_1}A_2A_3+A_1A_2A_3$.

例 13.1.2 设事件 A 表示"甲种产品畅销,乙种产品滞销",求其对立事件 $\overline{A}$.

解 设 $B=$"甲种产品畅销",$C=$"乙种产品滞销",则 $A=BC$,故

$$\overline{A}=\overline{BC}=\overline{B}\cup\overline{C}=\text{“甲种产品滞销或乙种产品畅销”}$$

习　题　13.1

1. 写出下列随机试验的样本空间.

(1) 同时掷出两颗骰子,观察两颗骰子点数之和;

(2) 抛出一枚硬币,观察其正反面出现的情况;

(3) 抽查某位同学"概率论"考试通过与否;

(4) 观察某十字路口红绿灯的颜色.

2. 设 A、B、C 是三个随机事件,试用 A、B、C 表示下列事件:

(1) A 与 B 都发生,而 C 不发生;

(2) A、B、C 中恰好发生一个;

(3) A、B、C 中至少发生一个;

(4) A、B、C 都不发生;

(5) A、B、C 中至少有两个发生;

(6) A、B、C 中不多于两个发生.

3. 若事件 A、B 满足 $B\subset A$,则下列命题中正确的是(　　).

A. A 与 B 必同时发生　　　　B. A 发生,B 必发生

C. A 不发生,B 必不发生　　　D. B 不发生,A 必不发生

13.2　概率的定义

我们将在一次试验中事件 A 发生的可能性大小的度量,称为事件 A 的概率,记为 $P(A)$.

下面将介绍概率论发展早期的三种简单的概率定义(统计定义、古典定义、几何定义)以及由此得出的公理化定义.

13.2.1　概率的统计定义

1. 频率

设 E 为任一随机试验,A 为其中任一事件,在相同条件下,把 E 独立地重复做 n 次,n_A 表示事件 A 在这 n 次试验中出现的次数(称为频数),比值 $f_n(A)=n_A/n$ 称为事件 A 在这 n 次试验中出现的频率(frequency).

人们在实践中发现:在相同条件下重复进行同一试验,当试验次数 n 很大时,某事件 A 发生的频率具有一定的"稳定性",就是说其值在某确定的数值上下摆动. 一般来说,当试验次数 n 越大时,事件 A 发生的频率就越接近那个确定的数值. 因此,事件 A 发生的可能性的大小就可以用这个数量指标来描述.

2. 概率的统计定义

定义 13.2.1　设有随机试验 E，当试验的次数 n 充分大时，事件 A 的发生频率 $f_n(A)$稳定在某数 p 附近摆动，则称数 p 为事件的概率(probability)，记为：$P(A)=p$.

概率的这种定义称为概率的统计定义，统计定义是以试验为基础的，但这并不是说概率取决于试验. 值得注意的是，事件 A 出现的概率是事件 A 的一种属性，也就是说完全取决于事件 A 本身的结果，是先于试验客观存在的. 概率的统计定义只是描述性的，一般不能用来计算事件的概率，通常只能在 n 充分大时，以事件出现的频率作为事件概率的近似值.

在给出概率的古典定义之前，先回顾下排列与组合公式.

13.2.2　排列与组合公式

排列与组合公式的推导都基于如下两条计数原理.

1. 乘法原理

如果某件事件需经 k 个步骤才能完成，做第一步有 m_1 种方法，做第二步有 m_2 种方法，…，做第 k 步有 m_k 种方法，那么完成这件事共有 $m_1\times m_2\times\cdots\times m_k$ 种方法.

例如，由甲地到乙地有 4 条旅游线路，由乙地到丙地有 3 条旅游线路，那么从甲地经乙地去丙地共有 $4\times3=12$ 条旅游线路.

2. 加法原理

如果某件事件可由 k 类不同途径之一完成，在第一类途径中有 m_1 种完成方法，在第二类途径中有 m_2 种完成方法，…，在第 k 类途径中有 m_k 种完成方法，那么完成这件事共有 $m_1+m_2+\cdots+m_k$ 种方法.

例如，由甲地到乙地去旅游有 3 类交通工具：汽车、火车和飞机，而汽车有 10 个班次，火车有 6 个班次，飞机有 2 个班次，那么从甲地到乙地共有 $10+6+2=18$ 个班次供旅游者选择.

在乘法原理和加法原理的基础上，可得排列与组合的定义及其计算公式如下.

3. 排列

从 n 个不同元素中任取 $r(r\leqslant n)$个元素排成一列(考虑元素先后出现次序)，称此为一个排列，此种排列的总数记为 A_n^r. 按乘法原理，取出的第一个元素有 n 种取法，取出的第二个元素有 $n-1$ 种取法，…，取出的第 r 个元素有 $n-r+1$ 种取法，所以有

$$\mathrm{A}_n^r=n\times(n-1)\times(n-2)\times\cdots\times(n-r+1)=\frac{n!}{(n-r)!}$$

若 $r=n$，则称为全排列，记为 A_n^n，显然，全排列 $A_n^n=n!$.

4. 重复排列

从 n 个不同元素中每次取出一个，放回后再取下一个，如此连续取 r 次所得的排列称为重复排列，此种重复排列数共有 n^r 个. 注意：这里的 r 允许大于 n.

5. 组合

从 n 个不同元素中任取 $r(r\leqslant n)$ 个元素组成一组（不考虑元素间的先后次序），称为一个组合，此种组合的总数记为 $\binom{n}{r}$ 或 C_n^r. 按乘法原理，此种组合的总数为

$$C_n^r=\frac{A_n^r}{r!}=\frac{n\times(n-1)\times(n-2)\times\cdots\times(n-r+1)}{r!}=\frac{n!}{r!\ (n-r)!}$$

在此规定 $0!\ =1$，$C_n^0=1$，组合具有的性质：

$$C_n^r=C_n^{n-r}$$

13.2.3 概率的古典定义

1. 古典概型(等可能概型)

定义 13.2.2 如果随机试验 E 具有如下两个特征：

(1) 有限性 试验的样本空间只含有有限个元素，即 $\Omega=\{\omega_1,\omega_2,\cdots,\omega_n\}$.

(2) 等可能性 试验中每个基本事件发生的可能性相同，即

$$P(\{\omega_1\})=P(\{\omega_2\})=\cdots=P(\{\omega_n\})$$

具有上述特性的随机试验称为古典概型(classical probability)或等可能概型.

2. 等可能概型中事件概率的计算

设在古典概型(等可能概型)中，试验 E 的样本空间 Ω 共有 n 个样本点，事件 A 包含了 m 个样本点，则事件 A 的概率为

$$P(A)=\frac{m}{n}=\frac{A\text{ 所包含的样本点数}}{\Omega\text{ 中含有样本点的总数}} \tag{13-1}$$

式(13-1)给出了等可能概型中事件 A 的概率计算公式. 从计算公式可以看出，求事件 A 的概率归结为计算 A 中含有的样本点的个数和 Ω 中含有样本点的总数，所以在计算中经常用到排列组合工具.

例 13.2.1 一袋中有 5 个大小形状相同的球，其中有 3 个黑色球、2 个白色球. 现从袋中随机地取出 1 个球，求取出的 1 球是黑色球的概率.

解 从 5 个球中取出 1 个，不同的取法有 C_5^1 种. 若以 A 表示事件{取出的球是黑球}，那么使事件 A 发生的取法为 C_3^1 种，从而

$$P(A)=\frac{C_3^1}{C_5^1}=\frac{3}{5}$$

例 13.2.2　在 1～9 的整数中可重复地随机取 3 个数组成 3 位数，求下列事件的概率：

(1) 3 个数完全不同；

(2) 3 个数不含偶数.

解　从 9 个数中允许重复的取 3 个数进行排列，共有 9^3 种排列方法.

(1) 事件 $A=\{3$ 个数完全不同$\}$的取法有 $9\times8\times7$ 种取法，故

$$P(A)=\frac{9\times8\times7}{9^3}=\frac{56}{81}\approx0.69$$

(2) 事件 $B=\{3$ 个数不含偶数$\}$的取法. 因为 3 个数只能在 1,3,5,7,9 五个数中选，每次有 5 种取法，所以有 5^3 取法. 故

$$P(B)=\frac{5^3}{9^3}=\frac{125}{729}\approx0.17$$

*13.2.4　概率的几何定义

上述古典概率是在有限样本空间下进行的，为了克服这种局限性，我们将古典概型推广.

1. 几何概型(geometric probability)

定义 13.2.3　如果一个试验具有以下两个特点：

(1) 样本空间 Ω 是一个大小可以计量的几何区域(如线段、平面、立体).

(2) 向区域内任意投一点，落在区域内度量相同的子区域内(可能位置不同)都是“等可能的”，那么称试验 E 为几何型随机试验或几何概型.

2. 几何概型中事件概率的计算

在该几何概型中，若事件 A 的度量为 $\mu(A)$，E 的样本空间 Ω 的度量为 $\mu(\Omega)$，则事件 A 的概率由下式计算：

$$P(A)=\frac{\mu(A)}{\mu(\Omega)} \tag{13-2}$$

注　在几何概型中，若几何区域分别为 1 维、2 维、3 维区域，则事件的度量可分别用长度、面积、体积进行刻画. 显然，由该定义所确定的概率具有类似于统计定义、古典定义相似的性质.

求几何概率的关键是对样本空间 Ω 和所求事件 A 用图形描述清楚(一般用平面或空间图形)，然后计算出相关图形的度量(一般为长度、面积、体积).

例 13.2.3　在一个均匀陀螺的圆周上均匀地刻上(1,6)上的所有实数，旋转陀螺，求陀螺停下来后，圆周与桌面的接触点位于[1.5,2.5]上的概率.

解　由于陀螺及刻度的均匀性，它停下来时其圆周上的各点与桌面接触的可能性相等，且接触点可能有无穷多个，故

$$P(A)=\frac{\text{区间}[1.5,2.5]\text{的长度}}{\text{区间}[1,6]\text{的长度}}=\frac{1}{5}=0.2$$

13.2.5 概率的公理化定义

由上述三种概率模型可知，其概率的定义是针对不同类型的试验而设计的，每一种定义都具有局限性. 实际上，随机试验的类型是多种多样的，因此有必要建立概率的统一定义. 在总结前人研究的大量成果的基础上，苏联数学家柯尔莫哥洛夫于1933 年建立了概率的公理化定义，从此，概率论才成为一个严密的数学分支.

定义 13.2.4 设 E 是随机实验，Ω 是它的样本空间，对于 E 的每一个事件 A，都有一个确定的实数 $P(A)$ 与之对应，且满足

(1) 非负性：$P(A)\geqslant 0$；

(2) 规范性（正则性）：$P(\Omega)=1$；

(3) 可列可加性：若 $A_1,A_2,\cdots,A_n\cdots$ 两两互不相容，并有

$$P(\bigcup_{i=1}^{\infty}A_i)=\sum_{i=1}^{\infty}P(A_i)$$

则称 $P(A)$ 为事件的概率.

概率的公理化定义刻画了概率的本质，概率是集合（事件）的函数，若在事件域（集合族）上给出一个函数，当这个函数能满足上述三条公理，就被称为概率；当这个函数不能满足上述三条公理中的任一条，就被认为不是概率.

另外要注意的是，概率的公理化定义并没有告诉如何去确定概率，而具体去计算概率还是得依靠以上三种定义（统计定义、古典定义、几何定义）.

由概率的公理化定义（非负性、规范性、可列可加性），可得概率的如下性质：

13.2.6 概率的性质

(1) $P(\varnothing)=0$.

(2)（有限可加性）若有限个事件 $A_1,A_2,\cdots,A_n$ 互不相容，则有 $P(\bigcup_{i=1}^{n}A_i)=\sum_{i=1}^{n}P(A_i)$. 特别地，若 $AB=\varnothing$，则 $P(A\cup B)=P(A)+P(B)$.

(3) $P(\bar{A})=1-P(A)$（由有限可加性及规范性即可得证）.

(4) A、B 为两随机事件，若 $A\subset B$，则 $P(B-A)=P(B)-P(A)$，$P(B)\geqslant P(A)$.

注 该性质中如果去掉条件 $A\subset B$，即 A、B 为两任意事件，则有

$$P(B-A)=P(B\bar{A})=P(B)-P(AB)\text{（无条件差公式）}$$

(5) $0\leqslant P(A)\leqslant 1$.

(6) 对任意两个事件 A、B，有 $P(A\cup B)=P(A)+P(B)-P(AB)$（无条件加法公式）.

这条性质可以推广到多个事件. 例如，对三个任意的随机事件 A、B、C，有

$$P(A\cup B\cup C)=P(A)+P(B)+P(C)-P(AB)-P(AC)-P(BC)+P(ABC)$$

例 13.2.4　设事件 A、B 的概率分别为 $\frac{1}{3}$，$\frac{1}{2}$. 在下列三种情况下分别求 $P(B\overline{A})$ 的值：

(1) A 与 B 互斥；

(2) $A\subset B$；

(3) $P(AB)=\frac{1}{4}$.

解　由性质 4，$P(B\overline{A})=P(B)-P(AB)$.

(1) 因为 A 与 B 互斥，所以 $AB=\varnothing$，$P(B\overline{A})=P(B)-P(AB)=P(B)=\frac{1}{2}$.

(2) 因为 $A\subset B$，$AB=A$，所以

$$P(B\overline{A})=P(B)-P(AB)=P(B)-P(A)=\frac{1}{2}-\frac{1}{3}=\frac{1}{6}$$

(3) $P(B\overline{A})=P(B)-P(AB)=\frac{1}{2}-\frac{1}{4}=\frac{1}{4}$.

例 13.2.5　设 A、B 为两个随机事件，$P(AB)=P(\overline{A}\,\overline{B})$，已知 $P(A)=p$，求 $P(B)$.

解　由

$$P(AB)=P(\overline{A}\,\overline{B})=P(\overline{A\cup B})=1-P(A\cup B)=1-(P(A)+P(B)-P(AB))$$

所以

$$P(B)=1-P(A)=1-p$$

习　题　13.2

1. 计算下列事件的概率.

(1) 某班有 20 名男生，10 名女生，从中任意抽选 3 人参加比赛，则抽到的 3 人是 2 男 1 女的概率为多少？

(2) 将数字 1、2、3、4、5 写在 5 张卡片上，任意取出 3 张排列成 3 位数，则这个数是奇数的概率为多少？

(3) 设公共汽车每 5 分钟一班车，求乘客候车时间不超过 1 分钟的概率.

2. 从 10 个分别记有标号 1 到 10 的球中任意取 3 个球，求所取的球

(1) 最小号码为 5 的概率；

(2) 最大号码为 5 的概率.

3. 设 A、B 为两个随机事件：

(1) 若 $P(A)=0.8$，$P(B)=0.5$，$P(A\cup B)=0.9$，则 $P(AB)=$______；$P(A-B)=$______.

(2) 若 $P(A)=0.6$，$P(A-B)=0.3$，则 $P(\overline{AB})=$______.

4. 设 A、B 为两事件，$P(A)=0.5$，$P(B)=0.3$，$P(AB)=0.1$，求

(1) A 发生但 B 不发生的概率；

(2) A 不发生但 B 发生的概率；

(3) 至少有一个事件发生的概率；

(4) A、B 都不发生的概率；

(5) 至少有一个事件不发生的概率.

13.3 条件概率

13.3.1 条件概率

在实际问题中，常常会遇到这样的问题：在得到某个信息 A 以后(即在已知事件 A 发生的条件下)，求事件 B 发生的概率. 这时，因为求 B 的概率是在已知 A 发生的条件下来求的，所以此时称为在事件 A 发生的条件下事件 B 发生的条件概率，记为 $P(B|A)$. 先看下例.

例 13.3.1 某产品共有 10 件，其中 3 件为次品，其余为正品，不放回抽样，从中任取 2 次，1 次抽 1 件. 问若第 1 次取得的是次品，则第 2 次再取到次品的概率为多少？

解 令 $A=\{$第 1 次取得次品$\}$，$B=\{$第 2 次取得次品$\}$，需求 $P(B|A)$，显然：

$$P(A)=\frac{3}{10},\quad P(AB)=\frac{3\times 2}{10\times 9}$$

因第 1 次取得了次品，产品剩下 9 件，其中只有 2 件次品，从而

$$P(B|A)=\frac{2}{9}=\frac{\frac{3\times 2}{10\times 9}}{\frac{3}{10}}=\frac{P(AB)}{P(A)}$$

这个关系具有一般性，即条件概率是两个无条件概率之商. 事实上，设试验的基本事件总数为 n，A 所包含的基本事件数为 $m(m>0)$，AB 所包含的基本事件数为 k，即有

$$P(B|A)=\frac{k}{m}=\frac{k/n}{m/n}=\frac{P(AB)}{P(A)} \tag{13-3}$$

由此引入条件概率的一般定义.

定义 13.3.1　设 A、B 是两个事件，且 $P(A)>0$，称

$$P(B|A)=P(AB)/P(A) \tag{13-4}$$

为在事件 A 发生的条件下事件 B 发生的条件概率(conditional probability).

同理，当 $P(B)>0$ 时，也可类似定义 A 关于 B 的条件概率，即

$$P(A|B)=\frac{P(AB)}{P(B)} \tag{13-5}$$

由于条件概率仍然是概率，因此可以验证条件概率也满足概率的三个公理，即在 $P(A)>0$ 下，有：

(1) 对每个事件 B，有 $P(B|A)\geqslant 0$；

(2) $P(\Omega|A)=1$；

(3) 设 $B_1, B_2, \cdots$ 是两两互不相容事件，则有

$$P(\bigcup_{i=1}^{\infty} B_i \mid A) = \sum_{i=1}^{\infty} P(B_i \mid A)$$

由此，可得出条件概率也满足概率所具有的性质，例如：

(1) $P(\varnothing|A)=0$；

(2) $P(\bar{B}|A)=1-P(B|A)$；

(3) $P(B_1-B_2|A)=P(B_1|A)-P(B_1B_2|A)$；

(4) $P(B\cup C|A)=P(B|A)+P(C|A)-P(BC|A)$.

计算条件概率可选择以下两种方法之一：

(1) 在缩小后的样本空间 Ω_A 中计算 B 发生的概率 $P(B|A)$.

(2) 在原样本空间 Ω 中，先计算 $P(AB)$，$P(A)$，再按公式 $P(B|A)=P(AB)/P(A)$ 求得 $P(B|A)$.

例 13.3.2　设某种动物从出生起活 30 岁以上的概率为 80%，活 40 岁以上的概率为 40%. 如果现在有一个 30 岁的这种动物，问它能活 40 岁以上的概率？

解　设事件 $A=\{$能活 30 岁以上$\}$；事件 $B=\{$能活 40 岁以上$\}$. 按题意，$P(A)=0.8$，由于 $B\subset A$，因此，$P(AB)=P(B)=0.4$. 由条件概率定义

$$P(B|A)=\frac{P(AB)}{P(A)}=\frac{0.4}{0.8}=0.5$$

下面给出条件概率特有的三个非常实用的公式：乘法公式、全概率公式和贝叶斯公式，这些公式可以帮助我们计算一些较为复杂事件的概率.

13.3.2　乘法公式

由条件概率的定义很容易推得概率的乘法公式(multiplication formula)：

$$P(AB)=P(A)P(B|A)=P(B)P(A|B) \tag{13-6}$$

乘法公式可以推广到 n 个事件的情形：若 $P(A_1,A_2,\cdots,A_{n-1})>0$，则

$$P(A_1\cdots A_n)=P(A_1)P(A_2|A_1)P(A_3|A_1A_2)\cdots P(A_n|A_1\cdots A_{n-1}) \quad (13\text{-}7)$$

例 13.3.3 在一批由 80 件正品、20 件次品组成的产品中，不放回接连抽取两件产品，求第一件取正品，第二件取次品的概率.

解 设事件 $A=\{$第一件取正品$\}$；事件 $B=\{$第二件取次品$\}$. 按题意，$P(A)=\frac{80}{100}$，$P(B|A)=\frac{20}{99}$. 由乘法公式

$$P(AB)=P(A)P(B|A)=\frac{80}{100}\times\frac{20}{99}=\frac{16}{99}\approx 0.1616$$

13.3.3 全概率公式

为了计算复杂事件的概率，经常把一个复杂事件分解为若干个互不相容的简单事件的和，通过分别计算简单事件的概率，最后来求得复杂事件的概率，这就是下面要讲的全概率公式. 在讲解全概率公式前，先给出一个概念.

定义 13.3.2 设 $A_1,A_2,\cdots,A_n$ 为样本空间 Ω 的一个事件组，且满足：

(1) $A_1,A_2,\cdots,A_n$ 互不相容；

(2) $A_1\cup A_2\cup\cdots\cup A_n=\Omega$.

则称 $A_1,A_2,\cdots,A_n$ 为样本空间 Ω 的一个划分.

划分的意义就在于将样本空间 Ω 分成 n 个子集，且要求分法满足“既不重复，也不遗漏”.

定理 13.3.1 全概率公式(complete probability formula)：

设 $A_1,A_2,\cdots,A_n$ 为样本空间 Ω 的一个划分，且 $P(A_i)>0(i=1,2,\cdots,n)$，则对 Ω 中的任意一个事件 $B\subset\Omega$ 都有

$$P(B)=P(A_1)P(B|A_1)+P(A_2)P(B|A_2)+\cdots+P(A_n)P(B|A_n) \quad (13\text{-}8)$$

证 因为

$$B=B\Omega=B(A_1\cup A_2\cup\cdots\cup A_n)=BA_1\cup BA_2\cup\cdots\cup BA_n$$

由假设知：$(BA_i)(BA_j)=\varnothing(i\neq j)$，得到

$$\begin{aligned}P(B)&=P(BA_1)+P(BA_2)+\cdots+P(BA_n)\\&=P(A_1)P(B|A_1)+P(A_2)P(B|A_2)+\cdots+P(A_n)P(B|A_n)\end{aligned}$$

例 13.3.4 已知有一个 8 人的团队，现需确定出 1 个名额去参加比赛，采用轮流抓阄的方式，求第二人抓到的概率.

解 设 $A_i=\{$第 i 人抓到参加比赛票$\}(i=1,2)$，于是

$$P(A_1)=\frac{1}{8},\quad P(\overline{A_1})=\frac{7}{8},\quad P(A_2|A_1)=0,\quad P(A_2|\overline{A}_1)=\frac{1}{7}$$

由全概率公式

$$P(A_2)=P(A_1)P(A_2|A_1)+P(\overline{A}_1)P(A_2|\overline{A}_1)=0+\frac{7}{8}\times\frac{1}{7}=\frac{1}{8}=P(A_1)$$

从这道题可以看到，第一个人和第二个人抓到的概率一样；事实上，每个人抓到的概率都一样．这就是"抓阄不分先后原理"．通过这个模型可以知道，今后在抽签时，我们完全可以发扬谦虚恭让的风格，让赶时间的抓阄者先行抓阄，而这并不影响每个抓阄者抓到阄的概率．

例 13.3.5 保险公司认为某险种的投保人可以分为两类：一类为易出事故者；另一类为安全者．统计表明：一个易出事故者在一年内发生事故的概率为 0.4，而对于安全者这个概率降为 0.1．若假定易出事故者占此险种投保人的比例为 0.3，现有一个新的投保人来投此险种，问该投保人在购买保单后一年内将出事故的概率为多少？

解 记 A="投保人在一年内出事故"，B="投保人为易出事故者"，则 $\overline{B}$="投保人为安全者"，且 $P(\overline{B})=0.7$，由全概率公式得

$$P(A)=P(B)P(A|B)+P(\overline{B})P(A|\overline{B})=0.3\times0.4+0.7\times0.1=0.19$$

13.3.4 贝叶斯公式

定理 13.3.2(贝叶斯公式) 设 B 是样本空间 Ω 的一个事件，$A_1,A_2,\cdots,A_n$ 为 Ω 的一个划分，且满足 $P(A_i)>0(i=1,2,\cdots,n)$；对任意的随机事件 $B\subset\Omega$，若 $P(B)>0$，则

$$P(A_k|B)=\frac{P(A_kB)}{P(B)}=\frac{P(A_k)P(B|A_k)}{P(A_1)P(B|A_1)+\cdots+P(A_n)P(B|A_n)} \tag{13-9}$$

这个公式称为贝叶斯公式(Bayesian formula)，也称为后验公式．

例 13.3.6 有 1 台机床，当其正常时，产品的合格率为 90%，当其不正常时，产品的合格率为 40%．由历史数据分析显示：每天上班开动机床时，机床是正常的概率为 80%．现有某检验人员为了检验机床是否正常，开动机床生产出了一件产品，经检验，该产品为合格．求此时机床处于正常状态的概率．

解 设 A=\{机器正常\}，$\overline{A}$=\{机器不正常\}，B=\{产品合格\}，$\overline{B}$=\{产品不合格\}；于是

$$P(A)=0.8,\quad P(\overline{A})=0.2,\quad P(B|A)=0.9,\quad P(B|\overline{A})=0.4$$

按贝叶斯公式，有

$$P(A|B)=\frac{P(AB)}{P(B)}=\frac{P(A)P(B|A)}{P(A)P(B|A)+P(\overline{A})P(B|\overline{A})}=\frac{0.8\times0.9}{0.8\times0.9+0.2\times0.4}=0.9$$

所以此时机床处于正常状态的概率为 0.9．

例 13.3.7 根据以往的记录，某种诊断肺炎的试验有如下效果：对肺炎病人的试验呈阳性的概率为 0.96；非肺炎病人的试验呈阴性的概率为 0.94．对自然人群进

行普查的结果为：有千分之六的人患有肺炎. 现有某人做此试验结果为阳性，求此人确有肺炎的概率.

解 设 $A=\{$某人做此试验结果为阳性$\}$，$B=\{$某人确有肺炎$\}$；由已知条件有

$$P(A|B)=0.96,\quad P(\overline{A}|\overline{B})=0.94,\quad P(B)=0.006$$

从而

$$P(\overline{B})=1-P(B)=0.994,\quad P(A|\overline{B})=1-P(\overline{A}|\overline{B})=0.06$$

由贝叶斯公式，有

$$P(B|A)=\frac{P(AB)}{P(A)}=\frac{P(B)P(A|B)}{P(B)P(A|B)+P(\overline{B})P(A|\overline{B})}=0.0881$$

本题的结果表明，虽然 $P(A|B)=0.96$，$P(\overline{A}|\overline{B})=0.94$，这两个概率都很高，但若将此试验用于普查，则有 $P(B|A)=0.0881$，即其正确性只有 8.81%. 如果不注意到这一点，将会经常得出错误的诊断. 这也说明，若将 $P(A|B)$ 和 $P(B|A)$ 搞混了会造成不良的后果.

条件概率的三个公式中，乘法公式是求事件交的概率，全概率公式是求一个复杂事件的概率，而贝叶斯公式是求一个条件概率.

习 题 13.3

1. 设 A、B 为两个事件：

(1) 若 $P(A)=a$，$P(B)=b(b\neq 0)$，$A\subset B$，则 $P(A|B)=$______.

(2) 若 $P(A)=0.6$，$P(B)=0.8$，$P(B|\overline{A})=0.5$，则 $P(A|B)=$______.

(3) 若 $P(A)=\dfrac{1}{4}$，$P(B|A)=\dfrac{1}{3}$，$P(A|B)=\dfrac{1}{2}$，则 $P(\overline{A}\overline{B})=$______.

2. 选择题

(1) 设 A、B 为两个互不相容的事件，且 $P(A)>0$，$P(B)>0$，则有(　　).

A. $P(B|A)>0$　　B. $P(A|B)=P(A)$

C. $P(A|B)=0$　　D. $P(AB)=P(A)P(B)$

(2) 假设随机事件 $A(P(A)>0)$ 与 B 满足 $P(B|A)=1$，则(　　).

A. $A=B$　　B. $A\subset B$　　C. $P(A-B)=0$　　D. $P(B|\overline{A})=0$

3. 一批彩电共 100 台，其中有 10 台次品，采用不放回抽样依次抽取 3 次，每次抽 1 台，求第 3 次才抽到合格品的概率.

4. 在一个盒中装有 15 个乒乓球，其中有 9 个新球，在第一次比赛中任意取出 3 个球，比赛后放回原盒中；第二次比赛同样任意取出 3 个球，求第二次取出的 3 个球均为新球的概率.

5. 甲盒有正品 6 只，次品 4 只；乙盒有正品 5 只，次品 2 只. 现从中任取 1 盒，再从盒中任取 1 只产品，求其恰为正品的概率.

6. 在一批同一规格的产品中，甲、乙两厂生产的产品占比分别为 30% 和 70%，其产品的合格率分别为 98% 和 90%.

(1) 从该批产品中任意抽取 1 件，求合格品的概率；

(2) 今有一顾客买了 1 件产品，发现是次品，求这件次品是甲厂生产的概率.

7. 某单项选择题有 4 个答案可供选择. 已知有 60% 的考生对相关知识完全掌握，他们可选出正确答案；20% 的考生对相关知识部分掌握，他们可剔除两个不正确的答案，然后随机选一个答案；20% 的考生对相关知识完全不掌握，他们任意选一个答案. 现任选一位考生，求(1) 其选对答案的概率；(2) 若已知该考生选对答案，其确实完全掌握相关知识的概率.

13.4　事件的独立性

13.4.1　两个事件的独立性

设 A、B 是两个事件，一般而言 $P(A)\neq P(A|B)$，这表示事件 B 的发生对事件 A 的发生的概率有影响，只有当 $P(A)=P(A|B)$ 时才可以认为 B 的发生与否对 A 的发生毫无影响，这时就称两事件是独立的. 此时，由条件概率可知

$$P(AB)=P(B)P(A|B)=P(B)P(A)=P(A)P(B)$$

由此，我们引出下面的定义.

定义 13.4.1　若两事件 A、B 满足

$$P(AB)=P(A)P(B)$$

则称 A、B 相互独立(mutual independence). 另外，上式对 $P(A)=0$ 或 $P(B)=0$ 也是成立的.

由定义 13.4.1，很容易得出独立的充要条件.

定理 13.4.1　设 A、B 为两事件，且 $P(A)>0$，则事件 A 与 B 独立的充要条件为：$P(B|A)=P(B)$；同理，若 $P(B)>0$，则事件 A 与 B 独立的充要条件为：$P(A|B)=P(A)$.

定理 13.4.2　若四对事件 $\{A,B\}$，$\{\overline{A},B\}$，$\{A,\overline{B}\}$，$\{\overline{A},\overline{B}\}$ 中有一对是相互独立的，则另外三对也是相互独立的.

证　假设事件 A、B 独立，我们来证明 $\overline{A}$、B 相互独立.(余下两组类似)

因为事件 A、B 独立，所以 $P(AB)=P(A)P(B)$. 由于

$$\begin{aligned}P(\overline{A}B)&=P(B-A)=P(B)-P(AB)=P(B)-P(A)P(B)\\&=P(B)(1-P(A))=P(B)P(\overline{A})\end{aligned}$$

由独立的定义可知：$\overline{A}$、B 相互独立.

注 在实际问题中，我们一般不用定义来判断两事件 A、B 是否相互独立，而是从试验的具体条件以及试验的具体本质来分析，从而去判断它们有无关联，是否独立. 如果独立，则可以用定义中的公式来计算积事件的概率.

例 13.4.1 两门高射炮彼此独立地射击一架敌机，设甲炮击中敌机的概率为 0.85，乙炮击中敌机的概率为 0.75，求敌机被击中的概率.

解 设 $A=\{$甲炮击中敌机$\}$，$B=\{$乙炮击中敌机$\}$，那么 $C=\{$敌机被击中$\}=A\cup B$；因为 A 与 B 相互独立，所以，有

$$P(C)=P(A\cup B)=P(A)+P(B)-P(AB)=P(A)+P(B)-P(A)P(B)$$
$$=0.85+0.75-0.85\times 0.75=0.9625$$

13.4.2 多个事件的独立性

定义 13.4.2 设 A、B、C 是三个事件，如果满足：

$$P(AB)=P(A)P(B),\quad P(BC)=P(B)P(C),\quad P(AC)=P(A)P(C) \tag{13-10}$$

则称这三个事件 A、B、C 是两两独立的.

定义 13.4.3 设 A、B、C 是三个事件，如果满足：

$$P(AB)=P(A)P(B),\quad P(BC)=P(B)P(C),\quad P(AC)=P(A)P(C)$$
$$P(ABC)=P(A)P(B)P(C) \tag{13-11}$$

则称这三个事件 A、B、C 是相互独立的.

注 三个事件相互独立一定是两两独立的，但两两独立未必是相互独立的.

事件的相互独立性概念可推广到多个事件的情形.

定义 13.4.4 设 $A_1,A_2,\cdots,A_n$ 是 n 个事件，若对任意 $k(1<k\leqslant n)$，对任意 $1\leqslant i_1<i_2<\cdots<i_k\leqslant n$，

$$P(A_{i_1}A_{i_2}\cdots A_{i_k})=P(A_{i_1})P(A_{i_2})\cdot\cdots\cdot P(A_{i_k}) \tag{13-12}$$

都成立，则称事件 $A_1,A_2,\cdots,A_n$ 相互独立.

从该定义可以看出，n 个事件相互独立，必须有 $\mathrm{C}_n^2+\mathrm{C}_n^3+\cdots+\mathrm{C}_n^n=2^n-1-n$ 个式子成立，而 n 个事件两两独立，则只需其中 C_n^2 个式子：$P(A_iA_j)=P(A_i)P(A_j)(i\neq j,i,j=1,2,\cdots,n)$ 成立即可. 也就是说，n 个事件相互独立，一定有两两独立，反之不成立.

另外，由定义可知，若 $A_1,A_2,\cdots,A_n(n\geqslant 2)$ 相互独立，则其中任意 $k(2\leqslant k\leqslant n)$ 个事件也是相互独立的.

定理 13.4.3 如果 $A_1,A_2,\cdots,A_n$ 这 n 个随机事件相互独立，则 $A_{i_1},A_{i_2},\cdots,\overline{A_{i_m}},\overline{A_{i_{m+1}}},\cdots,\overline{A_{i_n}}$ 这 n 个随机事件也相互独立，其中 $i_1,i_2,\cdots,i_m,i_{m+1},\cdots,i_n$ 为 $1,2,\cdots,n$ 的一个全排列.

若 n 个事件 $A_1,A_2,\cdots,A_n(n\geqslant 2)$ 相互独立，则将 $A_1,A_2,\cdots,A_n$ 中任意多个事件换成它们的对立事件，所得的 n 个事件仍相互独立.

例 13.4.2　三人独立地破译一密码，他们能单独破译出的概率分别为 $\frac{1}{5},\frac{1}{3},\frac{1}{4}$，求能将此密码译出的概率.

解　设 $B=\{$能破译密码$\}$，$A_i=\{$第 i 个人译出密码$\}(i=1,2,3)$，且 A_i 间相互独立，则

$$P(B)=P(A_1\cup A_2\cup A_3)=1-P(\overline{A_1\cup A_2\cup A_3})=1-P(\overline{A_1}\,\overline{A_2}\,\overline{A_3})$$
$$=1-P(\overline{A_1})P(\overline{A_2})P(\overline{A_3})=1-\left(1-\frac{1}{5}\right)\left(1-\frac{1}{3}\right)\left(1-\frac{1}{4}\right)=\frac{3}{5}$$

例 13.4.3　一产品的生产分 4 道工序完成，第一、二、三、四道工序生产的次品率分别为 2.5%、3.5%、4%、3%，各道工序独立完成，求该产品的次品率.

解　设 $A=\{$该产品是次品$\}$，$A_i=\{$第 i 道工序生产出次品$\}(i=1,2,3,4)$，且 A_i 间相互独立，$A=A_1\cup A_2\cup A_3\cup A_4$，则

$$P(A)=1-P(\overline{A})=1-P(\overline{A_1\cup A_2\cup A_3\cup A_4})=1-P(\overline{A_1}\,\overline{A_2}\,\overline{A_3}\,\overline{A_4})$$
$$=1-P(\overline{A_1})P(\overline{A_2})P(\overline{A_3})P(\overline{A_4})$$
$$=1-(1-0.025)(1-0.035)(1-0.04)(1-0.03)$$
$$=0.1238572$$

在上两例中，利用独立性和对偶律可以大大简化计算.

事实上，若 $A_1,A_2,\cdots,A_n$ 相互独立，则

$$P(A_1\cup A_2\cdots\cup A_n)=1-P(\overline{A_1\cup A_2\cdots\cup A_n})=1-P(\overline{A_1}\,\overline{A_2}\cdots\overline{A_n})$$
$$=1-P(\overline{A_1})P(\overline{A_2})\cdots P(\overline{A_n}) \tag{13-13}$$

特别地，若 $P(A_i)=p(i=1,2,\cdots,n)$，则

$$P(A_1\cup A_2\cdots\cup A_n)=1-(1-p)^n\to 1\ (\text{若 } n\to\infty)$$

即“小概率事件迟早是要发生的”. 俗话说，“智者千虑，必有一失”也就说明了这个道理. 因此，在日常生活与工作中，绝不能轻视小概率事件.

例 13.4.4　俗话说，“三个臭皮匠，顶个诸葛亮”，试从概率论角度讨论该问题.

解　现有一个问题需要解决，请来了三个臭皮匠. 设事件 A_i：第 i 个臭皮匠解决问题，$i=1,2,3$，事件 B：问题被解决了. 假设三个臭皮匠解决问题是独立的，并假定三个臭皮匠解决问题的概率分别为：$P(A_1)=0.45$，$P(A_2)=0.55$，$P(A_3)=0.60$，则三个臭皮匠凑在一起解决问题的概率为

$$P(B)=P(A_1\cup A_2\cup A_3)=1-P(\overline{A_1\cup A_2\cup A_3})$$
$$=1-P(\overline{A_1}\,\overline{A_2}\,\overline{A_3})=1-P(\overline{A_1})P(\overline{A_2})P(\overline{A_3})$$
$$=1-(1-45\%)(1-55\%)(1-60\%)=90.1\%$$

由于三个人单独解决问题的概率分别是 0.45、0.55、0.6，显然这三个臭皮匠都不算聪明，但三个臭皮匠凑一起解决问题的概率高达 0.901. 验证了俗语“三个臭皮匠，顶个诸葛亮”.

习　题　13.4

1. 假设事件 A、B 独立，证明 $\overline{A}$、$\overline{B}$ 也相互独立.

2. 试证概率为零以及概率为 1 的事件与任一事件相互独立.

3. 设两事件 A、B 独立.

(1) 若 $P(A)=0.6$，$P(B)=0.7$，则 $P(A-B)=$______，$P(\overline{A}-B)=$______.

(2) 若 $P(A\cup B)=0.6$，$P(A)=0.4$，则 $P(B)=$______.

(3) 若只有 A 发生的概率和只有 B 发生的概率都等于 0.25，则 $P(A)=$______，$P(B)=$______.

4. 一射手对同一目标射击 4 次，设每次是否命中目标是相互独立的，已知至少命中一次的概率为 $\dfrac{80}{81}$，试求该射手的命中率.

5. 一人看管三台机器，一段时间内，三台机器要人看管的概率分别为 0.1、0.2、0.15，各台机器是否要看管相互独立，求一段时间内：

(1) 没有一台机器要看管的概率 ；

(2) 至少一台机器不要看管的概率；

(3) 至多一台机器要看管的概率.

总 习 题 13

1. 填空题

(1) 设 A、B 为互不相容两事件，$P(A)=0.6$，则 $P(B)$的最大值是______.

(2) 已知 $P(A)=0.4$，$P(A\overline{B})=0.1$，则 $P(AB)=$______.

(3) 设 $P(A)=0.7$，$P(A-B)=0.3$，则 $P(\overline{AB})=$______.

(4) 已知 $P(A)=\dfrac{1}{4}$，$P(A|B)=\dfrac{1}{2}$，$P(B|A)=\dfrac{1}{3}$，则 $P(A\cup B)=$______.

(5) 设 $P(A)=P(B)=0.4$，$P(B\cup A)=0.5$，则 $P(A|\overline{B})=$______.

(6) 设 A、B 是相互独立的两个事件，$P(A)=0.4$，则 $P(\overline{A}|\overline{B})=$______.

(7) 设 A、B 是相互独立的两个事件，且 $P(A)=0.6$，$P(B)=0.5$，，则 $P(\overline{A}-B)=$______.

2. 选择题

(1) 设 A、B 为随机事件，$P(B)>0$，则(　　).

A. $P(A\cup B)\geqslant P(A)+P(B)$　　　　B. $P(A-B)\geqslant P(A)-P(B)$

C. $P(AB) \geqslant P(A)P(B)$　　　D. $P(A|B) \geqslant \dfrac{P(A)}{P(B)}$

(2) 设 $0<P(A)<1, 0<P(B)<1, P(A|B)+P(\bar{A}|\bar{B})=1$，则(　　).

A. 事件 A 与事件 B 互不相容　　　B. 事件 A 与事件 B 互相对立

C. 事件 A 与事件 B 相互独立　　　D. 事件 A 与事件 B 互不独立

(3) 设两两独立且概率相等的三事件 A、B、C 满足条件 $P(A \cup B \cup C)=\dfrac{9}{16}$，且 $ABC=\varnothing$，则 $P(A)$的值为(　　).

A. $\dfrac{1}{4}$　　B. $\dfrac{3}{4}$　　C. $\dfrac{1}{4}$或$\dfrac{3}{4}$　　D. $\dfrac{1}{3}$

3. 设 A、B、C 是三个事件，试用 A、B、C 间的关系表示以下事件：

(1) A、C 发生但 B 不发生；

(2) A、B、C 中仅有两个发生；

(3) A、B、C 中至多有一个发生.

4. 设某班级有学生 100 人，在“概率论”学习过程中按照学习态度可分为以下三类：“甲类：学习很用功；乙类：学习较用功；丙类：学习不用功”. 这三类人数依次分别为 20 人、60 人、20 人，且这三类学生“概率论”考试能及格的概率依次为 0.95、0.70、0.05 .(1) 求该班级“概率论”考试的及格率；(2) 如果某学生“概率论”考试没有及格，求该学生是丙类：学习不用功的概率.

5. 某厂有甲、乙、丙三个车间生产同一种产品，各车间产量分别占全厂的 30%、30%、40%，各车间产品的合格品率分别为 95%、96%、98%.

(1) 求全厂该种产品的合格品率；

(2) 若任取一件产品发现为合格品，求它分别是由甲、乙、丙三车间生产的概率.

6. 甲、乙两人同时向一目标射击，设甲击中目标的概率为 0.7，乙击中目标的概率为 0.6，并假设甲、乙中靶与否是独立的，求

(1) 两人都未中靶的概率；(2) 两人中至少有一个中靶的概率；(3) 两人中至多有一人中靶的概率.

第 13 章习题答案

第 14 章　一维随机变量及其分布

本章将重点介绍随机变量的概念以及几类常见的随机变量的分布.

14.1　随 机 变 量

14.1.1　随机变量的概念

在对随机现象的研究中,我们所关心的问题往往是与试验结果有关系的量,这种随试验结果而随机取值的变量称为随机变量.请看下例:

例 14.1.1　抛掷一颗骰子,观察出现的点数.

若令 X 表示出现的点数,则 $\{X=2\}$ 就表示出现的点数为 2 这一随机事件,$\{X=$ 偶数$\}$ 就表示出现的点数为偶数这一随机事件,由此可知利用变量 X 的取值就可以很方便地表示随机事件.

例 14.1.2　一射手射击目标,观察他是否击中目标的情况.

虽然观察的结果并不具有数量性,但若用"1"表示击中,"0" 表示未击中,X 表示击中的情况,则 $\{X=1\}$ 表示击中目标,$\{X=0\}$ 表示未击中目标,

通过以上两例可以看出,不论随机试验的基本事件是否能用数量表示,总可以用一个变量的取值去描述该试验的结果.这样引入的变量具有如下特点:

(1) 随着试验结果(基本事件)的不同而取不同的值,是试验结果的函数;

(2) 分别以一定的概率取各个不同的值.

这样的变量,我们称为随机变量,因此可定义如下.

定义 14.1.1　设 E 为一随机试验,Ω 为它的样本空间,若 $X=X(\omega)$,$\omega\in\Omega$ 为单值实函数,则称 X 为随机变量,简记为 R. V. X(random Variable X).

由定义可知,随机变量就是随试验结果的不同而变化的量,因此,随机变量是随机试验结果的函数;另外,随机变量的取值有一定的概率,如例 14.1.1 中 $P\{X=2\}=\dfrac{1}{6}$,$P\{X=\text{偶数}\}=\dfrac{1}{2}$,因此,引入了随机变量之后,我们就可以用随机变量非常方便地表示任何事件和事件的概率.

今后,当不必强调 ω 时,常省去 ω,简记 $X=X(\omega)$ 为 X.常用大写字母 X、Y、Z 等表示随机变量,用小写字母 x、y、z 等表示随机变量的值.

14.1.2　随机变量的分类

随机变量分为离散型和非离散型两大类. 离散型随机变量是指其所有可能的取值为有限个或可列无限多个的随机变量;非离散型随机变量是对除了离散型随机变量以外的所有随机变量的总称,而其中最重要的是连续型随机变量. 由于在大多数的场合下所涉及的变量基本上是离散型或连续型的随机变量,因此以下将分别介绍离散型随机变量和连续型随机变量.

注　另有一种奇异型随机变量超出大纲的范围,所以本书一般不涉及.

习　题　14.1

1. 分别用适当的随机变量来表示下列随机事件.

(1) 从某班随机抽出一同学,观察其性别,并用随机变量表示事件"性别为男".

(2) 从一批电子元件中任意抽取一只,测试它的寿命,用随机变量表示事件"任取一只电子元件的寿命超过 1500 小时""任取一只电子元件的寿命不超过 2000 小时".

(3) 当你走到十字路口,观察信号灯的颜色,用随机变量表示事件"信号灯颜色为黄色".

2. 判断题

随机变量分为离散型和连续型两大类.(　　)

14.2　离散型随机变量及其分布

14.2.1　离散型随机变量的概念及性质

定义 14.2.1　若随机变量 X 只可能取有限个或可列无穷个值,称这种随机变量为离散型随机变量(discrete random variable),简记为 D. R. V. X.

显然,要掌握一个离散型随机变量 X 的统计规律,必须且只需知道 X 的所有可能取值以及取每一个可能值的概率.

定义 14.2.2　设离散型随机变量 X 可能取的值为 $x_1, x_2, \cdots, x_n, \cdots$,且 X 取这些值的概率为:$P(X=x_k)=p_k(k=1,2,\cdots,n,\cdots)$,则称上述一系列等式为随机变量 X 的概率分布(或分布律,law of distribution).

为了直观起见,有时将 X 的分布律用如下表格表示:

X	x_1	x_2	$\cdots$	x_k	$\cdots$
P	p_1	p_2	$\cdots$	p_k	$\cdots$

由概率的定义可知，离散型随机变量 X 的概率分布具有以下两个性质.

(1) 非负性：$p_k \geqslant 0(k=1,2,\cdots)$.

(2) 规范性(归一性)：$\sum_k p_k = 1$.

这里当 X 取有限个值 n 时，记号为 $\sum_{k=1}^{n}$，当 X 取无限可列个值时，记号为 $\sum_{k=1}^{\infty}$.

以上两条基本性质是分布列必须具有的性质，也是判别某个数列是否能成为分布列的充要条件.

例 14.2.1 抛掷一枚硬币，观察其正反面出现的情况.

解 设 $X=\begin{cases}1, & 正面\\0, & 反面\end{cases}$，由于出现正反两面的可能性相同，所以其分布列为

$$P(X=i)=0.5 \quad (i=0,1)$$

即

X	0	1
P	0.5	0.5

例 14.2.2 一袋中装有 5 个球，编号为 1、2、3、4、5，在袋中同时取 3 个球，以 X 表示取出的 3 个球中的最大号码，写出随机变量 X 的分布列.

解 由题意可知，X 的可能取值为 3、4、5，且由古典概型可得：

$$P(X=3)=\frac{C_2^2}{C_5^3}=\frac{1}{10},\quad P(X=4)=\frac{C_3^2}{C_5^3}=\frac{3}{10},\quad P(X=5)=\frac{C_4^2}{C_5^3}=\frac{6}{10}$$

即

X	3	4	5
P	0.1	0.3	0.6

以上例子说明，在具体求离散型随机变量 X 的分布列时，关键是求出 X 的所有可能取值及取这些值对应的概率.

14.2.2 常见的离散型随机变量及其分布

随机变量可以有很多，但常用的分布并不是很多，下面介绍几种常用的离散型随机变量的概率分布(简称分布).

1. n 重伯努利实验、二项分布

定义 14.2.3 设实验 E 只有两个可能的结果：成功和失败，或记为 A 和 $\overline{A}$，则称 E 为伯努利(Bernoulli)实验. 将伯努利实验独立重复地进行 n 次，称为 n 重独立伯努利实验，简称 n 重伯努利实验.

设一次伯努利实验中，A 发生的概率为 $p(0<p<1)$，又设 X 表示 n 重伯努利实验中 A 发生的次数，那么，X 所有可能取的值为 $0,1,2,\cdots,n$.

n 重伯努利实验的基本结果可以记为

$$\omega=(\omega_1,\omega_2,\cdots,\omega_n)$$

其中 ω_i 或者为 A 或者为 $\overline{A}$，这样的基本结果 ω 共有 2^n 个，这 2^n 个样本点 ω 构成样本空间 Ω.

下面求 X 的分布列. 若某个样本点

$$\omega=(\omega_1,\omega_2,\cdots,\omega_n)\in\{X=k\}$$

意味着 $\omega_1,\omega_2,\cdots,\omega_n$ 中有 k 个 A，$n-k$ 个 $\overline{A}$，由独立性可知

$$P(\{\omega\})=p^k(1-p)^{n-k}$$

而事件 $\{X=k\}$ 中这样的 ω 有 C_n^k 个，且相互间是互不相容的，所以 X 的分布列为

$$P\{X=k\}=C_n^k p^k(1-p)^{n-k}\quad(k=0,1,2,\cdots,n)$$

定义 14.2.4　如果随机变量 X 所有可能取的值为 $0,1,2,\cdots,n$，它的分布律为

$$P\{X=k\}=C_n^k p^k(1-p)^{n-k}\quad(k=0,1,2,\cdots,n)\tag{14-1}$$

其中 $0<p<1$ 为常数，则称 X 服从参数为 n、p 的二项分布(the binomial distribution)，记为 $X\sim B(n,p)$.

我们知道，$P\{X=k\}=C_n^k p^k(1-p)^{n-k}$ 恰好是 $[p+(1-p)]^n$ 二项展开式中出现 p^k 的那一项，这就是二项分布名称的由来.

二项分布是一种常用的离散型分布，例如，

检查 200 个产品，不合格产品的个数 $X\sim B(200,p)$，其中 p 为不合格率；

调查 1000 个人，患肝炎的人数 $Y\sim B(1000,p)$，其中 p 为感染肝炎率；

投篮 120 次，投中的次数 $Z\sim B(120,p)$，其中 p 为投中率.

例 14.2.3　假设单次实验成功的概率为 $\frac{1}{3}$，将此实验独立重复 3 次，试求仅失败一次和至少失败一次的概率.

解　设 X 表示 3 次实验中失败的次数，则 $X\sim B\left(3,\frac{2}{3}\right)$，所以

(1) 仅失败一次的概率为

$$P(X=1)=C_3^1\left(\frac{2}{3}\right)^1\left(\frac{1}{3}\right)^2=\frac{2}{9}$$

(2) 至少失败一次的概率为

$$P(X\geqslant1)=1-P(X=0)=1-C_3^0\left(\frac{2}{3}\right)^0\left(\frac{1}{3}\right)^3=\frac{26}{27}$$

2. 0-1 分布

定义 14.2.5　设随机变量 X 只可能取 0 与 1 两个值，且它的分布律为

$$P(X=k)=p^k(1-p)^{1-k} \quad (k=0,1,0<p<1) \tag{14-2}$$

或写成

X	0	1
p_k	$1-p$	p

此时称 X 服从参数为 p 的 0-1 **分布**(两点分布),记为 $X\sim B(1,p)$.

由定义可知,两点分布是二项分布的特例,即在二项分布中令 $n=1$ 即可.

两点分布可用来描述一切只有两种可能结果的随机实验,例如,抛掷一枚硬币观察其结果,产品的质量是否合格,射手射击是否命中目标,学生考试是否及格,等等.

例 14.2.4 某学生凭感觉做一道四选一的单选题,令 $X=\begin{cases}1, & 答对\\ 0, & 答错\end{cases}$,则 X 服从 0-1 分布,其概率分布为

X	0	1
p_k	0.75	0.25

3. 泊松分布

定义 14.2.6 如果随机变量 X 的分布律为

$$P(X=k)=\frac{\lambda^k}{k!}e^{-\lambda} \quad (k=0,1,2,\cdots) \tag{14-3}$$

其中 $\lambda>0$ 是常数,则称 X 服从参数为 λ 的泊松分布(Poisson distribution),记为 $X\sim P(\lambda)$.

注 (1)泊松分布的概率分布值可查附表 C 泊松分布表.

(2) 对泊松分布而言,很容易验证其概率之和为 1.

$$\sum_{k=0}^{\infty}\frac{\lambda^k}{k!}e^{-\lambda}=e^{-\lambda}\sum_{k=0}^{\infty}\frac{\lambda^k}{k!}=e^{-\lambda}\cdot e^{\lambda}=1$$

其中无穷级数 $e^x=\sum_{k=0}^{\infty}\frac{x^k}{k!}, x\in\mathbf{R}$.

泊松分布是 1837 年由法国数学家泊松(Poisson,1781—1840)首次提出的,泊松分布在各领域中有着广泛的应用,它常与单位时间(单位面积、单位产品等)上的计数过程相联系.例如,某单位时间内电话机接到的呼唤次数;某单位时间内候车的乘客数;放射性物质在某单位时间内放射的粒子数;某页书上的印刷错误的个数;1 平方米内,玻璃上的气泡数等都可以用泊松分布来描述.

例 14.2.5 一电话交换台每分钟收到的呼唤次数 X 服从参数为 3 的泊松分布.求

(1) 每分钟恰有 1 次呼唤的概率;

(2) 每分钟的呼唤次数大于 1 次的概率.

解 由题意可知，$X \sim P(3)$，即 $P(X=k)=\frac{3^k}{k!}e^{-3}(k=0,1,2,\cdots)$，所以

(1) $P(X=1)=\frac{3}{1!}e^{-3}=3e^{-3}$；

(2) $P(X>1)=1-P(X=0)-P(X=1)=1-\frac{3^0}{0!}e^{-3}-\frac{3^1}{1!}e^{-3}=1-4e^{-3}$.

习 题 14.2

1. 掷一颗骰子，X 表示出现的点数，求 X 的分布列.
2. 掷两颗骰子，X 表示两颗骰子的点数之和，求 X 的分布列.
3. 设离散型随机变量 X 的分布列为 $P(X=k)=\frac{k}{10}(k=1,2,3,4)$，求

(1) $P(X=2)$； (2) $P(1<X\leqslant 3)$；

(3) $P(2<X<3)$； (4) $P(2.5<X<5)$.

4. 某人独立地射击 10 次，每次射击命中目标的概率为 0.9，求

(1) 10 次中恰好命中 1 次的概率；

(2) 至少命中 1 次的概率.

5. 设 D. R. V. $X \sim B(2,p)$ 且 $P(X\geqslant 1)=\frac{3}{4}$，求 p.

6. 设随机变量的分布列为 $P(X=k)=a\left(\frac{1}{4}\right)^k(k=1,2,\cdots)$，试求常数 a.

7. 设随机变量服从参数为 $\lambda(\lambda>0)$ 的泊松分布，且已知 $P(X=1)=P(X=2)$，试求 $P(X=4)$.

14.3 分 布 函 数

对于非离散型随机变量，因其可能取值不能一一列举出来，从而不能像离散型随机变量那样用分布列(律)来描述其取值规律；另外，我们通常遇到的非离散型随机变量取任一特定实数值的概率等于 0(这一点将在 14.4 节介绍)；再者，在实际中，对于某些随机变量，如误差 ε、灯泡的寿命 T 等，我们并不会对误差 $\varepsilon=0.01$ mm，寿命 $T=1500$ h 的概率感兴趣，而是更愿意考虑误差 ε 落在某个区间的概率，寿命 T 大于某个数的概率，这样，我们就会去研究随机变量取值落在某区间$(x_1,x_2]$的概率 $P\{x_1<X\leqslant x_2\}$. 又由于

$$P\{x_1<X\leqslant x_2\}=P\{X\leqslant x_2\}-P\{X\leqslant x_1\}$$

所以，我们只需知道 $P\{X\leqslant x_2\}$，$P\{X\leqslant x_1\}$就可以了，而这正是本节将引入的“分布

函数”的概念，它可以刻画任何一类随机变量[①](不论是离散型还是非离散型随机变量)，为以后的研究带来方便.

14.3.1 分布函数的概念

定义 14.3.1 设 X 为一个随机变量，x 为任意实数，称函数 $F(x)=P(X\leqslant x)$ 为 X 的分布函数(distribution function)，且称 X 服从 $F(x)$，记为 $X\sim F(x)$，有时也可以用 $F_X(x)$ 表明是 X 的分布函数(即把 X 写成 F 的下标).

在上述定义中，当 x 固定为 x_0 时，$F(x_0)$ 为事件 $\{X\leqslant x_0\}$ 的概率，当 x 变化时，概率 $P(X\leqslant x)$ 便是 x 的函数. 显然，分布函数是一个普通函数，正是通过它，我们将能用数学分析的方法来研究随机变量.

如果将 X 看成是数轴上的随机点的坐标，则分布函数 $F(x)$ 在 x 处的函数值就表示 X 落在区间 $(-\infty,x]$ 上的概率.

依分布函数的定义，对任意的 $x_1,x_2\in\mathbf{R}$，有

$$P(x_1<X\leqslant x_2)=P(X\leqslant x_2)-P(X\leqslant x_1)=F(x_2)-F(x_1)$$

可见，如果给定了随机变量 X 的分布函数，则随机变量 X 在任意区间 $(x_1,x_2]$ 内取值的概率就由分布函数在该区间的两个端点处的函数值的差确定.

例 14.3.1 已知离散型随机变量 X 的分布列为

X	-1	0	1
P	0.1	0.3	0.6

试求其分布函数.

解 当 $x<-1$ 时，

$$F(x)=P(X\leqslant x)=P(\varnothing)=0$$

当 $-1\leqslant x<0$ 时，

$$F(x)=P(X\leqslant x)=P(X=-1)=0.1$$

当 $0\leqslant x<1$ 时，

$$F(x)=P(X\leqslant x)=P(X=-1)+P(X=0)=0.1+0.3=0.4$$

当 $1\leqslant x$ 时，

$$\begin{aligned}F(x)&=P(X\leqslant x)=P(X=-1)+P(X=0)+P(X=1)\\&=0.1+0.3+0.6=1\end{aligned}$$

综合可知：

---

① 对于离散型随机变量来说，我们可以用分布律来全面地描述它，但为了从数学上能统一地对所有随机变量进行研究，必须引入分布函数的概念.

$$F(x)=P(X\leqslant x)=\begin{cases}0, & x<-1\\ 0.1, & -1\leqslant x<0\\ 0.4, & 0\leqslant x<1\\ 1, & 1\leqslant x\end{cases}$$

该随机变量的分布函数 $F(x)$ 的图形是一条阶梯形的曲线，在 X 的可能取值 -1、0、1 处有右连续的跳跃点，其跳跃度分别为 X 在其可能取值点的概率：0.1、0.3、0.6.

注　(1) 计算离散型分布函数时，分段区间一般写为 $(-\infty, x_1)$，$[x_1, x_2)$，…，$[x_n, +\infty)$ 的形式.

(2) 在离散场合用来描述其分布的常常是其分布列，很少用到其分布函数，因为求离散型随机变量 X 的有关事件的概率时，用分布列比用分布函数更加方便.

(3) 通过该例可以得出随机变量在某一点的概率与分布函数的关系为

$$P(X=x_0)=F(x_0)-F(x_0-0)$$

其中 $F(x_0-0)=\lim\limits_{x\to x_0^-}F(x)$ 表示分布函数在 x_0 处的左极限.

例 14.3.2　设随机变量 X 的分布函数为

$$F(x)=P(X\leqslant x)=\begin{cases}0, & x<-1\\ 0.3, & -1\leqslant x<0\\ 0.4, & 0\leqslant x<1\\ 1, & 1\leqslant x\end{cases}$$

试求其分布列.

解　$P(X=-1)=F(-1)-F((-1)^-)=0.3-0=0.3$

$P(X=0)=F(0)-F(0^-)=0.4-0.3=0.1$

$P(X=1)=F(1)-F(1^-)=1-0.4=0.6$

即

X	-1	0	1
P	0.3	0.1	0.6

通过例 14.3.1，很容易得知分布函数具有以下性质.

14.3.2　分布函数的性质

(1) 单调性. $F(x)$ 是自变量 x 定义在整个实数轴 $(-\infty, +\infty)$ 上的单调不减函数.

事实上，当 $x_1<x_2$ 时，必有 $F(x_1)\leqslant F(x_2)$. 因为当 $x_1<x_2$ 时，有 $F(x_2)-F(x_1)=P\{x_1<X\leqslant x_2\}\geqslant 0$，从而有 $F(x_1)\leqslant F(x_2)$.

(2) 有界性. 对任意的 x，有 $0\leqslant F(x)\leqslant 1$，且 $F(-\infty)=\lim\limits_{x\to-\infty}F(x)=0$，$F(+\infty)$

$= \lim\limits_{x\to+\infty} F(x)=1$.

(3) 右连续性. $F(x)$对自变量 x 右连续,即对任意实数 x_0, $\lim\limits_{\Delta x\to 0^+} F(x_0+\Delta x)=F(x_0)$,或 $F(x_0+0)=F(x_0)$.

右连续性是随机变量的分布函数的普遍性质,即使分布函数有间断点,其间断点的个数至多为可列无穷个. 另外对下面将介绍的连续型随机变量来说,$F(x)$不仅右连续,而且还左连续.

例 14.3.3 设随机变量 X 的分布函数为 $F(x)=A+B\arctan x, x\in \mathbf{R}$,求常数 A,B.

解 由分布函数的性质,有

$$0=\lim_{x\to-\infty} F(x)=\lim_{x\to-\infty}(A+B\arctan x)=A-\frac{\pi}{2}B$$

$$1=\lim_{x\to+\infty} F(x)=\lim_{x\to+\infty}(A+B\arctan x)=A+\frac{\pi}{2}B$$

解方程组,得 $A=\dfrac{1}{2}, B=\dfrac{1}{\pi}$.

概率论主要是利用随机变量来描述和研究随机现象,在引进了分布函数后就能利用高等数学的许多结果和方法来研究各种随机现象了,它们是概率论的重要而基本的概念. 其中利用分布函数能很好地表示各事件的概率. 例如

$$P(X>x_0)=1-P(X\leqslant x_0)=1-F(x_0)$$

$$P(X<x_0)=P(X\leqslant x_0)-P(X=x_0)=F(x_0)-(F(x_0)-F(x_0-0))=F(x_0-0)$$

$$P(X\geqslant x_0)=1-P(X<x_0)=1-F(x_0-0)$$

$$P(x_0<X<x_1)=P(X<x_1)-P(X\leqslant x_0)=F(x_1-0)-F(x_0)$$

$$P(x_0\leqslant X\leqslant x_1)=P(X\leqslant x_1)-P(X<x_0)=F(x_1)-F(x_0-0)$$

$$P(x_0\leqslant X<x_1)=P(X<x_1)-P(X<x_0)=F(x_1-0)-F(x_0-0)$$

例 14.3.4 设随机变量 X 的分布函数为

$$F(x)=\begin{cases} 0, & x<0 \\ 1/2, & 0\leqslant x<1 \\ 2/3, & 1\leqslant x<2 \\ 11/12, & 2\leqslant x<3 \\ 1, & 3\leqslant x \end{cases}$$

试求(1)$P(X\leqslant 3)$;(2)$P(X<3)$;(3)$P(X=1)$;(4)$P(X>1/2)$;(5)$P(2<X<4)$;(6)$P(1\leqslant X<3)$.

解 (1) $P(X\leqslant 3)=F(3)=1$;

(2) $P(X<3)=F(3-0)=11/12$;

(3) $P(X=1)=F(1)-F(1-0)=\dfrac{2}{3}-\dfrac{1}{2}=\dfrac{1}{6}$;

(4) $P\left(X>\frac{1}{2}\right)=1-F\left(\frac{1}{2}\right)=1-\frac{1}{4}=\frac{3}{4}$；

(5) $P(2<X<4)=F(4-0)-F(2)=1-\frac{11}{12}=\frac{1}{12}$；

(6) $P(1\leqslant X<3)=F(3-0)-F(1-0)=\frac{11}{12}-\frac{1}{2}=\frac{5}{12}$.

习　题　14.3

1. 已知离散型随机变量 X 的分布列为

X	1	2	3
P	0.2	0.3	0.5

试求其分布函数.

2. 设随机变量 X 的分布函数为 $F(x)=P(X\leqslant x)=\begin{cases}0, & x<0\\ 0.2, & 0\leqslant x<1\\ 0.6, & 1\leqslant x<2\\ 1, & 2\leqslant x\end{cases}$，试求其分布列.

3. 设随机变量的分布函数 $F(x)=\begin{cases}0, & x<0\\ \frac{1}{2}, & 0\leqslant x<1\\ 1-e^{-x}, & x\geqslant 1\end{cases}$，则 $P\{X=1\}=($　　$)$.

A. 0　　B. $\frac{1}{2}$　　C. $\frac{1}{2}-e^{-1}$　　D. $1-e^{-1}$

4. 设随机变量 X 的分布函数 $F(x)=\begin{cases}0, & x\leqslant 1\\ a-\frac{b}{x}, & x>1\end{cases}$，其中 a,b 均为常数，计算 $P(|X-1|<2)$.

14.4　连续型随机变量及其分布

14.4.1　连续型随机变量的概念与性质

除了离散型随机变量外，还有一类重要的随机变量——连续型随机变量，这种随机变量可以取$[a,b]$或$(-\infty,+\infty)$等区间的一切值. 如灯泡的寿命、顾客买东西排队等待的时间等，由于这种随机变量的所有可能取值无法像离散型随机变量那样一一排列,因而也就不能用离散型随机变量的分布律来描述它的概率分布.在理论上和实践中刻画这种随机变量的概率分布常用的方法是概率密度.为了方便论述,先看一个例子.

例 14.4.1 一个靶子是半径为 2 m 的圆盘,设击中靶上任一同心圆盘上的点的概率与该圆盘的面积成正比,并设射击都能中靶,以 X 表示弹着点与圆心的距离.试求随机变量 X 的分布函数 $F(x)$.

解 由于分布函数 $F(x)=P(X\leqslant x)$.

(1) 若 $x<0$,则事件$\{X\leqslant x\}$是不可能事件,所以

$$F(x)=P(X\leqslant x)=P(\varnothing)=0$$

(2) 若 $0\leqslant x\leqslant 2$,由题意有 $P(0\leqslant X\leqslant x)=kx^2$,$k$ 为常数.由于 $P(0\leqslant X\leqslant 2)=1$,取 $x=2$,有 $k2^2=1$,即 $k=\dfrac{1}{4}$,从而有

$$P(0\leqslant X\leqslant x)=\frac{1}{4}x^2$$

于是,$F(x)=P(X\leqslant x)=P(X<0)+P(0\leqslant X\leqslant x)=\dfrac{1}{4}x^2$.

(3) 若 $x>2$,则事件$\{X\leqslant x\}$是必然事件,于是 $F(x)=P(X\leqslant x)=P(\Omega)=1$.

综上所述,

$$F(x)=P(X\leqslant x)=\begin{cases}0, & x<0\\ \dfrac{1}{4}x^2, & 0\leqslant x\leqslant 2\\ 1, & x>2\end{cases}$$

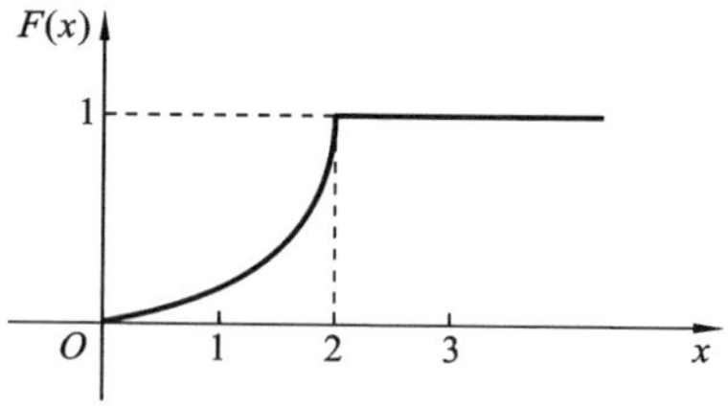

图 14-1

它的图形是一条连续曲线,如图 14-1 所示.

另外,容易看出,本例中 X 的分布函数 $F(x)$ 还可以写成如下形式:

$$F(x)=\int_{-\infty}^{x}f(t)\,\mathrm{d}t$$

其中

$$f(t)=\begin{cases}\dfrac{1}{2}t, & 0<t<2\\ 0, & \text{其他}\end{cases}$$

也就是说,$F(x)$恰是非负函数 $f(t)$在区间$(-\infty,x]$上的积分,在这种情况下,称 X 为连续型随机变量,具体见下面的定义.

定义 14.4.1 设 X 为随机变量,如果存在一个定义在整个实轴上的非负可积函数 $f(x)$,满足条件:

(1) 非负性,$f(x)\geqslant 0$;

(2) 规范性(正则性),$\int_{-\infty}^{+\infty}f(x)\,\mathrm{d}x=1$(含有 $f(x)$的可积性);

(3) 对于任意实数 x，有

$$F(x)=P(X\leqslant x)=\int_{-\infty}^{x}f(t)\mathrm{d}t$$

则称 X 为连续型随机变量(continuous random variable)，而 $f(x)$ 称为 X 的概率密度函数，简称概率密度或密度.

密度函数的非负性和规范性是密度函数必须具有的性质，也是确定或判断某个函数是否成为密度函数的充要条件.

由定义以及高等数学知识可得如下结论：

(1) 若 X 为连续型随机变量，则其分布函数 $F(x)=P(X\leqslant x)=\int_{-\infty}^{x}f(x)\mathrm{d}x$ 为连续函数.

(2) 对于任意实数 a，有 $P(X=a)=0$.

连续型随机变量取某一实数值的概率为零. 这表明：不可能事件的概率为 0，但概率为 0 的事件不一定是不可能事件，如 $P(X=a)=0$，但事件 $\{X=a\}$ 却有可能发生. 类似地，必然事件的概率为 1，但概率为 1 的事件不一定是必然事件.

(3) 由于连续型随机变量在任一点取值的概率为 0，从而可知：

$$\begin{aligned}P(a<X<b)&=P(a\leqslant X<b)=P(a<X\leqslant b)=P(a\leqslant X\leqslant b)\\&=\int_{a}^{b}f(x)\mathrm{d}x\end{aligned}$$

该式说明，当计算连续型随机变量在某一区间上取值的概率时，区间端点对概率无影响.

(4) 在 $f(x)$ 的连续点上，有 $f(x)=F'(x)$.

(5) 由定积分或反常积分的定义及性质可知，改变 $f(x)$ 在有限个点的值，不影响 $P(a\leqslant X\leqslant b)=\int_{a}^{b}f(x)\mathrm{d}x$ 的值. 亦即：改变密度函数 $f(x)$ 在个别点的函数值，不影响分布函数 $F(x)$ 的取值，因此，并不在乎改变密度函数在个别点上的值.

例 14.4.2　设随机变量 X 具有概率密度

$$f(x)=\begin{cases}K\mathrm{e}^{-3x}, & x>0\\ 0, & x\leqslant 0\end{cases}$$

(1) 试确定常数 K；

(2) 求 $P\{X>0.1\}$；

(3) 求 $P\{-1<X\leqslant 1\}$.

解　(1) 由于 $\int_{-\infty}^{+\infty}f(x)\mathrm{d}x=1$，即

$$\int_{-\infty}^{+\infty}f(x)\mathrm{d}x=\int_{0}^{+\infty}K\mathrm{e}^{-3x}\mathrm{d}x=\frac{1}{-3}\int_{0}^{+\infty}K\mathrm{e}^{-3x}\mathrm{d}(-3x)$$

$$=\frac{K}{-3}e^{-3x}\Big|_0^{+\infty}=\frac{K}{3}=1$$

得 $K=3$. 于是 X 的概率密度

$$f(x)=\begin{cases}3e^{-3x}, & x>0\\ 0, & x\leqslant 0\end{cases}$$

(2) $P\{X>0.1\}=\int_{0.1}^{+\infty}f(x)\mathrm{d}x=\int_{0.1}^{+\infty}3e^{-3x}\mathrm{d}x=e^{-0.3}$.

(3) $P\{-1<X\leqslant 1\}=\int_{-1}^{1}f(x)\mathrm{d}x=\int_{0}^{1}3e^{-3x}\mathrm{d}x=-e^{-3}+1$.

例 14.4.3 设连续型随机变量 X 的分布函数为

$$F(x)=\begin{cases}0, & x<-\frac{\pi}{2}\\ A\cos x, & -\frac{\pi}{2}\leqslant x<0\\ 1, & x\geqslant 0\end{cases}$$

求(1) 参数 A;(2) $P\left(|X|<\frac{\pi}{6}\right)$;(3) $f(x)$.

解 (1) 由于 $F(x)$的连续性,有$\lim\limits_{x\to 0}F(x)=F(0)=1$,所以 $A=1$.

(2) $P\left(|X|<\frac{\pi}{6}\right)=P\left(-\frac{\pi}{6}<X<\frac{\pi}{6}\right)=F\left(\frac{\pi}{6}\right)-F\left(-\frac{\pi}{6}\right)$

$$=1-\cos\frac{\pi}{6}=1-\frac{\sqrt{3}}{2}$$

(3) 由概率密度函数与分布函数的关系可知:$f(x)=\begin{cases}-\sin x, & -\frac{\pi}{2}\leqslant x<0\\ 0, & \text{其他}\end{cases}$.

14.4.2 几种常见的连续型随机变量

下面介绍几种重要的连续型随机变量

1. 均匀分布

定义 14.4.2 如果随机变量 X 的概率密度为

$$f(x)=\begin{cases}\frac{1}{b-a}, & a\leqslant x\leqslant b\\ 0, & \text{其他}\end{cases} \tag{14-4}$$

则称 X 服从$[a,b]$ 上的均匀分布,记为 $X\sim U[a,b]$(uniform distribution)或 $X\sim R[a,b]$(rectangular distribution). 均匀分布又称为平顶分布或矩形分布.

注 若随机变量 X 在开区间(a,b)或半开半闭区间$(a,b]$、$[a,b)$上服从均匀分布,有时也记为 $X\sim U(a,b)$. 由概率密度函数的定义及解释可知,X 的概率密度函数

$f(x)$同样可以用式(14-4)定义.

当 $X \sim U[a,b]$时,容易得出它的分布函数为

$$F(x)=\begin{cases}0, & x<a \\ \dfrac{x-a}{b-a}, & a \leqslant x<b \\ 1, & x \geqslant b\end{cases} \tag{14-5}$$

概率密度函数 $f(x)$和分布函数 $F(x)$的图形分别如图 14-2 和图 14-3 所示.

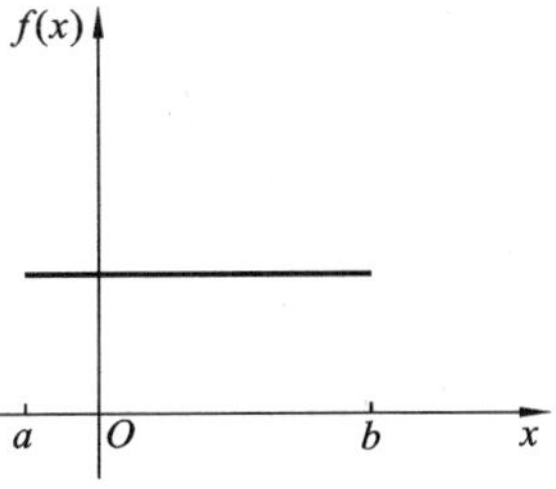

图 14-2

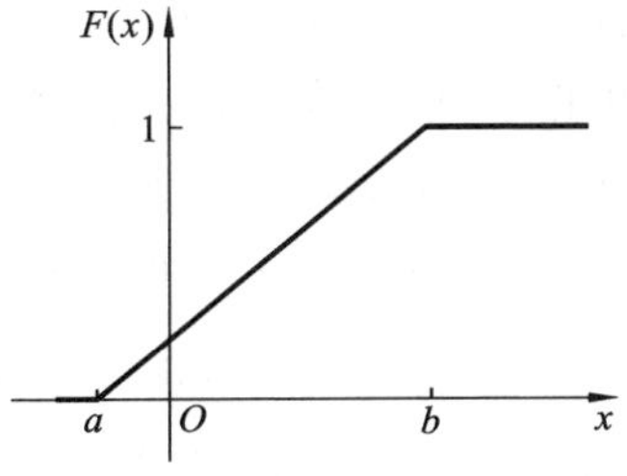

图 14-3

在数值计算中,由于四舍五入,小数点后第一位小数所引起的误差 X,一般可以看作是一个服从$[-0.5,0.5]$上的均匀分布的随机变量;又如在$[a,b]$中随机掷质点,则该质点的坐标 X 一般也可看作是一个服从$[a,b]$上的均匀分布的随机变量.

注　如果 X 服从$[a,b]$上的均匀分布,则对于任意满足 $a<c \leqslant d<b$ 的 c,d,应有

$$P(c \leqslant X \leqslant d)=\int_c^d f(x) \mathrm{d} x=\frac{d-c}{b-a} \tag{14-6}$$

式(14-6)说明,X 取值于(a,b)中任意小区间的概率与该小区间的长度成正比,而与该小区间的具体位置无关.这就是均匀分布的概率意义.

例 14.4.4　已知某地区某周内的最高温度(单位:℃)$X \sim U[36,40]$,求该周内最高温度超过 39 ℃的概率.

解　由题意可得 X 的概率密度函数为

$$f(x)=\begin{cases}\dfrac{1}{4}, & 36 \leqslant x \leqslant 40 \\ 0, & \text{其他}\end{cases}$$

从而

$$P(X>39)=\int_{39}^{40} \frac{1}{4} \mathrm{d} x=\frac{1}{4}$$

所以该周内最高温度超过 39 ℃的概率为$\dfrac{1}{4}$.

2. 指数分布

定义 14.4.3　如果随机变量 X 的概率密度为

$$f(x)=\begin{cases}\lambda e^{-\lambda x}, & x>0\\ 0, & \text{其他}\end{cases} \tag{14-7}$$

其中 $\lambda>0$ 为常数，则称 X 服从参数为 λ 的指数分布(exponential distribution)，记为 $X\sim E(\lambda)$.

其分布函数为

$$F(x)=\begin{cases}1-e^{-\lambda x}, & x>0\\ 0, & x\leqslant 0\end{cases} \tag{14-8}$$

指数分布是一种偏态分布，由于指数分布随机变量只可能取非负实数，所以指数分布常被用作各种"寿命"分布，因此指数分布也称为寿命分布(life distribution)，如电子元件的寿命、电话通话的时间、随机服务系统的服务时间等都可近似看作是服从指数分布的. 指数分布在可靠性与排队论中有着广泛的应用.

例 14.4.5 设打一次电话所用的时间 X(单位:min)服从参数为 $\lambda=\frac{1}{5}$ 的指数分布，如果某人刚好在你前面进电话间，求你等待时间超过 5 min 的概率.

解 由题意可知:$X\sim E\left(\frac{1}{5}\right)$，即其密度函数为 $f(x)=\begin{cases}\frac{1}{5}e^{-\frac{1}{5}x}, & x>0\\ 0, & \text{其他}\end{cases}$，所以

$$P(X>5)=\int_5^{+\infty}\frac{1}{5}e^{-\frac{1}{5}x}dx=-\int_5^{+\infty}e^{-\frac{1}{5}x}d\left(-\frac{1}{5}x\right)=-e^{-\frac{1}{5}x}\Big|_5^{+\infty}=e^{-1}$$

3. 正态分布

正态分布是概率论与数理统计中最重要的一个分布，高斯(Gauss，1777—1855)在研究误差理论时首先用正态分布来刻画误差的分布，所以正态分布又称为高斯分布.

定义 14.4.4 如果随机变量 X 的概率密度为

$$f(x)=\frac{1}{\sqrt{2\pi}\sigma}e^{-\frac{1}{2\sigma^2}(x-\mu)^2}\quad(-\infty<x<+\infty) \tag{14-9}$$

其中 $\sigma>0$，μ，σ 为常数，则称 X 服从参数为 μ，σ 的**正态分布**(normal distribution)，记为 $X\sim N(\mu,\sigma^2)$.

由高等数学可知，

(1) 当 $x=\mu$ 时，$f(x)$ 达到最大值 $\frac{1}{\sqrt{2\pi}\sigma}$；在 $x=\mu\pm\sigma$ 处，曲线 $y=f(x)$ 有拐点(见图 14-4)

(2) $f(x)$ 的图形对称于直线 $x=\mu$.

(3) $f(x)$ 以 x 轴为渐近线.

(4) 若固定 σ，改变 μ 值，则曲线 $y=f(x)$ 沿 x 轴平行移动，曲线的几何图形不变

(见图 14-5)，因此亦称 μ 为位置参数.

(5) 若固定 μ，改变 σ 值，由 $f(x)$ 的最大值可知，当 σ 越大，$f(x)$ 的图形越平坦；当 σ 越小，$f(x)$ 的图形越陡峭(见图 14-6)，因此称 σ 为尺度参数.

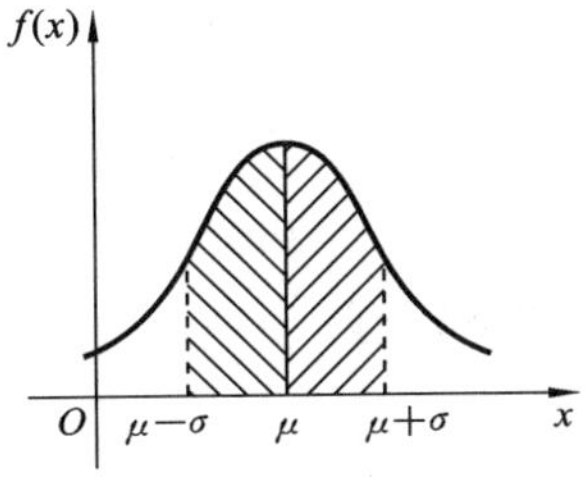

图 14-4

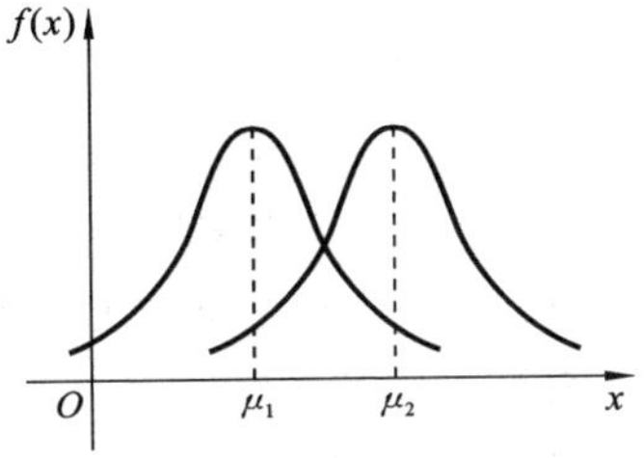

图 14-5

特别地，当 $\mu=0,\sigma=1$ 时，称 X 服从标准正态分布(standard normal distribution)，即 $X\sim N(0,1)$，概率密度函数为

$$\varphi(x)=\frac{1}{\sqrt{2\pi}}\mathrm{e}^{-\frac{x^2}{2}} \quad (-\infty<x<+\infty) \tag{14-10}$$

其图形如图 14-7 所示.

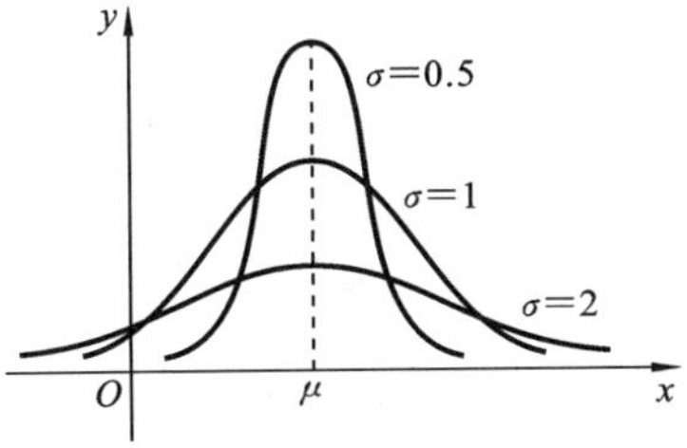

图 14-6

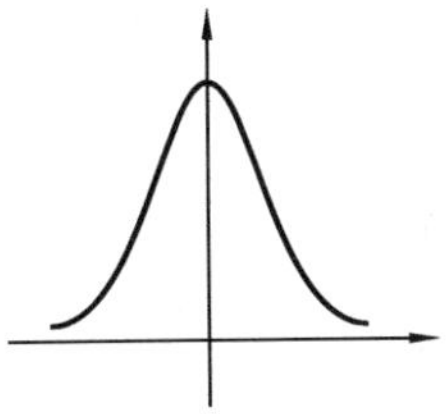

图 14-7

标准正态分布的分布函数为

$$\Phi(x)=\int_{-\infty}^{x}\varphi(x)\mathrm{d}x=\int_{-\infty}^{x}\frac{1}{\sqrt{2\pi}}\mathrm{e}^{-\frac{t^2}{2}}\mathrm{d}t \tag{14-11}$$

注　标准正态分布概率密度函数和分布函数的符号分别改为 $\varphi(x)$ 和 $\Phi(x)$，其主要目的是与其他随机变量相区别.

由标准正态分布的对称性易知，对任意 x 有：

$$\Phi(-x)=1-\Phi(x) \tag{14-12}$$

利用上面公式和标准正态分布的分布函数表(见附录 D　标准正态分布表)，即可方便地求出服从标准正态分布的随机变量在任一区间的概率.

例 14.4.6　设 $X\sim N(0,1)$，求

(1) $P(0.2<X\leqslant 0.5)$；(2) $P(X\leqslant -1.2)$；(3) $P(|X|\leqslant 0.34)$.

解 查标准正态分布表

(1) $P(0.2<X\leqslant 0.5)=\Phi(0.5)-\Phi(0.2)=0.6915-0.5793=0.1122$.

(2) $P(X\leqslant -1.2)=\Phi(-1.2)=1-\Phi(1.2)=1-0.8849=0.1151$.

(3) $P(|X|\leqslant 0.34)=P\{-0.34\leqslant X\leqslant 0.34\}$

$$=\Phi(0.34)-\Phi(-0.34)=\Phi(0.34)-[1-\Phi(0.34)]$$

$$=2\Phi(0.34)-1=2\times 0.6331-1=0.2662$$

而对于服从一般正态分布的随机变量来说，有如下定理.

定理 14.4.1 若 $X\sim N(\mu,\sigma^2)$，则

(1) $Y=aX+b\sim N(a\mu+b,a^2\sigma^2)$，其中 $a(a\neq 0)$，b 为常数；

(2) $Z=\dfrac{X-\mu}{\sigma}\sim N(0,1)$.

因此，若 $X\sim N(\mu,\sigma^2)$，则可利用标准正态分布函数 $\Phi(x)$，通过查表求得 X 落在任一区间 $(x_1,x_2]$ 内的概率，即

(1) $$F(x)=P\{X\leqslant x\}=P\left\{\frac{X-\mu}{\sigma}\leqslant\frac{x-\mu}{\sigma}\right\}=\Phi\left(\frac{x-\mu}{\sigma}\right) \tag{14-13}$$

(2) $$P\{x_1<X\leqslant x_2\}=p\left(\frac{x_1-\mu}{\sigma}<X\leqslant\frac{x_2-\mu}{\sigma}\right)=\Phi\left(\frac{x_2-\mu}{\sigma}\right)-\Phi\left(\frac{x_1-\mu}{\sigma}\right) \tag{14-14}$$

例 14.4.7 设 $X\sim N(500,60^2)$，求

(1) $P\{X>560\}$；(2) $P\{|X-500|>200\}$；(3) 若 $P(X>x)\geqslant 0.01$，求 x.

解 (1) $P\{X>560\}=1-P\{X\leqslant 560\}=1-P\left(\dfrac{X-500}{60}\leqslant\dfrac{560-500}{60}\right)$

$$=1-\Phi\left(\frac{560-500}{60}\right)=1-\Phi(1)=1-0.8413=0.1587$$

(2) $P\{|X-500|>200\}=1-P\{|X-500|\leqslant 200\}$

$$=1-P\{-200\leqslant X-500\leqslant 200\}=1-P\{300\leqslant X\leqslant 700\}$$

$$=1-P\left\{\frac{300-500}{60}\leqslant X\leqslant\frac{700-500}{60}\right\}$$

$$=1-\left[\Phi\left(\frac{10}{3}\right)-\Phi\left(-\frac{10}{3}\right)\right]=1-\left[2\Phi\left(\frac{10}{3}\right)-1\right]$$

$$=2\left[1-\Phi\left(\frac{10}{3}\right)\right]=2(1-0.9996)=0.0008$$

(3) 要求 $P(X>x)\geqslant 0.01$，即要求 $1-P(X>x)\geqslant 0.01$，需

$$1-\Phi\left(\frac{x-500}{60}\right)\geqslant 0.1$$

$$\Phi\left(\frac{x-500}{60}\right)\leqslant 0.9=\Phi(1.28)$$

因 $\Phi(\cdot)$为单调增函数,故需

$$\frac{x-500}{60}\leqslant 1.28$$

即

$$x\leqslant 576.92$$

例 14.4.8　公共汽车的高度是按男子与车门碰头的机会定在 0.01 以下来设计的,设男子身高 X(单位:cm)服从正态分布 $N(170,6^2)$,试确定车门的高度.

解　设车门的高度为 h(cm).依题意有

$$P\{X>h\}=1-P\{X\leqslant h\}<0.01$$

即

$$P\{X\leqslant h\}>0.99$$

因为 $P\{X\leqslant h\}=\Phi\left(\frac{h-170}{6}\right)$,查标准正态分布表得 $\Phi(2.33)=0.9901>0.99$,所以得

$$\frac{h-170}{6}=2.33$$

即 $h=183.98$ cm$\approx$184 cm,故车门的设计高度至少应为 184 cm 方可保证男子与车门碰头的概率在 0.01 以下.

习　题　14.4

1. 设随机变量 X 的概率密度为 $f(x)=\begin{cases}kx, & 0<x<1\\ 0, & \text{其他}\end{cases}$,求

(1) 参数 k;(2) $P(0<X<0.5)$.

2. 设随机变量 X 具有概率密度函数

$$f(x)=\begin{cases}kx, & 0\leqslant x<3\\ 2-\dfrac{x}{2}, & 3\leqslant x\leqslant 4\\ 0, & \text{其他}\end{cases}$$

(1) 确定常数 k;(2) 求 $P\left\{1<X\leqslant\frac{7}{2}\right\}$.

3. 设连续型随机变量 X 的分布函数为

$$F(x)=\begin{cases}0, & x<0\\ Ax^2, & 0\leqslant x<1\\ 1, & x\geqslant 1\end{cases}$$

试求:(1)系数 A;(2)X 落在区间(0.3,0.7)内的概率;(3)X 的概率密度函数.

4. 设随机变量 X 的概率密度为 $f(x)=\begin{cases}\dfrac{x}{2}, & 0<x\leqslant 2\\ 0, & \text{其他}\end{cases}$，对 X 作 3 次独立观察，求恰有 1 次 X 取值大于 1 的概率.

5. 设 K 在 $[-2,4]$ 上服从均匀分布，求方程 $4x^2+4Kx+K+2=0$ 有实根的概率.

6. 已知 $X\sim N(0,1)$，求

(1) $P(-0.4<X<1.4)$； (2) $P(|X|<1)$； (3) $P(X>-0.5)$.

7. 已知 $X\sim N(1.5,(0.05)^2)$，求

(1) $P(1.45<X<1.55)$； (2) $P(X>1.6)$.

总 习 题 14

1. 填空题

(1) 设随机变量 $X\sim B(3,p)$，且有 $P(X=1)=P(X=0)$，则 $P(X=2)=$______.

(2) 设随机变量 X 的分布律为 $P(X=k)=\dfrac{1}{2^k}(k=1,2,3,\cdots)$，则 $P\{X=\text{偶数}\}=$______.

(3) 设随机变量 X 服从两点分布 $B(1,0.6)$，则 $P(X\geqslant 1)=$______.

(4) 已知随机变量 X 的概率密度函数为 $f(x)=\begin{cases}a(1-x), & 0<x<1\\ 0, & \text{其他}\end{cases}$，则常数 $a=$______.

(5) 设随机变量 X 的分布函数为 $F(x)=\begin{cases}0, & x<-1\\ \dfrac{x+1}{6}, & -1\leqslant x<5\\ 1, & x\geqslant 5\end{cases}$，则 $P(-2<X<2)=$______.

(6) 设 C. R. V. $X\sim R[0,3]$（即均匀分布），且 $P(0<X<x_1)=P(x_2<X<3)=\dfrac{1}{3}$，则分点 $x_1=$______，$x_2=$______.

(7) 某服务台在一分钟内接到呼唤服务的次数 X 服从参数为 2 的泊松分布，若服务员离开一分钟，从而会影响工作的概率为______.

(8) 已知 C. R. V. $X\sim N(2,4)$，则 $P(1<X<3)=$______ ($\Phi(0.5)=0.6915$).

2. 判断题

(1) 设 $f(x)$ 为连续型随机变量 X 的密度函数，则 $0\leqslant f(x)\leqslant 1$. （ ）

(2) 若随机变量 $X\sim N(\mu,\sigma^2)$，则 $P(|X-\mu|\leqslant\sigma)$ 随 σ 增大而变小. （ ）

(3) 设 $F(x)$ 为连续型随机变量 X 的分布函数，则 $F(x)$ 一定是连续函数.　　(　　)

3. 选择题

(1) 每次试验的成功率为 $p(0<p<1)$，重复进行试验，直到第 n 次试验才取得第 r 次成功的概率为(　　).

A. $C_{n-1}^{r-1}p^r(1-p)^{n-r}$　　B. $C_n^{r-1}p^{r-1}(1-p)^{n-r+1}$

C. $C_n^r p^r(1-p)^{n-r}$　　D. $C_{n-1}^{r-1}p^{r-1}(1-p)^{n-r}$

(2) 设随机变量 $X\sim R(1,5)$，对 X 作三次独立观察，则至少有两次观察值大于 3 的概率为(　　).

A. $\dfrac{1}{2}$　　B. $\dfrac{1}{4}$　　C. $\dfrac{3}{4}$　　D. $\dfrac{3}{8}$

(3) 设随机变量 $X\sim N(2,\sigma^2)$，$P(2<X<4)=0.3$，则 $P(X\leqslant 0)=$(　　).

A. 0.8　　B. 0.5　　C. 0.2　　D. 0.1

(4) 设随机变量 $X\sim N(1,4)$，$\Phi(1)=0.8413$，则概率 $P(1\leqslant X\leqslant 3)$ 为(　　).

A. 0.1385　　B. 0.2413　　C. 0.2934　　D. 0.3413

4. 设某种型号电子元件的寿命 X(小时)具有以下的概率密度

$$f(x)=\begin{cases}\dfrac{1000}{x^2}, & x\geqslant 1000\\ 0, & \text{其他}\end{cases}$$

现有一大批此种元件(设各元件工作互相独立)，求

(1) 任取 1 只，其寿命大于 1500 小时的概率；

(2) 任取 4 只，4 只元件中恰有 2 只元件的寿命大于 1500 小时的概率.

5. 设 C.R.V.X 的分布函数为 $F(x)=\begin{cases}0, & x<-\dfrac{\pi}{2},\\ a(b+\sin x), & -\dfrac{\pi}{2}\leqslant x\leqslant\dfrac{\pi}{2},\\ 1, & x>\dfrac{\pi}{2},\end{cases}$ 求

(1) 常数 a,b；(2) 概率密度函数 $f(x)$；(3) $P\left(-\dfrac{\pi}{4}<X<\dfrac{\pi}{4}\right)$.

第 14 章习题答案

第 15 章　二维随机变量及其分布

第 14 章讨论了单个随机变量及其分布，但在实际应用中常常需要用两个或两个以上的随机变量来描述随机问题. 例如，描述一天的天气同时要用到“温度”和“湿度”这两个指标，考虑平面上的一随机点要由坐标(x,y)，即横坐标和纵坐标这两个随机变量来描述. 这些随机变量之间有着一定的内在联系，所以应该将其作为一个整体来进行研究. 由于对二维和二维以上的随机变量的讨论没有本质的差异，故本章将重点介绍二维情况，有关的内容可以推广到二维以上的情况. 仿一维随机变量，我们先研究联合分布函数，然后研究离散型随机变量的联合分布列、连续型随机变量的联合密度等.

15.1　二维随机变量及其分布

15.1.1　二维随机变量及分布函数

定义 15.1.1　设$\Omega=\{\omega\}$为随机试验 E 的样本空间，$X=X(\omega)$，$Y=Y(\omega)$是定义在Ω上的随机变量，则称有序数组(X,Y)为二维随机变量或二维随机向量(2-dimensional random vector)，称(X,Y)的取值规律为二维分布律.

定义 15.1.2　设(X,Y)是二维随机变量，对于任意实数x,y，称二元函数

$$F(x,y)=P((X\leqslant x)\cap(Y\leqslant y))\xlongequal{\text{记成}}P(X\leqslant x,Y\leqslant y) \tag{15-1}$$

为二维随机变量(X,Y)的分布函数，或称为(X,Y)的联合分布函数(joint distribution function).

在二维随机变量(X,Y)场合，联合分布函数$F(x,y)=P(X\leqslant x,Y\leqslant y)$就是事件$\{X\leqslant x\}$与事件$\{Y\leqslant y\}$同时发生(积事件)的概率. 如果把二维随机变量$(X,Y)$看作平面上具有随机坐标$(X,Y)$的点，那么分布函数$F(x,y)$在$(x,y)$处的函数值就是随机点$(X,Y)$落在以点$(x,y)$为顶点的左下方的无穷矩形域内的概率，如图 15-1 所示.

根据以上几何解释借助于图 15-2，可以算出随机点(X,Y)落在矩形域$\{x_1<X\leqslant x_2,y_1<Y\leqslant y_2\}$内的概率为

$$P\{x_1<X\leqslant x_2,y_1<Y\leqslant y_2\}=F(x_2,y_2)-F(x_2,y_1)-F(x_1,y_2)+F(x_1,y_1) \tag{15-2}$$

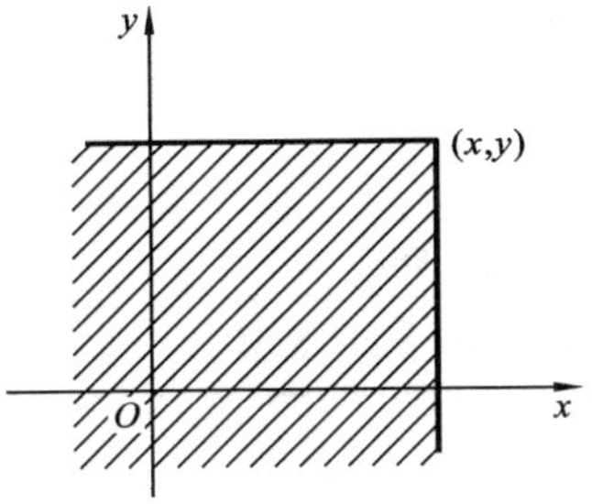

图 15-1

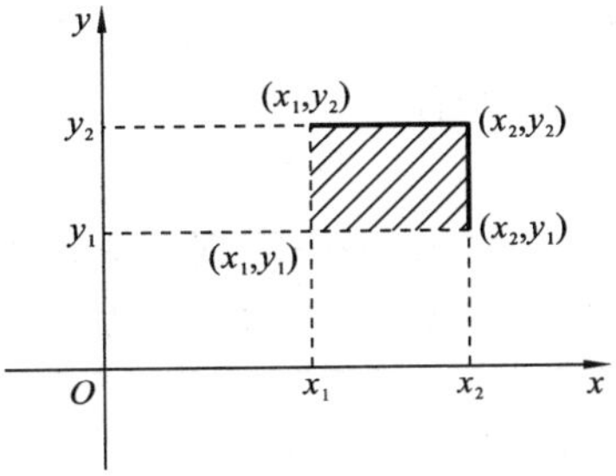

图 15-2

由分布函数的定义，容易证明，分布函数 $F(x,y)$ 具有以下基本性质：

(1) 单调性. $F(x,y)$ 是变量 x,y 的不减函数，即对于任意固定的 y，当 $x_1<x_2$ 时有 $F(x_1,y)\leqslant F(x_2,y)$；对于任意固定的 x，当 $y_1<y_2$ 时，有 $F(x,y_1)\leqslant F(x,y_2)$.

(2) 有界性. 对任意的 x 和 y，有 $0\leqslant F(x,y)\leqslant 1$，且对于任意固定的 y，$F(-\infty,y)=\lim\limits_{x\to-\infty}F(x,y)=0$；对于任意固定的 x，$F(x,-\infty)=\lim\limits_{y\to-\infty}F(x,y)=0$，并且

$$F(-\infty,-\infty)=\lim_{\substack{x\to-\infty\\y\to-\infty}}F(x,y)=0,\quad F(+\infty,+\infty)=\lim_{\substack{x\to+\infty\\y\to+\infty}}F(x,y)=1$$

(3) 右连续性. 关于 x 或 y 都是右连续的，即

$$F(x+0,y)=F(x,y),F(x,y+0)=F(x,y)$$

(4) 非负性. 对任意的 $x_1\leqslant x_2$，$y_1\leqslant y_2$，有

$$P(x_1<X\leqslant x_2,y_1<Y\leqslant y_2)=F(x_2,y_2)-F(x_1,y_2)-F(x_2,y_1)+F(x_1,y_1)\geqslant 0$$

例 15.1.1　设随机变量 (X,Y) 的分布函数为：$F(x,y)=A\left(B+\arctan\dfrac{x}{3}\right)(C+\arctan y)$，试求参数 A,B,C.

解　由二维随机变量分布函数的性质可知：

$$F(-\infty,y)=A\left(B-\frac{\pi}{2}\right)(C+\arctan y)=0$$

$$F(x,-\infty)=A\left(B+\arctan\frac{x}{3}\right)\left(C-\frac{\pi}{2}\right)=0$$

且 $A\neq 0$ 从而 $B=C=\dfrac{\pi}{2}$；又 $F(+\infty,+\infty)=A\left(B+\dfrac{\pi}{2}\right)\left(C+\dfrac{\pi}{2}\right)=1$，从而 $A=\dfrac{1}{\pi^2}$.

15.1.2　二维离散型随机变量的概率分布

定义 15.1.3　如果二维随机变量 (X,Y) 可能取的值只有有限对或可列无限对，则称 (X,Y) 为二维离散型随机变量.

显然，如果 (X,Y) 是二维离散型随机变量，则 X,Y 均为一维离散型随机变量；反之亦成立.

定义 15.1.4 设二维随机变量(X,Y)所有可能取的值为$(x_i,y_j)$$(i=1,2,\cdots;j=1,2,\cdots)$,则称

$$P(X=x_i,Y=y_j)=p_{ij} \quad (i,j=1,2,\cdots) \tag{15-3}$$

为(X,Y)的概率分布律(列),或称为(X,Y)的联合分布律(列).

二维离散型随机变量(X,Y)的联合分布律有时也用如下的概率分布表来表示:

$Y \backslash X$	x_1	x_2	$\cdots$	x_i	$\cdots$
y_1	p_{11}	p_{21}	$\cdots$	p_{i1}	$\cdots$
y_2	p_{12}	p_{22}	$\cdots$	p_{i2}	$\cdots$
$\vdots$	$\vdots$	$\vdots$		$\vdots$	$\vdots$
y_j	p_{1j}	p_{2j}	$\cdots$	p_{ij}	$\cdots$
$\vdots$	$\vdots$	$\vdots$		$\vdots$	$\vdots$

显然,p_{ij}具有以下性质.

(1) 非负性:$p_{ij}\geqslant 0\ (i,j=1,2,\cdots)$;

(2) 规范性:$\sum\limits_i \sum\limits_j p_{ij}=1$.

二维离散型随机变量的联合分布列,关键是写出二维随机变量可能取的数对以及对应发生的概率.

例 15.1.2 1 个口袋中有大小形状相同的 2 红、3 白共 5 个球,从袋中不放回地取两次球.设随机变量

$$X=\begin{cases}0, & \text{表示第一次取红球}\\ 1, & \text{表示第一次取白球}\end{cases}$$

$$Y=\begin{cases}0, & \text{表示第二次取红球}\\ 1, & \text{表示第二次取白球}\end{cases}$$

求(X,Y)的分布律.

解 利用概率的乘法公式及条件概率定义,可得二维随机变量(X,Y)的联合分布律

$$P\{X=0,Y=0\}=P\{X=0\}P\{Y=0\mid X=0\}=\frac{2}{5}\times\frac{1}{4}=\frac{1}{10}$$

$$P\{X=0,Y=1\}=P\{X=0\}P\{Y=1\mid X=0\}=\frac{2}{5}\times\frac{3}{4}=\frac{3}{10}$$

$$P\{X=1,Y=0\}=P\{X=1\}P\{Y=0\mid X=1\}=\frac{3}{5}\times\frac{2}{4}=\frac{3}{10}$$

$$P\{X=1,Y=1\}=P\{X=1\}P\{Y=1\mid X=1\}=\frac{3}{5}\times\frac{2}{4}=\frac{3}{10}$$

把(X,Y)的联合分布律写成表格的形式:

X \ Y	0	1
0	$\frac{1}{10}$	$\frac{3}{10}$
1	$\frac{3}{10}$	$\frac{3}{10}$

15.1.3　二维连续型随机变量的概率分布

定义 15.1.4　设(X,Y)是二维随机变量，如果存在一个非负可积函数 $f(x,y)$，使得对于任意实数 x,y，其分布函数 $F(x,y)$可表示为

$$F(x,y)=P(X\leqslant x,Y\leqslant y)=\int_{-\infty}^{x}\int_{-\infty}^{y}f(u,v)\mathrm{d}u\mathrm{d}v \tag{15-4}$$

则称(X,Y)是二维连续型随机变量，函数 $f(x,y)$称为二维连续型随机变量(X,Y)的概率密度，或称为(X,Y)的联合概率密度.

按定义，二维概率密度具有以下性质：

(1) $f(x,y)\geqslant 0$.

(2) $\int_{-\infty}^{+\infty}\int_{-\infty}^{+\infty}f(x,y)\mathrm{d}x\mathrm{d}y=1$.

(3) $P\{(X,Y)\in D\}=\iint\limits_{D}f(x,y)\mathrm{d}x\mathrm{d}y$，其中 D 为 XOY 平面上的任意一个区域.

特别地，设 l 为任意的一条曲线，则 $P\{(X,Y)\in l\}=0$（曲线的面积为 0），因此，积分区域的边界线是否在积分区域内不影响积分计算的结果，即不影响其概率的大小.

在具体使用上式时，要注意积分范围是概率密度函数 $f(x,y)$的非零区域与 D 的交集部分，然后设法化成直角坐标系或极坐标系下的累次积分，最后计算出结果.

(4) 如果二维连续型随机变量(X,Y)的概率密度函数 $f(x,y)$连续，(X,Y)的分布函数为 $F(x,y)$，则

$$\frac{\partial^2 F(x,y)}{\partial x\partial y}=f(x,y)$$

(5) $F(x,y)=P(X\leqslant x,Y\leqslant y)=\int_{-\infty}^{x}\int_{-\infty}^{y}f(u,v)\mathrm{d}u\mathrm{d}v$ 在整个 XOY 平面上连续.

二元函数 $z=f(x,y)$在几何上表示一个曲面，通常称这个曲面为分布曲面(distribution curved surface). 由性质(2)知，介于分布曲面和 XOY 平面之间的空间区域的全部体积等于 1；由性质(3)知，(X,Y)落在区域 D 内的概率等于以 D 为底、曲面 $z=f(x,y)$为顶的柱体体积.

例 15.1.3　设二维随机变量(X,Y)具有概率密度

$$f(x,y)=\begin{cases}Ae^{-(x+y)}, & x>0, y>0\\ 0, & \text{其他}\end{cases}$$

(1) 求参数 A;　　(2) 求概率 $P(Y\leqslant X)$.

解　(1) 因为 $\int_{-\infty}^{+\infty}\int_{-\infty}^{+\infty}f(x,y)\mathrm{d}x\mathrm{d}y=1$,所以

$$A\int_0^{+\infty}\int_0^{+\infty}e^{-x-y}\mathrm{d}x\mathrm{d}y=A\int_0^{+\infty}e^{-x}\mathrm{d}x\int_0^{+\infty}e^{-y}\mathrm{d}y=1$$

所以 $A=1$.

(2) 随机事件$\{Y\leqslant X\}$相当于随机点落入区域 $G=\{(x,y)\mid y\leqslant x\}$,所以

$$P(Y\leqslant X)=\iint\limits_{y\leqslant x}f(x,y)\mathrm{d}x\mathrm{d}y=\int_0^{+\infty}\mathrm{d}x\int_0^{x}e^{-x-y}\mathrm{d}y=\frac{1}{2}$$

15.1.4　常见的二维随机变量及其分布

1. 二维均匀分布

定义 15.1.5　设(X,Y)为二维随机变量,G 是平面上的一个有界区域,其面积 S_G 为 $A(A>0)$,又设

$$f(x,y)=\begin{cases}\dfrac{1}{S_G}=\dfrac{1}{A}, & \text{当}(x,y)\in G\\ 0, & \text{当}(x,y)\notin G\end{cases}\tag{15-5}$$

若(X,Y)的密度为式(15-5)定义的函数 $f(x,y)$,则称二维随机变量(X,Y)在 G 上服从二维均匀分布(2-dimension uniform distribution).

二维均匀分布所描述的随机现象就是向平面区域 G 中随机投点,如果该点坐标(X,Y)落在 G 的子区域 D 中的概率只与子区域 D 的面积有关,而与子区域 D 的位置无关,则由第 1 章可知这是几何概率. 现在该种概率模型可由二维均匀分布来描述,即

$$P((X,Y)\in D)=\iint\limits_D f(x,y)\mathrm{d}x\mathrm{d}y=\iint\limits_D\frac{1}{S_G}\mathrm{d}x\mathrm{d}y=\frac{D\text{ 的面积}}{G\text{ 的面积}}$$

而这正是几何概率的计算公式.

类似地,设 G 为空间上的有界区域,其体积为 $A>0$,若三维随机变量(X,Y,Z)具有概率密度

$$f(x,y,z)=\begin{cases}\dfrac{1}{A}, & (x,y,z)\in G\\ 0, & \text{其他}\end{cases}$$

则称(X,Y,Z)在 G 上服从三维均匀分布. 类似可推广到 n 维均匀分布的情形.

例 15.1.4　若二维随机变量(X,Y)在圆域 $x^2+y^2\leqslant R^2$ 上服从均匀分布,试求其概率密度函数.

解　根据均匀分布的定义，很容易得其概率密度函数为

$$f(x,y)=\begin{cases}\dfrac{1}{\pi R^2}, & x^2+y^2\leqslant R^2\\ 0, & \text{其他}\end{cases}$$

2. 二维正态分布

定义 15.1.6　若二维随机变量(X,Y)的概率密度为

$$f(x,y)=\frac{1}{2\pi\sigma_1\sigma_2\sqrt{1-\rho^2}}\exp\left\{\frac{-1}{2(1-\rho^2)}\left[\frac{(x-\mu_1)^2}{\sigma_1^2}-2\rho\frac{(x-\mu_1)(y-\mu_2)}{\sigma_1\sigma_2}+\frac{(y-\mu_2)^2}{\sigma_2^2}\right]\right\} \tag{15-6}$$

$$(-\infty<x<+\infty,-\infty<y<+\infty)$$

其中$\mu_1,\mu_2,\sigma_1,\sigma_2,\rho$都是常数，且$\sigma_1>0,\sigma_2>0,|\rho|<1$，则称$(X,Y)$服从二维正态分布(2-dimension normal distribution)，记作$(X,Y)\sim N(\mu_1,\mu_2;\sigma_1^2,\sigma_2^2;\rho)$.

以后将指出，μ_1,μ_2分别是X与Y的均值，σ_1^2,σ_1^2分别是X与Y的方差，ρ是X与Y的相关系数. 二元正态密度函数的图形很像一顶四周无限延伸的草帽，其中心点在(μ_1,μ_2)处，其等高线是椭圆. 平行xOz平面(或平行yOz平面)的截面显示正态曲线. 其概率密度函数图形如图 15-3 所示.

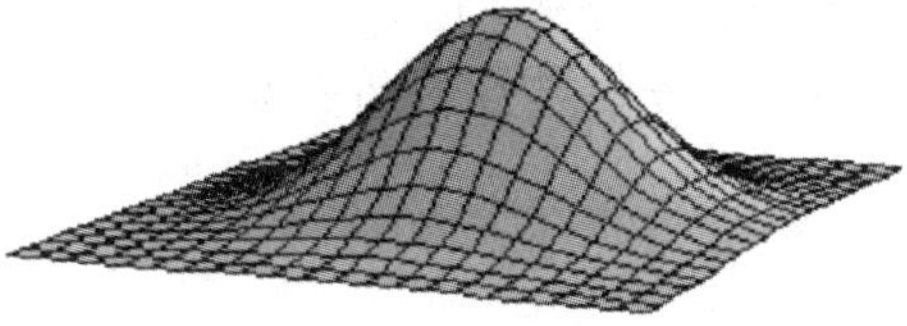

图 15-3

例 15.1.5　设$(X,Y)\sim N(0,0;\sigma^2,\sigma^2;0)$，求$P(X<Y)$.

解　易知$f(x,y)=\dfrac{1}{2\pi\sigma^2}\mathrm{e}^{-\frac{x^2+y^2}{2\sigma^2}}(-\infty<x<+\infty,-\infty<y<+\infty)$，所以$P(X<Y)=\displaystyle\iint\limits_{x<y}\frac{1}{2\pi\sigma^2}\mathrm{e}^{-\frac{x^2+y^2}{2\sigma^2}}\mathrm{d}x\mathrm{d}y$. 引进极坐标$x=r\cos\theta,y=r\sin\theta$，则

$$P(X<Y)=\int_{\frac{\pi}{4}}^{\frac{5}{4}\pi}\int_0^{+\infty}\frac{1}{2\pi\sigma^2}r\mathrm{e}^{-\frac{r^2}{2\sigma^2}}\mathrm{d}r\mathrm{d}\theta=\frac{1}{2}$$

习　题　15.1

1. 设随机变量(X,Y)的分布函数为

$$F(x,y)=\begin{cases}a(b+\arctan x)(c-\mathrm{e}^{-y}), & x\in\mathbf{R},y>0\\ 0, & \text{其他}\end{cases}$$，求常数a,b,c的值.

2. 设二维随机变量(X,Y)取值$(0,1),(0,2),(1,1),(1,2)$的概率分别为$\dfrac{a}{6},\dfrac{a}{3},\dfrac{a}{12},\dfrac{a}{6}$，求参数$a$.

3. 设随机变量(X,Y)的概率密度为$f(x,y)=\begin{cases}kx, & 0<x<y<1\\ 0, & 其他\end{cases}$,(1) 试求参数$k$;(2) 计算概率$P(X+Y\leqslant 1)$.

4. 设随机变量(X,Y)的概率密度为$f(x,y)=\begin{cases}ke^{-x}, & 0<y<x\\ 0, & 其他\end{cases}$,(1)试求参数$k$; (2)计算概率$P(X+Y<2)$.

5. 设(X,Y)在圆域$x^2+y^2\leqslant 4$上服从均匀分布,求(1)(X,Y)的概率密度;(2)$P\{0<X<1,0<Y<1\}$.

15.2 边缘分布

二维随机变量(X,Y)的取值情况,可由它的联合分布函数$F(x,y)$(或联合分布列或联合密度函数$f(x,y)$)全面地描述,而X,Y又都是随机变量,因此也可以单独考虑其某一个随机变量的概率分布问题,这就是下面要讨论的边缘分布.

15.2.1 边缘分布函数

定义 15.2.1 设(X,Y)是二维随机变量,称分量X的概率分布为(X,Y)关于X的边缘分布(marginal distribution),记为$F_X(x)$;分量Y的概率分布为(X,Y)关于Y的边缘分布,记为$F_Y(y)$.

由于(X,Y)的联合分布全面地描述了(X,Y)的取值情况,因此,当已知(X,Y)的联合分布时,容易求得关于X或关于Y的边缘分布.

边缘分布函数与联合分布函数之间有如下关系:

$$F_X(x)=P\{X\leqslant x\}=P\{X\leqslant x,Y<+\infty\}=F(x,+\infty)$$

即

$$F_X(x)=\lim_{y\to+\infty}F(x,y) \tag{15-7}$$

也就是说,只要在函数$F(x,y)$中令$y\to+\infty$就能得到$F_X(x)$.

同理

$$F_Y(y)=F(+\infty,y)=\lim_{x\to+\infty}F(x,y) \tag{15-8}$$

例 15.2.1 已知二维随机变量(X,Y)的分布函数为

$$F(x,y)=\frac{1}{\pi^2}\left(\frac{\pi}{2}+\arctan x\right)\left(\frac{\pi}{2}+\arctan y\right),\quad x\in\mathbf{R},y\in\mathbf{R}$$

试求边缘分布函数$F_X(x)$和$F_Y(y)$

解 $F_X(x)=\lim\limits_{y\to+\infty}F(x,y)$

$$=\lim_{y\to+\infty}F(x,y)=\lim_{y\to+\infty}\frac{1}{\pi^2}\left(\frac{\pi}{2}+\arctan x\right)\left(\frac{\pi}{2}+\arctan y\right)$$

$$=\frac{1}{\pi}\left(\frac{\pi}{2}+\arctan x\right)$$

同理，　$F_Y(y)=\lim\limits_{x\to+\infty}F(x,y)$

$$=\lim_{x\to+\infty}F(x,y)=\lim_{x\to+\infty}\frac{1}{\pi^2}\left(\frac{\pi}{2}+\arctan x\right)\left(\frac{\pi}{2}+\arctan y\right)$$

$$=\frac{1}{\pi}\left(\frac{\pi}{2}+\arctan y\right)$$

以下分别讨论离散型和连续型随机变量的边缘分布.

15.2.2　离散随机变量边缘分布律

设二维随机变量的分布律为 $P\{X=x_i,Y=y_j\}=p_{ij}\,(i,j=1,2,\cdots)$，则随机变量 (X,Y) 关于 X 的边缘分布律如下：

$$P\{X=x_i\}=P\{X=x_i,\bigcup_{j=1}^{\infty}\{Y=y_j\}\}=\sum_{i=1}^{\infty}P\{X=x_i,Y=y_j\}$$

$$=\sum_{j=1}^{\infty}p_{ij}\quad(i=1,2,\cdots)\tag{15-9}$$

同样得到 (X,Y) 关于 Y 的边缘分布律：

$$P\{Y=y_j\}=\sum_{i=1}^{+\infty}p_{ij}\quad(j=1,2,\cdots)\tag{15-10}$$

常记

$$P_{i\cdot}=P\{X=x_i\}=\sum_{j=1}^{\infty}p_{ij}\quad(i=1,2,\cdots)\tag{15-11}$$

$$P_{\cdot j}=P\{Y=y_j\}=\sum_{i=1}^{\infty}p_{ij}\quad(j=1,2,\cdots)\tag{15-12}$$

例 15.2.2　已知二维随机变量 (X,Y) 的联合概率分布如下：

X \ Y	1	2	3	$p_{i\cdot}$
0	0.1	0	0.2	0.3
1	0	0.2	0	0.2
3	0.3	0.1	0.1	0.5
$p_{\cdot j}$	0.4	0.3	0.3	1

试求关于 X,Y 的边缘分布律.

解　由离散型随机变量的边缘分布律公式，很容易得其边缘分布如下：

X	0	1	2
P	0.3	0.2	0.5

Y	1	2	3
P	0.4	0.3	0.3

我们常常将边缘分布律写在联合分布律表格的边缘上，如上表所示，这就是“边缘分布”这个名词的来由.

15.2.3 连续随机变量边缘概率密度

设 $f(x,y)$是(X,Y)的联合概率密度函数，$f_X(x)$和 $f_Y(y)$分别记为(X,Y)关于 X,Y 的边缘概率密度. 由于

$$F_X(x)=F(x,+\infty)=\int_{-\infty}^{x}\int_{-\infty}^{+\infty}f(u,y)\mathrm{d}u\mathrm{d}y=\int_{-\infty}^{x}\left(\int_{-\infty}^{+\infty}f(u,y)\mathrm{d}y\right)\mathrm{d}u$$

以及

$$f_X(x)=[F_X(x)]'_x$$

易知 X 的边缘概率密度为

$$f_X(x)=\int_{-\infty}^{\infty}f(x,y)\mathrm{d}y \tag{15-13}$$

同样可得 Y 的边缘概率密度为

$$f_Y(y)=\int_{-\infty}^{\infty}f(x,y)\mathrm{d}x \tag{15-14}$$

注 $\left[\int_{-\infty}^{x}g(u)\mathrm{d}u\right]'_x=g(x)$.

例 15.2.3 设二维随机变量(X,Y)的概率密度为

$$f(x,y)=\begin{cases}6, & 0<x<1,x^2<y<x\\ 0, & \text{其他}\end{cases}$$

求边缘密度函数 $f_X(x)$和 $f_Y(y)$.

解 因为 $f_X(x)=\int_{-\infty}^{\infty}f(x,y)\mathrm{d}y$，当 $x\leqslant 0$ 或者 $x\geqslant 1$ 时，$f(x,y)=0$，所以 $f_X(x)=0$；

当 $0<x<1$ 时，

$$f_X(x)=\int_{-\infty}^{\infty}f(x,y)\mathrm{d}y=\int_{-\infty}^{x^2}0\mathrm{d}y+\int_{x^2}^{x}6\mathrm{d}y+\int_{x}^{+\infty}0\mathrm{d}y=6(x-x^2)$$

即

$$f_X(x)=\begin{cases}6(x-x^2), & 0<x<1\\ 0, & \text{其他}\end{cases}$$

同理

$$f_Y(y)=\begin{cases}6(\sqrt{y}-y), & 0<y<1\\ 0, & \text{其他}\end{cases}$$

***例 15.2.4** 求二维正态随机变量的边缘概率密度.

解 $f_X(x)=\int_{-\infty}^{+\infty}f(x,y)\mathrm{d}y$，由于

$$\frac{(y-\mu_2)^2}{\sigma_2^2}-2\rho\frac{(x-\mu_1)(y-\mu_2)}{\sigma_1\sigma_2}=\left(\frac{y-\mu_2}{\sigma_2}-\rho\frac{x-\mu_1}{\sigma_1}\right)^2-\rho^2\frac{(x-\mu_1)^2}{\sigma_1^2}$$

于是

$$f_X(x)=\frac{1}{2\pi\sigma_1\sigma_2\sqrt{1-\rho^2}}e^{-\frac{(x-\mu_1)^2}{2\sigma_1^2}}\int_{-\infty}^{+\infty}e^{-\frac{1}{2(1-\rho^2)}\left(\frac{y-\mu_2}{\sigma_2}-\rho\frac{x-\mu_1}{\sigma_1}\right)^2}dy$$

令

$$t=\frac{1}{\sqrt{1-\rho^2}}\left(\frac{y-\mu_2}{\sigma_2}-\rho\frac{x-\mu_1}{\sigma_1}\right)$$

则有

$$f_X(x)=\frac{1}{2\pi\sigma_1}e^{-\frac{(x-\mu_1)^2}{2\sigma_1^2}}\int_{-\infty}^{+\infty}e^{-\frac{t^2}{2}}dt=\frac{1}{\sqrt{2\pi}\sigma_1}e^{-\frac{(x-\mu_1)^2}{2\sigma_1^2}}\quad(-\infty<x<\infty)$$

同理
$$f_Y(y)=\frac{1}{\sqrt{2\pi}\sigma_2}e^{-\frac{(y-\mu_2)^2}{2\sigma_2^2}}\quad(-\infty<y<\infty)$$

注　从例 15.2.4 可以看出，若二维随机变量(X,Y)服从二维正态分布 $N(\mu_1,\mu_2;\sigma_1^2,\sigma_2^2;\rho)$，经计算得知：

$$f_X(x)=\frac{1}{\sqrt{2\pi}\sigma_1}e^{-\frac{1}{2\sigma_1^2}(x-\mu_1)^2}\quad(-\infty<x<+\infty)$$

$$f_Y(y)=\frac{1}{\sqrt{2\pi}\sigma_2}e^{-\frac{1}{2\sigma_2^2}(y-\mu_2)^2}\quad(-\infty<y<+\infty)$$

即有：$X\sim N(\mu_1,\sigma_1^2)$，$Y\sim N(\mu_2,\sigma_2^2)$.

于是，二维正态分布的两个边缘分布都是一维正态分布，并且都不依赖于参数 ρ. 由此可知，当 μ_1,μ_2 相同，σ_1,σ_2 相同，不同的 ρ 虽然对应不同的二维正态分布，但它们的边缘分布却是一样的. 这一事实也说明，仅仅知道关于 X 和关于 Y 的边缘分布，一般是不能确定二维随机变量(X,Y)的分布，这也说明二维随机变量不是一维随机变量的简单组合. 例 15.2.4 也说明，整体决定局部，但局部不能决定整体的科学观点. 大家要以严谨的科学态度去学习和研究，凡事不能以偏概全.

习　题　15.2

1. 设二维随机变量(X,Y)的概率分布如下：

X \ Y	0	1
0	0.1	0.5
1	0.2	0.2

试求其边缘分布律.

2. 一个盒子中有 3 个乒乓球，分别标有数字 1、2、2. 现从袋中任意取球 2 次，每次取 1 个(有放回)，以 X,Y 分别表示第一次、第二次取得球上标有的数字. 求

(1) X 和 Y 的联合概率分布；(2)关于 X 和 Y 边缘分布.

3. 设二维随机变量(X,Y)的概率密度函数为 $f(x,y)=\begin{cases} e^{-x}, & 0<y<x \\ 0, & 其他 \end{cases}$,求边缘概率密度函数 $f_X(x)$和 $f_Y(y)$.

4. 设二维随机变量(X,Y)的概率密度为 $f(x,y)=\begin{cases} cx^2y, & x^2\leqslant y\leqslant 1 \\ 0, & 其他 \end{cases}$,(1) 试确定常数 c;(2) 求边缘概率密度.

15.3 相互独立的随机变量

15.3.1 二维随机变量的独立性

定义 15.3.1 设 X,Y 是两个随机变量,如果对于任意实数 x,y,事件$\{X\leqslant x\}$和$\{Y\leqslant y\}$相互独立,即

$$P\{X\leqslant x,Y\leqslant y\}=P\{X\leqslant x\}P\{Y\leqslant y\} \tag{15-15}$$

则称随机变量 X 与 Y 是相互独立的.

注 (1) 如果记 $A=\{X\leqslant x\}$,$B=\{Y\leqslant y\}$,那么式(15-15)为 $P(AB)=P(A)P(B)$,可见,X,Y 的相互独立的定义与两个事件相互独立的定义是一致的.

(2) 由(X,Y)的联合分布函数、边缘分布函数的定义,可得 X,Y 的相互独立的充要条件为:对所有 x 和 y,都有

$$F(x,y)=F_X(x)F_Y(y) \tag{15-16}$$

(3) 若 X,Y 是二维离散型随机变量,则 X,Y 相互独立的充要条件是:对于(X,Y)所有可能的取值$(x_i,y_j)$$(i,j=1,2,\cdots)$,都有

$$P(X=x_i,Y=y_j)=P(X=x_i)P(Y=y_j) \tag{15-17}$$

(4) 若 X,Y 是二维连续型随机变量,$f(x,y)$,$f_X(x)$,$f_Y(y)$分别是联合概率密度与边缘概率密度,则 X,Y 相互独立的充要条件是:$f(x,y)=f_X(x)f_Y(y)$在平面上几乎处处成立.此处“几乎处处成立”的含义是:在平面上除去“面积”为零的集合以外,处处成立.

例 15.3.1 设(X,Y)的联合分布律为

$X \backslash Y$	0	1
0	0.2	0.1
1	0.1	0.2
2	0.1	0.3

试求(X,Y)关于 X 和关于 Y 的边缘分布,并判断 X,Y 是否相互独立.

解　由表中可按行加得 $p_{i\cdot}$，按列加得 $p_{\cdot j}$：

X \ Y	0	1	$p_{i\cdot}$
0	0.2	0.1	0.3
1	0.1	0.2	0.3
2	0.1	0.3	0.4
$p_{\cdot j}$	0.4	0.6	

即得关于 X 的边缘分布：

X	0	1	2
$p_{i\cdot}$	0.3	0.3	0.4

以及关于 Y 的边缘分布：

Y	0	1
$p_{\cdot j}$	0.4	0.6

由于 $p_{11}=P\{X=0,Y=0\}=0.2$，而 $p_{1\cdot}\,p_{\cdot 1}=0.3\times 0.4=0.12\neq 0.2$，所以 X,Y 互不独立.

例 15.3.2　设二维随机变量具有概率密度函数

$$f(x,y)=\begin{cases} Ce^{-2(x+y)}, & 0<x<+\infty, 0<y<+\infty \\ 0, & \text{其他} \end{cases}$$

试求：

(1) 常数 C；

(2) (X,Y)落在图 15-4 所示的三角区域 D 内的概率；

(3) 关于 X 和关于 Y 的边缘分布，并判断 X,Y 是否相互独立.

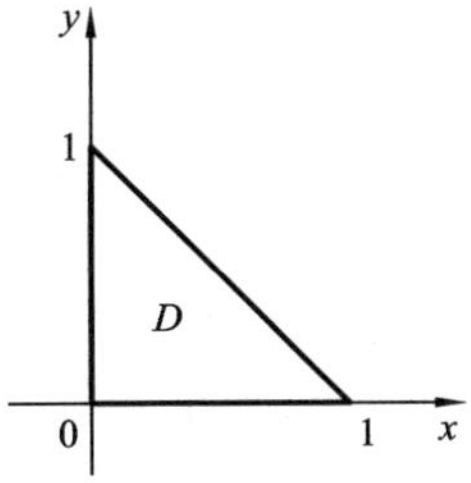

图 15-4

解　(1) $1=\int_{-\infty}^{+\infty}\int_{-\infty}^{+\infty}f(x,y)\mathrm{d}x\mathrm{d}y=\int_{0}^{+\infty}\int_{0}^{+\infty}Ce^{-2(x+y)}\mathrm{d}x\mathrm{d}y$

$$=C\int_{0}^{+\infty}e^{-2x}\mathrm{d}x\int_{0}^{+\infty}e^{-2y}\mathrm{d}y=\frac{C}{4}$$

所以 $C=4$.

(2) $P\{(X,Y)\in D\}=\iint\limits_{D}f(x,y)\mathrm{d}x\mathrm{d}y=\int_{0}^{1}\mathrm{d}x\int_{0}^{1-x}4e^{-2(x+y)}\mathrm{d}y=1-3e^{-2}$.

(3) 关于 X 的边缘分布密度函数为

$$f_X(x)=\int_{-\infty}^{+\infty}f(x,y)\mathrm{d}y$$

当 $x\leqslant 0$ 时，$f_X(x)=0$.

当 $x>0$ 时，$f_X(x)=\int_{-\infty}^{+\infty}f(x,y)\mathrm{d}y=\int_0^{+\infty}4\mathrm{e}^{-2(x+y)}\mathrm{d}y=2\mathrm{e}^{-2x}$.

故有

$$f_X(x)=\begin{cases}2\mathrm{e}^{-2x}, & x>0\\ 0, & x\leqslant 0\end{cases}$$

同理可求得关于 Y 的边缘分布密度函数为

$$f_Y(x)=\begin{cases}2\mathrm{e}^{-2y}, & y>0\\ 0, & y\leqslant 0\end{cases}$$

因为对任意的实数 x,y，都有 $f(x,y)=f_X(x)f_Y(y)$，所以 X,Y 相互独立.

* **例 15.3.3** 证明　若 $(X,Y)\sim N(\mu_1,\mu_2;\sigma_1^2,\sigma_2^2;\rho)$，则随机变量 X 与 Y 相互独立的充要条件为 $\rho=0$.

证　因为 $(X,Y)\sim N(\mu_1,\mu_2;\sigma_1^2,\sigma_2^2;\rho)$，所以

$$f(x,y)=\frac{1}{2\pi\sigma_1\sigma_2\sqrt{1-\rho^2}}\exp\left\{-\frac{1}{2(1-\rho^2)}\left[\frac{(x-\mu_1)^2}{\sigma_1^2}-\frac{2\rho(x-\mu_1)(y-\mu_2)}{\sigma_1\sigma_2}+\frac{(y-\mu_2)^2}{\sigma_2^2}\right]\right\}$$

由边缘密度计算公式可得：

$$f_X(x)=\frac{1}{\sqrt{2\pi}\sigma_1}\mathrm{e}^{-\frac{(x-\mu_1)^2}{2\sigma_1^2}},\quad x\in\mathbf{R}$$

$$f_Y(y)=\frac{1}{\sqrt{2\pi}\sigma_2}\mathrm{e}^{-\frac{(y-\mu_2)^2}{2\sigma_2^2}},\quad y\in\mathbf{R}$$

当 $\rho=0$ 时，$f(x,y)=\frac{1}{2\pi\sigma_1\sigma_2}\exp\left\{-\frac{1}{2}\left[\frac{(x-\mu_1)^2}{\sigma_1^2}+\frac{(y-\mu_2)^2}{\sigma_2^2}\right]\right\}=f_X(x)f_Y(y)$，即随机变量 X 与 Y 相互独立.

反之，如果 X 与 Y 相互独立，则 $\forall x,y\in\mathbf{R}$，有 $f(x,y)=f_X(x)f_Y(y)$，令 $x=\mu_1,y=\mu_2$，则应有

$$f(\mu_1,\mu_2)=f_X(\mu_1)f_Y(\mu_2)$$

即

$$\frac{1}{2\pi\sigma_1\sigma_2\sqrt{1-\rho^2}}=\frac{1}{\sqrt{2\pi}\sigma_1}\frac{1}{\sqrt{2\pi}\sigma_2}=\frac{1}{2\pi\sigma_1\sigma_2}$$

从而有 $\sqrt{1-\rho^2}=1\Rightarrow\rho=0$.

综合以上可知，若 $(X,Y)\sim N(\mu_1,\mu_2;\sigma_1^2,\sigma_2^2;\rho)$，则随机变量 X 与 Y 相互独立的充要条件为 $\rho=0$.

15.3.2　相互独立且服从正态分布的随机变量所具有的性质

关于相互独立且服从正态分布的随机变量，我们将不加证明地给出以下性质.

定理 15.3.1　设 $Y_1 \sim N(\mu_1, \sigma_1^2)$，$Y_2 \sim N(\mu_2, \sigma_2^2)$，且 Y_1, Y_2 相互独立，则有

$$Y_1 + Y_2 \sim N(\mu_1 + \mu_2, \sigma_1^2 + \sigma_2^2) \tag{15-18}$$

推广定理 15.3.1 有

定理 15.3.2　设 $X_1, X_2, \cdots, X_n$ 相互独立，且 $X_i \sim N(\mu_i, \sigma_i^2)$ $(i=1,2,\cdots,n)$，则有

$$C_1X_1 + C_2X_2 + \cdots + C_nX_n \sim N(C_1\mu_1 + C_2\mu_2 + \cdots + C_n\mu_n, C_1^2\sigma_1^2 + C_2^2\sigma_2^2 + \cdots + C_n^2\sigma_n^2) \tag{15-19}$$

即有限个相互独立的正态随机变量的线性组合仍然服从正态分布.

如在定理 15.3.2 中取 $C_1 = C_2 = \cdots = C_n = \dfrac{1}{n}$，可得下面重要结论：

定理 15.3.3　设 $X_1, X_2, \cdots, X_n$ 相互独立，且 $X_1, X_2, \cdots, X_n$ 服从同一分布 $N(\mu, \sigma^2)$，$\overline{X} = \dfrac{1}{n}\sum\limits_{i=1}^{n} X_i$ 是 $X_1, X_2, \cdots, X_n$ 的算术平均值，则有

$$\overline{X} \sim N\left(\mu, \frac{\sigma^2}{n}\right) \quad 或者 \quad \frac{\overline{X} - \mu}{\sigma/\sqrt{n}} \sim N(0,1) \tag{15-20}$$

例 15.3.4　设 $X_1, X_2, \cdots, X_9$ 相互独立且都服从 $N(3,4)$，Y_1, Y_2, Y_3, Y_4 相互独立且都服从 $N(2.5,1)$，又设 $\overline{X}$ 和 $\overline{Y}$ 相互独立，求 $P\{\overline{X} \geqslant \overline{Y}\}$.

解　由定理 15.3.3 可知

$$\overline{X} = \frac{1}{9}\sum_{i=1}^{9} X_i \sim N\left(3, \frac{4}{9}\right)$$

$$\overline{Y} = \frac{1}{4}\sum_{i=1}^{4} Y_i \sim N\left(2.5, \frac{1}{4}\right)$$

又由假设 $\overline{X}$ 和 $\overline{Y}$ 相互独立，故知

$$\overline{X} - \overline{Y} \sim N\left(3 - 2.5, \frac{4}{9} + \frac{1}{4}\right)$$

即

$$\overline{X} - \overline{Y} \sim N\left(0.5, \frac{25}{36}\right)$$

于是

$$P\{\overline{X} \geqslant \overline{Y}\} = P\{\overline{X} - \overline{Y} \geqslant 0\} = 1 - P\{\overline{X} - \overline{Y} < 0\}$$

$$= 1 - \Phi\left(\frac{-0.5}{\sqrt{25/36}}\right) = \Phi(0.6) = 0.7257$$

15.3.3　n 维随机变量相关概念及结论

(1) n 维随机变量 $(X_1, X_2, \cdots, X_n)$ 的分布函数和边缘分布函数.

称 $F(x_1, x_2, \cdots, x_n) = P(X_1 \leqslant x_1, X_2 \leqslant x_2, \cdots, X_n \leqslant x_n)$ $(-\infty < x_1, x_2, \cdots, x_n < \infty)$ 为 n 维随机变量 $(X_1, X_2, \cdots, X_n)$ 的分布函数；称 $F_{X_i}(x_i) = F(\infty, \infty, \cdots, x_i, \infty, \cdots \infty)$ 为 $(X_1, X_2, \cdots, X_n)$ 关于 X_i 的边缘分布函数.

(2) n 维连续型随机变量$(X_1,X_2,\cdots,X_n)$的边缘概率密度.

设 $f(x_1,x_2,\cdots,x_n)$为 n 维连续型随机变量$(X_1,X_2,\cdots,X_n)$的概率密度,则称

$$f_{X_i}(x_i)=\int_{-\infty}^{\infty}\int_{-\infty}^{\infty}\cdots\int_{-\infty}^{\infty}f(x_1,\cdots,x_{i-1},x_{i+1},\cdots,x_n)\mathrm{d}x_1\cdots\mathrm{d}x_{i-1}\mathrm{d}x_{i+1}\cdots\mathrm{d}x_n$$

为$(X_1,X_2,\cdots,X_n)$关于 X_i 的边缘概率密度.

(3) $(X_1,X_2,\cdots,X_n)$相互独立的充要条件是:

$$F(x_1,x_2,\cdots,x_n)=F_{X_1}(x_1)F_{X_2}(x_2)\cdots F_{X_n}(x_n)$$

或

$$f(x_1,x_2,\cdots,x_n)=f_{X_1}(x_1)f_{X_2}(x_2)\cdots f_{X_n}(x_n)$$

(4) $X=(X_1,X_2,\cdots,X_n)$和 $Y=(Y_1,Y_2,\cdots,Y_m)$相互独立的充要条件是:

$$F(x_1,x_2,\cdots,x_n,y_1,y_2,\cdots,y_n)=F_1(x_1,x_2,\cdots,x_n)F_2(y_1,y_2,\cdots,y_n)$$

其中 F,F_1 和 F_2 分别为$(X_1,X_2,\cdots,X_n,Y_1,Y_2,\cdots,Y_m)$,$(X_1,X_2,\cdots,X_n)$和$(Y_1,Y_2,\cdots,Y_m)$的分布函数.或

$P\{X\in G_1,Y\in G_2\}=P\{X\in G_1\}P\{Y\in G_2\}$($G_1,G_2$为任意 n 维和 m 维的区域)

(5) 若随机变量 $X_1,X_2,\cdots,X_n$ 相互独立,则它们各自的函数 $g_1(X_1),g_2(X_2),\cdots,g_n(X_n)$也相互独立($g_i(x)$均为连续函数,$i=1,2,\cdots,n$).

(6) 若$(X_1,X_2,\cdots,X_n)$与$(Y_1,Y_2,\cdots,Y_m)$相互独立,且 g,h 为连续函数,则 $h(X_1,X_2,\cdots,X_n)$和 $g(Y_1,Y_2,\cdots,Y_m)$也相互独立.

(7) 若$(X_1,X_2,\cdots,X_n)$与$(Y_1,Y_2,\cdots,Y_m)$相互独立,则 $X_i(i=1,2,\cdots,n)$与 $Y_j(j=1,2,\cdots,m)$相互独立.

(8) 设 t 个随机变量$(X_{11},X_{21},\cdots,X_{n_1 1})$,$(X_{12},X_{22},\cdots,X_{n_2 2})$,$\cdots$,$(X_{1t},X_{2t},\cdots,X_{n_t t})$是相互独立的,又设对每一个 $i=1,2,\cdots,t$,n_i 个随机变量 $X_{1i},X_{2i},\cdots,X_{n_i i}$是相互独立的,则随机变量 $X_{11},X_{21},\cdots,X_{n_1 1},X_{12},X_{22},\cdots,X_{n_2 2},\cdots,X_{1t},X_{2t},\cdots,X_{n_t t}$是相互独立的.

习　题　15.3

1. 选择题

(1) 随机变量 X 和 Y 的边缘分布可以由它们的联合分布确定,联合分布(　　)由边缘分布确定.

A. 不能　　　　B. 为正态分布时可以

C. 也可以　　　　D. 当 X 与 Y 相互独立时可以

(2) 若随机变量 $Y=-X_1+2X_2$,$X_i\sim N(0,1)(i=1,2)$,则(　　).

A. Y 不一定服从正态分布　　　　B. $Y\sim N(0,5)$

C. $Y\sim N(0,1)$　　　　D. $Y\sim N(0,3)$

2. 设随机变量 $X\sim N(0,4)$,$Y\sim N(1,9)$,且 X 与 Y 相互独立,则随机变量 $Z=X$

$-2Y\sim$______.

3. 设二维随机变量(X,Y)的概率分布为

$X \backslash Y$	1	2	3
1	1/6	1/9	1/18
2	1/3	s	t

且 X、Y 相互独立，求参数 s,t.

4. 设 X 和 Y 分别表示两个元件的寿命(单位：h)，又设 X 与 Y 相互独立，且它们的概率密度分别为

$$f_X(x)=\begin{cases}e^{-x}, & x>0\\ 0, & \text{其他}\end{cases};\quad f_Y(y)=\begin{cases}e^{-y}, & y>0\\ 0, & \text{其他}\end{cases}$$

求 X 和 Y 的联合概率密度 $f(x,y)$.

5. 设二维随机变量 X 和 Y 具有概率密度函数

$$f(x,y)=\begin{cases}ke^{-(3x+4y)}, & x>0,y>0\\ 0, & \text{其他}\end{cases}$$

(1) 求参数 k；(2) 证明 X 和 Y 相互独立.

6. 设(X,Y)在圆域 $x^2+y^2\leqslant 1$ 上服从均匀分布，问 X 和 Y 是否相互独立？

7. 设随机变量 $X\sim N(1,4)$，$Y\sim N(0,1)$，且 X 和 Y 相互独立，求 $P(X>Y+1)$.

8. 设二维随机变量 X 和 Y 相互独立，且都服从 $N(0,1)$，求 $P(X^2+Y^2\leqslant 1)$.

9. 设内燃机汽缸的直径(单位：cm)$X\sim N(42.5,0.4^2)$，活塞的直径(单位：cm)$Y\sim N(41.5,0.3^2)$，设 X 和 Y 相互独立. 若活塞不能装入汽缸则需返工，求返工的概率.

总 习 题 15

1. 填空题

(1) 设(X,Y)为任一二维连续型随机变量，则 $P(X+Y=1)=$______.

(2) 设二维随机变量(X,Y)的概率密度为

$$f(x,y)=\begin{cases}x+y, & 0<x<1,0<y<1\\ 0, & \text{其他}\end{cases}$$

则 $P(X+Y\leqslant 0)=$______.

(3) 设二维随机变量(X,Y)的概率密度为 $f(x,y)=\begin{cases}Ax, & 0<x<1,0<y<x\\ 0, & \text{其他}\end{cases}$，则常数 $A=$______.

(4) 设二维随机变量$(X,Y)\sim N(\mu_1,\mu_2,\sigma_1^2,\sigma_2^2,\rho)$，则 X 与 Y 独立等价于______.

(5) 设随机向量(X,Y)的概率密度函数为 $f(x,y)=\begin{cases}1/2, & 0\leqslant x\leqslant 1,0\leqslant Y\leqslant 2\\ 0, & \text{其他}\end{cases}$，则

X,Y 中至少有一个小于 1/2 的概率为______.

2. 选择题

(1) 若随机变量 $Y=2X_1-X_2$, $X_i\sim N(0,1)$, $i=1,2$, 则(　　).

A. Y 不一定服从正态分布　　B. $Y\sim N(0,5)$

C. $Y\sim N(0,3)$　　D. $Y\sim N(0,1)$

(2) 设 X,Y 为两随机变量，且 $P(X\leqslant 1,Y\leqslant 1)=\dfrac{4}{9}$, $P(X\leqslant 1)=P(Y\leqslant 1)=\dfrac{2}{3}$, 则 $P(\min(X,Y)\leqslant 1)=$(　　).

A. 4/9　　B. 2/3　　C. 8/9　　D. 1/9

3. 设二维随机变量 (X,Y) 的联合分布列为

X \ Y	−1	0
0	$\frac{1}{3}$	$\frac{1}{4}$
1	$\frac{1}{4}$	$\frac{1}{6}$

试求：(1) (X,Y) 关于 X 和关于 Y 的边缘分布列；(2) $P\{X+Y=0\}$.

4. 若二维随机变量 (X,Y) 中 X 与 Y 相互独立，其联合概率分布为

X \ Y	1	2	3
0	1/15	q	1/5
1	p	1/5	3/10

求(1) p,q；(2) X 与 Y 的边缘分布.

5. 设二维随机变量 (X,Y) 概率密度为

$$f(x,y)=\begin{cases}6xy^2, & 0<x<1,0<y<1\\ 0, & \text{其他}\end{cases}$$

(1) 求边缘概率密度 $f_X(x)$, $f_Y(y)$；(2) X 与 Y 是否独立，为什么？

6. 设 (X,Y) 服从区域 D(见图 15-5)上的均匀分布，求关于 X 和关于 Y 的边缘分布，并判断 X,Y 是否相互独立.

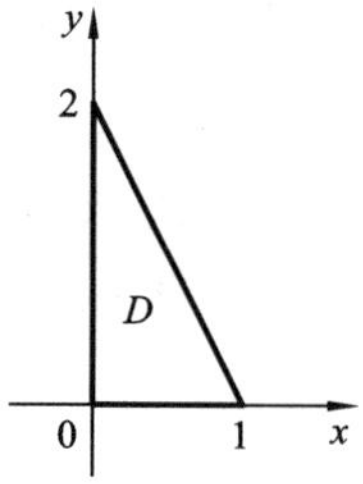

图 15-5

第 15 章习题答案

第16章　随机变量的数字特征

在第14、15章中,我们讨论了随机变量的分布函数,看到分布函数能够完整地描述随机变量的统计特性. 但在一些实际问题中,一方面由于求分布函数并非易事;另一方面,往往不需要去全面考察随机变量的变化情况而只需知道随机变量的某些特征就够了. 例如,在检查一批棉花的质量时,只需要注意纤维的平均长度,以及纤维长度与平均长度的偏离程度,如果平均长度较大、偏离程度较小,质量就越好. 从这个例子看到,某些与随机变量有关的数字,虽然不能完整地描述随机变量,但能概括描述其基本面貌. 这些能代表随机变量的主要特征的数字称为数字特征. 本章将介绍随机变量的常用数字特征:数学期望、方差、相关系数和矩等.

16.1　数学期望(随机变量的均值)

下面将对离散型随机变量和连续型随机变量的数学期望进行讨论.

16.1.1　离散型随机变量的数学期望

例 16.1.1　某年级有50名学生,17岁的有6人,18岁的有4人,16岁的有40人,则该年级学生的平均年龄为

$$\begin{aligned}\frac{17\times 6+18\times 4+16\times 40}{50}&=17\times\frac{6}{50}+18\times\frac{4}{50}+16\times\frac{40}{50}\\&=16.28\end{aligned}$$

事实上,我们在计算中是用频率作为权重进行的加权平均,而频率具有波动性,因此要定出平均年龄,可以使用频率的稳定值即概率来替代其频率而进行加权平均. 受以上例子的启发,推而广之,便得出数学期望的概念. 对于一般的离散型随机变量,其定义如下.

定义 16.1.1　设离散型随机变量 X 的分布律为

$$P(X_k=x_k)=p_k\quad (k=1,2,\cdots)$$

若级数 $\sum\limits_{k=1}^{\infty}x_kp_k$ 绝对收敛,则称级数 $\sum\limits_{k=1}^{\infty}x_kp_k$ 为随机变量 X 的数学期望(mathematical expectation)或均值(average)[①],记为

$$E(X) = \sum_{k=1}^{\infty} x_k p_k \tag{16-1}$$

若级数 $\sum_{k=1}^{\infty} |x_k p_k|$ 发散,则称随机变量 X 的数学期望不存在.

例 16.1.2 设一射手射击,X 表示其射中的环数,且其概率分布如下:

X	7	8	9	10
P	0.2	0.4	0.3	0.1

试求该射手射击命中的平均环数 $E(X)$.

解 由题意可知,射手射击命中的平均环数

$$E(X) = \sum_{k=1}^{\infty} x_k p_k = (7\times 0.2 + 8\times 0.4 + 9\times 0.3 + 10\times 0.1)\text{ 环} = 8.3\text{ 环}$$

例 16.1.3 设随机变量 $X \sim B(n,p)$(即服从二项分布),求其数学期望.

解 因为 $X\sim B(n,p)$,$P(X=k)=C_n^k p^k(1-p)^{n-k}(k=0,1,\cdots,n)$,所以

$$\begin{aligned} E(X) &= \sum_{k=0}^{n} k C_n^k p^k (1-p)^{n-k} = \sum_{k=0}^{n} k \frac{n!}{k!(n-k)!} p^k (1-p)^{n-k} \\ &= np \sum_{k=0}^{n} \frac{(n-1)!}{(k-1)![(n-1)-(k-1)]!} p^{k-1}(1-p)^{(n-1)-(k-1)} \\ &= np \sum_{k=0}^{n} C_{n-1}^{k-1} p^{k-1}(1-p)^{(n-1)-(k-1)} = np[P+(1-p)]^{n-1} = np \end{aligned}$$

注 $X\sim B(1,p)$(即服从 0-1 分布),则 $E(X)=p$.

例 16.1.4 设随机变量 X 服从参数为 λ 的泊松分布,求它的数学期望.

解 由于 $p_k = P\{X=k\} = \frac{\lambda^k}{k!}e^{-\lambda}(k=1,2,\cdots)$,因而

$$\begin{aligned} E(X) &= \sum_{k=1}^{\infty} k p_k = \sum_{k=1}^{\infty} k \frac{\lambda^k}{k!} e^{-\lambda} = \sum_{k=1}^{\infty} \frac{\lambda^k}{(k-1)!} e^{-\lambda} \\ &= \lambda e^{-\lambda} \sum_{k=1}^{\infty} \frac{\lambda^{k-1}}{(k-1)!} = \lambda e^{-\lambda} e^{\lambda} = \lambda \end{aligned}$$

16.1.2 连续型随机变量的数学期望

定义 16.1.2 设连续型随机变量 X 的分布密度函数为 $f(x)$,若积分

---

① 数学期望反映随机变量取值的平均水平,又称“均值”,也可以说是对未来的预期.未来事件的“均值”与之前事件的分布有着密切的关系,任何不切实际的期望都是很难实现的.在学习和生活中,必须要树立合理的目标,注重平时的点滴积累,踏实勤恳才能有所成就.

$\int_{-\infty}^{+\infty} xf(x)\mathrm{d}x$ 绝对收敛，则称积分 $\int_{-\infty}^{+\infty} xf(x)\mathrm{d}x$ 为 X 的数学期望或均值，记为$E(X)$，即

$$E(X)=\int_{-\infty}^{+\infty} xf(x)\mathrm{d}x \tag{16-2}$$

若积分 $\int_{-\infty}^{+\infty} |xf(x)|\mathrm{d}x$ 发散，则称随机变量 X 的数学期望不存在.

例 16.1.5　设随机变量 X 服从参数为$\lambda(\lambda>0)$的指数分布，求 $E(X)$.

解　由于指数分布的概率密度函数为 $f(x)=\begin{cases}\lambda\mathrm{e}^{-\lambda x}, & x>0\\ 0, & x\leqslant 0\end{cases}$，因而

$$\begin{aligned}E(X)&=\int_0^{+\infty} xf(x)\mathrm{d}x=\int_0^{+\infty}\lambda x\mathrm{e}^{-\lambda x}\mathrm{d}x\\&=-x\mathrm{e}^{-\lambda x}\Big|_0^{+\infty}+\int_0^{+\infty}\mathrm{e}^{-\lambda x}\mathrm{d}x\\&=0-\frac{1}{\lambda}\mathrm{e}^{-\lambda x}\Big|_0^{+\infty}=\frac{1}{\lambda}\end{aligned}$$

例 16.1.6　设随机变量 X 服从(a,b)上的均匀分布，求 $E(X)$.

解　由于均匀分布的概率密度函数为

$$f(x)=\begin{cases}\dfrac{1}{b-a}, & a<x<b\\ 0, & \text{其他}\end{cases}$$

因而
$$E(X)=\int_a^b xf(x)\mathrm{d}x=\int_a^b\frac{x}{b-a}\mathrm{d}x=\frac{b^2-a^2}{2(b-a)}=\frac{a+b}{2}$$

例 16.1.7　设 $X\sim N(\mu,\sigma^2)$，求 $E(X)$.

解　因为 $X\sim N(\mu,\sigma^2)$，其分布密度为 $f(x)=\frac{1}{\sqrt{2\pi}\sigma}\mathrm{e}^{-\frac{(x-\mu)^2}{2\sigma^2}}$，则 X 的数学期望为

$$E(X)=\int_{-\infty}^{+\infty} xf(x)\mathrm{d}x=\frac{1}{\sqrt{2\pi}\sigma}\int_{-\infty}^{+\infty} x\mathrm{e}^{-\frac{(x-\mu)^2}{2\sigma^2}}\mathrm{d}x$$

令$\frac{x-\mu}{\sigma}=t$，则

$$E(X)=\frac{1}{\sqrt{2\pi}}\int_{-\infty}^{+\infty}(\mu+\sigma t)\mathrm{e}^{-\frac{t^2}{2}}\mathrm{d}t$$

注意到

$$\frac{\mu}{\sqrt{2\pi}}\int_{-\infty}^{+\infty}\mathrm{e}^{-\frac{t^2}{2}}\mathrm{d}t=\mu,\quad \frac{1}{\sqrt{2\pi}}\int_{-\infty}^{+\infty}\sigma t\mathrm{e}^{-\frac{t^2}{2}}\mathrm{d}t=0$$

故 $E(X)=\mu$.

16.1.3 随机变量的函数的数学期望

定理 16.1.1 设 Y 为随机变量 X 的函数:$Y=g(X)$(g 是连续函数).

(1) X 是离散型随机变量,分布律为 $p_k=P(X=x_k)(k=1,2,\cdots)$;若级数 $\sum_{k=1}^{\infty} g(x_k)p_k$ 绝对收敛,则有

$$E(Y)=E[g(X)]=\sum_{k=1}^{\infty} g(x_k)p_k \tag{16-3}$$

(2) X 是连续型随机变量,它的分布密度为 $f(x)$,若积分 $\int_{-\infty}^{+\infty} g(x)f(x)\mathrm{d}x$ 绝对收敛,则有

$$E(Y)=E[g(X)]=\int_{-\infty}^{+\infty} g(x)f(x)\mathrm{d}x \tag{16-4}$$

定理 16.1.1 的重要意义在于,当求 $E(Y)$时,不必知道 Y 的分布而只需知道 X 的分布就可以了.当然,也可以由已知的 X 的分布,先求出其函数 $g(X)$的分布,再根据数学期望的定义去求 $E[g(X)]$,然而,求 $Y=g(X)$的分布是不容易的,所以一般不采用后一种方法.

例 16.1.8 随机变量 X 的分布律如下:

X	0	1	2	3
P	$\frac{1}{2}$	$\frac{1}{4}$	$\frac{1}{8}$	$\frac{1}{8}$

求 $E(1+X)$,$E(X^2)$.

解 $E(1+X)=(1+0)\times\frac{1}{2}+(1+1)\times\frac{1}{4}+(1+2)\times\frac{1}{8}+(1+3)\times\frac{1}{8}=\frac{15}{8}$

$E(X^2)=0^2\times\frac{1}{2}+1^2\times\frac{1}{4}+2^2\times\frac{1}{8}+3^2\times\frac{1}{8}=\frac{15}{8}$

例 16.1.9 设随机变量 X 的概率密度 $f(x)=\begin{cases}2\mathrm{e}^{-2x}, & x>0\\ 0, & x\leqslant 0\end{cases}$,求 $E(\mathrm{e}^{-X})$.

解 因为 $E[g(X)]=\int_{-\infty}^{+\infty} g(x)f(x)\mathrm{d}x$,所以

$$E(\mathrm{e}^{-X})=\int_0^{+\infty}\mathrm{e}^{-x}\cdot 2\mathrm{e}^{-2x}\mathrm{d}x=-\frac{2}{3}\mathrm{e}^{-3x}\Big|_0^{+\infty}=\frac{2}{3}$$

***定理 16.1.2** 设 $Z=g(X,Y)$是随机变量(X,Y)的函数(g 是连续函数).

(1) (X,Y)是二维离散型随机变量,联合分布律为

$$p_{ij}=P(X=x_i,Y=y_j)\quad(i,j=1,2,\cdots)$$

则有

$$E(Z)=E[g(X,Y)]=\sum_{i=1}^{\infty}\sum_{j=1}^{\infty}g(x_i,y_j)p_{ij} \tag{16-5}$$

设该级数绝对收敛.

(2) (X,Y)是二维连续型随机变量，联合分布密度为 $f(x,y)$，则有

$$E(Z)=E[g(X,Y)]=\int_{-\infty}^{+\infty}\int_{-\infty}^{+\infty}g(x,y)f(x,y)\mathrm{d}x\mathrm{d}y \tag{16-6}$$

设该积分绝对收敛.

特别地，有

$$E(X)=\int_{-\infty}^{+\infty}\int_{-\infty}^{+\infty}xf(x,y)\mathrm{d}x\mathrm{d}y=\int_{-\infty}^{+\infty}xf_X(x)\mathrm{d}x$$

$$E(Y)=\int_{-\infty}^{+\infty}\int_{-\infty}^{+\infty}yf(x,y)\mathrm{d}x\mathrm{d}y=\int_{-\infty}^{+\infty}yf_Y(y)\mathrm{d}y$$

例 16.1.10　设(X,Y)的概率密度函数为

$$f(x,y)=\begin{cases}(x+y)/3, & 0\leqslant x\leqslant 2,0\leqslant y\leqslant 1\\ 0, & \text{其他}\end{cases}$$

求 $E(X)$，$E(XY)$，$E(X^2+Y^2)$.

解　由定理 16.1.2，D：$0\leqslant x\leqslant 2,0\leqslant y\leqslant 1$.

$$E(X)=\iint_D xf(x,y)\mathrm{d}x\mathrm{d}y=\int_0^2 x\mathrm{d}x\int_0^1\frac{x+y}{3}\mathrm{d}y=\frac{1}{6}\int_0^2 x(2x+1)\mathrm{d}x=\frac{11}{9}$$

$$E(XY)=\iint_D xyf(x,y)\mathrm{d}x\mathrm{d}y=\int_0^2\int_0^1 xy\frac{x+y}{3}\mathrm{d}y\mathrm{d}x=\int_0^2\left(\frac{1}{6}x^2+\frac{1}{9}x\right)\mathrm{d}x=\frac{2}{3}$$

$$\begin{aligned}E(X^2+Y^2)&=\iint_D(x^2+y^2)f(x,y)\mathrm{d}x\mathrm{d}y\\&=\int_0^2 x^2\mathrm{d}x\int_0^1\frac{x+y}{3}\mathrm{d}y+\int_0^2\mathrm{d}x\int_0^1\frac{xy^2+y^3}{3}\mathrm{d}y=\frac{13}{6}\end{aligned}$$

16.1.4　数学期望的性质

(1) 设 c 是常数，有 $E(c)=c$.

(2) 设 X 是随机变量，设 k 是常数，有 $E(kX)=kE(X)$.

(3) 设 X,Y 是随机变量，有 $E(X+Y)=E(X)+E(Y)$（该性质可推广到有限个随机变量之和的情况）.

结合性质(2)、(3)，有 $E(k_1X_1+k_2X_2+\cdots k_nX_n)=k_1E(X_1)+k_2E(X_2)+\cdots+k_nE(X_n)$，即线性函数的期望等于期望的线性函数.

(4) 设 X,Y 是相互独立的随机变量，则有 $E(XY)=E(X)E(Y)$（该性质可推广到有限个随机变量之积的情况）.

例 16.1.11　若随机变量 X、Y 的数学期望分别为 $E(X)=2$，$E(Y)=3$，求(1)函

数 $Z=2X+3Y-4$ 的数学期望 $E(Z)=E(2X+3Y-4)$；(2) 若 X、Y 相互独立，函数 $Z=2XY-1$ 的数学期望 $E(Z)=E(2XY-1)$.

解 (1) 由数学期望的性质可得：

$$E(Z)=E(2X+3Y-4)=2E(X)+3E(Y)-4=9$$

(2) 因为 X、Y 相互独立，所以

$$E(Z)=E(2XY-1)=2E(X)E(Y)-1=11$$

习　题　16.1

1. 一批产品有一、二、三等品及废品 4 种，所占比例分别为 60%、20%、10%、10%，各级产品的出厂价分别为 6 元、4.8 元、4 元、1 元，求产品的平均出厂价.

2. 盒内有 5 个球，其中有 3 个白球，2 个黑球，从中随机抽取 2 个，设 X 表示取得的白球的个数，求 (1) $E(X)$；(2) $E(2X)$；(3) $E(X^2)$.

3. 设随机变量 X 的概率密度函数为 $f(x)=\begin{cases} kx^2, & 0\leqslant x\leqslant 1 \\ 0, & 其他 \end{cases}$，求 (1) 参数 k；(2) $E(X)$.

4. 设随机变量 X 的概率密度函数为 $f(x)=\begin{cases} a+bx^2, & 0\leqslant x\leqslant 1 \\ 0, & 其他 \end{cases}$，$E(X)=\dfrac{3}{5}$，试求常数 a 和 b.

5. 设 R. V. X 的概率密度函数为 $f(x)=\begin{cases} x, & 0\leqslant x\leqslant 1 \\ 2-x, & 1< x\leqslant 2 \\ 0, & 其他 \end{cases}$，求 $E(X^2)$.

6. 设随机变量 X、Y 的概率密度函数为

$$f(x,y)=\begin{cases} k, & 0<x<1,0<y<x \\ 0, & 其他 \end{cases}$$

试确定常数 k，并判断 $E(XY)$ 与 $E(X)\cdot E(Y)$ 是否相等？

7. 设二维随机变量 (X,Y) 在区域 A 上服从均匀分布，其中 A 为 x 轴，y 轴及直线 $x+\dfrac{y}{2}=1$ 所围成的三角区域，求 $E(X)$，$E(Y)$，$E(XY)$.

16.2　方　　差

随机变量的数学期望可以理解为该随机变量取值的平均值，但有时在实际问题中，除了知道其均值还是不够的，如在检验棉花的质量时，除了要注意纤维的平均长度，还要注意纤维长度与平均长度的偏离程度. 那么，用怎样的量去度量这个偏离程度呢？用 $E[X-E(X)]$ 来描述是不行的，因为这时正负偏差会抵消；用 $E|[X-$

$E(X)]|$来描述原则上是可以的，但有绝对值不便计算；因此，通常用 $E\{[X-E(X)]^2\}$来描述随机变量与均值的偏离程度.

16.2.1　方差的概念

定义 16.2.1　设 X 是随机变量，$E\{[X-E(X)]^2\}$存在，就称其为 X 的方差(variance)，记为 $D(X)$(或 $\mathrm{Var}(X)$)，即

$$D(X)=E\{[X-E(X)]^2\} \tag{16-7}$$

称$\sqrt{D(X)}$为均方差(mean square deviation)或标准差(standard deviation)，记为 $\sigma(X)$或 σ_X.

根据定义可知，随机变量 X 的方差反映了随机变量的取值与其数学期望的偏离程度. 若 X 取值比较集中，则 $D(X)$较小；反之，若 X 取值比较分散，则 $D(X)$较大.

方差和标准差之间的区别主要在量纲上，由于标准差与所讨论的随机变量、数学期望有相同的量纲，其运算 $E(X)\pm k\sigma(X)$是有意义的(k 为正实数)，所以在实际中比较多用标准差，但标准差的计算必须通过方差来计算.

16.2.2　方差的计算

(1) 若 X 是离散型随机变量，分布律为 $p_k=P(X=x_k)(k=1,2,\cdots)$，则

$$D(X)=\sum_{k=1}^{\infty}[x_k-E(X)]^2 p_k \tag{16-8}$$

(2) 若 X 是连续型随机变量，它的概率密度为 $f(x)$，则

$$D(X)=\int_{-\infty}^{+\infty}[x-E(X)]^2 f(x)\mathrm{d}x \tag{16-9}$$

(3)
$$D(X)=E(X^2)-[E(X)]^2 \tag{16-10}$$

证　仅证(3)：由方差的定义及数学期望的性质

$$\begin{aligned}D(X)&=E\{[X-E(X)]^2\}=E\{X^2-2XE(X)+[E(X)]^2\}\\&=E(X^2)-2E(X)E(X)+[E(X)]^2\\&=E(X^2)-[E(X)]^2\end{aligned}$$

由该等式可知，要计算 $D(X)$，只需计算 $E(X)$、$E(X^2)$的值.

例 16.2.1　设一射手射击，X 表示其射中的环数，且其概率分布如下：

X	7	8	9	10
P	0.2	0.3	0.4	0.1

求 $D(X)$.

解　因为

$$E(X)=7\times 0.2+8\times 0.3+9\times 0.4+10\times 0.1=8.4$$

且
$$E(X^2)=7^2\times 0.2+8^2\times 0.3+9^2\times 0.4+10^2\times 0.1=71.4$$

所以
$$D(X)=E(X^2)-[E(X)]^2=0.84$$

例 16.2.2 设随机变量 $X\sim B(n,p)$（即服从二项分布），求其方差 $D(X)$.

解 因为

$$X\sim B(n,p),\quad P(X=k)=C_n^k p^k(1-p)^{n-k}(k=0,1,\cdots,n),\quad E(X)=np$$

$$\begin{aligned}E(X^2)&=\sum_{k=0}^{n}k^2 C_n^k p^k(1-p)^{n-k}=\sum_{k=1}^{n}k^2\frac{n!}{k!(n-k)!}p^k(1-p)^{n-k}\\&=\sum_{k=1}^{n}(k-1+1)k\frac{n!}{k!(n-k)!}p^k(1-p)^{n-k}\\&=\sum_{k=1}^{n}(k-1)k\frac{n!}{k!(n-k)!}p^k(1-p)^{n-k}+\sum_{k=1}^{n}k\frac{n!}{k!(n-k)!}p^k(1-p)^{n-k}\\&=\sum_{k=2}^{n}(k-1)k\frac{n!}{k!(n-k)!}p^k(1-p)^{n-k}+np\\&=n(n-1)p^2\sum_{k=2}^{n}\frac{(n-2)!}{(k-2)!(n-k)!}p^{k-2}(1-p)^{(n-2)-(k-2)}+np\\&=n(n-1)p^2\sum_{k=2}^{n}C_{n-2}^{k-2}p^{k-2}(1-p)^{(n-2)-(k-2)}+np\\&=n(n-1)p^2(p+1-p)^{n-2}+np=n(n-1)p^2+np\end{aligned}$$

所以

$$D(X)=E(X^2)-[E(X)]^2=n(n-1)p^2+np-n^2p^2=np(1-p)$$

注 若 $X\sim B(1,p)$（即 0-1 分布），则 $D(X)=p(1-p)$.

例 16.2.3 设随机变量 X 服从参数为 λ 的泊松分布，求 $D(X)$.

解 由于 $D(X)=E(X^2)-[E(X)]^2$，而 $E(X)=\lambda$，则

$$\begin{aligned}E(X^2)&=\sum_{k=1}^{\infty}k^2\frac{\lambda^k}{k!}e^{-\lambda}=\lambda\sum_{k=1}^{\infty}\frac{k\lambda^{k-1}}{(k-1)!}e^{-\lambda}=\lambda e^{-\lambda}\sum_{k=0}^{\infty}\frac{(k+1)\lambda^k}{k!}\\&=\lambda e^{-\lambda}\sum_{k=0}^{\infty}\frac{k\lambda^k}{k!}+\lambda e^{-\lambda}\sum_{k=0}^{\infty}\frac{\lambda^k}{k!}=\lambda e^{-\lambda}(\lambda e^{\lambda}+e^{\lambda})=\lambda^2+\lambda\end{aligned}$$

因而 $D(X)=\lambda$.

例 16.2.4 设随机变量 X 服从 (a,b) 上的均匀分布，求 $D(X)$.

解 由于均匀分布的概率密度函数为

$$f(x)=\begin{cases}\dfrac{1}{b-a}, & a<x<b\\ 0, & \text{其他}\end{cases}$$

$$E(X)=\frac{a+b}{2}$$

$$E(X^2)=\int_a^b \frac{x^2}{b-a}\mathrm{d}x=\frac{b^3-a^3}{3(b-a)}=\frac{b^2+ab+a^2}{3}$$

故

$$D(X)=\frac{b^2+ab+a^2}{3}-\left(\frac{a+b}{2}\right)^2=\frac{(b-a)^2}{12}$$

例 16.2.5　设随机变量 X 服从参数为 λ 的指数分布，求 $D(X)$.

解　由于指数分布的概率密度函数为 $f(x)=\begin{cases}\lambda \mathrm{e}^{-\lambda x}, & x>0\\ 0, & x\leqslant 0\end{cases}$，$E(X)=\frac{1}{\lambda}$，且

$$\begin{aligned}E(X^2)&=\int_0^{+\infty}x^2\cdot\lambda\mathrm{e}^{-\lambda x}\mathrm{d}x=-\int_0^{+\infty}x^2\cdot\mathrm{d}\mathrm{e}^{-\lambda x}=-x^2\mathrm{e}^{-\lambda x}\Big|_0^{+\infty}+\int_0^{+\infty}\mathrm{e}^{-\lambda x}\mathrm{d}x^2\\&=0+2\int_0^{+\infty}x\mathrm{e}^{-\lambda x}\mathrm{d}x=-\frac{2}{\lambda}\int_0^{+\infty}x\mathrm{d}\mathrm{e}^{-\lambda x}=-\frac{2}{\lambda}x\mathrm{e}^{-\lambda x}\Big|_0^{+\infty}+\frac{2}{\lambda}\int_0^{+\infty}\mathrm{e}^{-\lambda x}\mathrm{d}x\\&=0+\frac{-2}{\lambda^2}\int_0^{+\infty}\mathrm{d}\mathrm{e}^{-\lambda x}=\frac{2}{\lambda^2}\end{aligned}$$

故

$$D(X)=\frac{2}{\lambda^2}-\left(\frac{1}{\lambda}\right)^2=\frac{1}{\lambda^2}$$

例 16.2.6　设随机变量 $X\sim N(\mu,\sigma^2)$，求 $D(X)$.

由 16.1 节知 $E(X)=\mu$，从而

$$D(X)=\int_{-\infty}^{+\infty}[x-E(X)]^2f(x)\mathrm{d}x=\int_{-\infty}^{+\infty}(x-\mu)^2\frac{1}{\sqrt{2\pi}\sigma}\mathrm{e}^{-\frac{(x-\mu)^2}{2\sigma^2}}\mathrm{d}x$$

令 $\frac{x-\mu}{\sigma}=t$，则

$$\begin{aligned}D(X)&=\frac{\sigma^2}{\sqrt{2\pi}}\int_{-\infty}^{+\infty}t^2\mathrm{e}^{-\frac{t^2}{2}}\mathrm{d}t=\frac{\sigma^2}{\sqrt{2\pi}}\left(-t\mathrm{e}^{-\frac{t^2}{2}}\Big|_{-\infty}^{+\infty}+\int_{-\infty}^{+\infty}\mathrm{e}^{-\frac{t^2}{2}}\mathrm{d}t\right)\\&=\frac{\sigma^2}{\sqrt{2\pi}}(0+\sqrt{2\pi})=\sigma^2\end{aligned}$$

由此可知，正态分布的概率密度中的两个参数 μ 和 σ 分别是该分布的数学期望和均方差. 因而正态分布完全可由它的数学期望和方差所确定.

例 16.2.7　设随机变量 X 的概率密度函数为 $f(x)=\begin{cases}x, & 0<x<1\\ 2-x, & 1\leqslant x\leqslant 2\\ 0, & 其他\end{cases}$，求 $D(X)$.

解

$$E(X)=\int_0^1 x\cdot x\mathrm{d}x+\int_1^2 x\cdot(2-x)\mathrm{d}x=1$$

$$E(X^2)=\int_0^1 x^2\cdot x\mathrm{d}x+\int_1^2 x^2\cdot(2-x)\mathrm{d}x=\frac{7}{6}$$

$$D(X)=E(X^2)-[E(X)]^2=\frac{7}{6}-1^2=\frac{1}{6}$$

例 16.2.8　设 (X,Y) 的概率密度函数为

$$f(x,y)=\begin{cases}1, & |y|\leqslant x,0\leqslant x\leqslant 1\\ 0, & \text{其他}\end{cases}$$

求 $D(X)$ 及 $D(Y)$.

解 $D:|y|\leqslant x \quad 0\leqslant x\leqslant 1$.

$$E(X)=\iint\limits_D xf(x,y)\mathrm{d}x\mathrm{d}y=\int_0^1 x\mathrm{d}x\int_{-x}^{x}\mathrm{d}y=\int_0^1 2x^2\mathrm{d}x=\frac{2}{3}$$

$$E(Y)=\iint\limits_D yf(x,y)\mathrm{d}x\mathrm{d}y=\int_0^1\mathrm{d}x\int_{-x}^{x}y\mathrm{d}y=0$$

$$E(X^2)=\iint\limits_D x^2f(x,y)\mathrm{d}x\mathrm{d}y=\int_0^1 x^2\mathrm{d}x\int_{-x}^{x}\mathrm{d}y=\int_0^1 2x^3\mathrm{d}x=\frac{1}{2}$$

$$E(Y^2)=\iint\limits_D y^2f(x,y)\mathrm{d}x\mathrm{d}y=\int_0^1\mathrm{d}x\int_{-x}^{x}y^2\mathrm{d}y=\frac{2}{3}\int_0^1 x^3\mathrm{d}x=\frac{1}{6}$$

$$D(X)=\frac{1}{2}-\frac{4}{9}=\frac{1}{18},\quad D(Y)=\frac{1}{6}-0=\frac{1}{6}$$

16.2.3 方差的性质

(1) 设 c 是常数,有 $D(c)=0$.

(2) 设 a,c 都是常数,有 $D(aX)=a^2D(X)$,$D(aX+c)=a^2D(X)$.

(3) $D(aX+bY)=a^2D(X)+b^2D(Y)+2abE\{[X-E(X)][Y-E(Y)]\}$.

证
$$\begin{aligned}D(aX+bY)&=E\{[aX+bY-E(aX+bY)]^2\}\\&=E\{[aX-aE(X)+bY-bE(Y)]^2\}\\&=a^2E(X-E(X))^2+b^2E(Y-E(Y))^2+2abE\{[X-E(X)][Y\\&\quad-E(Y)]\}\\&=a^2D(X)+b^2D(Y)+2abE\{[X-E(X)][Y-E(Y)]\}\end{aligned}$$

当 X,Y 是相互独立时,有

$$\begin{aligned}E\{[X-E(X)][Y-E(Y)]\}&=E(XY-X\cdot E(Y)-Y\cdot E(X)+E(X)\cdot E(Y))\\&=E(XY)-E(X)\cdot E(Y)-E(Y)\cdot E(X)\\&\quad+E(X)\cdot E(Y)\\&=E(XY)-E(X)\cdot E(Y)=0\end{aligned}$$

即

$$D(aX+bY)=a^2D(X)+b^2D(Y)$$

(4) 若 $X_1,X_2,\cdots,X_n$ 是相互独立的随机变量,则

$$D\Big(\sum_{i=1}^{n}C_iX_i\Big)=\sum_{i=1}^{n}C_i^2D(X_i)$$

(5) $D(X)=0$ 的充要条件是 X 以概率为 1 取常数 c,即

$$P(X=c)=1$$

例 16.2.9　设随机变量 X 服从二项分布 $B(n,p)$，求 $E(X)$，$D(X)$.

解　由二项分布的定义可知，X 是 n 重伯努利实验中事件 A 发生的次数，且每次实验中事件 A 发生的概率为 p，引入随机变量：

$$X_k=\begin{cases}1, & A\text{ 在第 }k\text{ 次试验中发生}\\ 0, & A\text{ 在第 }k\text{ 次试验中不发生}\end{cases}\quad (k=1,2,\cdots,n)$$

易知

$$X=X_1+X_2+\cdots+X_n$$

且 $X_1,X_2,\cdots,X_n$ 独立同分布，X_k 的分布律均为

$$P(X_k=1)=p,P(X_k=0)=1-p\quad (k=1,2,\cdots,n)$$

那么 $X=X_1+X_2+\cdots+X_n$ 服从 $B(n,p)$.

因为

$$E(X_i)=1\cdot p+0\cdot(1-p)=p$$

$$D(X_i)=E(X_i^2)-E(X_i)^2=1^2\times p+0^2\times(1-p)-p^2=p(1-p)$$

所以

$$E(X)=\sum_{i=1}^{n}E(X_i)=\sum_{i=1}^{n}P=np$$

$$D(X)=\sum_{i=1}^{n}D(X_i)=np(1-p)$$

例 16.2.10　设 $X_1,X_2,\cdots,X_n$ 是相互独立且同分布的随机变量，$E(X_i)=\mu$，$D(X_i)=\sigma^2$，记 $\overline{X}=\frac{1}{n}\sum_{i=1}^{n}X_i$，求 $E(\overline{X})$，$D(\overline{X})$.

解　因为 $X_1,X_2,\cdots,X_n$ 是相互独立且同分布的随机变量，所以

$$E(\overline{X})=E\left(\frac{1}{n}\sum_{i=1}^{n}X_i\right)=\frac{1}{n}E\left(\sum_{i=1}^{n}X_i\right)=\frac{1}{n}\sum_{i=1}^{n}E(X_i)=\frac{1}{n}\cdot n\mu=\mu$$

$$D(\overline{X})=D\left(\frac{1}{n}\sum_{i=1}^{n}X_i\right)=\frac{1}{n^2}D\left(\sum_{i=1}^{n}X_i\right)=\frac{1}{n^2}\sum_{i=1}^{n}D(X_i)=\frac{1}{n^2}\cdot n\sigma^2=\frac{\sigma^2}{n}$$

注　该例的结果与总体的分布类型无关，请读者留意.

16.2.4　几种常见分布的数学期望和方差

由前面例题的计算结果，可得几种常见分布的数学期望与方差，现整理并列举如下.

1. 0-1 **分布**

设 $X\sim B(1,p)$，即 X 的概率分布律为

$$P(X=1)=p,\quad P(X=0)=1-p\quad (0<p<1)$$

则

$$E(X)=p,\quad D(X)=p(1-p)$$

2. 二项分布

设 $X \sim B(n,p)$，即 X 的概率分布律为

$$P(X=k)=C_n^k p^k (1-p)^{n-k} \quad (k=0,1,\cdots,n)$$

则
$$E(X)=np, \quad D(X)=np(1-p)$$

3. 泊松分布

设 $X \sim P(\lambda)$，即 X 的概率分布律为

$$P(X=k)=\frac{\lambda^k}{k!}e^{-\lambda} \quad (\lambda>0,k=0,1,\cdots)$$

则
$$E(X)=\lambda, \quad D(X)=\lambda$$

4. 均匀分布

设 $X \sim R[a,b]$，即 X 的概率密度为

$$f(x)=\begin{cases} \dfrac{1}{b-a}, & a<x<b \\ 0, & \text{其他} \end{cases}$$

分布函数为

$$F(x)=\begin{cases} 0, & x<a \\ \dfrac{x-a}{b-a}, & a\leqslant x<b \\ 1, & x\geqslant b \end{cases}$$

则
$$E(X)=\frac{a+b}{2}, \quad D(X)=\frac{(b-a)^2}{12}$$

5. 正态分布

设 $X \sim N(\mu,\sigma^2)$，即 X 的概率密度为

$$f(x)=\frac{1}{\sqrt{2\pi}\sigma}e^{-\frac{1}{2\sigma^2}(x-\mu)^2} \quad (-\infty<x<+\infty), \quad \text{其中 } \sigma>0, \sigma,\mu \text{ 为常数}$$

则
$$E(X)=\mu, \quad D(X)=\sigma^2$$

6. 指数分布

设 $X \sim E(\lambda)$，即 X 的概率密度为

$$f(x)=\begin{cases} \lambda e^{-\lambda x}, & x>0 \\ 0, & \text{其他} \end{cases}, \quad \text{其中 } \lambda>0 \text{ 为常数}$$

分布函数为

$$F(x)=\begin{cases} 1-e^{-\lambda x}, & x>0 \\ 0, & x\leqslant 0 \end{cases}$$

则
$$E(X)=\frac{1}{\lambda}, \quad D(X)=\frac{1}{\lambda^2}$$

例 16.2.11　设 $X\sim B(4,0.5)$，Y 服从参数为 λ 的泊松分布，且满足 $E[(X+1)(X-1)]=2E[(Y-1)(Y-2)]$，求参数 λ.

解　因为 $X\sim B(4,0.5)$，得

$$E(X)=2,\quad D(X)=1,\quad E(X^2)=D(X)+[E(X)]^2=5$$

又因为 $Y\sim P(\lambda)$，所以

$$E(Y)=D(Y)=\lambda,\quad E(Y^2)=D(Y)+[E(Y)]^2=\lambda+\lambda^2$$

由

$$E[(X+1)(X-1)]=2E[(Y-1)(Y-2)]$$

得

$$E(X^2)-1=2[E(Y^2)-3E(Y)+2],\quad 即\quad 5-1=2[(\lambda+\lambda^2)-3\lambda+2]$$

从而

$$\lambda=2$$

习　题　16.2

1. 一袋中装有 5 个球，编号为 1、2、3、4、5，在袋中同时取 3 个球，用 X 表示取出的 3 个球中的最大号码，求 $E(X)$，$D(X)$.

2. $X\sim B(n,p)$，且 $E(X)=3.6$，$D(X)=2.16$，求参数 n，p.

3. 设随机变量 X 的概率密度函数为 $f(x)=\begin{cases}2x, & 0\leqslant x\leqslant 1\\ 0, & 其他\end{cases}$，求 (1) $D(X)$；(2) $D(X^2)$.

4. 设随机变量 $X\sim U[-2,2]$，求 $D(1-2X)$.

5. 设随机变量 X 和 Y 相互独立，且 $D(X)=2$，$D(Y)=3$，求 $D(2X-3Y)$.

6. 设随机变量 X 服从参数为 1 的泊松分布，求 $P\{X=E(X^2)\}$.

7. 设随机变量 X 服从参数为 λ 的指数分布，求 $P\left\{X>\sqrt{D(X)}\right\}$.

8. 设 X_1，X_2，X_3 相互独立，其中 $X_1\sim U[0,6]$，$X_2\sim N(0,1)$，$X_3\sim P\left(\frac{1}{3}\right)$，记 $Y=X_1-2X_2+3X_3$，求 $D(Y)$.

9. 设 X_1，X_2，…，X_n 是相互独立且都服从参数为 λ 的泊松分布的随机变量，记 $\overline{X}=\frac{1}{n}\sum_{i=1}^{n}X_i$，求 $E(\overline{X})$，$D(\overline{X})$.

16.3　协方差与相关系数

对于二维随机变量 (X,Y)，除了讨论 X 与 Y 的数学期望和方差外，还需讨论描述 X 与 Y 之间相互关系的数字特征. 在实际问题中，每对随机变量往往相互影响、相互联系. 例如，人的体重与身高，某种农产品的产量与施肥量，等等. 随机变量的这种

相互联系称为相关关系，它们也是一类重要的数字特征，本节讨论有关这方面的数字特征.

16.3.1 协方差及相关系数的定义

定义 16.3.1 称 $E[X-E(X)][Y-E(Y)]$ 为随机变量 X 与 Y 的协方差(covariance)，或称为 X 与 Y 的相关(中心)矩，记为 $\mathrm{Cov}(X,Y)$，即

$$\mathrm{Cov}(X,Y)=E\{[X-E(X)][Y-E(Y)]\}$$

特别地，

$$\mathrm{Cov}(X,X)=E\{[X-E(X)][X-E(X)]\}=D(X)$$

$$\mathrm{Cov}(Y,Y)=E\{[Y-E(Y)][Y-E(Y)]\}=D(Y)$$

故方差 $D(X)$，$D(Y)$ 是协方差的特例.

若 (X,Y) 为二维离散型随机变量，其联合分布律为 $P\{X=x_i,Y=y_j\}=p_{ij}$ $(i,j=1,2,\cdots)$，则有

$$\mathrm{Cov}(X,Y)=\sum_i\sum_j[x_i-E(X)][y_i-E(Y)]p_{ij} \tag{16-11}$$

若 (X,Y) 为二维连续型随机变量，其概率密度为 $f(x,y)$，则有

$$\mathrm{Cov}(X,Y)=\int_{-\infty}^{+\infty}\int_{-\infty}^{+\infty}[x-E(X)][y-E(Y)]f(x,y)\mathrm{d}x\mathrm{d}y \tag{16-12}$$

注 由协方差的定义及数学期望的性质可得下列实用计算公式：

$$\mathrm{Cov}(X,Y)=E(XY)-E(X)E(Y) \tag{16-13}$$

定义 16.3.2 称

$$\rho_{XY}=\frac{\mathrm{Cov}(X,Y)}{\sqrt{D(X)}\sqrt{D(Y)}}\quad (D(X)\neq 0,D(Y)\neq 0) \tag{16-14}$$

为随机变量 X 与 Y 的(线性)相关系数(correlation coefficient)或标准协方差(standard covariance)(无量纲).

注 从以上定义可以看出，相关系数与协方差是同符号的.

定义 16.3.3 若 $\rho_{XY}=0$(即 $\mathrm{Cov}(X,Y)=0$)，称 X 与 Y 不相关.

注 若 $\rho_{XY}>0$(即 $\mathrm{Cov}(X,Y)>0$)，则称 X 与 Y 正相关；若 $\rho_{XY}<0$(即 $\mathrm{Cov}(X,Y)<0$)，则称 X 与 Y 负相关.

例 16.3.1 设二维随机变量 $(X、Y)$ 的分布律为

X \ Y	-1	0	1
1	0.2	0.1	0.1
2	0.1	0	0.1
3	0	0.3	0.1

试计算 $\mathrm{Cov}(X,Y)$，ρ_{XY}.

解　由于关于 X 和 Y 的边缘分布律分别为

X	1	2	3
P	0.4	0.2	0.4

Y	-1	0	1
P	0.3	0.4	0.3

所以，有

$$E(X)=2,E(Y)=0,\quad E(X^2)=4.8,\quad E(Y^2)=0.6,\quad E(XY)=0.2$$

$$D(X)=E(X^2)-[E(X)]^2=0.8,\quad D(Y)=E(Y^2)-[E(Y)]^2=0.6$$

于是

$$\mathrm{Cov}(X,Y)=E(XY)-E(X)E(Y)=0.2,\quad \rho_{XY}=\frac{\mathrm{Cov}(X,Y)}{\sqrt{D(X)}\sqrt{D(Y)}}=0.289$$

例 16.3.2　设二维随机变量 (X,Y) 的概率密度函数为

$$f(x,y)=\begin{cases}2-x-y, & 0<x<1,0<y<1\\ 0, & \text{其他}\end{cases}$$

求相关系数 ρ_{XY}.

解

$$E(X)=\int_0^1\mathrm{d}x\int_0^1(2-x-y)\mathrm{d}y=\frac{5}{12}=E(Y)$$

$$E(XY)=\int_0^1\mathrm{d}x\int_0^1 xy\cdot(2-x-y)\mathrm{d}y=\frac{1}{6}$$

$$E(X^2)=\int_0^1\mathrm{d}x\int_0^1 x^2\cdot(2-x-y)\mathrm{d}y=\frac{1}{4}=E(Y^2)$$

$$D(X)=E(X^2)-[E(X)]^2=\frac{11}{144}=D(Y)$$

$$\rho_{XY}=\frac{E(XY)-E(X)E(Y)}{\sqrt{D(X)}\sqrt{D(Y)}}=-\frac{1}{11}$$

16.3.2　协方差与相关系数的性质

1. 协方差的性质

(1) $\mathrm{Cov}(X,Y)=\mathrm{Cov}(Y,X)$.

(2) $\mathrm{Cov}(X,X)=D(X)$；$\mathrm{Cov}(X,a)=0$（其中 a 为任意常数）.

(3) $\mathrm{Cov}(X,Y)=E(XY)-E(X)E(Y)$.

(4) $D(aX\pm bY)=a^2D(X)+b^2D(Y)\pm 2ab\mathrm{Cov}(X,Y)$.

(5) $\mathrm{Cov}(aX,bY)=ab\mathrm{Cov}(X,Y)$.

(6) $\mathrm{Cov}(X_1+X_2,Y)=\mathrm{Cov}(X_1,Y)+\mathrm{Cov}(X_2,Y)$.

下面仅证(6)，其余类似.

$\mathrm{Cov}(X_1+X_2,Y)=E[(X_1+X_2)Y]-E(X_1+X_2)E(Y)$

$$=E(X_1Y)+E(X_2Y)-E(X_1)E(Y)-E(X_2)E(Y)$$
$$=[E(X_1Y)-E(X_1)E(Y)]+[E(X_2Y)-E(X_2)E(Y)]$$
$$=\mathrm{Cov}(X_1,Y)+\mathrm{Cov}(X_2,Y)$$

2. 相关系数的性质

定理 16.3.1 设 ρ_{XY} 是 X 和 Y 的相关系数,则有

(1) $|\rho_{XY}|\leqslant 1$;

(2) $|\rho_{XY}|=1$ 的充要条件是 X 和 Y 以概率为 1 存在线性关系,即存在常数 $a\neq 0,b$ 使 $P\{Y=aX+b\}=1$.

例 16.3.3 已知随机变量 X,Y 分别服从正态分布 $N(0,3^2)$ 和 $N(2,4^2)$,且 X 与 Y 的相关系数 $\rho_{XY}=-1/2$,设 $Z=X/3+Y/2$,求(1) 数学期望 $E(Z)$,方差 $D(Z)$;(2) X 与 Z 的相关系数 ρ_{XZ}.

解 (1) 由数学期望、方差的性质及相关系数的定义可得:

$$E(Z)=E\left(\frac{X}{3}+\frac{Y}{2}\right)=\frac{1}{3}E(X)+\frac{1}{2}E(Y)=\frac{1}{3}\times 0+\frac{1}{2}\times 2=1$$

$$D(Z)=D\left(\frac{X}{3}+\frac{Y}{2}\right)=\frac{1}{9}D(X)+\frac{1}{4}D(Y)+2\times\frac{1}{3}\times\frac{1}{2}\mathrm{Cov}(X,Y)$$
$$=\frac{1}{9}D(X)+\frac{1}{4}D(Y)+2\times\frac{1}{3}\times\frac{1}{2}\rho_{XY}\cdot\sqrt{D(X)}\cdot\sqrt{D(Y)}=3$$

(2) 由协方差的性质可得:

$$\mathrm{Cov}(X,Z)=\mathrm{Cov}\left(X,\frac{1}{3}X+\frac{1}{2}Y\right)=\frac{1}{3}\mathrm{Cov}(X,X)+\frac{1}{2}\mathrm{Cov}(X,Y)$$
$$=\frac{1}{3}D(X)+\frac{1}{2}\rho_{XY}\sqrt{D(X)}\sqrt{D(Y)}=0$$

从而 X 与 Z 的相关系数 $\rho_{XZ}=\dfrac{\mathrm{Cov}(X,Z)}{\sqrt{D(X)}\sqrt{D(Z)}}=0$.

定理 16.3.2 若 X 与 Y 相互独立,则 $\rho_{XY}=0$,即 X 与 Y 不相关.

证 因为 X 与 Y 相互独立,则 $E(XY)=E(X)E(Y)$,即有 $\mathrm{Cov}(X,Y)=0$,所以 $\rho_{XY}=0$,也就是 X 与 Y 不相关.

事实上,相关系数只是随机变量间线性关系强弱的一个度量,当 $|\rho_{XY}|=1$ 时,表明随机变量 X 与 Y 具有线性关系,当 $\rho=1$ 时,为正线性相关,当 $\rho=-1$ 时,为负线性相关;当 $|\rho_{XY}|<1$ 时,这种线性相关程度就随着 $|\rho_{XY}|$ 的减小而减弱;当 $|\rho_{XY}|=0$ 时,就意味着随机变量 X 与 Y 是不相关的. 特别注意,X 与 Y 不相关是指它们之间没有线性关系,并不是表示没有任何关系,如可能有平方关系、对数关系等.

另外,下面将证明当 (X,Y) 服从二维正态分布时,X 和 Y 不相关和相互独立却是等价的.

例 16.3.4 设 (X,Y) 服从二维正态分布,它的概率密度为

$$f(x,y)$$

$$=\frac{1}{2\pi\sigma_1\sigma_2\sqrt{1-\rho^2}}\exp\left\{-\frac{1}{2(1-\rho^2)}\left[\frac{(x-\mu_1)^2}{\sigma_1^2}-2\rho\frac{(x-\mu_1)(y-\mu_2)}{\sigma_1\sigma_2}+\frac{(y-\mu_2)^2}{\sigma_2^2}\right]\right\}$$

求 $\mathrm{Cov}(X,Y)$，ρ_{XY}.

解　可以计算得(X,Y)的边缘概率密度为

$$f_X(x)=\frac{1}{\sqrt{2\pi}\sigma_1}\mathrm{e}^{-\frac{(x-\mu_1)^2}{2\sigma_1^2}}\quad(-\infty<x<+\infty)$$

$$f_Y(y)=\frac{1}{\sqrt{2\pi}\sigma_2}\mathrm{e}^{-\frac{(x-\mu_2)^2}{2\sigma_2^2}}\quad(-\infty<y<+\infty)$$

故

$$E(X)=\mu_1,\quad E(Y)=\mu_2,\quad D(X)=\sigma_1^2,\quad D(Y)=\sigma_2^2$$

而

$$\mathrm{Cov}(X,Y)=\int_{-\infty}^{+\infty}\int_{-\infty}^{+\infty}(x-\mu_1)(y-\mu_2)f(x,y)\mathrm{d}x\mathrm{d}y$$

$$=\frac{1}{2\pi\sigma_1\sigma_2\sqrt{1-\rho^2}}\int_{-\infty}^{+\infty}\int_{-\infty}^{+\infty}(x-\mu_1)(y-\mu_2)\mathrm{e}^{-\frac{(x-\mu_1)^2}{2\sigma_1^2}}\mathrm{e}^{-\frac{1}{2(1-\rho^2)}\left[\frac{y-\mu_2}{\sigma_2}-\rho\frac{x-\mu_1}{\sigma_1}\right]^2}\mathrm{d}x\mathrm{d}y$$

令

$$t=\frac{1}{\sqrt{1-\rho^2}}\left(\frac{y-\mu_2}{\sigma_2}-\rho\frac{x-\mu_1}{\sigma_1}\right),\quad u=\frac{x-\mu_1}{\sigma_1}$$

则

$$\mathrm{Cov}(X,Y)=\frac{1}{2\pi}\int_{-\infty}^{+\infty}\int_{-\infty}^{+\infty}(\sigma_1\sigma_2\sqrt{1-\rho^2}tu+\rho\sigma_1\sigma_2u^2)\mathrm{e}^{-\frac{u^2}{2}-\frac{t^2}{2}}\mathrm{d}t\mathrm{d}u$$

$$=\frac{\sigma_1\sigma_2\rho}{2\pi}\left(\int_{-\infty}^{+\infty}u^2\mathrm{e}^{-\frac{u^2}{2}}\mathrm{d}u\right)\left(\int_{-\infty}^{+\infty}\mathrm{e}^{-\frac{t^2}{2}}\mathrm{d}t\right)$$

$$+\frac{\sigma_1\sigma_2\sqrt{1-\rho^2}}{2\pi}\left(\int_{-\infty}^{+\infty}u\mathrm{e}^{-\frac{u^2}{2}}\mathrm{d}u\right)\left(\int_{-\infty}^{+\infty}t\mathrm{e}^{-\frac{t^2}{2}}\mathrm{d}t\right)$$

$$=\frac{\rho\sigma_1\sigma_2}{2\pi}\sqrt{2\pi}\cdot\sqrt{2\pi}=\rho\sigma_1\sigma_2$$

于是 $\rho_{XY}=\dfrac{\mathrm{Cov}(X,Y)}{\sqrt{D(X)}\sqrt{D(Y)}}=\rho$.

这说明二维正态随机变量(X,Y)的概率密度中的参数 ρ 就是 X 和 Y 的相关系数，从而二维正态随机变量的分布完全可由 X,Y 的各自数学期望、方差以及它们的相关系数确定.

由第 15 章讨论可知，若(X,Y)服从二维正态分布，那么 X 和 Y 相互独立的充要条件是 $\rho=0$，即 X 和 Y 不相关. 因此，对于二维正态随机变量(X,Y)，X 和 Y 不相关与 X 和 Y 相互独立是等价的.

例 16.3.5　设 Z 是服从$[-\pi,\pi]$上的均匀分布，又 $X=\sin Z$，$Y=\cos Z$，试求相关系数 ρ_{XY}.

解

$$E(X)=\frac{1}{2\pi}\int_{-\pi}^{\pi}\sin z\mathrm{d}z=0,\quad E(Y)=\frac{1}{2\pi}\int_{-\pi}^{\pi}\cos z\mathrm{d}z=0$$

$$E(X^2)=\frac{1}{2\pi}\int_{-\pi}^{\pi}\sin^2 z\mathrm{d}z=\frac{1}{2},\quad E(Y^2)=\frac{1}{2\pi}\int_{-\pi}^{\pi}\cos^2 z\mathrm{d}z=\frac{1}{2}$$

$$E(XY)=\frac{1}{2\pi}\int_{-\pi}^{\pi}\sin z\cos z\mathrm{d}z=0$$

因而 $\mathrm{Cov}(X,Y)=0$，$\rho_{XY}=0$，即相关系数 $\rho_{XY}=0$，随机变量 X 与 Y 不相关，但是有 $X^2+Y^2=1$，从而 X 与 Y 不独立.

注 这个例子说明：当两个随机变量不相关时，它们并不一定相互独立，它们之间还可能存在其他函数关系. 所以 X 与 Y 不相关不能说明 X 与 Y 相互独立.

16.3.3 矩

定义 16.3.4 设 X 和 Y 是随机变量，若 $E(X^k)$ $(k=1,2,\cdots)$ 存在，称它为 X 的 k 阶原点矩(k th origin moment)，简称 k 阶矩.

若 $E\{[X-E(X)]^k\}(k=1,2,\cdots)$ 存在，称它为 X 的 k 阶中心矩(k th central moment).

若 $E(X^kY^l)(k,l=1,2,\cdots)$ 存在，称它为 X 和 Y 的 $k+l$ 阶混合矩($k+l$ th mixed moment).

若 $E\{[X-E(X)]^k[Y-E(Y)]^l\}(k,l=1,2,\cdots)$ 存在，称它为 X 和 Y 的 $k+l$ 阶混合中心矩($k+l$th mixed central moment).

显然，X 的数学期望 $E(X)$ 是 X 的 1 阶原点矩，方差 $D(X)$ 是 X 的 2 阶中心矩，协方差 $\mathrm{Cov}(X,Y)$ 是 X 和 Y 的 2 阶混合中心矩.

习　题　16.3

1. 选择题

(1) 设随机变量 X 与 Y 的相关系数 $\rho_{XY}=0$，则下列结论中不正确的是(　　).

A. $D(X-Y)=D(X)+D(Y)$　　B. X 与 Y 必相互独立

C. X 与 Y 有可能服从二维正态分布　　D. $E(XY)=E(X)E(Y)$

(2) 设随机变量 X,Y 不相关，且 $E(X)=2$，$E(Y)=1$，$D(X)=3$，则 $E[X(X+Y-2)]=$(　　).

A. -3　　B. 3　　C. -5　　D. 5

2. 设二维离散型随机变量 (X,Y) 的概率分布律为

(X,Y)	(0,0)	(1,1)	(0,2)	(2,0)	(2,2)
P	1/4	1/3	1/4	1/12	1/12

求 $\mathrm{Cov}(X-Y,Y)$.

3. 设随机变量 $X\sim N(1,5)$，$Y\sim N(1,16)$，且 X 与 Y 相互独立，令 $Z=2X-Y-$

1,试求

(1) $E(X)$;　　(2) $D(Z)$;　　(3) Y 与 Z 的相关系数 ρ_{YZ}.

4. 设二维随机变量(X,Y)的概率密度为 $f(x,y)=\begin{cases}\frac{1}{\pi} & x^2+y^2\leqslant 1\\ 0, & \text{其他}\end{cases}$,试验证 X 和 Y 是不相关的,但 X 和 Y 不是相互独立的.

5. 已知二维随机变量(X,Y)的协方差矩阵为$\begin{pmatrix}1 & 1\\ 1 & 4\end{pmatrix}$,试求 $Z_1=X-2Y$ 和 $Z_2=2X-Y$ 的相关系数.

总 习 题 16

1. 填空题

(1) 设随机变量 X 的概率密度函数 $f(x)=\frac{1}{\sqrt{\pi}}e^{-x^2+4x-4}(-\infty<x<+\infty)$,则 $E(X)=$______.

(2) 设随机变量 X 的分布函数为 $F(x)=\begin{cases}0, & x<-2\\ \frac{x+2}{4}, & -2\leqslant x<2\\ 1, & x\geqslant 2\end{cases}$,则 $E(X)=$______.

(3) 设 $X\sim N(0,4)$,$Y\sim B(8,\frac{1}{4})$,且两随机变量相互独立,则 $D(2X-Y)=$______.

(4) 设随机变量 $X\sim E(\frac{1}{2})$ (指数分布),则方差 $D(X)=$______.

(5) 设随机变量 $X\sim P(\lambda)$(泊松分布),且 $P(X=0)=e^{-1}$,则方差 $D(X)=$______.

(6) 设随机变量 X 的概率密度为 $f(x)=\begin{cases}2x, & 0\leqslant x\leqslant 1\\ 0, & \text{其他}\end{cases}$,则 $D(6X-3)=$______.

(7) 设随机变量 X,Y 的方差分别为 $D(X)=9$,$D(Y)=4$,又 X 与 Y 相关系数 $\rho_{XY}=-0.5$,则 $D(X-Y)=$______.

(8) 设随机变量 X 的概率密度为 $f(x)=\begin{cases}1-x, & 0<x\leqslant 1\\ 1+x, & -1\leqslant x\leqslant 0\end{cases}$,则 $D(3X+2)=$______.

(9) 设 X 与 Y 独立,且 $E(X)=E(Y)=\frac{1}{3}$,则 $\mathrm{Cov}(X,Y)=$______.

2. 选择题

(1) 设随机变量 X 的 2 阶矩存在,则(　　).

A. $E(X^2)<E(X)$　　B. $E(X^2)\geqslant E(X)$

C. $E(X^2)<[E(X)]^2$　　D. $E(X^2)\geqslant[E(X)^2]$

(2) 设随机变量 X 的期望和方差都存在,则对任意常数 c,有(　　).

A. $E(X-c)^2<D(X)+E^2(X-c)$　　B. $E(X-c)^2>D(X)+E^2(X-c)$

C. $E(X-c)^2=DX+E^2(X-c)$　　D. $E(X-c)^2=D(X)-E^2(X-c)$

(3) 设随机变量 X 与 Y 都服从 $B(1,\frac{1}{2})$分布,且 $E(XY)=\frac{1}{2}$,记 X 与 Y 的相关系数为 ρ,则(　　).

A. $\rho=1$　　B. $\rho=-1$　　C. $\rho=0$　　D. $\rho=\frac{1}{2}$

3. 设 3 个球随机地放入 4 个杯子中去,用 X 表示杯子中球的最多个数,求(1) X 的分布;(2) $E(X)$;(3) $D(X)$.

4. 设离散型随机变量 X 的分布律为

X	1	2	3
P_k	p_1	p_2	p_3

且已知 $E(X)=2,D(X)=0.5$,试求 p_1,p_2,p_3.

5. 设 C. R. V. X 的概率密度函数为 $f(x)=\begin{cases}ax+b, & 1<x<3\\ 0, & 其他\end{cases}$,并且已知 $P(2<X<3)=2P(1<X<2)$,求(1) 常数 a,b;(2) $E(X^2)$;(3) $E(9X^2-7)$.

6. 设 X,Y 是随机变量且有 $E(X)=1,E(Y)=-1,D(X)=1,D(Y)=1,\rho_{XY}=-\frac{1}{2}$,求

(1) $E(X+Y)$;　　(2) $D(X+Y)$.

7. 设二维随机变量(X,Y)的概率密度为 $f(x,y)=\begin{cases}1, & |y|<x<1\\ 0, & 其他\end{cases}$,求

(1) $f_X(x)$;　　(2) $E(X^2),E(Y)$;　　(3) 相关系数 ρ_{XY}.

第16章习题答案

附录 A　初等数学常用公式

一、代数公式

1. 绝对值

(1) 定义：$|a|=\begin{cases} a, & a\geqslant 0 \\ -a, & a<0 \end{cases}$

(2) 性质：$|a|=|-a|$，$|ab|=|a|\cdot|b|$，$\left|\dfrac{a}{b}\right|=\dfrac{|a|}{|b|}(b\neq 0)$

$$|a|\leqslant A\Rightarrow -A\leqslant a\leqslant A,\ |a|\geqslant A\Rightarrow a\geqslant A$$

或
$$a\leqslant -A,\ |a|-|b|\leqslant|a\pm b|\leqslant|a|+|b|$$

2. 乘法及因式分解

$(a\pm b)^3=a^3\pm 3a^2b+3ab^2\pm b^3$

$a^3\pm b^3=(a\pm b)(a^2\mp ab+b^2)$

$a^n-b^n=(a-b)(a^{n-1}+a^{n-2}b+a^{n-3}b^2+\cdots+ab^{n-2}+b^{n-1})$

$$\begin{aligned}(a+b)^n &= \sum_{k=0}^{n} C_n^k a^{n-k} n^k \\ &= a^n+na^{n-1}b+\frac{n(n-1)}{2!}a^{n-2}b^2+\cdots+\frac{n(n-1)\cdot\cdots\cdot[n-(k-1)]}{k!}a^{n-k}b^k \\ &\quad +\cdots+b^n\end{aligned}$$

$$(1+x)^n=1+nx+\frac{n(n-1)}{2!}x^2+\cdots+\frac{n(n-1)\cdot\cdots\cdot[n-(k-1)]}{k!}x^k+\cdots+x^n$$

3. 指数公式

$a^n=\underbrace{aa\cdots a}_{n个}$，　$a^{-n}=\dfrac{1}{a^n}(a\neq 0)$，　$a^0=1(a\neq 0)$，　$a^{\frac{m}{n}}=\sqrt[n]{a^m}(a\geqslant 0)$，　$a^{-\frac{m}{n}}=\dfrac{1}{\sqrt[n]{a^m}}(a\geqslant 0)$　（以上 m、n 均为正整数）

$(ab)^x=a^x\cdot b^x$，　$\left(\dfrac{a}{b}\right)^x=\dfrac{a^x}{b^x}$　（$a>0,b>0,x$ 为任意实数）

4. 对数公式

定义式：$a^b=N\Leftrightarrow \log_a N=b$

性质：$a^{\log_a N}=N$，$e^{\ln N}=N$，$\log_a a^x=x$，$\log_a 1=0$，$\log_a a=1$

运算法则：$\log_a(MN)=\log_a M+\log_a N$，$\log_a \dfrac{M}{N}=\log_a M-\log_a N$

$$\log_a N^x=x\log_a N,\ \log_a N=\frac{\log_b N}{\log_b a},\ \log_{a^m} b^n=\frac{n}{m}\log_a b$$

5. 数列公式

1）等差数列

设 a_1 为首项，d 为公差，n 为项数，a_n 为第 n 项数，s_n 为前 n 项和，则

$$a_n=a_1+(n-1)d,\quad s_n=\frac{a_1+a_n}{2}\cdot n=na_1+\frac{n(n-1)}{2}d$$

2）等比数列

设 a_1 为首项，q 为公比，n 为项数，a_n 为第 n 项数，s_n 为前 n 项和，则

$$a_n=a_1q^{n-1},\quad s_n=\frac{a_1-a_nq}{1-q}=\frac{a_1(1-q^n)}{1-q}$$

6. 基本不等式

当 $a>0,b>0$ 时，$\dfrac{2}{\dfrac{1}{a}+\dfrac{1}{b}}\leqslant\sqrt{ab}\leqslant\dfrac{a+b}{2}\leqslant\sqrt{\dfrac{a^2+b^2}{2}}$

二、三角公式

1. 基本公式

$\sin^2\alpha+\cos^2\alpha=1$，$1+\tan^2\alpha=\sec^2\alpha$，$1+\cot^2\alpha=\csc^2\alpha$

$\sin\alpha\cdot\csc\alpha=1$，$\cos\alpha\cdot\sec\alpha=1$，$\tan\alpha\cdot\cot\alpha=1$

$\tan\alpha=\dfrac{\sin\alpha}{\cos\alpha}$，$\cot\alpha=\dfrac{\cos\alpha}{\sin\alpha}$

2. 和差角公式

$\sin(x+y)=\sin x\cos y+\cos x\sin y$，$\sin(x-y)=\sin x\cos y-\cos x\sin y$

$\cos(x+y)=\cos x\cos y-\sin x\sin y$，$\cos(x-y)=\cos x\cos y+\sin x\sin y$

$\tan(x+y)=\dfrac{\tan x+\tan y}{1-\tan x\tan y}$，$\tan(x-y)=\dfrac{\tan x-\tan y}{1+\tan x\tan y}$

3. 倍角公式

$\sin 2x=2\sin x\cos x$

$\cos 2x=\cos^2 x-\sin^2 x=1-2\sin^2 x=2\cos^2 x-1$

$\tan 2x=\dfrac{2\tan x}{1-\tan^2 x}$

$\sin^2 x=\frac{1}{2}(1-\cos 2x)$，$\cos^2 x=\frac{1}{2}(1+\cos 2x)$

$\sin 3x=3\sin x-4\sin^3 x$，$\cos 3x=4\cos^3 x-3\cos x$

4. 半角公式

$\sin\frac{x}{2}=\pm\sqrt{\frac{1-\cos x}{2}}$，$\cos\frac{x}{2}=\pm\sqrt{\frac{1+\cos x}{2}}$

$\tan\frac{x}{2}=\pm\sqrt{\frac{1-\cos x}{1+\cos x}}=\frac{1-\cos x}{\sin x}=\frac{\sin x}{1+\cos x}$

5. 积化和差公式

$\sin x\cos y=\frac{1}{2}[\sin(x+y)+\sin(x-y)]$

$\cos x\sin y=\frac{1}{2}[\sin(x+y)-\sin(x-y)]$

$\cos x\cos y=\frac{1}{2}[\cos(x+y)+\cos(x-y)]$

$\sin x\sin y=-\frac{1}{2}[\cos(x+y)-\cos(x-y)]$

6. 和差化积公式

$\sin x+\sin y=2\sin\frac{x+y}{2}\cos\frac{x-y}{2}$

$\sin x-\sin y=2\cos\frac{x+y}{2}\sin\frac{x-y}{2}$

$\cos x+\cos y=2\cos\frac{x+y}{2}\cos\frac{x-y}{2}$

$\cos x-\cos y=-2\sin\frac{x+y}{2}\sin\frac{x-y}{2}$

7. 辅助角公式

$$a\sin x+b\cos x=\sqrt{a^2+b^2}\sin(x+\varphi)$$

其中

$$\cos\varphi=\frac{a}{\sqrt{a^2+b^2}},\ \sin\varphi=\frac{b}{\sqrt{a^2+b^2}}$$

8. 正弦定理和余弦定理

$\frac{a}{\sin A}=\frac{b}{\sin B}=\frac{c}{\sin C}=2R$（$R$ 为 $\triangle ABC$ 外接圆半径）

$a^2=b^2+c^2-2bc\cos A$，$b^2=a^2+c^2-2ac\cos B$，$c^2=a^2+b^2-2ab\cos C$

三、几何公式

1. 平面图形基本公式

(1) 梯形面积 $S=\frac{1}{2}(a+b)h$ (其中 a,b 为上下底,h 为高)

(2) 圆面积 $S=\pi R^2$,圆周长 $l=2\pi R$ (R 为圆半径)

(3) 圆扇形面积 $S=\frac{1}{2}R^2\theta$,圆扇形弧长 $l=R\theta$ (R 是圆半径,θ 为圆心角,单位为弧度)

(4) 三角形常用面积公式 $S=\frac{1}{2}ab\sin C=\frac{1}{2}bc\sin A=\frac{1}{2}ac\sin B$

2. 立体图形基本公式

(1) 圆柱体体积 $V=\pi R^2 H$,圆柱体侧面积 $S=2\pi RH$(其中 R 是底圆半径,H 是高)

(2) 正圆锥体体积 $V=\frac{1}{3}\pi R^2 H$,侧面积 $S=\pi Rl$(其中 l 为斜高,即 $l=\sqrt{R^2+H^2}$)

(3) 棱柱体体积 $V=SH$(其中 S 是底面积,H 是高)

(4) 棱锥体体积 $V=\frac{1}{3}SH$(其中 S 是底面积,H 是高)

(5) 球体体积 $V=\frac{4}{3}\pi R^3$,球面积 $S=4\pi R^2$(R 为球的半径)

(6) 圆台体积 $V=\frac{1}{3}\pi h(R^2+Rr+r^2)$,侧面积 $S=\pi l(R+r)$(R 与 r 分别为上、下底半径,h 为高,l 为斜高)

附录 B　积分公式表

（一）含有 $a+bx$ 的积分

1. $\int \frac{\mathrm{d}x}{a+bx}=\frac{1}{b}\ln(a+bx)+C$

2. $\int (a+bx)^{\mu}\mathrm{d}x=\frac{(a+bx)^{\mu+1}}{b(\mu+1)}+C(\mu\neq -1)$

3. $\int \frac{x\mathrm{d}x}{a+bx}=\frac{1}{b^2}[a+bx-a\ln(a+bx)]+C$

4. $\int \frac{x^2\mathrm{d}x}{a+bx}=\frac{1}{b^3}\left[\frac{1}{2}(a+bx)^2-2a(a+bx)+a^2\ln(a+bx)\right]+C$

5. $\int \frac{\mathrm{d}x}{x(a+bx)}=-\frac{1}{a}\ln\frac{a+bx}{x}+C$

6. $\int \frac{\mathrm{d}x}{x^2(a+bx)}=-\frac{1}{ax}+\frac{b}{a^2}\ln\frac{a+bx}{x}+C$

7. $\int \frac{x\mathrm{d}x}{(a+bx)^2}=\frac{1}{b^2}\left[\ln(a+bx)+\frac{a}{a+bx}\right]+C$

8. $\int \frac{x^2\mathrm{d}x}{(a+bx)^2}=\frac{1}{b^3}\left[a+bx-2a\ln(a+bx)-\frac{a^2}{a+bx}\right]+C$

9. $\int \frac{\mathrm{d}x}{x(a+bx)^2}=\frac{1}{a(a+bx)}-\frac{1}{a^2}\ln\frac{a+bx}{x}+C$

（二）含有 $\sqrt{a+bx}$ 的积分

10. $\int \sqrt{a+bx}\,\mathrm{d}x=\frac{2}{3b}\sqrt{(a+bx)^3}+C$

11. $\int x\sqrt{a+bx}\,\mathrm{d}x=-\frac{2(2a-3bx)\sqrt{(a+bx)^3}}{15b^2}+C$

12. $\int x^2\sqrt{a+bx}\,\mathrm{d}x=\frac{2(8a^2-12abx+15b^2x^2)\sqrt{(a+bx)^3}}{105b^3}+C$

13. $\int \frac{x\mathrm{d}x}{\sqrt{a+bx}}=-\frac{2(2a-bx)}{3b^2}\sqrt{a+bx}+C$

14. $\int \frac{x^2\mathrm{d}x}{\sqrt{a+bx}}=\frac{2(8a^2-4abx+3b^2x^2)}{15b^3}\sqrt{a+bx}+C$

15. $\int \frac{\mathrm{d}x}{x\sqrt{a+bx}} = \begin{cases} \frac{1}{\sqrt{a}}\ln\frac{\sqrt{a+bx}-\sqrt{a}}{\sqrt{a+bx}+\sqrt{a}}+C, a>0 \\ \frac{2}{\sqrt{-a}}\arctan\sqrt{\frac{a+bx}{-a}}+C, a<0 \end{cases}$

16. $\int \frac{\mathrm{d}x}{x^2\sqrt{a+bx}} = -\frac{\sqrt{a+bx}}{ax}-\frac{b}{2a}\int\frac{\mathrm{d}x}{x\sqrt{a+bx}}$

17. $\int \frac{\sqrt{a+bx}\,\mathrm{d}x}{x} = 2\sqrt{a+bx}+a\int\frac{\mathrm{d}x}{x\sqrt{a+bx}}$

（三）含有 $a^2 \pm x^2$ 的积分

18. $\int \frac{\mathrm{d}x}{a^2+x^2} = \frac{1}{a}\arctan\frac{x}{a}+C$

19. $\int \frac{\mathrm{d}x}{(x^2+a^2)^n} = \frac{x}{2(n-1)a^2(x^2+a^2)^{n-1}}+\frac{2n-3}{2(n-1)a^2}\int\frac{\mathrm{d}x}{(x^2+a^2)^{n-1}}$

20. $\int \frac{\mathrm{d}x}{a^2-x^2} = \frac{1}{2a}\ln\frac{a+x}{a-x}+C \quad (|x|<a)$

21. $\int \frac{\mathrm{d}x}{x^2-a^2} = \frac{1}{2a}+\ln\frac{x-a}{x+a}+C \quad (|x|>a)$

（四）含有 $a \pm bx^2$ 的积分

22. $\int \frac{\mathrm{d}x}{a+bx^2} = \frac{1}{\sqrt{ab}}\arctan\sqrt{\frac{b}{a}}x+C \quad (a>0, b>0)$

23. $\int \frac{\mathrm{d}x}{a-bx^2} = \frac{1}{2\sqrt{ab}}\ln\frac{\sqrt{a}+\sqrt{b}x}{\sqrt{a}-\sqrt{b}x}+C$

24. $\int \frac{x\mathrm{d}x}{a+bx^2} = \frac{1}{2b}\ln(a+bx^2)+C$

25. $\int \frac{x^2\mathrm{d}x}{a+bx^2} = \frac{x}{b}-\frac{a}{b}\int\frac{\mathrm{d}x}{a+bx^2}$

26. $\int \frac{\mathrm{d}x}{x(a+bx^2)} = \frac{1}{2a}\ln\frac{x^2}{a+bx^2}+C$

27. $\int \frac{\mathrm{d}x}{x^2(a+bx^2)} = -\frac{1}{ax}-\frac{b}{a}\int\frac{\mathrm{d}x}{a+bx^2}$

28. $\int \frac{\mathrm{d}x}{(a+bx^2)^2} = \frac{x}{2a(a+bx^2)}+\frac{1}{2a}\int\frac{\mathrm{d}x}{a+bx^2}$

（五）含有 $\sqrt{x^2+a^2}$ 的积分

29. $\int \sqrt{x^2+a^2}\,\mathrm{d}x = \frac{x}{2}\sqrt{x^2+a^2}+\frac{a^2}{2}\ln(x+\sqrt{x^2+a^2})+C$

30. $\int \sqrt{(x^2+a^2)^3}\,\mathrm{d}x = \frac{x}{8}(2x^2+5a^2)\sqrt{x^2+a^2}+\frac{3}{8}a^4\ln(x+\sqrt{x^2+a^2})+C$

31. $\int x\sqrt{x^2+a^2}\,\mathrm{d}x=\frac{\sqrt{(x^2+a^2)^3}}{3}+C$

32. $\int x^2\sqrt{x^2+a^2}\,\mathrm{d}x=\frac{x}{8}(2x^2+a^2)\sqrt{x^2+a^2}-\frac{a^4}{8}\ln(x+\sqrt{x^2+a^2})+C$

33. $\int\frac{\mathrm{d}x}{\sqrt{x^2+a^2}}=\ln(x+\sqrt{x^2+a^2})+C$

34. $\int\frac{\mathrm{d}x}{\sqrt{(x^2+a^2)^3}}=\frac{x}{a^2\sqrt{x^2+a^2}}+C$

35. $\int\frac{x\mathrm{d}x}{\sqrt{x^2+a^2}}=\sqrt{x^2+a^2}+C$

36. $\int\frac{x^2\mathrm{d}x}{\sqrt{x^2+a^2}}=\frac{x}{2}\sqrt{x^2+a^2}-\frac{a^2}{2}\ln(x+\sqrt{x^2+a^2})+C$

37. $\int\frac{x^2\mathrm{d}x}{\sqrt{(x^2+a^2)^3}}=-\frac{x}{\sqrt{x^2+a^2}}+\ln(x+\sqrt{x^2+a^2})+C$

38. $\int\frac{\mathrm{d}x}{x\sqrt{x^2+a^2}}=\frac{1}{a}\ln\frac{x}{a+\sqrt{x^2+a^2}}+C$

39. $\int\frac{\mathrm{d}x}{x^2\sqrt{x^2+a^2}}=-\frac{\sqrt{x^2+a^2}}{a^2x}+C$

40. $\int\frac{\sqrt{x^2+a^2}\,\mathrm{d}x}{x}=\sqrt{x^2+a^2}-a\ln\frac{a+\sqrt{x^2+a^2}}{x}+C$

41. $\int\frac{\sqrt{x^2+a^2}\,\mathrm{d}x}{x^2}=-\frac{\sqrt{x^2+a^2}}{x}+\ln(x+\sqrt{x^2+a^2})+C$

（六）含有$\sqrt{x^2-a^2}$的积分

42. $\int\frac{\mathrm{d}x}{\sqrt{x^2-a^2}}=\ln(x+\sqrt{x^2-a^2})+C_1=\operatorname{arcosh}\frac{x}{a}+C$

43. $\int\frac{\mathrm{d}x}{\sqrt{(x^2-a^2)^3}}=-\frac{x}{a^2\sqrt{x^2-a^2}}+C$

44. $\int\frac{x\mathrm{d}x}{\sqrt{x^2-a^2}}=\sqrt{x^2-a^2}+C$

45. $\int\sqrt{x^2-a^2}\,\mathrm{d}x=\frac{x}{2}\sqrt{x^2-a^2}-\frac{a^2}{2}\ln(x+\sqrt{x^2-a^2})+C$

46. $\int\sqrt{(x^2-a^2)^3}\,\mathrm{d}x=\frac{x}{8}(2x^2-5a^2)\sqrt{x^2-a^2}+\frac{3a^4}{8}\ln(x+\sqrt{x^2-a^2})+C$

47. $\int x\sqrt{x^2-a^2}\,\mathrm{d}x=\frac{\sqrt{(x^2-a^2)^3}}{3}+C$

48. $\int x\sqrt{(x^2-a^2)^3}\,\mathrm{d}x=\frac{\sqrt{(x^2-a^2)^5}}{5}+C$

49. $\int x^2 \sqrt{x^2-a^2}\,dx = \frac{x}{8}(2x^2-a^2)\sqrt{x^2-a^2} - \frac{a^4}{8}\ln(x+\sqrt{x^2-a^2})+C$

50. $\int \frac{x^2\,dx}{\sqrt{x^2-a^2}} = \frac{x}{2}\sqrt{x^2-a^2} + \frac{a^2}{2}\ln(x+\sqrt{x^2-a^2})+C$

51. $\int \frac{x^2\,dx}{\sqrt{(x^2-a^2)^3}} = -\frac{x}{\sqrt{x^2-a^2}} + \ln(x+\sqrt{x^2-a^2})+C$

52. $\int \frac{dx}{x\sqrt{x^2-a^2}} = \frac{1}{a}\arccos\frac{a}{x}+C$

53. $\int \frac{dx}{x^2\sqrt{x^2-a^2}} = \frac{\sqrt{x^2-a^2}}{a^2x}+C$

54. $\int \frac{\sqrt{x^2-a^2}}{x}\,dx = \sqrt{x^2-a^2} - a\arccos\frac{a}{x}+C$

55. $\int \frac{\sqrt{x^2-a^2}}{x^2}\,dx = -\frac{\sqrt{x^2-a^2}}{x} + \ln(x+\sqrt{x^2-a^2})+C$

（七）含有 $\sqrt{a^2-x^2}$ 的积分

56. $\int \frac{dx}{\sqrt{a^2-x^2}} = \arcsin\frac{x}{a}+C$

57. $\int \frac{dx}{\sqrt{(a^2-x^2)^3}} = \frac{x}{a^2\sqrt{a^2-x^2}}+C$

58. $\int \frac{x\,dx}{\sqrt{a^2-x^2}} = -\sqrt{a^2-x^2}+C$

59. $\int \frac{x\,dx}{\sqrt{(a^2-x^2)^3}} = \frac{1}{\sqrt{a^2-x^2}}+C$

60. $\int \frac{x^2\,dx}{\sqrt{a^2-x^2}} = -\frac{x}{2}\sqrt{a^2-x^2} + \frac{a^2}{2}\arcsin\frac{x}{a}+C$

61. $\int \sqrt{a^2-x^2}\,dx = \frac{x}{2}\sqrt{a^2-x^2} + \frac{a^2}{2}\arcsin\frac{x}{a}+C$

62. $\int \sqrt{(a^2-x^2)^3}\,dx = \frac{x}{8}(5a^2-2x^2)\sqrt{a^2-x^2} + \frac{3a^4}{8}\arcsin\frac{x}{a}+C$

63. $\int x\sqrt{a^2-x^2}\,dx = -\frac{\sqrt{(a^2-x^2)^3}}{3}+C$

64. $\int x\sqrt{(a^2-x^2)^3}\,dx = -\frac{\sqrt{(a^2-x^2)^5}}{5}+C$

65. $\int x^2\sqrt{a^2-x^2}\,dx = \frac{x}{8}(2x^2-a^2)\sqrt{a^2-x^2} + \frac{a^4}{8}\arcsin\frac{x}{a}+C$

66. $\int \frac{x^2\,dx}{\sqrt{(a^2-x^2)^3}} = \frac{x}{\sqrt{a^2-x^2}} - \arcsin\frac{x}{a}+C$

67. $\int \frac{dx}{x\sqrt{a^2-x^2}} = \frac{1}{a}\ln\frac{x}{a+\sqrt{a^2-x^2}} + C$

68. $\int \frac{dx}{x^2\sqrt{a^2-x^2}} = -\frac{\sqrt{a^2-x^2}}{a^2x} + C$

69. $\int \frac{\sqrt{a^2-x^2}}{x}dx = \sqrt{a^2-x^2} - a\ln\frac{a+\sqrt{a^2-x^2}}{x} + C$

70. $\int \frac{\sqrt{a^2-x^2}}{x^2}dx = -\frac{\sqrt{a^2-x^2}}{x} - \arcsin\frac{x}{a} + C$

（八）含有 $a+bx\pm cx^2(c>0)$ 的积分

71. $\int \frac{dx}{a+bx-cx^2} = \frac{1}{\sqrt{b^2+4ac}}\ln\frac{\sqrt{b^2+4ac}+2cx-b}{\sqrt{b^2+4ac}-2cx+b} + C$

72. $\int \frac{dx}{a+bx+cx^2} = \begin{cases} \frac{2}{\sqrt{4ac-b^2}}\arctan\frac{2cx+b}{\sqrt{4ac-b^2}} + C, & b^2<4ac \\ \frac{1}{\sqrt{b^2-4ac}}\ln\frac{2cx+b-\sqrt{b^2-4ac}}{2cx+b+\sqrt{b^2-4ac}} + C, & b^2>4ac \end{cases}$

（九）含有 $\sqrt{a+bx\pm cx^2}(c>0)$ 的积分

73. $\int \frac{dx}{\sqrt{a+bx+cx^2}} = \frac{1}{\sqrt{c}}\ln(2cx+b+2\sqrt{c}\sqrt{a+bx+cx^2}) + C$

74. $\int \sqrt{a+bx+cx^2}dx = \frac{2cx+b}{4c}\sqrt{a+bx+cx^2} - \frac{b^2-4ac}{8\sqrt{c^3}}\ln(2cx+b$

$+2\sqrt{c}\sqrt{a+bx+cx^2}) + C$

75. $\int \frac{xdx}{\sqrt{a+bx+cx^2}} = \frac{\sqrt{a+bx+cx^2}}{c} - \frac{b}{2\sqrt{c^3}}\ln(2cx+b$

$+2\sqrt{c}\sqrt{a+bx+cx^2}) + C$

76. $\int \frac{dx}{\sqrt{a+bx-cx^2}} = \frac{1}{\sqrt{c}}\arcsin\frac{2cx-b}{\sqrt{b^2+4ac}} + C$

77. $\int \sqrt{a+bx-cx^2}dx = \frac{2cx-b}{4c}\sqrt{a+bx-cx^2} + \frac{b^2+4ac}{8\sqrt{c^3}}\arcsin\frac{2cx-b}{\sqrt{b^2+4ac}} + C$

78. $\int \frac{xdx}{\sqrt{a+bx-cx^2}} = -\frac{\sqrt{a+bx-cx^2}}{c} + \frac{b}{2\sqrt{c^3}}\arcsin\frac{2cx-b}{\sqrt{b^2+4ac}} + C$

（十）含有 $\sqrt{\frac{a\pm x}{b\pm x}}$ 和 $\sqrt{(x-a)(b-x)}$ 的积分

79. $\int \sqrt{\frac{a+x}{b+x}}dx = \sqrt{(a+x)(b+x)} + (a-b)\ln(\sqrt{a+x}+\sqrt{b+x}) + C$

80. $\int\sqrt{\frac{a-x}{b+x}}\mathrm{d}x=\sqrt{(a-x)(b+x)}+(a+b)\arcsin\sqrt{\frac{x+a}{a+b}}+C$

81. $\int\sqrt{\frac{a+x}{b-x}}\mathrm{d}x=-\sqrt{(a+x)(b-x)}-(a+b)\arcsin\sqrt{\frac{b-x}{a+b}}+C$

82. $\int\frac{\mathrm{d}x}{\sqrt{(x-a)(b-x)}}=2\arcsin\sqrt{\frac{x-a}{b-x}}+C\quad(a<b)$

(十一) 含有三角函数的积分

83. $\int\sin x\mathrm{d}x=-\cos x+C$

84. $\int\cos x\mathrm{d}x=\sin x+C$

85. $\int\tan x\mathrm{d}x=-\ln\cos x+C$

86. $\int\cot x\mathrm{d}x=\ln\sin x+C$

87. $\int\sec x\mathrm{d}x=\ln(\sec x+\tan x)+C=\ln\tan\left(\frac{\pi}{4}+\frac{x}{2}\right)+C$

88. $\int\csc x\mathrm{d}x=\ln(\csc x-\cot x)+C=\ln\left(\tan\frac{x}{2}\right)+C$

89. $\int\sec^2x\mathrm{d}x=\tan x+C$

90. $\int\csc^2x\mathrm{d}x=-\cot x+C$

91. $\int\sec x\tan x\mathrm{d}x=\sec x+C$

92. $\int\csc x\cot x\mathrm{d}x=-\csc x+C$

93. $\int\sin^2x\mathrm{d}x=\frac{x}{2}-\frac{1}{4}\sin2x+C$

94. $\int\cos^2x\mathrm{d}x=\frac{x}{2}+\frac{1}{4}\sin2x+C$

95. $\int\sin^nx\mathrm{d}x=-\frac{\sin^{n-1}x\cos x}{n}+\frac{n-1}{n}\int\sin^{n-2}x\mathrm{d}x$

96. $\int\cos^nx\mathrm{d}x=\frac{\cos^{n-1}x\sin x}{n}+\frac{n-1}{n}\int\cos^{n-2}x\mathrm{d}x$

97. $\int\frac{\mathrm{d}x}{\sin^nx}=-\frac{1}{n-1}\frac{\cos x}{\sin^{n-1}x}+\frac{n-2}{n-1}\int\frac{\mathrm{d}x}{\sin^{n-2}x}$

98. $\int\frac{\mathrm{d}x}{\cos^nx}=\frac{1}{n-1}\frac{\sin x}{\cos^{n-1}x}+\frac{n-2}{n-1}\int\frac{\mathrm{d}x}{\cos^{n-2}x}$

99. $\int\cos^mx\sin^nx\mathrm{d}x=\frac{\cos^{m-1}x\sin^{n+1}x}{m+n}+\frac{m-1}{m+n}\int\cos^{m-2}x\sin^nx\mathrm{d}x$

$$= -\frac{\cos^{m+1}x\sin^{n-1}x}{m+n} + \frac{n-1}{m+n}\int\cos^m x\sin^{n-2}x\mathrm{d}x$$

100. $\int\sin mx\cos nx\mathrm{d}x = -\frac{\cos(m+n)x}{2(m+n)} - \frac{\cos(m-n)x}{2(m-n)} + C \quad (m \neq n)$

101. $\int\sin mx\sin nx\mathrm{d}x = -\frac{\sin(m+n)x}{2(m+n)} + \frac{\sin(m-n)x}{2(m-n)} + C \quad (m \neq n)$

102. $\int\cos mx\cos nx\mathrm{d}x = \frac{\sin(m+n)x}{2(m+n)} + \frac{\sin(m-n)x}{2(m-n)} + C \quad (m \neq n)$

103. $\int\frac{\mathrm{d}x}{a+b\sin x} = \frac{2}{a}\sqrt{\frac{a^2}{b^2-a^2}}\arctan\left[\sqrt{\frac{a^2}{a^2-b^2}}\left(\tan\frac{x}{2}+\frac{b}{a}\right)\right] + C \quad (a^2 > b^2)$

104. $\int\frac{\mathrm{d}x}{a+b\sin x} = \frac{1}{a}\sqrt{\frac{a^2}{b^2-a^2}}\ln\frac{\tan\frac{x}{2}+\frac{b}{a}-\sqrt{\frac{b^2-a^2}{a^2}}}{\tan\frac{x}{2}+\frac{b}{a}+\sqrt{\frac{b^2-a^2}{a^2}}} + C \quad (a^2 < b^2)$

105. $\int\frac{\mathrm{d}x}{a+b\cos x} = \frac{2}{a-b}\sqrt{\frac{a-b}{a+b}}\arctan\left(\sqrt{\frac{a-b}{a+b}}\tan\frac{x}{2}\right) + C \quad (a^2 > b^2)$

106. $\int\frac{\mathrm{d}x}{a+b\cos x} = \frac{1}{b-a}\sqrt{\frac{b-a}{b+a}}\ln\frac{\tan\frac{x}{2}+\sqrt{\frac{b+a}{b-a}}}{\tan\frac{x}{2}-\sqrt{\frac{b+a}{b-a}}} + C \quad (a^2 < b^2)$

107. $\int\frac{\mathrm{d}x}{a^2\cos^2x+b^2\sin^2x} = \frac{1}{ab}\arctan\left(\frac{b\tan x}{a}\right) + C$

108. $\int\frac{\mathrm{d}x}{a^2\cos^2x-b^2\sin^2x} = \frac{1}{2ab}\ln\frac{b\tan x+a}{b\tan x-a} + C$

109. $\int x\sin ax\mathrm{d}x = \frac{1}{a^2}\sin ax - \frac{1}{a}x\cos ax + C$

110. $\int x^2\sin ax\mathrm{d}x = -\frac{1}{a}x^2\cos ax + \frac{2}{a^2}x\sin ax + \frac{2}{a^3}\cos ax + C$

111. $\int x\cos ax\mathrm{d}x = \frac{1}{a^2}\cos ax + \frac{1}{a}x\sin ax + C$

112. $\int x^2\cos ax\mathrm{d}x = \frac{1}{a}x^2\sin ax + \frac{2}{a^2}x\cos ax - \frac{2}{a^3}\sin ax + C$

(十二) 含有反三角函数的积分

113. $\int\arcsin\frac{x}{a}\mathrm{d}x = x\arcsin\frac{x}{a} + \sqrt{a^2-x^2} + C$

114. $\int x\arcsin\frac{x}{a}\mathrm{d}x = \left(\frac{x^2}{2}-\frac{a^2}{4}\right)\arcsin\frac{x}{a} + \frac{x}{4}\sqrt{a^2-x^2} + C$

115. $\int x^2\arcsin\frac{x}{a}\mathrm{d}x = \frac{x^3}{3}\arcsin\frac{x}{a} + \frac{1}{9}(x^2+2a^2)\sqrt{a^2-x^2} + C$

116. $\int \arccos \frac{x}{a} \mathrm{d}x = x\arccos \frac{x}{a} - \sqrt{a^2 - x^2} + C$

117. $\int x\arccos \frac{x}{a} \mathrm{d}x = \left(\frac{x^2}{2} - \frac{a^2}{4}\right)\arccos \frac{x}{a} - \frac{x}{4} \sqrt{a^2 - x^2} + C$

118. $\int x^2\arccos \frac{x}{a} \mathrm{d}x = \frac{x^3}{3}\arccos \frac{x}{a} - \frac{1}{9}(x^2 + 2a^2) \sqrt{a^2 - x^2} + C$

119. $\int \arctan \frac{x}{a} \mathrm{d}x = x\arctan \frac{x}{a} - \frac{a}{2}\ln(a^2 + x^2) + C$

120. $\int x\arctan \frac{x}{a} \mathrm{d}x = \frac{1}{2}(x^2 + a^2)\arctan \frac{x}{a} - \frac{ax}{2} + C$

121. $\int x^2\arctan \frac{x}{a} \mathrm{d}x = \frac{x^3}{3}\arctan \frac{x}{a} - \frac{ax^2}{6} + \frac{a^3}{6}\ln(a^2 + x^2) + C$

（十三）含有指数函数的积分

122. $\int a^x \mathrm{d}x = \frac{a^x}{\ln a} + C$

123. $\int \mathrm{e}^{ax} \mathrm{d}x = \frac{\mathrm{e}^{ax}}{a} + C$

124. $\int \mathrm{e}^{ax} \sin bx \mathrm{d}x = \frac{\mathrm{e}^{ax}(a\sin bx - b\cos bx)}{a^2 + b^2} + C$

125. $\int \mathrm{e}^{ax} \cos bx \mathrm{d}x = \frac{\mathrm{e}^{ax}(b\sin bx + a\cos bx)}{a^2 + b^2} + C$

126. $\int x\mathrm{e}^{ax} \mathrm{d}x = \frac{\mathrm{e}^{ax}}{a^2}(ax - 1) + C$

127. $\int x^n \mathrm{e}^{ax} \mathrm{d}x = \frac{x^n \mathrm{e}^{ax}}{a} - \frac{n}{a}\int x^{n-1} \mathrm{e}^{ax} \mathrm{d}x$

128. $\int xa^{mx} \mathrm{d}x = \frac{xa^{mx}}{m\ln a} - \frac{a^{mx}}{(m\ln a)^2} + C$

129. $\int x^n a^{mx} \mathrm{d}x = \frac{a^{mx} x^n}{m\ln a} - \frac{n}{m\ln a}\int x^{n-1} a^{mx} \mathrm{d}x$

130. $\int \mathrm{e}^{ax} \sin^n bx \mathrm{d}x = \frac{\mathrm{e}^{ax} \sin^{n-1} bx}{a^2 + b^2 n^2}(a\sin bx - nb\cos bx) + \frac{n(n-1)b^2}{a^2 + b^2 n^2}\int \mathrm{e}^{ax} \sin^{n-2} bx \mathrm{d}x$

131. $\int \mathrm{e}^{ax} \cos^n bx \mathrm{d}x = \frac{\mathrm{e}^{ax} \cos^{n-1} bx}{a^2 + b^2 n^2}(a\cos bx + nb\sin bx) + \frac{n(n-1)b^2}{a^2 + b^2 n^2}\int \mathrm{e}^{ax} \cos^{n-2} bx \mathrm{d}x$

（十四）含有对数函数的积分

132. $\int \ln x \mathrm{d}x = x\ln x - x + C$

133. $\int \frac{\mathrm{d}x}{x\ln x} = \ln(\ln x) + C$

134. $\int x^n \ln x \mathrm{d}x = x^{n+1}\left[\frac{\ln x}{n+1} - \frac{1}{(n+1)^2}\right] + C$

135. $\int \ln^n x\,dx = x\ln^n x - n\int \ln^{n-1} x\,dx$

136. $\int x^m \ln^n x\,dx = \frac{x^{m+1}}{m+1}\ln^n x - \frac{n}{m+1}\int x^m \ln^{n-1} x\,dx$

（十五）含有双曲函数的积分

137. $\int \sinh x\,dx = \cosh x + C$

138. $\int \cosh x\,dx = \sinh x + C$

139. $\int \tanh x\,dx = \ln\cosh x + C$

140. $\int \sinh^2 x\,dx = -\frac{x}{2} + \frac{1}{4}\sinh 2x + C$

141. $\int \cosh^2 x\,dx = \frac{x}{2} + \frac{1}{4}\sinh 2x + C$

（十六）定积分

142. $\int_{-\pi}^{\pi} \cos nx\,dx = \int_{-\pi}^{\pi} \sin nx\,dx = 0$

143. $\int_{-\pi}^{\pi} \cos mx \sin nx\,dx = 0$

144. $\int_{-\pi}^{\pi} \cos mx \cos nx\,dx = \begin{cases} 0, & m \neq n \\ \pi, & m = n \end{cases}$

145. $\int_{-\pi}^{\pi} \sin mx \sin nx\,dx = \begin{cases} 0, & m \neq n \\ \pi, & m = n \end{cases}$

146. $\int_{0}^{\pi} \sin mx \sin nx\,dx = \int_{0}^{\pi} \cos mx \cos nx\,dx = \begin{cases} 0, & m \neq n \\ \frac{\pi}{2}, & m = n \end{cases}$

147. $I_n = \int_0^{\frac{\pi}{2}} \sin^n x\,dx = \int_0^{\frac{\pi}{2}} \cos^n x\,dx$

$I_n = \frac{n-1}{n} I_{n-2}$

$I_n = \frac{n-1}{n} \cdot \frac{n-3}{n-2} \cdot \cdots \cdot \frac{4}{5} \cdot \frac{2}{3}$ （n 为大于 1 的正奇数），$I_1 = 1$

$I_n = \frac{n-1}{n} \cdot \frac{n-3}{n-2} \cdot \cdots \cdot \frac{3}{4} \cdot \frac{1}{2} \cdot \frac{\pi}{2}$（$n$ 为正偶数），$I_0 = \frac{\pi}{2}$

注 1 上述中，凡 $\int \frac{dx}{x} = \ln|x| + C$，皆省略了绝对值符号，而简写成 $\int \frac{dx}{x} = \ln x + C$.

注 2 上述中的记号 $\mathrm{arcsinh}x$ 和 $\mathrm{arcosh}x$ 是指双曲函数 $\sinh x$ 和 $\cosh x$ 的反函数.

附录C　泊松分布表

请参看《概率论与数理统计》龙松主编教材后附表.

附录 D　标准正态分布表

请参看《概率论与数理统计》龙松主编教材后附表.

参考文献

[1] 姚新颉. 经济数学基础[M]. 北京:北京邮电大学出版社,2019.

[2] 同济大学数学系. 高等数学. 上下册[M]. 7 版. 北京:高等教育出版社,2014.

[3] 黄立宏. 高等数学. 上下册[M]. 2 版. 北京:北京大学出版社,2024.

[4] 张文钢. 高等数学及其应用. 上下册[M]. 2 版. 武汉:华中科技大学出版社,2020.

[5] 林升旭、梅家斌. 线性代数教程[M]. 2 版. 武汉:华中科技大学出版社,2009.

[6] 朱祥和. 线性代数及应用[M]. 2 版. 武汉:华中科技大学出版社,2016.

[7] 龙松. 概率论与数理统计[M]. 武汉:华中科技大学出版社,2025.

[8] 茆诗松,程依明,濮晓龙. 概率论与数理统计教程[M]. 3 版. 北京:高等教育出版社,2019.

[9] 盛骤、谢式千、潘承毅. 概率论与数理统计[M]. 4 版. 北京:高等教育出版社,2009.

[10] 林益、赵一男、叶年斌. 线性代数与概率统计[M]. 武汉:华中科技大学出版社,2012.